高职高专计算机规划教材·案例教程系列

Photoshop CS5 图像处理案例教程

（第三版）

沈大林　张　秋　主编

赵　玺　张　伦　许　崇　陶　宁　杨瑞梅　副主编

中国铁道出版社
CHINA RAILWAY PUBLISHING HOUSE

内 容 简 介

Photoshop 是 Adobe 公司开发的图像处理软件，它具有强大的图像处理功能，已经成为众多图像处理软件中的佼佼者，是计算机美术设计中不可缺少的图像设计软件。

本书共分 11 章，结合 Photoshop CS5 知识和操作的介绍，提供了 51 个案例，以及 10 个综合实训案例和大量思考练习题。

本书具有两个突出特点。一是知识含量高，用 11 章的篇幅较全面地介绍了中文版 Photoshop CS5 的基本使用方法；二是采用了理论联系实际的案例驱动的教学方法，以每一节为一个单元，按节细化知识点，并结合知识点介绍了相关的案例，用案例带动知识点的学习。

本书适合作为高职高专及大专院校非计算机专业的教材，也可作为培训学校的培训教材，还可作为图像处理爱好者的自学用书。

图书在版编目（CIP）数据

Photoshop CS5 图像处理案例教程 / 沈大林，张秋主编. — 3 版. — 北京 ： 中国铁道出版社，2013.6 (2016.7 重印)

高职高专计算机规划教材·案例教程系列

ISBN 978-7-113-15985-6

Ⅰ. ①P… Ⅱ. ①沈… ②张… Ⅲ. ①图象处理软件－高等职业教育－教材 Ⅳ. ①TP391.41

中国版本图书馆 CIP 数据核字（2013）第 090292 号

书　　名：Photoshop CS5 图像处理案例教程（第三版）
作　　者：沈大林　张　秋　主编

策　　划：秦绪好　祁　云
责任编辑：祁　云　王　惠
封面设计：付　巍
封面制作：白　雪
责任印制：李　佳

出版发行：中国铁道出版社（100054，北京市西城区右安门西街 8 号）
网　　址：http://www.51eds.com
印　　刷：北京明恒达印务有限公司
版　　次：2007 年 5 月第 1 版　　2010 年 1 月第 2 版　　2013 年 6 月第 3 版　　2016 年 7 月第 3 次印刷
开　　本：787mm×1092mm　1/16　**印张**：19.5　**字数**：459 千
印　　数：4501～6500 册
书　　号：ISBN 978-7-113-15985-6
定　　价：37.00 元

高职高专计算机规划教材·案例教程系列

编委会

高职高专计算机规划教材·案例教程系列

专家委员会

PREFACE

丛书序

1982 年大学毕业后，我开始从事职业教育工作。那是一个百废待兴的年代，是职业教育改革刚刚开始的时期。开始进行职业教育时，我们使用的是大学本科纯理论性教材。后来，联合国教科文组织派遣具有多年职业教育研究和实践经验的专家来北京传授电子技术教学经验。专家抛开了我们事先准备好的教学大纲，发给每位听课教师一个实验器，边做实验边讲课，理论完全融于实验的过程中。这种教学方法使我耳目一新并为之震动。后来，我看了一本美国麻省理工学院的教材，前言中有一句话的大意是："你是制作集成电路或设计电路的工程师吗？你不是！你是应用集成电路的工程师！那么你没有必要了解集成电路内部的工作原理，而只需要知道如何应用这些集成电路解决实际问题。"再后来，我学习了素有"万世师表"之称的陶行知先生"教学做合一"的教育思想，也了解这些思想源于他的老师——美国的教育家约翰·杜威的"从做中学"的教育思想。以后，我知道了美国哈佛大学也采用案例教学，中国台湾省的学者在讲演时也都采用案例教学……这些中外教育家的思想成为我不断探索职业教育教学方法和改革职业教育教材的思想基础，点点滴滴融入我编写的教材。现在我国职业教育又进入了一个高峰期，职业教育的又一个春天即将到来。

现在，职业教育类的大多数计算机教材应该是案例教程，这一点似乎已经没有太多的争议，但什么是真正的符合职业教育需求的案例教程呢？是不是有例子的教材就是案例教程呢？许多职业教育教材也有一些案例，但是这些案例与知识是分割的，仅是知识的一种解释。还有一些百例类丛书，虽然例子很多，但所涉及的知识和技能并不多，只是一些例子的无序堆积。

本丛书采用案例带动知识点的方法进行讲解，学生通过学习实例掌握软件的操作方法、操作技巧或程序设计方法。本丛书以每一节为一个单元，对知识点进行了细致的取舍和编排，按节细化知识点，并结合知识点介绍了相关的实例。本丛书的每节基本是由"案例描述"、"设计过程"、"相关知识"和"思考与练习"4 部分组成。"案例描述"部分介绍了学习本案例的目的，包括案例效果、相关知识和技巧简介；"设计过程"部分介绍了实例的制作过程和技巧；"相关知识"部分介绍了与本案例有关的知识；"思考与练习"部分给出了与案例有关的拓展练习。读者可以边进行案例制作，边学习相关知识和技巧，轻松掌握软件的使用方法、使用技巧或程序设计方法。

本丛书的优点是符合教与学的规律，便于教学，不用教师去分解知识点和寻找案例，更像一个经过改革的课堂教学的详细教案。这种形式的教学有利于激发学生的学习兴趣，培养学生学习的主动性，并激发学生的创造性，能使学生在学习过程中充满成就感和富有探索精神，使学生更快地适应实际工作的需要。

本丛书还存在许多有待改进之处，可以使它更符合"能力本位"的基本原则，可以使知识的讲述更精要明了，使案例更精彩和更具有实用性，使案例带动的知识点和技巧更多，使案例与知识点的结合更完美，使习题更具趣味性……这些都是我们继续努力的方向，也诚恳地欢迎每一位读者，尤其是教师和学生参与进来，期待您们提出更多的意见和建议，提供更好的案例，成为本丛书的作者，成为我们中的一员。

沈大林

FOREWORD

第三版前言

Photoshop 是 Adobe 公司开发的图像处理软件，它具有强大的图像处理功能，广泛应用于网页制作、包装装潢、商业展示、服饰设计、广告宣传、建筑及环境艺术设计、多媒体制作、视频合成、辅助三维动画制作和出版印刷等领域。Photoshop 已经成为众多图像处理软件中的佼佼者，是计算机美术设计中不可缺少的图像设计软件。计算机美术具有极大的发展前景，社会需求较大，所以计算机美术设计以其独特的魅力成为目前最热门的专业之一。

本书共分 11 章，第 0 章介绍了色彩的基本知识、Photoshop 工作界面、文档基本操作和图像基本操作，以及教学方法和课程安排等；第 1 章介绍了 Adobe Bridge（文件浏览器）的基本使用方法、图像变换、混合模式、切片和网页制作方法；第 2 章介绍了创建选区和填充选区；第 3 章介绍了图层的使用方法；第 4 章介绍了滤镜的使用方法；第 5 章介绍了绘制与处理图像的方法；第 6 章介绍了图像色彩调整方法；第 7 章介绍了输入和编辑文本的方法；第 8 章介绍了应用路径和动作的方法；第 9 章介绍了应用通道与蒙版的方法；第 10 章介绍了创建和编辑 3D 模型的方法、动画制作方法。全书除了介绍大量的知识点外，还介绍了 60 个案例，100 多个思考练习题，其中 9 个综合案例和部分较难的习题在网上提供了制作提示和制作结果图像，可在中国铁道出版社网站 www.51eds.com 中下载。第 1～10 章还提供了 10 个综合实训案例与测评。

本书以一节（相当于 1～4 课时）为一个教学单元，对知识点进行了细致的取舍和编排，按节细化知识点，并结合知识点介绍了相关的案例，使知识和案例相结合。除了第 0 章外，每章的各节均由“案例描述”、“设计过程”、“相关知识”和“思考与练习”4 部分组成。

本书特别注意内容由浅入深、循序渐进，知识含量高，使读者在阅读学习时，不但知其然，还要知其所以然，不但能够快速入门，而且可以达到较高的水平。在本书编写中，编者努力遵从教学规律，注意知识结构与实用技巧相结合，注意学生的认知特点，注意提高学生的学习兴趣和创造能力的培养，注意将重要的制作技巧融于实例中。

建议教师在使用该教材进行教学时，可以一边带学生做各章的案例，一边学习各种操作方法、操作技巧和相关知识，将它们有机地结合在一起，可以达到事半功倍的效果。采用这种方法学习的学生，掌握知识的速度快、学习效果好，可以提高灵活应用能力和创造能力。

本书由沈大林、张秋任主编，由赵玺、张伦、许崇、陶宁、杨瑞梅任副主编。参加本书编写的主要人员有：沈昕、肖柠朴、王爱赪、王浩轩、万忠、郑淑晖、曾昊、王威、郭政、于建海、郑原、郑鹤、郭海、陈恺硕、毕凌云、郝侠、丰金兰、袁柳、徐晓雅、王加伟、孔凡奇、卢贺、李宇辰、苏飞、王小兵、郑瑜等。

本书适合作为高职高专及大专院校非计算机专业的教材，也可作为培训学校的培训教材，还可作为图像处理爱好者的自学用书。

由于编者水平有限，加上时间仓促，书中难免有疏漏和不妥之处，恳请广大读者批评指正。

编　者

2013 年 3 月

第二版前言

FOREWORD

Photoshop 是 Adobe 公司开发的图像处理软件，它具有强大的图像处理功能，广泛应用于网页制作、包装装潢、商业展示、服饰设计、广告宣传、建筑及环境艺术设计、多媒体制作、视频合成、三维动画辅助制作和出版印刷等领域。Photoshop 已经成为众多图像处理软件中的佼佼者，是电脑美术设计中不可缺少的图像设计软件。电脑美术具有极大的发展前景，社会需求较大，所以电脑美术设计以其独特的魅力成为目前最热门的专业之一。

本书共分 9 章，第 0 章介绍了色彩的基本知识、工作区、文档基本操作和图像基本操作，以及教学方法和课程安排等；第 1 章介绍了文件浏览器的使用方法、简单填充和文字工具的使用方法；第 2 章介绍了创建选区和填充选区的方法；第 3 章介绍了图层的使用方法；第 4 章介绍了滤镜的使用方法；第 5 章介绍了绘制与处理图像；第 6 章介绍了通道与蒙版的使用方法；第 7 章介绍了路径、动作和切片；第 8 章介绍了 6 个综合案例。全书共介绍了 95 个案例（其中 61 个是案例拓展），并提供了大量的思考与练习题。另外，第 1～7 章还提供了综合实训。

本书以一节（相当于 1～4 课时）为一个教学单元，对知识点进行了细致地舍取和编排，按节细化和序化了知识点，并结合知识点介绍了相关的实例，使知识和实例相结合。除了第 0 和 8 章外，其他每章各节均由“案例描述”、“设计过程”、“相关知识”、“案例拓展”和“思考练习”五部分组成。

本书具有两个突出的特点：一是知识含量高，较全面地介绍了中文 Photoshop CS3 的基本使用方法和教学知识点；二是采用了理论联系实际的案例驱动的教学方法，结合案例进行 Photoshop CS3 基本知识、基本操作和操作技巧的介绍。

建议教师在使用该教材进行教学时，可以一边带学生做各章的案例（指导学生在计算机前一边按照书中案例的操作步骤进行操作），一边学习各种操作方法、操作技巧和相关知识，将它们有机地结合在一起，可以达到事半功倍的效果。采用这种方法学习的学生，掌握知识的速度快、学习效果好，可以提高灵活应用能力和创造能力。

本书的作者大多是学校的计算机教师、计算机公司的培训工程师和图形图像制作公司的创作人员，他们不仅具备丰富的教学经验，还具有新颖的创意和实际制作能力。本书主编沈大林；参加本书编写工作的人员主要有王玥、陶宁、郑淑晖、刘璐、周泽、周瑀、靳轲、王爱赪、罗红霞、肖柠朴、郑原、陈恺硕、张凤红等。

本书为适应社会、企业、人才和学校的需求而编写，适合作为高职高专的教材，还可作为大专院校非计算机专业及培训学校的教材，以及图像处理爱好者的自学用书。

由于作者水平有限，加上编写、出版时间仓促，书中难免有疏漏和不妥之处，恳请广大读者批评指正。

编　者

2009 年 12 月

第一版前言

Photoshop 是 Adobe 公司开发的图像处理软件，它具有强大的图像处理功能，广泛应用于网页制作、包装装潢、商业展示、服饰设计、广告宣传、建筑及环境艺术设计、多媒体制作、视频合成、辅助三维动画制作和出版印刷等领域。Photoshop 已经成为众多图像处理软件中的佼佼者，是计算机美术设计中不可缺少的图像设计软件。计算机美术具有极大的发展前景，社会需求也很大，所以计算机美术设计以其独特的魅力成为目前最热门的专业之一。

本书共分 9 章，第 0 章介绍了图像的基本概念，Photoshop CS2 工作区域，图像显示、定位和测量；第 1 章介绍了 Photoshop CS2 的一些基本操作，图像浏览器的使用方法；第 2 章介绍了创建和填充选区；第 3 章介绍了图层和文字处理方法；第 4 章介绍了滤镜的使用方法；第 5 章介绍了绘制与处理图像；第 6 章介绍了通道与蒙版；第 7 章介绍了路径与动作；第 8 章介绍了 9 个综合案例。全书结合 100 个实例（40 个案例和 60 个进阶案例）进行了 Photoshop CS2 基本知识、基本操作和操作技巧的介绍。此外，还提供了大量的思考与练习题。

本书采用案例带动知识点的方法进行讲解，学生通过学习实例，掌握软件的操作方法、操作技巧或程序设计方法。本书以一节为一个单元，对知识点进行了细致的取舍和编排，按节细化知识点并结合知识点介绍了相关的实例，将知识和案例放在同一节中，知识和案例相结合。本书基本是每节由“案例效果”、“设计过程”、“相关知识”和“案例进阶”四部分组成。“案例效果”中介绍了学习本案例的目的，包括案例效果、相关知识和技巧简介；“设计过程”中介绍了实例的制作过程和技巧；“相关知识”中介绍了与本案例有关的知识；“案例进阶”中介绍了与案例有关的进阶案例。读者可以边进行案例制作，边学习相关知识和技巧，轻松掌握 Photoshop CS2 软件的使用方法、使用技巧。

建议教师在使用该教材进行教学时，可以一边带学生做各章的案例（指导学生在计算机前按照书中案例的操作步骤进行操作），一边讲解各种操作方法、操作技巧和相关知识，将它们有机地结合在一起，这样可以达到事半功倍的效果。采用这种方法学习的学生，学生兴趣高，掌握知识的速度快、学习效果好，可以提高灵活应用的能力和创造能力。

本书的作者大多是学校的教师、计算机公司的培训工程师和图形图像制作公司的创作人员，他们不仅具备丰富的教学经验，还非常了解企业的需求。

由于编者水平有限，加之编著、出版时间仓促，书中难免有疏漏之处，恳请广大读者批评指正。

编　者

2007 年 3 月

CONTENTS

目录

第0章 绪　　言

【本章提要】本章介绍图像的基本概念、Photoshop CS5 工作界面、文档的基本操作和图像的基本操作，为全书的学习奠定一定的基础。

0.1　图像的基本概念

0.1.1　色彩的基本知识

1．色彩的三要素

任何一种颜色都可以用亮度、色相和色饱和度 3 个物理量（色彩的三要素）来确定。

（1）亮度：亮度也叫明度，用字母 Y 表示，是指颜色的相对明暗程度。通常使用 0%（黑色）～100%（白色）来度量。

（2）色相：色相也叫色调，是从物体反射或透过物体传播的颜色，表示色彩的颜色种类，即通常所说的红、橙、黄、绿、青、蓝、紫等。

（3）色饱和度：色饱和度也叫色度，表示颜色的深浅程度。饱和度表示色相中灰色分量所占的比例，使用 0%（灰色）～100%（完全饱和）来度量。对于同一色调的颜色，其饱和度越高，颜色越深，在某一色调的彩色光中掺入的白光越多，色彩的饱和度就越低。色相与色饱和度合称为色度，用字母 F 表示。

2．三原色和混色

在对人眼进行混色实验时发现，只要将 3 种不同颜色按一定比例混合就可以得到自然界中绝大多数的颜色，而且它们自身不能够被其他颜色混合而成。对于彩色光的混合来说，三原色（也叫三基色）是红（R）、绿（G）、蓝（B）三色，将红、绿、蓝 3 束光投射在白色屏幕上的同一位置，不断改变 3 束光的强度比，就可以在白色屏幕上看到各种颜色，如图 0-1-1（a）所示。进行三基色混色实验可得出如下结论：红+绿→黄，蓝+黄→白，绿+蓝→青，红+绿+蓝→白，黄+青+紫→白，如图 0-1-1（b）所示。通常把黄、青、紫（也叫品红）叫三基色的 3 个补色。

对于不发光物体，物体的颜色是反射照射光而产生的颜色，这种颜色（颜料的混合色）的三原色是黄、青、紫色，它们的混色特点如图 0-1-1（c）所示。

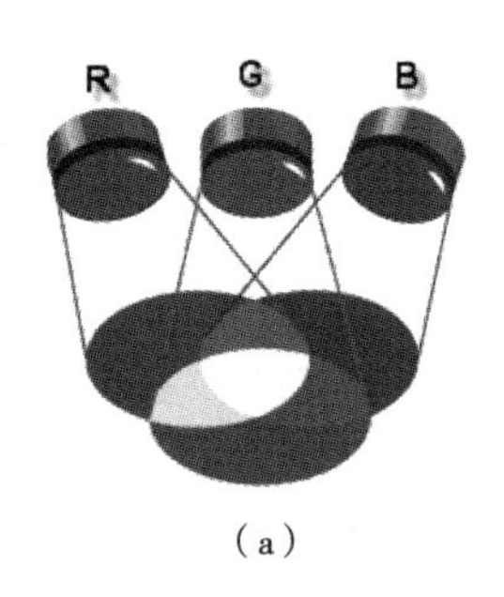

(a)

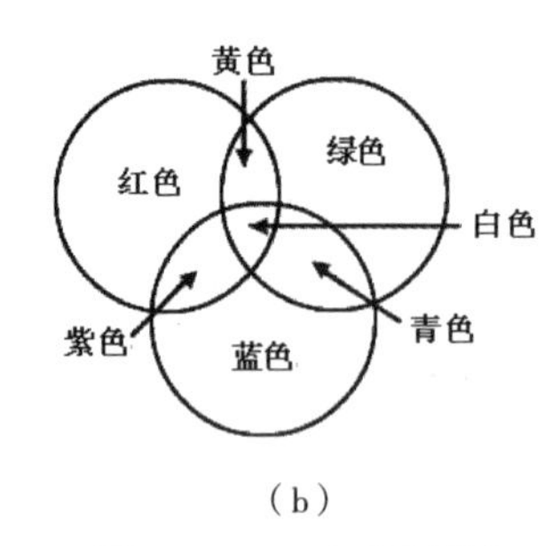

(b)

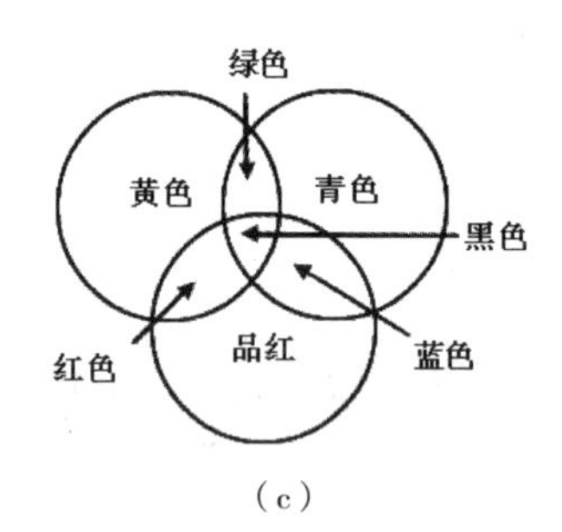

(c)

图 0-1-1 三基色混色

0.1.2 点阵图和矢量图

1. 点阵图

点阵图也叫位图，它由许多颜色不同、深浅不同的小像素点组成。像素是组成图像的最小单位，许许多多像素构成一幅完整的图像。在一幅（或帧）图像中，像素越小，数目越多，则图像越清晰。例如，每帧电视画面约有 40 万像素。

当人眼观察由像素组成的画面时，为什么看不到像素的存在呢？这是因为人眼对细小物体的分辨力有限，当相邻两个像素对人眼所张的视角小于 1 '～1.5'时，人眼就无法分清两个像素点。图 0-1-2（a）是一幅在 Photoshop 软件中打开的点阵图像。用放大镜工具放大后如图 0-1-2（b）所示。可以看出，点阵图像明显是由像素组成的。

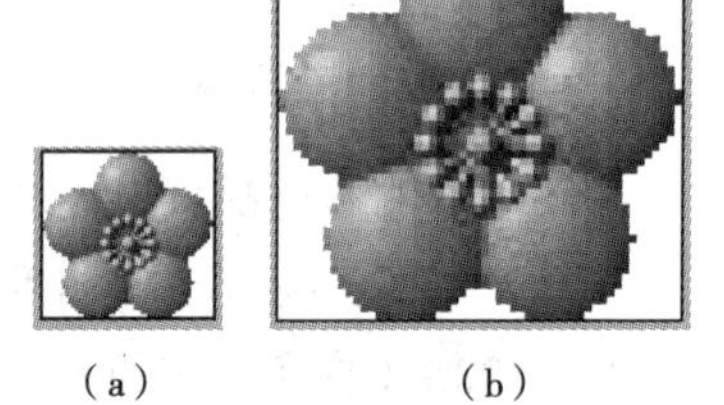

(a) (b)

图 0-1-2 点阵图像

点阵图像文件记录的是组成点阵图的各像素点的色度和亮度信息，颜色的种类越多，图像文件越大。通常，点阵图可以表现得更自然、更逼真，更接近于实际场景。但文件一般较大，在将它放大、缩小和旋转时，会失真。

2. 矢量图

矢量图由一些基本的图元组成，这些图元是一些几何图形，如点、线、矩形、多边形、圆和弧线等。这些几何图形均可以由数学公式计算后获得。矢量图形文件是绘制图形中各图元的命令。显示矢量图时，需要相应的软件读取这些命令，并将命令转换为组成图形的各个图元。由于矢量图是采用数学方式的描述图形，所以通常由它生成的图形文件相对比较小，而且图形颜色的多少与文件的大小基本无关。另外，在将它放大、缩小和旋转时，不会像点阵图那样产生失真。它的缺点是色彩相对比较单调。

0.1.3 图像的主要参数和文件格式

1. 分辨率

通常，分辨率可分为显示分辨率和图像分辨率。

（1）显示分辨率：也叫屏幕分辨率，是指每个单位长度内显示的像素或点数，以“点/英寸”（dots per inch，dpi）来表示。它也可以描述为，在屏幕的最大显示区域内，水平与垂直方向的像素或点数。例如，1 680 × 1 050 的分辨率表示屏幕可以显示 1 050 行，每行有 1 680 像素，即 1 764 000 像素。屏幕可以显示的像素数越多，图像越清晰逼真。

显示分辨率不但与显示器和显卡的质量有关，还与显示模式的设置有关。右击 Windows XP 桌面，调出快捷菜单，单击该菜单内的“属性”命令，调出“显示属性”对话框，单击“设置”标签，切换到“设置”选项卡，此时的“显示属性”对话框如图 0-1-3 所示。用鼠标拖动该对话框内“屏幕分辨率”栏中的滑块，可以调整显示分辨率。

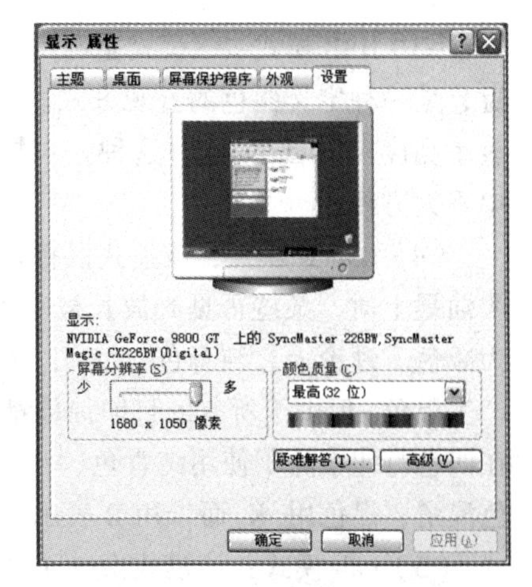

图 0-1-3 “显示属性”对话框

（2）图像分辨率：指打印图像时，每个单位长度上打印的像素数，通常以“像素/英寸”（pixels per inch，ppi）来表示。它也可以描述为组成一帧图像的像素数。例如，400×300 图像分辨率表示该幅图像由 300 行、每行 400 像素组成。它既反映了该图像的精细度，又给出了图像的大小。如果图像分辨率大于显示分辨率，则图像只会显示一部分。在显示分辨率一定的情况下，图像分辨率越高，图像越清晰，但文件越大。

2. 颜色深度

点阵图像中各像素的颜色信息是用若干二进制数据来描述的，二进制的位数就是点阵图像的颜色深度。颜色深度决定了图像中可以出现的颜色的数目。目前，颜色深度有 1、4、8、16、24 和 32 几种。例如，颜色深度为 1 时，点阵图像中各像素的颜色只有 1 位，可以表示黑和白两种颜色；为 8 时，点阵图像中各像素的颜色为 8 位，可以表示 2^8=256 种颜色；为 24 时，点阵图像中各像素的颜色为 24 位，可以表示 2^{24}=16 777 216 种颜色，它是用 3 个 8 位来分别表示 R、G、B 颜色，这种图像叫真彩色图像；颜色深度为 32 时，也是用 3 个 8 位来分别表示 R、G、B 颜色，另一个 8 位用来表示图像的其他属性（透明度等）。颜色深度不但与显示器和显卡的质量有关，还与显示设置有关。利用“显示属性”（设置）对话框中的“颜色质量”下拉列表框可以选择不同的颜色深度。

3. 颜色模式

颜色模式决定了用于显示和打印图像的颜色模型，以及如何描述和重现图像的色彩。颜色模式不但影响图像中显示的颜色数量，还影响通道数和图像文件的大小。另外，选用何种颜色模式还与图像的文件格式有关。例如，不能够将采用 CMYK 颜色模式的图像保存为 BMP 和 GIF 等格式的图像文件。

（1）灰度模式：该模式只有灰度（图像的亮度），没有彩色。在灰度图像中，每个像素都以 8 位或 16 位表示，取值范围在 0（黑色）～255（白色）之间。

（2）RGB 模式：该模式是用红（R）、绿（G）、蓝（B）三基色来描述颜色的方式，是相加混色模式，用于光照、视频和显示器。对于真彩色，R、G、B 三基色分别用 8 位二进制数来描述，共有 256 种。R、G、B 的取值范围为 0～255，可以表示的色彩数目为 256×256×256=16 777 216。这是计算机绘图中经常使用的模式。R=255、G=0、B=0 时表示红色，R=0、G=255、B=0 时表示绿色，R=0、G=0、B=255 时表示蓝色。

（3）HSB 模式：该模式是利用颜色的三要素来表示颜色的，它与人眼观察颜色的方式最接近，是一种定义颜色的直观方式。其中，H 表示色相（Hue），S 表示色饱和度（Saturation），B 表示亮度（Brightness）。这种方式与绘画的习惯相一致，用来描述颜色比较自然，但实际使用中不太方便。

（4）CMYK 模式：该模式以打印在纸上的油墨的光线吸收特性为基础。当白光照射到半透明油墨上时，某些可见光波长被吸收（减去），而其他波长则被反射回眼睛。这些颜色因此称为减色。理论上，纯青色（C）、品红（M）和黄色（Y）色素在合成后可以吸收所有光线并产生黑色。但由于所有的打印油墨都存在一些杂质，这 3 种油墨混合实际会产生土棕色。因此，在四色打印中除了使用纯青色、洋红和黄色油墨外，还会使用黑色（K）油墨。为了避免与蓝色混淆，黑色用 K 而未用 B 表示。

（5）Lab 模式：该模式由 3 个通道组成，即亮度，用 L 表示；a 通道，包括的颜色是从深绿色到灰色再到亮粉红色；b 通道，包括的颜色是从亮蓝色到灰色再到焦黄色。L 的取值范围是 0～100，a 和 b 的取值范围是-120～120。该颜色模式可以表示的颜色最多，是目前所有颜色模式中色彩范围（叫色域）最广的，可以产生明亮的颜色。在不同颜色模式之间转换时，常使用该颜色模式作为中间颜色模式。另外，Lab 模式与光线和设备无关，而且处理速度与 RGB 模式一样快，是 CMYK 模式处理速度的数倍。

（6）索引颜色模式：也称为“映射颜色”，在该模式下只能存储一个 8 位色彩深度的文件，即最多 256 种颜色，且颜色都是预先定义好的。该模式颜色种类较少，但是文件字节数少，有利于用于多媒体演示文稿、网页文档等。

4. 色域和色阶

一种模式的图像可以有的颜色数目叫做色域。例如：灰色模式的图像，每个像素用 1 字节表示，则灰色模式的图像最多可以有 2^8=256 种颜色，它的色域为 0～255；RGB 模式的图像，如果一种基色用 1 字节表示，则 RGB 模式的图像最多可以有 2^{24} 种颜色，它的色域为 0～2^{24}-1；CMYK 模式的图像，每个像素的颜色由 4 种基色按不同比例混合得到，如果一种基色用 1 字节表示，则 CMYK 模式的图像最多可以有 2^{32} 种颜色，它的色域为 0～2^{32}-1。色阶是图像亮度强弱的指示数值，图像色彩的丰满程度、精细度和层次感由色阶来决定。色阶有 2^8=256 个等级，取值范围是 0～255。其值越大，亮度越暗；其值越小，亮度越亮。图像的色阶等级越多，则图像的层次越丰富，图像也越好看。

5. 图形和图像的文件格式

对于图形图像，由于记录的内容和压缩方式的不同，其文件格式也不同。不同的文件格式具有不同的扩展名。每种格式的图形图像文件都有不同的特点、产生的背景和应用范围。常见的图像文件格式有 BMP、GIF、JPG、TIF、PNG 和 PSD 等。

（1）BMP 格式：它是 Windows 系统下的标准格式。该格式结构较简单，每个文件只存放一幅图像。对于压缩的 BMP 格式图像文件，使用行编码方法进行压缩，压缩比适中，压缩和解压缩较快；非压缩的 BMP 格式，是一种通用的格式，这种 BMP 格式图像文件可以适用于一般的软件，但文件较大。

（2）JPG 格式：用 JPEG 压缩标准压缩的图像文件格式，JPEG 压缩是一种高效有损压缩，它将人眼很难分辨的图像信息进行删除，使压缩比较大。这种格式的图像文件不适合放大观看和制成印刷品。由于它的压缩比较大，文件较小，所以应用较广。

（3）GIF 格式：它是 CompuServe 公司指定的图像格式，能够将图像存储成背景透明的形式，可以将多幅图像存成一个图像文件，形成动画效果，常用于网页制作。它应用较广，适用于各种计算机平台，各种软件一般均支持这种格式。

（4）PCX 格式：它是 MS-DOS 操作系统下的常用格式，在 Windows 操作系统中还没有普及使用。该格式与 BMP 格式一样，结构也较简单，压缩方法基本一样，压缩比适中，压缩和解压缩较快。各种扫描仪生成的图像均采用这种格式。

（5）TIFF（TIF）格式：它是由 Aldus 和 Microsoft 公司联合开发的，最初用于扫描仪和桌面出版业，是一种工业标准格式。它有压缩和非压缩两种。它支持包含一个 Alpha 通道的 RGB 和 CMYK 等颜色模式。另外，它可以设置透明背景。

（6）PNG 格式：它是为了适应网络传输而设计的一种图像文件格式。在大多数情况下，它的压缩比大于 GIF 图像文件格式。利用 Alpha 通道可以调节图像的透明度，可提供 16 位灰度图像和 48 位真彩色图像。它的一个图像文件只可存储一幅图像。

（7）PSD 格式：它是 Adobe Photoshop 图像处理软件的专用图像文件格式。采用 RGB 和 CMYK 颜色模式的图像可以存储成该格式。另外，可以将不同的图层分别存储。

（8）PDF 格式：它是 Adobe 公司推出的专用于网络的格式。采用 RGB、CMYK 和 Lab 等颜色模式的图像都可以存储成该格式。

思考与练习 0-1

1. 什么是色彩的三要素？什么是色彩的三原色？紫色、黄色和青色相加混色后是什么颜色？
2. 点阵图像和矢量图像有什么不同点？

0.2　Photoshop CS5 工作界面

启动 Photoshop CS5 后，打开两幅图像文件，此时的 Photoshop CS5 工作区（面板、栏等各种元素的排列方式）如图 0-2-1 所示。可以对它进行移动、调整大小、最大化、最小化和关闭等操作。Photoshop CS5 工作区主要由应用程序栏、菜单栏、“工具”面板（即工具箱）、选项栏、面板和画布窗口（文档窗口或图像窗口）等组成。

0.2.1　菜单栏和屏幕模式

1. 菜单栏

菜单栏位于应用程序栏的下方，它有 11 个主菜单。单击主菜单，会调出其子菜单。单击菜单之外的任何地方或按【Esc】键（【Alt】键或【F10】键），可以关闭已打开的菜单。

（1）菜单中的菜单项名称深色显示时，表示当前可用；浅色显示时，表示当前不可用。

（2）菜单命令后边有省略号“…”，表示单击该菜单命令后，会调出一个对话框。

（3）菜单命令后边有黑三角符号“▶”，则表示该菜单命令有下一级菜单。

（4）菜单命令左边有选择标记“✔”，则表示该菜单命令已选定，再次单击该菜单命令，可取消选定该项，同时“✔”标记消失。

（5）菜单命令右边是组合按键，表示执行该菜单命令的对应热键。

图 0-2-1　中文版 Photoshop CS5 工作区

2. 快捷菜单

右击文档窗口、选项栏最左边的工具图标或一些面板的空白处，会调出一个快捷菜单。单击该菜单中的命令，可执行相应的操作。快捷菜单中列出当前状态下可以进行的操作命令，它们与右击位置和当前的状态有关，大多数命令可以在主菜单中找到。单击菜单之外的任何地方或按【Esc】键、【Alt】键或【F10】键，可以关闭已打开的快捷菜单。

3. 更改屏幕模式

（1）默认模式：单击“视图”→“屏幕模式”→“标准屏幕模式”菜单命令，菜单栏位于顶部，滚动条位于侧面。

（2）带有菜单栏的全屏模式：单击“视图”→“屏幕模式”→“带有菜单栏的全屏模式”菜单命令，屏幕是有菜单栏和50%灰色背景、没有标题栏和滚动条的全屏窗口。

（3）全屏模式：单击“视图”→“屏幕模式”→“全屏模式”菜单命令，屏幕上只有黑色背景的全屏窗口，无标题栏、菜单栏和滚动条。

单击应用程序栏上的“屏幕模式”按钮▣▾，调出其菜单，单击该菜单内的相关命令，也可以更改屏幕模式。

0.2.2 选项栏和“工具”面板

1. 选项栏

在选择“工具”面板内的大部分工具后，选项栏会产生相应的变化。利用选项栏可进行工具参数的设置。例如，画笔工具选项栏如图 0–2–2 所示。单击“窗口”→“选项”菜单命令，可以在显示和隐藏选项栏之间切换。

图 0–2–2　画笔工具的选项栏

选项栏由以下几部分组成：

（1）头部区：它在选项栏的左端，拖动它可以调整选项栏的位置。当选项栏紧靠在菜单栏的下方时，头部区呈双竖虚线状；当它被移出时，头部区呈黑色矩形状。

（2）工具图标：工具图标在头部区的右侧。例如，在单击“画笔工具”按钮后，再单击工具图标，会调出一个“工具预设”面板，如图 0–2–3 所示。利用它可以选择和设置某种参数设置的工具，保存工具的参数设置。

◎ 单击“工具预设”面板中的工具名称或图标，可选中相应的工具（包括相应的参数设置），同时关闭“工具预设”面板。单击该面板外部可以关闭该面板。

◎ 如果选中“工具预设”面板内的“仅限当前工具”复选框，则“工具预设”面板内只显示与选中工具有关的工具参数设置选项。

◎ 单击“工具预设”面板右上角的按钮，调出“工具预设”面板菜单，如图 0–2–4 所示。利用该菜单，可以更换、添加、删除和管理各种工具。右击工具名称或图标，调出其菜单，它有 3 个菜单命令，与图 0–2–4 所示面板菜单中前两栏内的菜单命令一样。

◎ 单击该面板中的按钮与单击“新建工具预设”菜单命令的作用一样，可调出“新建工具预设”对话框，如图 0–2–5 所示。在“名称”文本框中输入工具的名称，再单击“确定”按钮，即可将当前选择的工具和设置的参数保存在“工具预设”面板内。

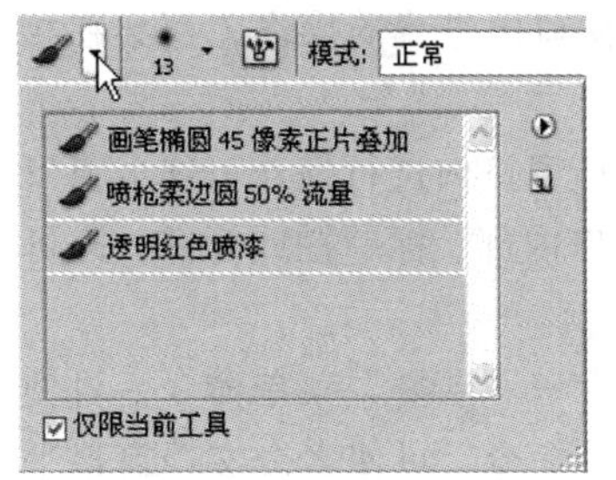

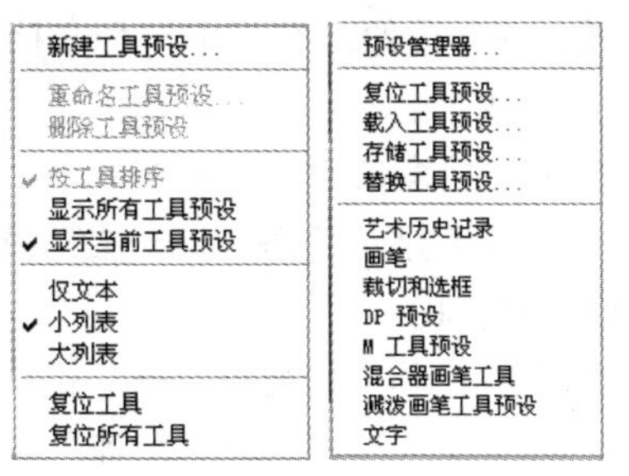

图 0–2–3　“工具预设”面板　　图 0–2–4　“工具预设”面板菜单　图 0–2–5　“新建工具预设”对话框

（3）参数设置区：它由一些按钮、复选框和下拉列表框等组成，用来设置工具的各种参数。例如，在“模式”下拉列表框内可以设置笔触模式。

2.“工具”面板

“工具”面板位于屏幕左侧，也叫工具箱，由图像选取工具、图像编辑工具、前景色和背景色工具和切换模式工具等组成。利用“工具”面板内的工具，可以进行输入文字、创建选区、移动图像或选区、绘制图像、编辑图像、注释和查看图像、更改前景色和背景色、切换标准和快速蒙版模式等操作。按【Tab】键可以在关闭和隐藏“工具”面板之间切换。

（1）显示与隐藏“工具”面板：单击“窗口”→“工具”菜单命令。

（2）移动“工具”面板：拖动“工具”面板顶部的黑色矩形或虚线到其他位置。

（3）工具组内工具的切换：“工具”面板内一些工具图标的右下角有小黑三角，表示这是一个工具组，存在待用工具。右击或按住工具组按钮，稍等片刻，可以调出工具组内所有工具，再单击其中一个工具，即可完成工具组内工具的切换。例如，按住工具箱第一栏第一行第一列的按钮，稍等片刻，即可调出该工具组内所有工具图标，如图 0-2-6 所示。另外，按住【Alt】键并单击工具按钮，或者按住【Shift】键并按工具的快捷键，也可完成工具组内大部分工具的切换。例如，按住【Shift】键并按【M】键，可以切换选框工具组中的矩形选框工具和椭圆选框工具。

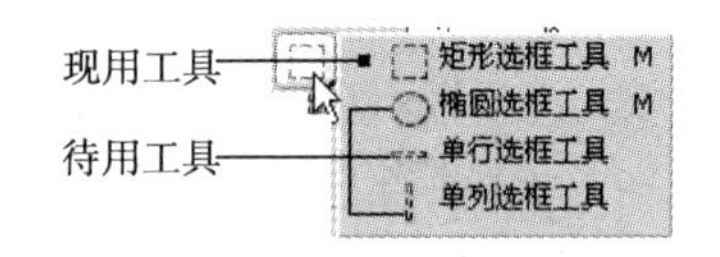

图 0-2-6　选框工具组

（4）显示工具名称：将鼠标指针放在工具按钮上，可以显示该工具的名称。

（5）选择工具：单击“工具”面板内的工具按钮，即可选择该工具。

0.2.3　文档窗口和状态栏

1. 文档窗口

文档窗口是用来显示、绘制和编辑图像的窗口。它是一个标准的 Windows 窗口，可以对它进行移动、调整大小、最大化、最小化和关闭等操作。文档窗口标题栏内显示出当前图像文件的名称、显示比例和颜色模式等信息。

（1）建立文档窗口：在新建一个图像文件（单击“文件”→“新建”菜单命令）或打开一个图像文件（单击“文件”→“打开”菜单命令）后，即可建立一个新文档窗口。

可以同时打开多个文档窗口。还可以新建一个有相同图像的文档窗口，例如，在已经打开“图像.jpg”图像的情况下，单击“窗口”→“排列”→“为‘图像.jpg’新建窗口”菜单命令，可以在两个文档窗口内打开“图像.jpg”图像。在其中一个文档窗口内进行的操作，都会在相同图像的其他文档窗口内产生相同的效果。

（2）选择文档窗口：当打开多个文档窗口时，只能在一个文档窗口内进行操作，这个窗口叫做当前文档窗口，它的标题栏呈高亮度显示状态。单击文档窗口内部、标题栏或标签，即可选择该文档窗口，使它成为当前文档窗口。

（3）多个文档窗口相对位置的调整：单击“窗口”→“排列”→“层叠”菜单命令，可使多个文档窗口层叠放置。单击“窗口”→“排列”→“平铺”菜单命令，可使多个文档窗口平铺放置。单击“窗口”→“排列”→“在窗口中浮动”菜单命令，可使当前文档窗口处于浮动独立状态。单击“窗口”→“排列”→“使所有内容在窗口中浮动”菜单命令，可使所有文档窗口都处于浮动独立状态。单击“窗口”→“排列”→“使所有内容合并到选项卡中”菜单命令，可使所有文档窗口都处于选项卡状态。

（4）调整文档窗口的大小：拖动文档窗口的标签，可移出文档窗口，使它浮动。将鼠标指针移到文档窗口的边缘处，鼠标指针会呈双箭头状，拖动鼠标即可调整文档窗口大小。如果文档窗口小于其内的图像，文档窗口右边和下边会出现滚动条。拖动浮动的文档窗口标题栏到选项栏下方，可恢复到选项卡状态。

2. 状态栏

状态栏位于每个文档窗口的底部，它由 3 部分组成，如图 0-2-1 所示，主要用来显示当前图像的有关信息。状态栏从左到右3部分的作用如下：

（1）第一部分：图像显示比例的文本框。该文本框内显示的是当前文档窗口内图像的显示百分比例数。可以单击该文本框内部，然后输入图像的显示比例数。

（2）第二部分：显示当前文档窗口内图像文件的大小（见图0-2-7）、虚拟内存大小、效率或当前使用工具等信息。按住第2部分不释放鼠标左键，可以调出一个信息框，给出图像的宽度、高度、通道数、颜色模式和分辨率等信息，如图0-2-8所示。

（3）第三部分：单击下拉按钮，可以调出状态栏选项的下拉菜单，如图0-2-9所示。单击其中的菜单命令，可设置第二部分显示的信息内容。部分选项含义如下：

图0-2-7　文件大小 　　图0-2-8　状态栏的图像信息 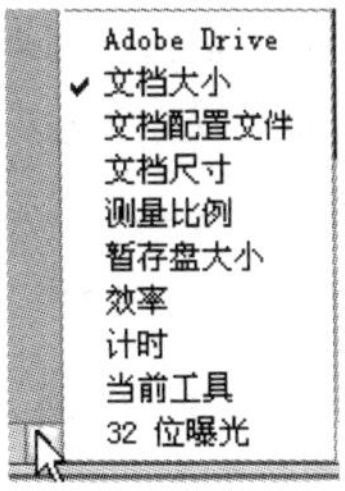　　图0-2-9　状态栏选项下拉菜单

◎ “文档大小”选项：显示图像文件的大小信息，左边数字表示图像的打印大小，近似于以Adobe Photoshop格式拼合并存储的文件大小，不含任何图层和通道等时的大小；右边数字表示文件的近似大小，其中包括图层和通道。数字的单位是字节。

◎ “文档配置文件”选项：显示图像所使用颜色配置文件的名称。

◎ “文档尺寸”选项：显示图像文件的尺寸。

◎ “效率”选项：以百分数的形式显示Photoshop CS5的工作效率，是执行操作所花时间的百分比，非读写暂存盘所花时间的百分比。

◎ “暂存盘大小”选项：显示处理图像的RAM量和暂存盘的信息。左边数字表示当前所有打开图像的内存量，右边数字表示可用于处理图像的总RAM量。单位是字节。

◎ “计时”选项：显示前一次操作到目前操作所用的时间。

◎ “当前工具”选项：显示当前工具的名称。

0.2.4　面板和存储工作区

1. 面板和面板组

面板是非常重要的图像处理辅助工具。由于它可以方便地拆分、组合和移动，所以也把它叫做浮动面板。几个面板可以组合成一个面板组，单击面板组内的面板标签可以切换面板。

例如，“图层”面板如图0-2-10所示，“历史记录”面板如图0-2-11所示。“图层”面板主要用来管理图层和对图层进行操作。利用它可以选择图层、新建图层、删除图层、复制图层和移动图层等。在后续章节介绍使用Photoshop CS5制作各个应用实例时，会经常使用“图层”面板，将陆续介绍“图层”面板的一些功能和使用方法。

（1）面板菜单：面板的右上角均有一个按钮，单击该按钮可以调出该面板的菜单（叫做面板菜单），利用面板菜单可以扩充面板的功能。例如，单击“历史记录”面板右上角的按钮，可以调出它的面板菜单，如图 0-2-12 所示。

（2）显示和隐藏面板：单击“窗口”→“××”（“××”是面板的名称）菜单命令，使其左边出现复选标记，即可调出相应的面板。单击“窗口”→“××”（“××”是面板的名称）菜单命令，取消菜单选项左边的复选标记，即可隐藏相应的面板。

图 0-2-10 “图层”面板

图 0-2-11 “历史记录”面板

图 0-2-12 面板菜单

（3）“停放”区域使用：调出的面板通常会放置在“停放”区域内。单击“停放”区域内右上角的“折叠为图标”按钮，可以收缩“停放”区域内所有的面板和面板组，形成由这些面板的图标和名称组成的列表，如图 0-2-13 所示。单击“停放”区域内右上角的“展开”按钮，可将所有面板和面板组展开。单击“停放”区域内的图标或面板的名称，可以快速调出相应的面板。例如，单击“导航器”按钮，调出“导航器”面板，如图 0-2-14 所示。

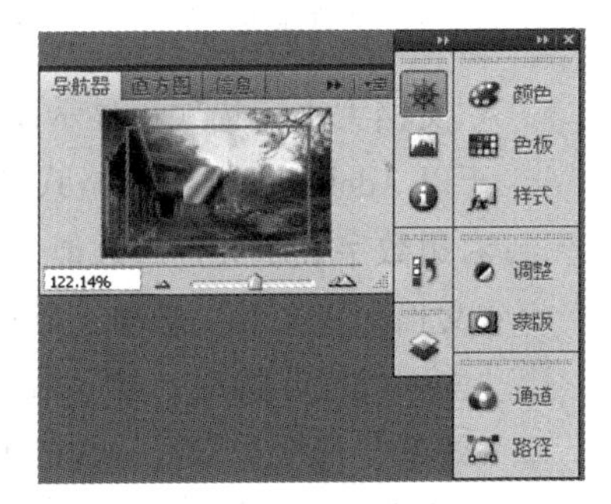

图 0-2-13 “停放”区域　图 0-2-14 “导航器”面板展开

（4）面板和面板组操作：拖动面板或面板组顶部的水平虚线条，可以将它们移出“停放”区域。例如，将“颜色&色板&样式”面板组拖动到其他位置，如图 0-2-15 所示。单击面板或面板组顶部的“折叠为图标”按钮按钮，可以使面板或面板组收缩，如图 0-2-16 所示；单击面板或面板组顶部的“展开面板”按钮，可以展开面板和面板组，如图 0-2-15 所示。拖动面板标签（例如“颜色”标签）到面板组外边，可以使该面板独立。拖动面板的标签（例如“颜色”标签）到其他面板组（例如“色板&样式”面板组）的标签处，可以将该面板与其他面板组组合在一起，如图 0-2-17 所示。

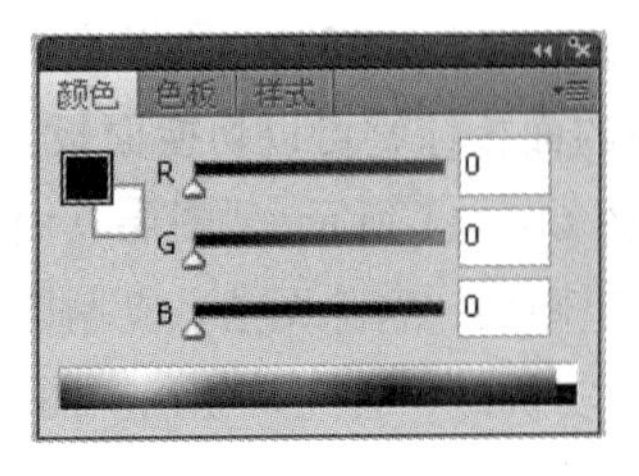

图 0-2-15 面板组

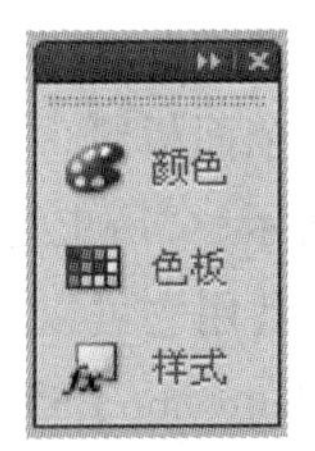

图 0-2-16 面板组收缩

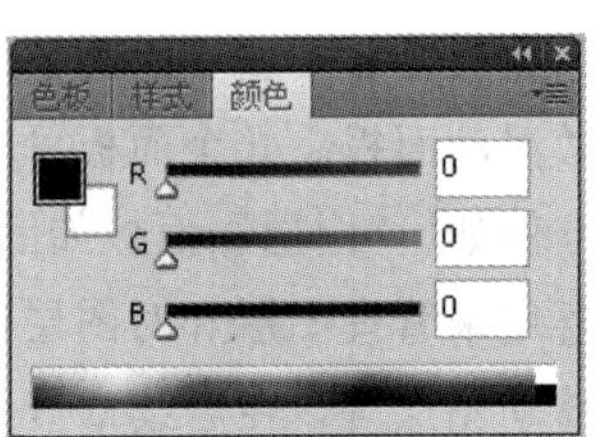

图 0-2-17 面板重新组合

在图 0-2-15 和图 0-2-16 所示面板组内，水平或上下拖动面板图标，也可以改变面板图标的相对位置。

2. 调整文本框中的数值

在某些面板、对话框和选项栏中，除了可以在文本框中输入数值外，还可以单击文本框的按钮，调出滑块和滑槽，如图 0-2-18（a）所示；可以拖动滑块来更改数值，如图 0-2-18（b）所示。另外，还可以将鼠标指针移到文本框的标题文字上，当鼠标指针变为形状时，可以向左或向右拖动，来调整文本框中的数值，如图 0-2-18（c）所示；按住【Shift】键的同时拖动，可以以 10 为增量进行数值调整。对于角度数值，可以顺时针或逆时针拖动圆盘中的半径线来修改角度数值，如图 0-2-18（d）所示。

在滑块框外单击或按【Enter】键关闭滑块框。要取消更改，可按【Esc】键。

(a)　(b)　(c)　(d)

图 0-2-18　各种调整数值的方法

3. 新建工作区和切换工作区

单击"窗口"→"工作区"菜单命令，调出"工作区"菜单，单击该菜单内的菜单命令，可以切换到不同的工作区。通常使用"基本功能（默认）"工作区。

单击"窗口"→"工作区"→"新建工作区"菜单命令，可以调出"新建工作区"对话框，如图 0-2-19 所示。在该对话框的"名称"文本框中输入工作区的名称（如"我的工作区 1"），再单击"存储"按钮，即可将当前工作区保存。以后单击"窗口"→"工作区"→"××"（工作区名称，如"我的工作区 1"）菜单命令，即可恢复指定的工作区。该对话框中有两个复选框，用来确定是否保存工作区的快捷键和菜单。

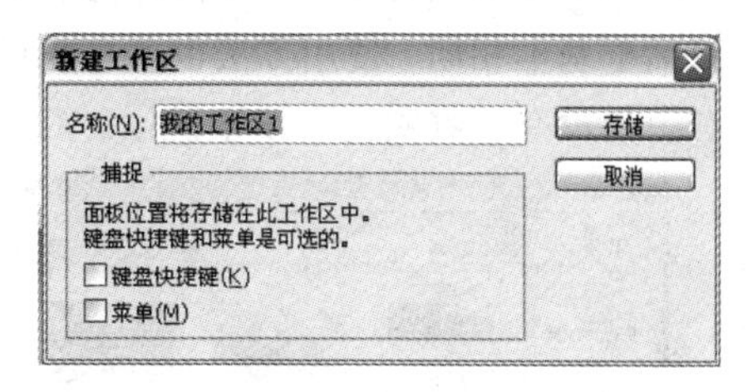

图 0-2-19 "存储工作区"对话框

另外，应用程序栏右侧有一些工作区类型切换按钮，单击这些按钮，可以快速切换到相应的工作区。单击»按钮，也可以调出"工作区"菜单。

思考与练习 0-2

1. 安装中文版 Photoshop CS5，并用多种方法启动 Photoshop CS5。
2. 设计一个适合自己使用的 Photoshop CS5 工作区，再将该工作区以"工作区 1"为名称保存。然后恢复系统默认的工作区，再调出"工作区 1"工作区。
3. 将"颜色"、"图层"、"通道"和"动作"面板组成面板组，再将它们分离。
4. 通过具体操作，了解"工具"面板中各工具的名称，尝试使用这些工具。

0.3 文档基本操作

0.3.1 打开、存储和关闭文件

1. 打开文件

（1）打开一个或多个图像文件：单击“文件”→“打开”菜单命令，调出“打开”对话框，如图 0-3-1 所示。在“打开”对话框的“查找范围”下拉列表框中选择文件夹，再在“文件类型”下拉列表框中选择文件类型，在文件列表框中选择图像文件。

如果要同时打开多个连续的图像文件，可以单击第一个文件，再按住【Shift】键，单击最后一个文件，即可选中这连续的多个图像文件，然后单击“打开”按钮。如果要同时打开多个不连续的图像文件，可按住【Ctrl】键，单击文件列表框内要打开的各个图像文件的名称，以选中这些图像文件，再单击“打开”按钮。

（2）单击“打开”对话框右上角的“收藏夹”按钮，调出一个菜单，如图 0-3-2 所示。单击该菜单中的“添加到收藏夹”命令，即可将当前文件夹保存。以后再单击“收藏夹”按钮时可以看到，菜单中已经添加了保存的文件夹路径，单击该菜单命令，可以切换到该文件夹，有利于迅速找到要打开的图像文件。可以添加多个文件夹路径菜单命令。单击图 0-3-2 所示菜单中的“移去收藏夹”菜单命令，即可将最上边的文件夹路径菜单命令删除。

（3）按照上述操作打开多个图像文件后，单击“文件”→“最近打开文件”菜单命令，它的下一级菜单如图 0-3-3 所示，给出了最近打开的图像文件名称。单击这些图像文件名，即可打开相应的文件。单击“清除最近”菜单命令，可以清除这些图像文件名。

（4）单击“文件”→“打开为”菜单命令，调出“打开为”对话框，它与图 0-3-1 所示的对话框基本相同，使用方法也基本相同，利用该对话框也可以打开图像文件，只是该对话框的右上角没有“收藏夹”按钮。

图 0-3-1 “打开”对话框

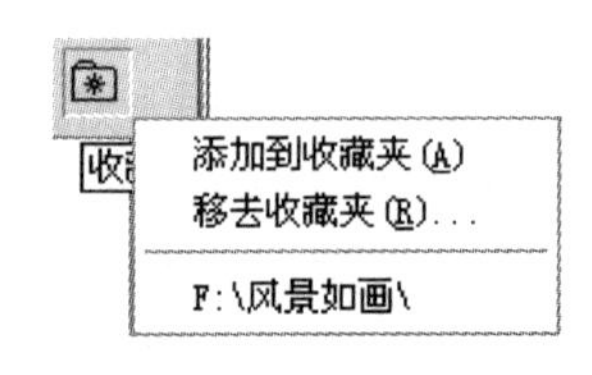

图 0-3-2 菜单

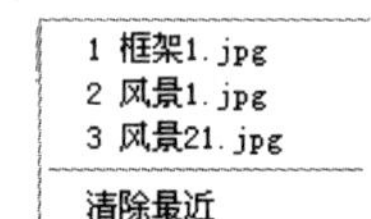

图 0-3-3 下一级菜单

2. 存储文件

（1）单击“文件”→“存储为”菜单命令，调出“存储为”对话框，如图 0-3-4 所示。利用该对话框，选择文件类型、选择文件夹和输入文件名称等。单击“保存”按钮，即可调出相应图像格式的对话框，设置有关参数，单击“确定”按钮，即可保存图像。

（2）单击“文件”→“存储”菜单命令。如果是存储新建的图像文件，则会调出“存储为”对话框，它与图 0-3-4 所示相同，操作方法也相同。如果不是存储新建的图像文件，或存储没有修改的图像文件，则不会调出“存储为”对话框，而直接进行存储。

图 0-3-4　“存储为”对话框

3. 关闭文档窗口

（1）单击“文件”→“关闭”菜单命令或按【Ctrl+W】组合键，即可将当前的文档窗口关闭。如果在修改图像后没有存储图像，则会调出一个提示框，提示用户是否保存图像。单击该提示框中的“是”按钮，即可将图像保存，然后关闭当前的文档窗口。

（2）单击当前文档窗口内图像标签的 ☒ 按钮，也可以将当前的文档窗口关闭。

（3）单击“文件”→“关闭全部”菜单命令，可以将所有文档窗口关闭。

0.3.2　新建图像文件和改变画布大小

1. 新建图像文件

单击“文件”→“新建”菜单命令，调出“新建”对话框，如图 0-3-5 所示。该对话框内各选项的作用如下：

（1）“名称”文本框：用来输入图像文件的名称（例如，输入“三原色混色”）。

（2）“预设”下拉列表框：用来选择预设的图像文件参数。

（3）“宽度”和“高度”栏：设置图像的尺寸大小（可选择像素、厘米等单位）。

（4）“分辨率”栏：用来设置图像的分辨率（单位有“像素/英寸”和“像素/厘米”）。

（5）“颜色模式”栏：用来设置图像的模式（有 5 种）和位数（有 8 位和 16 位等）。

（6）“背景内容”下拉列表框：用来设置画布的背景色颜色为白色、背景色或透明。

（7）“存储预设”按钮：在修改参数后，单击该按钮，可调出“存储预设”对话框，利用该对话框可以将设置保存起来。在“预设”下拉列表框中可以选择保存的设置。

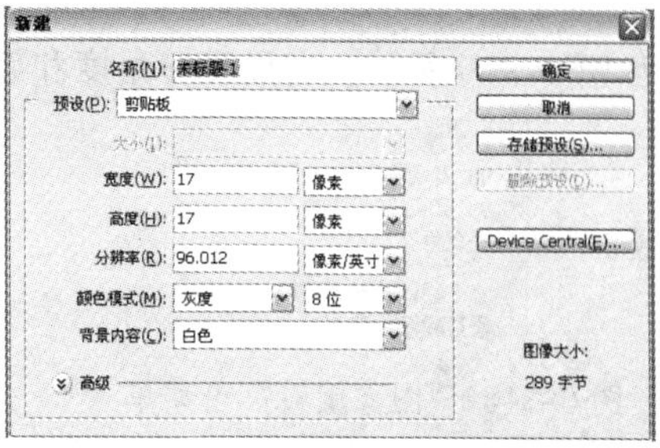

图 0-3-5　“新建”对话框

（8）“删除预设”按钮：在“预设”下拉列表框中选择一种设置后，单击“删除预设”按钮，可以将“预设”下拉列表框中选中的预设删除。

设置完成后，单击“确定”按钮，即可增加一个新文档窗口。

2. 改变画布大小

单击“图像”→“画布大小”菜单命令，调出“画布大小”对话框，如图 0-3-6 所示。利用该对话框可以改变画布大小，同时对图像进行裁剪。其中各选项的作用如下：

（1）“宽度”和“高度”栏：用来确定画布大小和单位。

（2）“画布扩展颜色”栏：用来设置画布扩展部分的颜色。

（3）“定位”栏：通过单击其中的按钮，可以选择图像裁剪的部位。如果选中“相对”复选框，则输入的数据是相对于原来图像的宽度和高度，此时可以输入正数（表示扩大）或负数（表示缩小和裁剪图像）。

设置完成后，单击“确定”按钮，即可完成画布大小的调整。如果设置的新画布比原画布小，会调出图 0-3-7 所示的提示框，单击该提示框内的“继续”按钮，即可完成画布大小的调整和图像的裁剪。

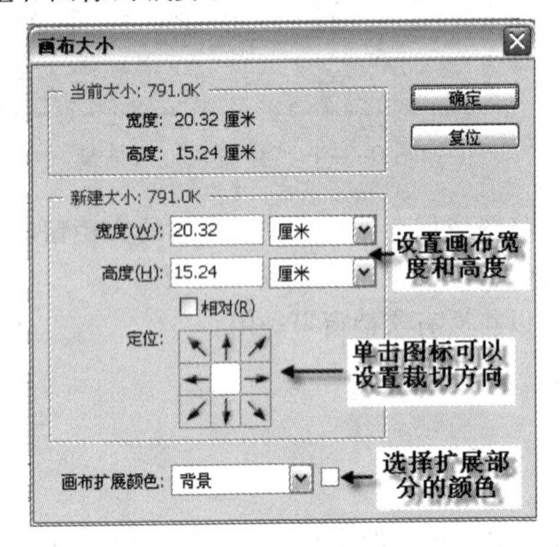

图 0-3-6 “画布大小”对话框

图 0-3-7 提示框

3．旋转画布

（1）单击“图像”→“图像旋转”→“××”菜单命令，即可按选定的方式旋转画布。其中，“××”是“图像旋转”（即旋转画布）子菜单中的命令，如图 0-3-8 所示。

（2）单击“图像”→“图像旋转”→“任意角度”菜单命令，调出“旋转画布”对话框，如图 0-3-9 所示。设置旋转角度和旋转方向，单击“确定”按钮，即可旋转画布。

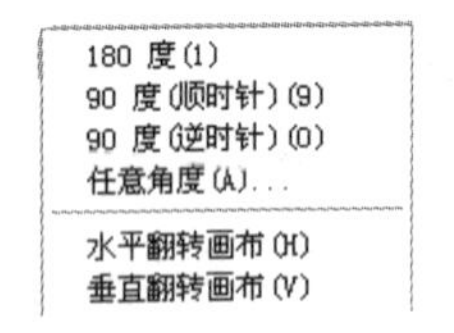

图 0-3-8 “图像旋转”子菜单

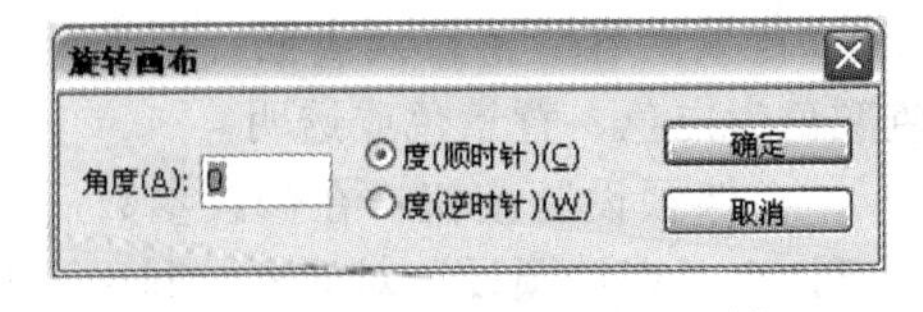

图 0-3-9 “旋转画布”对话框

0.3.2 图像注释

1．注释工具

注释工具 注释工具 是用来给图像添加文字注释的。它的选项栏如图 0-3-10 所示。单击“工具”面板内的“注释工具”按钮，再在图像上单击或拖动，即可调出“注释”面板，用来输入注释文字，给图像加入注释文字，如图 0-3-11 所示。加入注释文字后关闭“注释”面板，图像上只留有注释图标（不会输出）。双击该图标，可以打开“注释”面板，还可以拖动注释图标。另外，利用“文件”→“导入”→“注释”菜单命令，可导入外部注释文件。注释工具选项栏中各选项的作用如下：

图 0-3-10 注释工具的选项栏

图 0-3-11 输入注释文字

（1）“作者”文本框：用来输入作者名字，作者名字会出现在注释窗口的标题栏上。

（2）“颜色”色块：单击它，可调出“选择注释颜色”对话框，用来选择注释文字的颜色。

（3）“清除全部”按钮：单击该按钮，可清除全部注释文字。

2. 计数工具

计数工具用来统计图像中对象的个数。它的选项栏如图 0-3-12 所示。计数工具选项栏中各选项的作用如下：

图 0-3-12 计数工具的选项栏

（1）“计数”标签：在图像对象上单击或拖动，可给该对象添加一个数字序号，如图 0-3-13 所示。该标签处会显示计数总数。

（2）“计数组名称”下拉列表框：选择“重命名”选项后，可调出“计数组名称”对话框，在其文本框内输入名称，单击“确定”按钮，可更换名称。

（3）“可见性”按钮：单击该按钮，使按钮变为，图像上的数字也会消失；单击按钮，使按钮变为，图像上的数字也会显示出来。

（4）“创建新的计数组”按钮：单击它会调出“计数组名称”对话框，利用该对话框可以创建新的计数组。

（5）“计数组颜色”色块：单击它，可以调出“选择计数颜色”对话框，它与“拾色器”对话框一样，利用该对话框可以设置计数组的颜色，参看本章 0.5 节内容。

图 0-3-13 数字标记

（6）“标记大小”文本框：用来设置计数数字左下角的标记大小。

（7）“标签大小”文本框：用来设置计数标记的数字大小。

（8）“清除”按钮：单击该按钮，可以清除图像中所有的计数标记。

思考与练习 0-3

1. 打开一个 JPG 格式的图像，再将它以相同的名字保存为 BMP 格式的图像文件。
2. 同时打开同一文件夹内 10 幅连续排列的图像和 6 幅不连续排列的图像。

3. 建立一个“图像”文件夹，将图像保存在其内，将它设置为“收藏夹”文件夹。

4. 新建一个文档，设置该文件的名称为“第 1 个作品”，画布的宽度为 600 像素，高度 400 像素，背景色为浅绿色，分辨率为 96 像素/英寸，颜色模式为“RGB 颜色”和 8 位。再以名称“600 像素×400 像素”保存预设。然后以“第 1 个作品.psd”保存文件。

5. 打开“第 1 个作品.psd”文档，改变画布宽度为 200 毫米，高度为 150 毫米，背景色为黄色，再以名称“第 2 个作品.psd”保存文档。

6. 在新建的文档窗口内随意绘制一些图形，再以名称“第 3 个作品.jpg”保存。

0.4 图像显示、定位和改变图像大小

0.4.1 查看图像

1. 使用菜单命令改变图像的显示比例

（1）单击“视图”→“放大”菜单命令，可以使图像显示比例放大。

（2）单击“视图”→“缩小”菜单命令，可以使图像显示比例缩小。

（3）单击“视图”→“按屏幕大小缩放”菜单命令，可使图像以画布窗口大小显示。

（4）单击“视图”→“实际像素”菜单命令，可以使图像以 100%比例显示。

（5）单击“视图”→“打印尺寸”菜单命令，可以使图像以实际的打印尺寸显示。

2. 使用缩放工具改变图像的显示比例

（1）单击工具箱中的“缩放工具”按钮。此时的选项栏如图 0-4-1 所示。单击按钮以确定放大还是缩小，选择所需复选框，再单击文档窗口内部，即可调整图像的显示比例。如果单击选项栏中的不同按钮，可以实现不同的图像显示。

（2）按住【Alt】键，再单击文档窗口内部，即可将图像显示比例缩小。

（3）用鼠标拖动选中图像的一部分，即可使该部分图像布满整个文档窗口。

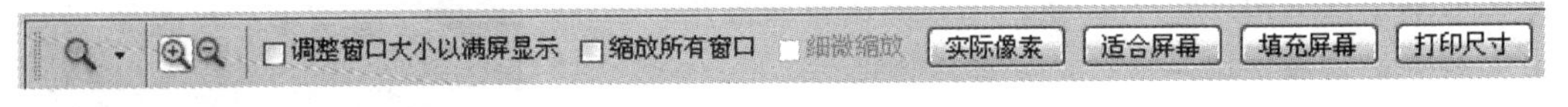

图 0-4-1 缩放工具的选项栏

3. 使用“导航器”面板改变图像的显示

打开一幅图像，用鼠标拖动“导航器”面板内的滑块或改变文本框内的数据，可以改变图像的显示比例；当图像放大的比文档窗口大时，拖动“导航器”面板内的红色矩形框，可以调整图像的显示区域，如图 0-4-2 所示。只有在红框内的图像才会在文档窗口内显示。

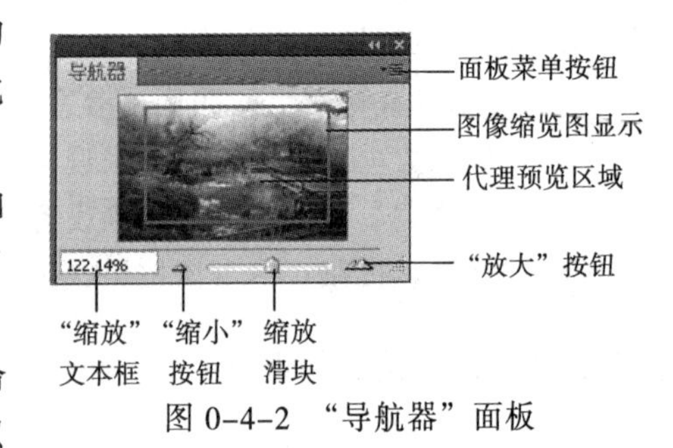

图 0-4-2 “导航器”面板

单击“导航器”面板菜单中的“面板选项”菜单命令，可以调出“面板选项”对话框，利用该对话框可以改变“导航器”面板内矩形框的颜色。

4. 抓手工具

只有在图像大于文档窗口时，才有必要改变图像的显示部位。使用窗口滚动条可以滚动浏览图像，使用抓手工具可以移动文档窗口内显示的图像部位。

（1）单击“抓手工具”按钮，再在图像上拖动，可调整图像的显示部位。

（2）双击工具箱中的“抓手工具”按钮，可使图像尽可能大地显示在屏幕中。

（3）在已使用了工具箱内的其他工具后，按住【Space】键，可临时切换到抓手工具，此时可以平移图像。释放【Space】键后，又回到原来工具状态。

0.4.2 图像定位和测量

1. 在文档窗口显示标尺和参考线

（1）单击“视图”→“标尺”菜单命令，即可在文档窗口的上方和左侧显示出标尺，如图0-4-3所示。再次单击“视图”→“标尺”菜单命令，可以取消标尺显示。

（2）从标尺上拖动鼠标到窗口内，即可产生水平或垂直的参考线，如图0-4-3所示（两条水平参考线和两条垂直参考线）。参考线不会随图像输出。单击“视图”→“显示”→“参考线”菜单命令，可以显示参考线。再次单击“视图”→“显示”→“参考线”菜单命令，可以隐藏参考线。

（3）将鼠标指针移到标尺上，右击，调出标尺单位菜单，如图0-4-4所示。单击该菜单中的菜单命令，可以改变标尺刻度的单位。

（4）单击“视图”→“新建参考线”菜单命令，调出“新建参考线”对话框，如图0-4-5所示。利用该对话框进行新参考线取向与位置设定后，单击“确定”按钮，即可在指定的位置增加新参考线。

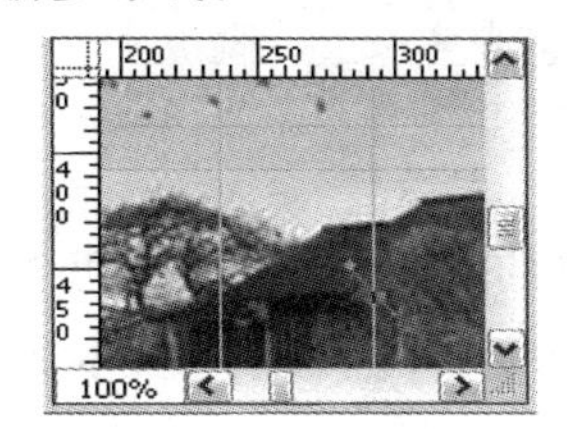

图0-4-3 画布窗口内参考线

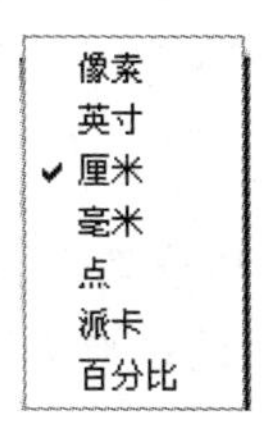

图0-4-4 标尺单位菜单

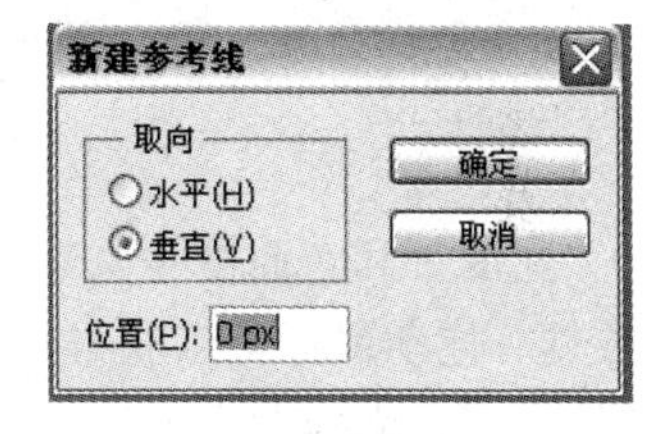

图0-4-5 “新建参考线”对话框

（5）单击工具箱内的“移动工具”按钮，将鼠标指针移到参考线处时，鼠标指针变为带箭头的双线状，拖动鼠标可以调整参考线的位置。

（6）单击“视图”→“清除参考线”菜单命令，即可清除所有参考线。

（7）单击“视图”→“锁定参考线”菜单命令，即可锁定参考线。锁定的参考线不能移动。再次单击“视图”→“锁定参考线”菜单命令，即可解除参考线的锁定。

2. 在文档窗口内显示出网格

单击“视图”→“显示”→“网格”菜单命令，使该菜单命令的左边显示复选标记，即可在画布窗口内显示出网格，如图0-4-6所示。网格不会随图像输出。再次单击“视图”→“显示”→“网格”菜单命令，取消选中该菜单命令，可以取消文档窗口内的网格显示。

另外，单击“视图”→“显示额外内容”菜单命令，使该菜单命令左边的复选标记消失，也可以取消文档窗口内的网格，以及画布中显示的其他额外的内容。

3. 使用标尺工具

使用工具箱内的“标尺工具”，可以精确地测量出文档窗口内任意两点间的距离和两点间直线与水平线的夹角。单击“标尺工具”按钮，在图像内拖动一条直线，如图 0-4-7 所示。此时“信息”面板内“A:”右边的数据是直线与水平线的夹角；“L:”右边的数据是两点间距离，如图 0-4-8 所示。测量结果会显示在标尺工具的选项栏内。该直线不与图像一起输出。单击选项栏内的“清除”按钮或其他工具按钮，可清除直线。

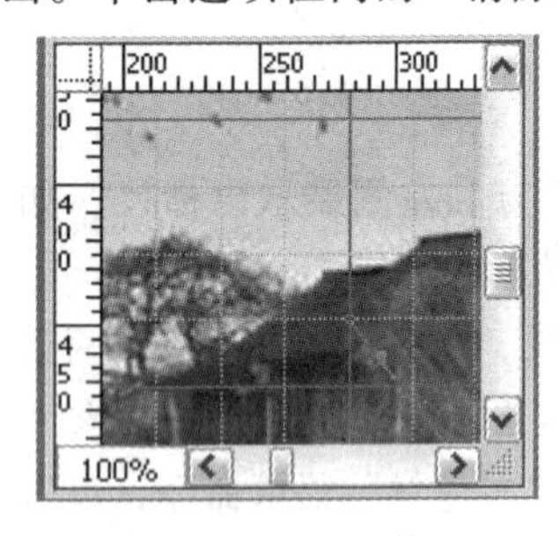

图 0-4-6 网格

图 0-4-7 拖动一条直线

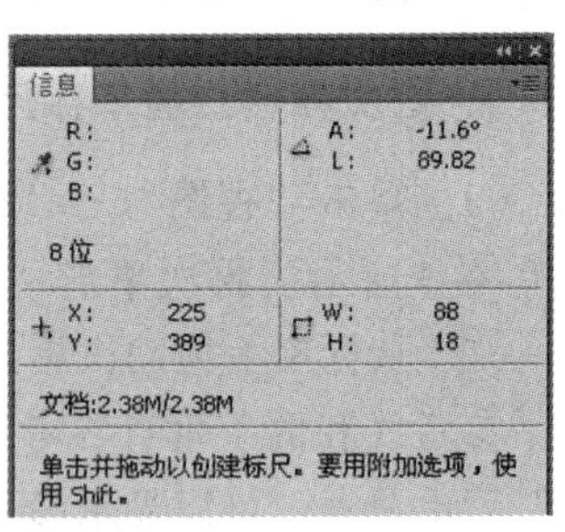

图 0-4-8 “信息”面板

0.4.3 裁剪图像

1. 裁剪工具的选项栏

单击工具箱内的“裁剪工具”按钮，选项栏如图 0-4-9 所示，各选项的作用如下：

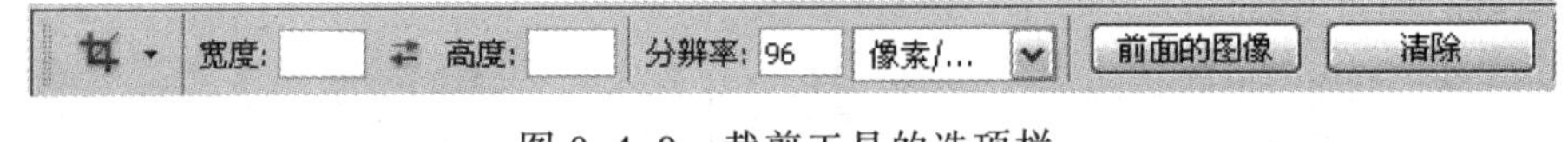

图 0-4-9 裁剪工具的选项栏

（1）“宽度”和“高度”文本框：用来精确确定矩形裁剪区域的宽高比。如果这两个文本框内无数据，拖动鼠标可以获得任意宽高比的矩形区域。单击“宽度”和“高度”文本框之间的按钮，可以交换“宽度”和“高度”文本框内的数据。

（2）“分辨率”文本框：用来设置裁剪后图像的分辨率。

（3）“分辨率单位”下拉列表框：用来选择分辨率的单位。

（4）“前面的图像”按钮：单击该按钮后，可以将“宽度”、“高度”和“分辨率”参数按照前面裁剪时设置的数据给出。

（5）“清除”按钮：单击该按钮后，可将“宽度”、“高度”等文本框内的数据清除。

2. 使用裁剪工具选出裁剪区域后的选项栏

单击工具箱内的“裁剪工具”按钮，在图像内拖动出一个矩形，此时裁剪工具的选项栏如图 0-4-10 所示。选项栏中各选项的作用如下：

图 0-4-10 选定裁剪区域后的裁剪工具选项栏

（1）“裁剪区域”栏：用来选择裁剪掉图像的处理方式。选中“删除”单选按钮（默认状态），则删除裁剪掉的图像（默认）；选择“隐藏”单选按钮，则将裁剪掉的图像隐藏。

（2）“裁剪参考叠加”下拉列表框：其内有“无”、“三等分”和“网格”3 个选项，用来确定裁剪区域内是否有虚线和怎样的虚线。

（3）“屏蔽”复选框：选中它后，会在矩形裁剪区域外的图像上形成一个遮蔽层。

（4）“颜色”色块：用来设置遮蔽层的颜色。

（5）“不透明度”文本框：用来设置遮蔽层的不透明度。

（6）“透视”复选框：选中“透视”复选框后，可调整裁剪区域呈透视状。

3. 裁剪图像的方法

（1）打开一幅图像。

（2）单击“裁剪工具”按钮 ，鼠标指针变为 形状。设置分辨率（如 96 像素/英寸），如图 0-4-9 所示。

（3）如果在其选项栏内的“宽度”和“高度”文本框中均不输入任何数据，在图像上拖动出一个矩形，将要保留的图像框起来，即可创建一个矩形裁剪区域。裁剪区域的边界线上有几个控制柄，裁剪区域内有一个中心标记。

（4）再选中“屏蔽”复选框，设置不透明度（如 70%），设置遮蔽层颜色（如蓝色），不选中“透视”复选框，此时的图像如图 0-4-11 所示。

（5）调整控制柄可以调整矩形裁剪区域的大小、位置和旋转角度。如果选中“透视”复选框，拖动裁剪区 4 个角的控制柄，可使矩形裁剪区呈透视状，如图 0-4-12 所示。

◎ 调整裁剪区域大小：将鼠标指针移到裁剪区域四周的控制柄处，鼠标指针会变为双箭头状，再用鼠标拖动，即可调整裁剪区域的大小。

◎ 调整裁剪区域的位置：将鼠标指针移到裁剪区域内，鼠标指针会变为黑箭头状，再用鼠标拖动，即可调整裁剪区域的位置。

◎ 旋转裁剪区域：将鼠标指针移到控制柄外，鼠标指针会变为弧形的双箭头状，可拖动旋转裁剪区域，如图 0-4-13 所示。拖动中心标记 ✧，则旋转的中心会改变位置。

（6）如果在其选项栏内的“宽度”和“高度”文本框中输入数据，则裁切后图像的宽度和高度就由它们来确定。例如，均输入 300，则裁剪后的图像的宽和高均为 300 像素。在确定宽高后，所得裁剪区域的边界线上有 4 个控制柄，否则有 8 个控制柄。

图 0-4-11　矩形裁剪区

图 0-4-12　裁剪区域透视

图 0-4-13　旋转裁剪区域

（7）单击工具箱内的其他工具，调出一个提示框，单击其内的“裁剪”按钮，完成裁剪图像的任务；按【Enter】键，也可以完成裁剪图像任务。单击其内的“不裁剪”按钮，则不进行图像的裁剪；单击其内的“取消”按钮，则取消裁剪操作。

0.4.4 调整图像大小和裁切图像

1. 调整图像大小

（1）单击“图像”→“图像大小”菜单命令，调出“图像大小”对话框，如图 0-4-14 所示。利用该对话框，可以用两种方法调整图像的大小，还可以改变图像清晰度及算法。

（2）单击“图像大小”对话框内的“自动”按钮，调出“自动分辨率”对话框，如图 0-4-15 所示。利用它可以设置图像的品质，在下拉列表框内可以设置“线/英寸”或“线/厘米”形式的分辨率单位。单击“确定”按钮，可完成分辨率设置。

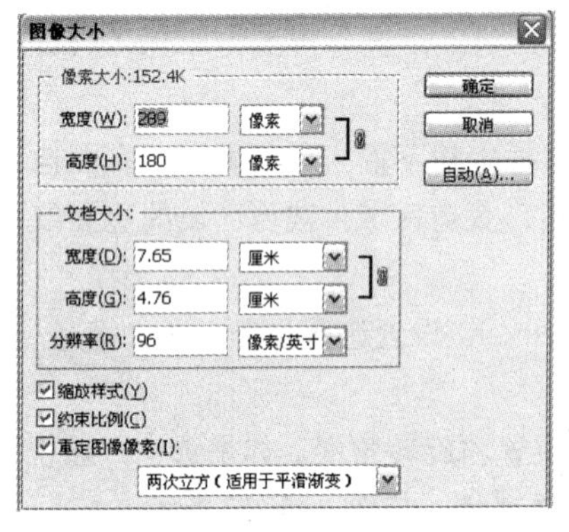

图 0-4-14 “图像大小”对话框

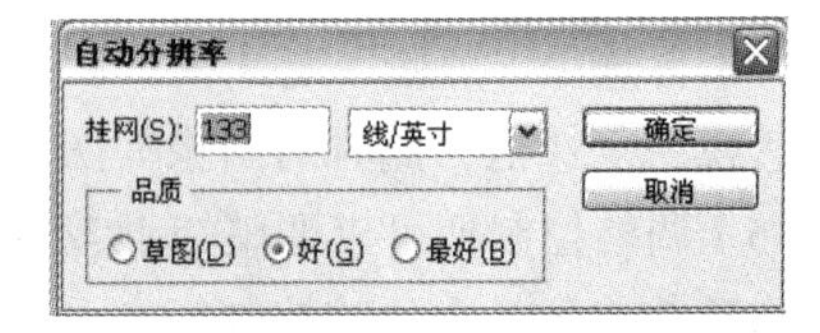

图 0-4-15 “自动分辨率”对话框

（3）选中“约束比例”复选框，则会保证原图像的宽高比例。例如，在“像素大小”栏内的“宽度”下拉列表框中选择“像素”选项，在其文本框中输入宽度数据 200，则“高度”文本框中的数据会自动改为 125。如果不选中“约束比例”复选框，则可以分别调整图像的高度和宽度，改变图像原来的宽高比。

（4）单击该对话框内的“确定”按钮，即可按照设置好的尺寸调整图像的大小。

2. 裁切图像

如果一幅图像四周有白边，可以通过“裁切”操作将图像四周的白边删除。例如，利用“画布大小”对话框（设置见图 0-4-16）将图 0-4-11 所示图像裁切后的画布向四周扩展 20 像素，如图 0-4-17 所示。

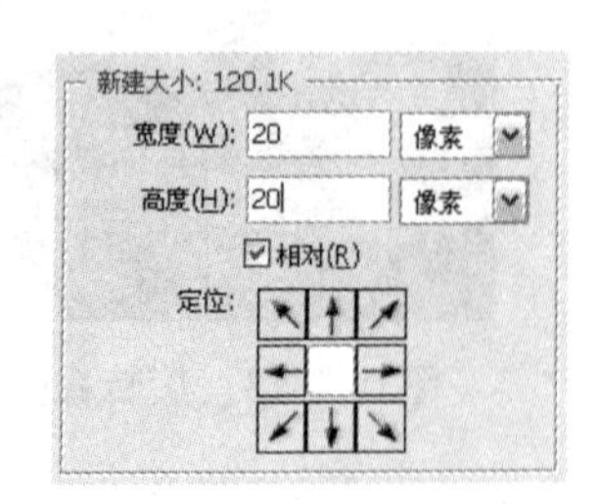

图 0-4-16 “画布大小”对话框设置

图 0-4-17 向外扩展 20 像素

单击“图像”→“裁切”菜单命令，调出“裁切”对话框，如图 0-4-18 所示。单击“确定”按钮，可将图 0-4-17 所示图像四周的白边裁切掉。在“裁切”对话框中，“基于”栏用来确定裁切内容所依据的像素颜色，“裁切”栏用来确定裁切的位置。

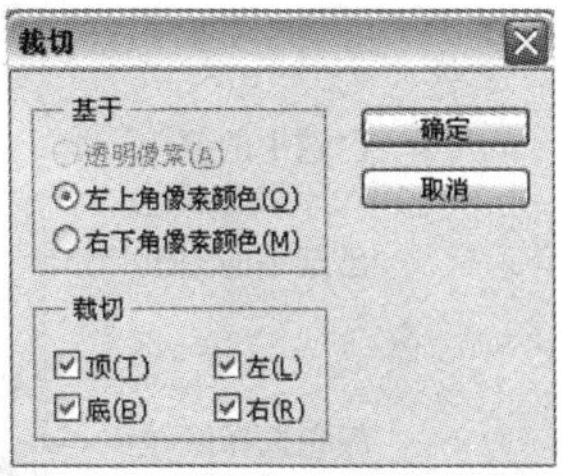

图 0-4-18　“裁切”对话框

思考与练习 0-4

1. 新建一个宽 500 像素、高 400 像素、背景色为浅绿色的图像，在该图像窗口内显示标尺、网格和参考线，标尺的单位设定为像素。取消标尺、网格和参考线。然后，测量画布对角线的尺寸和倾斜角度。

2. 将打开的 5 幅图像进行裁剪，将图像中非主要的部分裁剪掉，然后调整图像大小和分辨率，使这 5 幅图像大小一样，分辨率也一样。

3. 打开一幅图像，将这幅图像向外扩展 20 像素的白边，然后将添加的白边去除。

4. 打开一幅图像，将该图像等分成 6 份，分别以“P1.jpg”……“P6.jpg”保存。

0.5　图像着色和撤销操作

0.5.1　设置前景色和背景色

1. 设置前景色和背景色的工具

使用工具箱内的前景色和背景色工具可以设置前景色和背景色，如图 0-5-1 所示。各工具的作用如下：

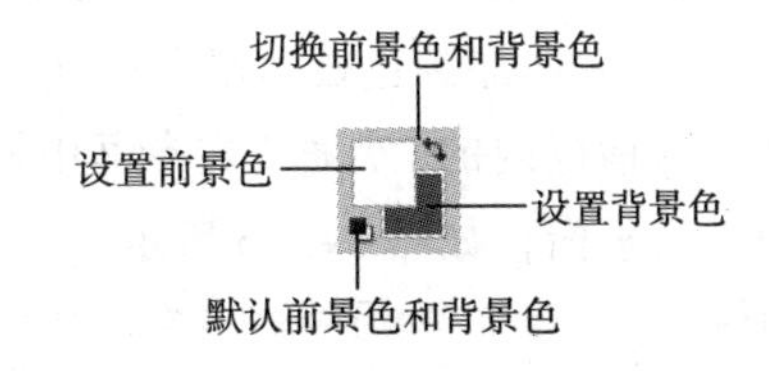

图 0-5-1　前景色和背景色工具

（1）“设置前景色”色块：用来设置前景色，用单色绘制和填充图像时的颜色是由前景色决定的。单击该图标，可以调出“拾色器”对话框，如图 0-5-2 所示。利用它可以设置前景色。

（2）“设置背景色”色块：用来设置背景色，背景色决定了画布的背景颜色。单击该图标，可调出“拾色器”对话框，利用它可以设置背景色。

（3）“默认前景色和背景色”按钮：单击它可使前景色和背景色还原为默认状态，即前景色为黑色，背景色为白色。

（4）“切换前景色和背景色”按钮：单击它可以将前景色和背景色的颜色互换。

2.“拾色器”对话框

“拾色器”分为 Adobe 和 Windows“拾色器”两种。默认的是 Adobe“拾色器”对话框，如图 0-5-2 所示。使用 Adobe“拾色器”选择颜色的方法如下：

（1）粗选颜色：单击颜色选择条内的一种颜色，这时颜色选择区域的颜色会随之发生变化。颜色选择区域内会有一个小圆圈，它是目前选中的颜色。

（2）细选颜色：在颜色选择区域内单击要选择的颜色。

（3）精确设置颜色：可以在 Adobe“拾色器”对话框右下角的各文本框内输入相应的数据来精确设置颜色。在“#”文本框内应输入 RRGGBB 六位十六进制数。

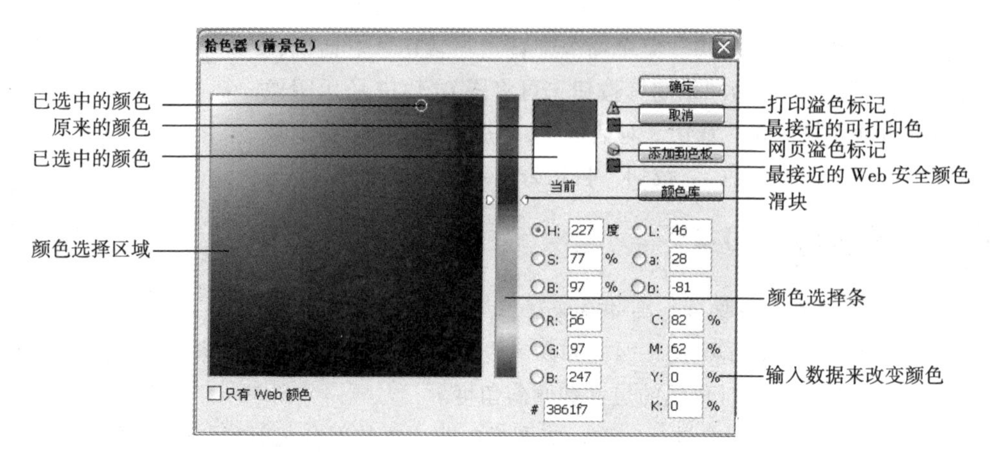

图 0-5-2 “拾色器”对话框

（4）最接近的 Web 安全色：单击该图标，可以选择接近的网页色。

（5）“只有 Web 颜色”复选框：选中它后，“拾色器”对话框会发生变化，只给出网页可以使用的颜色，网页溢出标记和最接近的 Web 色图标消失。

（6）“颜色库”按钮：单击该按钮，可调出“颜色库”对话框，如图 0-5-3 所示。利用该对话框可以选择“颜色库”中自定义的颜色。

（7）“添加到色板”按钮：单击该按钮，可以调出“色板名称”对话框，如图 0-5-4 所示。在该对话框内的“名称”文本框中输入名称，再单击“确定”按钮，可将选中的颜色添加到“色板”面板内，如图 0-5-5 所示。

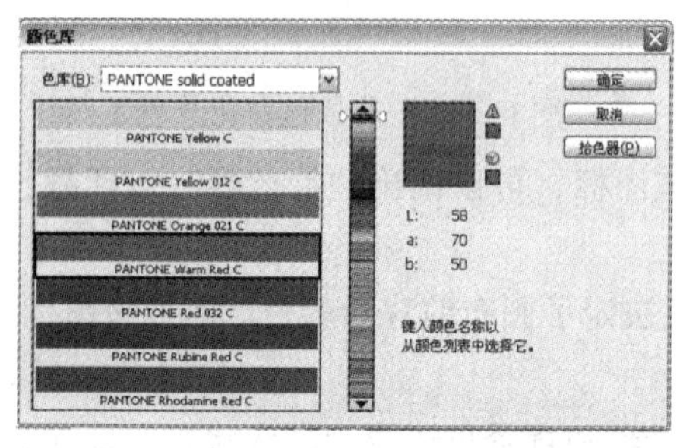

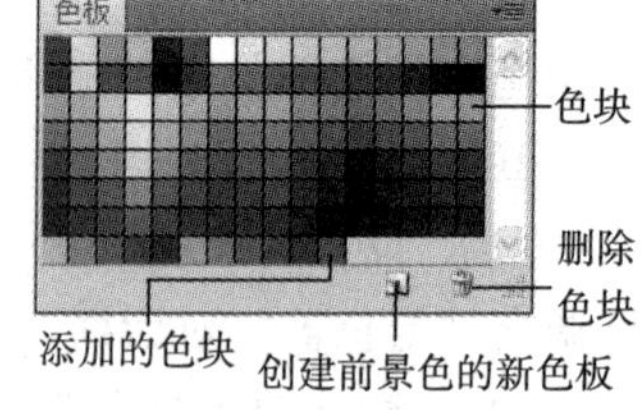

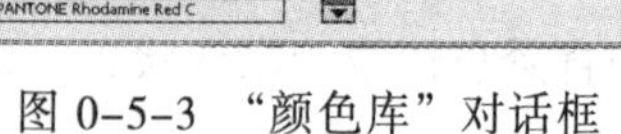

图 0-5-3 “颜色库”对话框　　图 0-5-4 “色板名称”对话框　　图 0-5-5 “色板”面板

3.“色板”面板

“色板”面板如图 0-5-5 所示。单击“色板”面板内的某个色块，即可改变图像的前景色。利用它设置前景色的方法和其他功能如下：

（1）设置前景色：将鼠标指针移到“色板”面板内的色块上，此时鼠标指针变为吸管状，稍等片刻，即会显示出该色块的名称。单击色块，即可将前景色设置为该颜色。

（2）创建新色块：单击“创建前景色的新色板”按钮，即可在“色板”面板最后创建一个与当前前景色颜色一样的色块。

（3）删除原有色块：选中一个要删除的色块后，再单击“删除色块”按钮。将要删除的色块拖动到“删除色块”按钮之上，也可以删除该色块。

（4）“色板”面板菜单的使用：单击“色板”面板右上角的按钮，调出面板菜单，单击菜单中的命令，可更换色板、存储色板、改变色板显示方式等。

4. “样式”面板

“样式”面板如图 0-5-6 所示，它给出了几种典型的填充样式。单击填充样式图标，即可为当前图层内的文字和图像填充相应的内容，获得特殊的效果。单击“样式”面板右上角的按钮，调出“颜色”面板的菜单。单击该菜单中的命令，可以执行相应的操作，主要是添加或更换样式、存储样式、改变“样式”面板显示方式等。

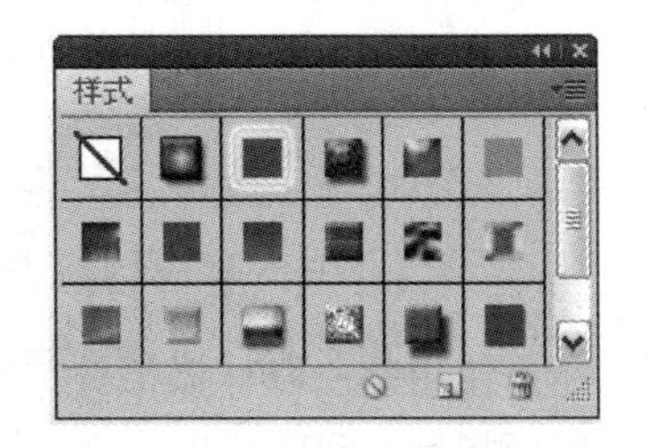

图 0-5-6　“样式”面板

5. “颜色”面板

“颜色”面板如图 0-5-7 所示，通过它可以调整颜色，以设置前景色和背景色。单击“前景色”或“背景色”色块（确定是设置前景色，还是设置背景色），再利用“颜色”面板选择一种颜色，即可设置图像的前景色和背景色。“颜色”面板的使用方法如下：

（1）选择不同模式的“颜色”面板：单击“颜色”面板右上角的按钮，调出“颜色”面板菜单，如图 0-5-8 所示。

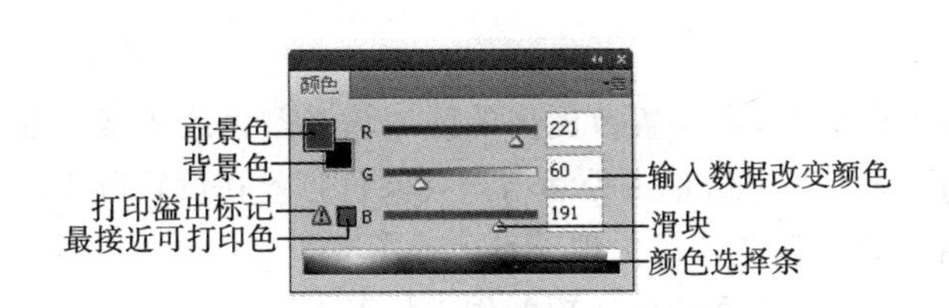

图 0-5-7　“颜色”面板

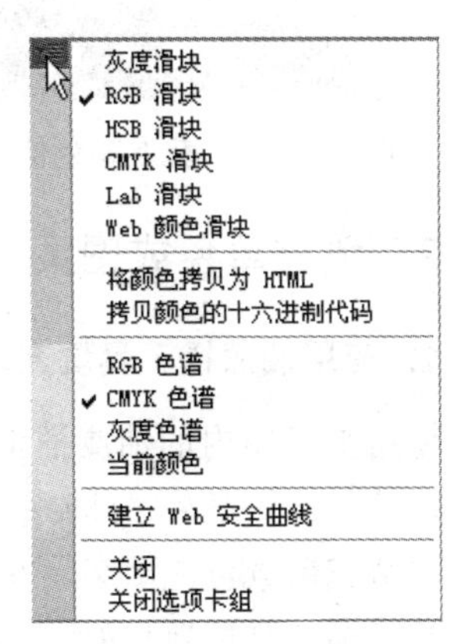

图 0-5-8　“颜色”面板菜单

单击该菜单中的命令，可以执行相应的操作，主要是改变颜色滑块的类型（即颜色模式）和颜色选择条的类型。例如，单击“CMYK 滑块”菜单命令，可使“颜色”面板变为 CMYK 模式的“颜色”面板。

（2）粗选颜色：将鼠标指针移到颜色选择条中，此时鼠标指针变为吸管状。单击一种颜色，可以看到其他部分的颜色和数据也随之发生了变化。

（3）细选颜色：拖动 R、G、B 滑块，分别调整 R、G、B 颜色的深浅。

（4）精确设定颜色：在 3 个文本框内输入数据（0～255），以精确设定颜色。

（5）选择接近的打印色：要打印图像，如果出现打印溢出标记，则单击最接近的可打印色图标。

6. 吸管工具和颜色取样器工具

（1）吸管工具：单击工具箱内的“吸管工具”按钮，此时鼠标指针变为⌖状。单击图像的任意位置处，即可将单击处的颜色设置为前景色。吸管工具的选项栏如图 0-5-9 所示。选择“取样大小”下拉列表框内的选项，可以改变吸管工具取样点的大小。

（2）颜色取样器工具：可以获取多个点的颜色信息。单击工具箱内的“颜色取样器工具”按钮，选项栏如图 0-5-10 所示。在“取样大小”下拉列表框中选择取样点的大小；单击“清除”按钮，可以将所有取样点的颜色信息标记删除。

图 0-5-9　吸管工具的选项栏

图 0-5-10　颜色取样器工具的选项栏

使用颜色取样器工具添加颜色信息标记的方法：单击“颜色取样器工具”按钮，将鼠标指针移到图像中，此时鼠标指针变为十字形状。单击要获取颜色信息的各个点，即可在这些点处产生带数值序号的标记（如），如图 0-5-11 所示。同时“信息”面板给出各取样点的颜色信息，如图 0-5-12 所示。右击要删除的标记，调出它的快捷菜单，再单击菜单中的“删除”命令，可删除一个取样点的颜色信息标记。

图 0-5-11　获取颜色信息的各点

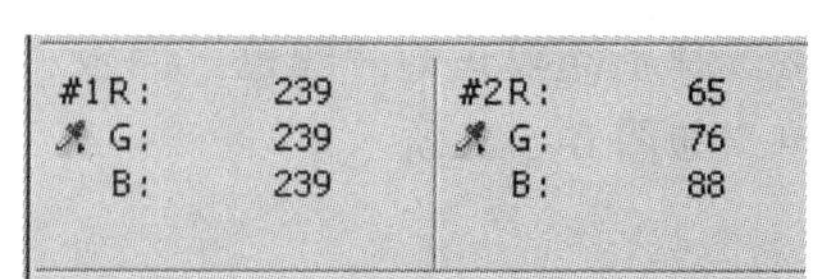

图 0-5-12　“信息”面板的信息

0.5.2　填充单色或图案

1. 使用油漆桶工具填充单色或图案

使用工具箱内的油漆桶工具可以给颜色容差在设置范围内的区域填充颜色或图案。在设置前景色或图案后，只要单击要填充的位置，即可给单击处和与该处颜色容差在设置范围内的区域填充前景色或图案。在创建选区后，只可以在选区内填充颜色或图案。

油漆桶工具选项栏如图 0-5-13 所示，前面没有介绍的选项的作用如下：

图 0-5-13　油漆桶工具选项栏

（1）“填充”下拉列表框：选择“前景”选项后填充的是前景色；选择“图案”选项后填充的是图案，此时“图案”下拉列表框变为有效。

（2）“图案”下拉列表框：单击下拉按钮，可以调出“图案样式”面板，如图 0-5-14 所示，用来设置填充图案。可以更换、删除和新建图案样式。利用面板菜单可以载入图案。

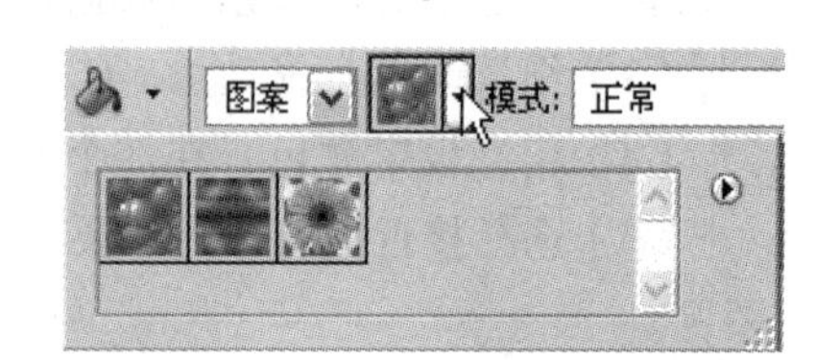

图 0-5-14　“图案”下拉列表框

（3）“容差”文本框：其内的数值决定了容差的大小。容差的数值决定了填充色的范围，其值越大，填充色的范围也越大。

（4）“消除锯齿”复选框：选中它后，可以使填充的图像边缘锯齿减小。

（5）“连续的”复选框：在给几个不连续的颜色容差在设置范围内的区域填充颜色或图案时，如果选中了该复选框，则只给单击的连续区域填充前景色或图案；如果没有选中该复选框，则给所有颜色容差在设置范围内的区域（可以是不连续的）填充颜色或图案。

（6）“所有图层”复选框：选中它后，可在所有可见图层内进行操作，即给选区内所有可见图层中颜色容差在设置范围内的区域填充颜色或图案。

2. 定义填充图案的方法

（1）导入或者绘制一幅不太大的图像。如果图像较大，可以单击“图像”→“图像大小”菜单命令，调出“图像大小”对话框，重新设置图像大小。

（2）选中图像（见图0-5-15），单击“编辑”→“定义图案”菜单命令，调出“图案名称”对话框，在其文本框内输入画笔名称，如“小花”，如图0-5-16所示。单击“确定”按钮，即完成了创建新图案样式的操作。此时，当前“图案样式”面板的最后会增加一个新的图案，如图0-5-14所示。

3. 使用“填充”菜单命令填充单色或图案

单击“编辑”→“填充”菜单命令，调出“填充”对话框，如图0-5-17所示。利用该对话框可以给选区填充颜色或图案。对话框中的“模式”下拉列表框和“不透明度”文本框与油漆桶工具选项栏内的相应选项作用一样。单击“使用”下拉列表框的按钮，可调出使用颜色类型。

图0-5-15　图案

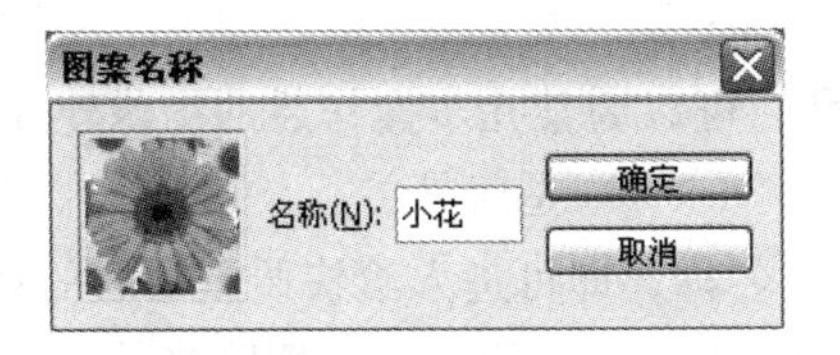

图0-5-16　“图案名称”对话框

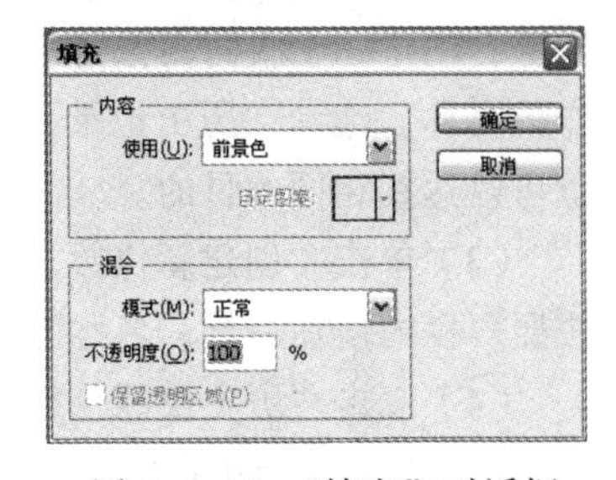

图0-5-17　“填充”对话框

如果选择“图案”选项，则“填充”对话框内的“自定图案”下拉列表框会有效，它的作用与油漆桶工具选项栏内的“图案”下拉列表框的作用一样。

4. 使用快捷键填充单色

（1）用背景色填充：按【Ctrl+Delete】组合键或【Ctrl+Backspace】组合键，可用背景色填充整个画布，如果存在选区，则填充整个选区。

（2）用前景色填充选区：按【Alt+Delete】组合键或【Alt+Backspace】组合键，可用前景色填充整个画布，如果存在选区，则填充整个选区。

5. 使用剪贴板粘贴图像

单击“编辑”→“粘贴”菜单命令，即可将剪贴板中的图像粘贴到当前图像中，同时会在“图层”面板中增加一个新图层，用来存放粘贴的图像。

0.5.3 撤销与重做操作

1. 撤销与重做一次操作

（1）单击“编辑”→“还原××”菜单命令，可撤销刚刚进行的一次操作。

（2）单击“编辑”→“重做××”菜单命令，可重做刚刚撤销的一次操作。

（3）单击“编辑”→“前进一步”菜单命令，可向前执行一条历史记录的操作。

（4）单击“编辑”→“后退一步”菜单命令，可返回一条历史记录的操作。

2. 使用“历史记录”面板撤销操作

“历史记录”面板如图 0-5-18 所示，它主要用来记录用户进行操作的步骤，用户可以恢复到以前某一步操作的状态。使用方法如下：

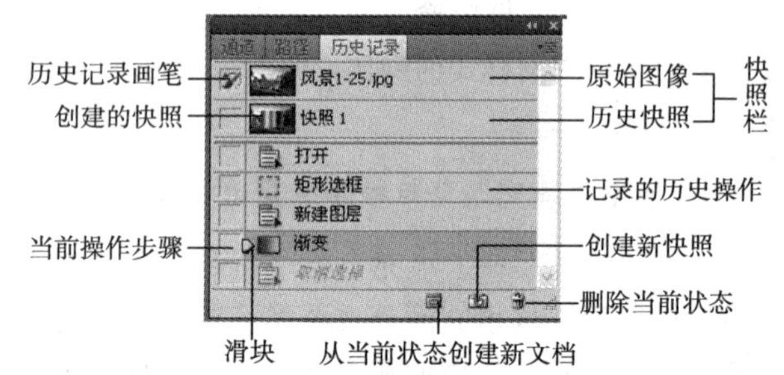

图 0-5-18 “历史记录”面板

（1）单击“历史记录”面板中的某一步历史操作，或用鼠标拖动滑块到某一步历史操作，即可回到该操作完成后的状态。

（2）选中“历史记录”面板中的某一步操作，再单击“从当前状态创建新文档”按钮，即可复制一个快照，创建一个新的图像窗口，保留当前状态，在“历史快照”栏内增加一行，名称为最后操作的名称。拖动“历史记录”面板中的某一步操作到“从当前状态创建新文档”按钮上，也可以达到相同的目的。

（3）单击“创建新快照”按钮，可以为某几步操作后的图像建立一个快照，在“历史快照”栏内增加一行，名称为“快照×”（“×”是序号）。

（4）双击“历史快照”栏内的快照名称，即可进入给快照重命名的状态。

（5）选中“历史记录”面板中的某一步操作，再单击“删除当前状态”按钮，即可删除从选中的操作到最后一个操作的全部操作。用鼠标拖动“历史记录”面板中的某一步操作到“删除当前状态”按钮上，也可以达到相同的目的。

思考与练习 0-5

1. 新建一个宽 200 像素、高 100 像素、背景为白色的画布，再给画布填充金黄色。

2. 打开一幅图像，将该图像调小为宽 80 像素、高 80 像素，利用该图像定义一个名称为“图案 1”的图案。然后，使用两种方法，将整个画面填充“图案 1”图案。

3. 设置前景色为黄色（R=255、G=255、B=0），设置背景色为浅红色（R=255、G=100、B=100）。使用 3 种方法，给一个矩形区域内填充前景色，再填充背景色。

4. 打开一幅图像，在该图像中创建一个椭圆形选区，将该选区内的图像复制到剪贴板中（单击“编辑”→“拷贝”菜单命令）。再新建一个宽 300 像素、高 200 像素、背景色为浅蓝色的图像窗口，创建一个矩形选区，将剪贴板内的图像粘贴入该选区内。

5. 继续在图像中创建选区，填充不同的内容，观察“图层”面板的变化，利用“历史记录”面板撤销与重做部分操作，同时观察图像的变化。

0.6　教学方法和课程安排

本书采用案例带动知识点学习的方法进行讲解，通过学习案例的制作步骤掌握软件的操作方法和技巧。本书以一节（相当于 1～4 课时）为一个教学单元，对知识点进行了细致的舍取和编排，按节细化了知识点，并结合知识点介绍了相关的实例，使知识和实例相结合。除了第 0 章外，每节均由“案例描述”、“设计过程”、“相关知识”和 “思考与练习”4 部分组成。“案例描述”部分介绍了本案例所要达到的效果；“设计过程”部分介绍了案例的制作方法和制作技巧；“相关知识”部分介绍了与本案例有关的知识，具有总结和提高的作用；“思考与练习”部分的练习题作为课外练习，并结合“相关知识”完成总结和提高。

在教学中，可以先通过案例效果介绍案例制作的思路，介绍通过学习本案例可以掌握的主要知识和技术；再边进行案例制作，边学习相关知识和技巧。以后，根据教学的具体情况，可以让学生按照教材介绍进行自学和操作；也可以让学生按照自己的方法完成操作，再与教材中介绍的方法对照。

在一章的教学完成后，可以让学生进行本章后面的综合实训练习，根据本章的学习情况，由学生自己或教师进行评测并给出这一章的学习成绩。

下面提供一种课程安排，仅供参考。总学时 72，每周 4 学时，共 18 周。

周序号	章节	教学内容	课时
1	第 0 章 0.1 ~ 0.4	色彩的基本知识，Photoshop CS5 工作区，文档基本操作，图像显示、定位和改变图像大小，设置前景色和背景色，“拾色器”对话框、“颜色”面板、“色板”和“样式”面板，吸管和颜色取样器工具，粘贴图像，定义填充图案，单色和图案填充，撤销操作	4
2	第 1 章 1.1 ~ 1.3	图像变换和混合模式，Adobe Bridge CS5，切片和网页制作	4
3	第 2 章 2.1 ~ 2.4	使用选框、套索、快速选择和魔棒工具组等工具创建选区，全选和反选，调整选区，羽化选区，编辑和粘贴选区内图像	4
4	第 2 章 2.5 ~ 2.8	渐变色填充和选区变换，扩大选取和选取相似，使用取样颜色或预设颜色选择色彩范围，修改选区和选区描边，使用取样的颜色选择色彩范围，存储和载入选区	4
5	第 3 章 3.1 ~ 3.3	“图层”面板的使用，创建图层和编辑图层、图层组	4
6	第 3 章 3.4 ~ 3.6	添加图层样式和编辑图层效果，编辑混合颜色带和图层样式，创建和编辑图层复合	4
7	第 4 章 4.1 ~ 4.4	滤镜的通用特点，安装外部滤镜，滤镜的一般使用方法，模糊、扭曲、风格化、纹理、像素化等滤镜	4
8	第 4 章 4.5 ~ 4.9	素描、锐化、杂色、其他、艺术效果和渲染滤镜，消失点	4
9	复习考试	期中上机考试，当堂制作作品	4
10	第 5 章 5.1 ~ 5.5	画笔、历史记录画笔、渲染、橡皮擦、图章、修复、形状工具组工具的使用方法，以及“画笔”等面板使用方法	4

续表

周序号	章 节	教 学 内 容	课时
11	第 6 章 6.1 ~ 6.5	图像的色阶、曲线、色彩平衡、亮度/对比度、色相/饱和度、反相和色调、变化、图像通道混合器、图像的渐变映射等的调整方法和操作技巧	4
12	第 7 章 7.1 ~ 7.3	文字工具组工具和图层栅格化，段落和点文本与文字变形，“字符”面板和“段落”面板	4
13	第 8 章 8.1 ~ 8.4	创建和编辑路径的工具，创建和编辑路径，“动作”面板和使用动作，使用动作	4
14	第 9 章 9.1 ~ 9.6	使用钢笔与路径工具组工具创建和编辑快速蒙版，将快速蒙版转换为选区，创建和编辑蒙版，应用“应用图像”和“计算”命令	4
15	第 10 章 10.1、10.2	创建 3D 模型和导入 3D 模型，3D 图层的特点，调整 3D 对象，“3D”面板的设置，使用“动画”面板制作动画等	4
16	案例练习	综合练习、复习	4
17	案例练习	综合练习、复习	4
18		期末上机考试，当堂制作作品	4

第 1 章　图像变换、Bridge 和网页设计

【本章提要】本章介绍了图像变换的方法，设置前景色和背景色的方法，填充单色或图案的方法，混合模式的特点等，初步介绍了输入文字的方法，以及使用 Adobe Bridge CS5（图像浏览器）浏览和批量加工处理图像的方法。Adobe Bridge CS5 是 Adobe Creative Suite 5 的控制中心，可以脱离 Photoshop CS5 单独作为图像浏览器来使用。可以使用 Adobe Bridge 进行文件组织和共享，快速查找图像文件，方便地浏览图像，批量加工图像等。

1.1 【案例 1】儿童摄影之家

案例描述

“儿童摄影之家”图像是一幅摄影广告图像，背景是一幅有黑色线条底纹的立体背景图像；背景图像左上角和右下角有两幅一样的红、绿和蓝三原色混合效果图像；还有 7 幅加工了的宝宝照片图像，其中一幅图像的四周添加了金黄色的立体图像框架；右边是由白色到蓝色渐变的立体标题文字“摄影之家”，如图 1-1-1 所示。

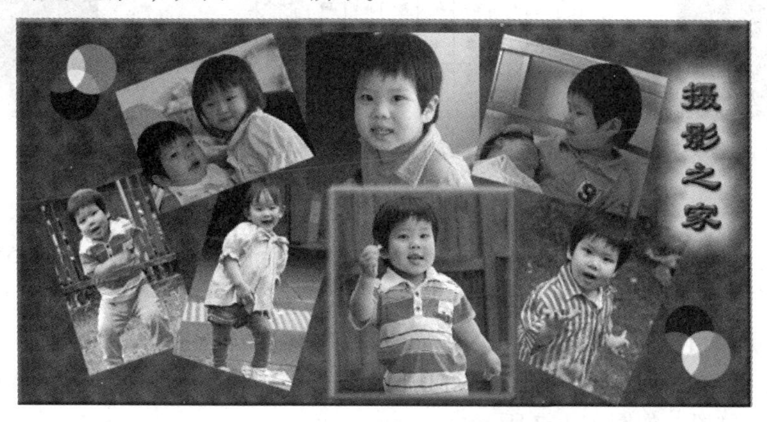

图 1-1-1 “儿童摄影之家”图像的效果图

设计过程

1. 设置画笔笔触

（1）单击工具箱中的“默认前景色和背景色”按钮，再单击“切换前景色和背景色”按

钮，设置背景色为黑色。

（2）单击“文件”→“新建”菜单命令，调出“新建”对话框。在该对话框内，设置“宽度”和“高度”分别为700像素和400像素，背景内容为背景色，分辨率为72像素/英寸，颜色模式为RGB颜色，位数为8位。单击“确定”按钮，新建一个图像窗口。将其以名称“【案例1】儿童摄影之家.psd”保存。

（3）单击工具箱中的“设置前景色”色块，调出“拾色器”对话框。在“拾色器”对话框的“R”文本框内输入255，在“G”文本框中输入0，在“B”文本框中输入0。单击“确定”按钮，设置前景色为红色。

（4）单击工具箱内“画笔工具”按钮，将鼠标指针移到图像窗口内，按住【Alt】键和鼠标右键，同时向右拖动，使画笔笔触变大，如图1-1-2所示。如果向左拖动，笔触会变小。同时观察选项栏左边下拉列表框中的数字变为99，表示画笔笔触为99像素。

（5）右击画布，调出“笔触”面板，调整画笔笔触硬度为100%，如图1-1-3所示。

2. 绘制三原色混色图形

（1）调出“图层”面板，单击该面板底部的“创建新图层”按钮，在“背景”图层上方创建一个新图层“图层1”，同时选中“图层1”。

（2）单击工具箱内的“画笔工具”按钮，在其选项栏内的“模式”下拉列表框中选择“差值”选项。单击图像窗口左上角，绘制一个红色圆形图形，如图1-1-4所示。

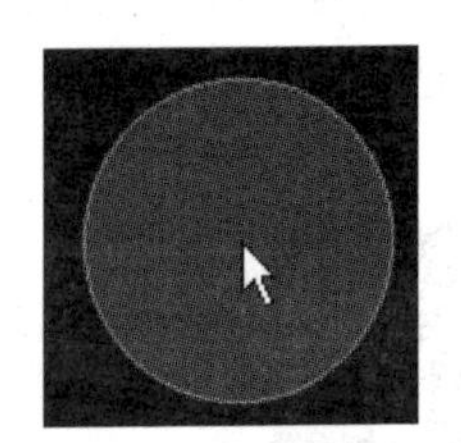

图 1-1-2　笔触大小调整

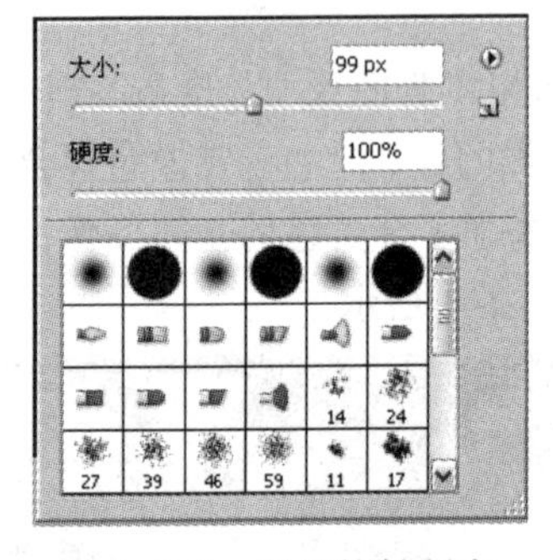

图 1-1-3　调整笔触硬度

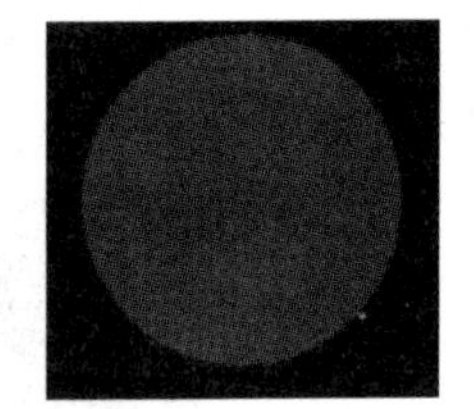

图 1-1-4　圆形图形

（3）设置背景色为绿色（R=0、G=255、B=0），单击红圆右边，绘制一个绿圆形图形，使它与红圆重叠一部分，如图1-1-5所示。设置背景色为蓝色（R=0、G=0、B=255），单击红圆和绿圆下边，绘制一个蓝色圆形，如图1-1-6所示。

（4）单击工具箱内的“移动工具”按钮，选中其选项栏中的“自动选择图层”复选框（保证单击某个对象就可以选中该对象所在的图层，可以移动和调整该对象）。然后拖动调整三原色混色图形的位置，如图1-1-7所示。

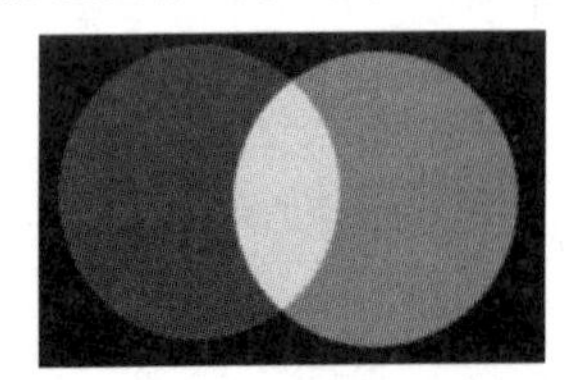

图 1-1-5　红色和绿色圆形叠加

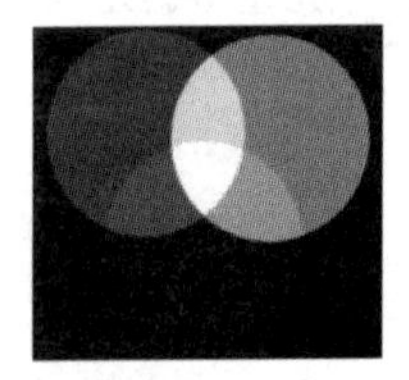

图 1-1-6　三原色混色图形

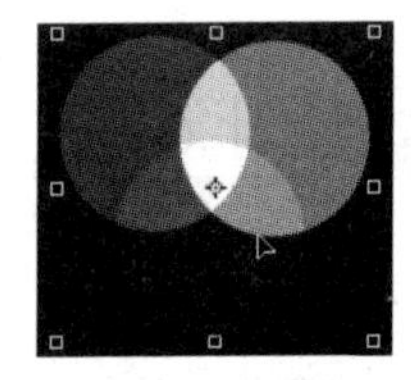

图 1-1-7　移动三原色混色图形

（5）单击“编辑”→“变换”→“缩放”菜单命令，右上角的三原色混色图形四周会出现矩形框和控制柄，可以调整选中图形的大小。为了保证调整图形大小时保持原来的宽高比，可以在其选项栏内的“W”和“H”文本框内分别输入 80%。

（6）按住【Alt】键，同时拖动三原色混色图形，可以复制一份三原色混色图形，此时“图层”面板内会自动增加一个“图层 1 副本”图层，其内是复制的图层。双击“图层 1 副本”图层的名称，进入编辑状态，将名称改为“图层 2”。

（7）拖动复制的三原色混色图形到图像的右下角，单击“编辑”→“变换”→“垂直翻转”菜单命令，使复制的三原色混色图形垂直翻转，如图 1-1-1 所示。

3．输入文字和添加图片

（1）选中“图层”面板内的“图层 2”图层，单击工具箱中的“直排文字工具”按钮，单击图像右上角。在选项栏内设置字体为隶书，字大小为 48 点，在“设置消除锯齿方法”下拉列表框中选择“平滑”选项。单击选项栏内的“设置文本颜色”色块，调出“拾色器”对话框，设置文字的颜色为红色。此时的直排文字工具选项栏如图 1-1-8 所示。输入文字“摄影之家”，如图 1-1-9 所示。

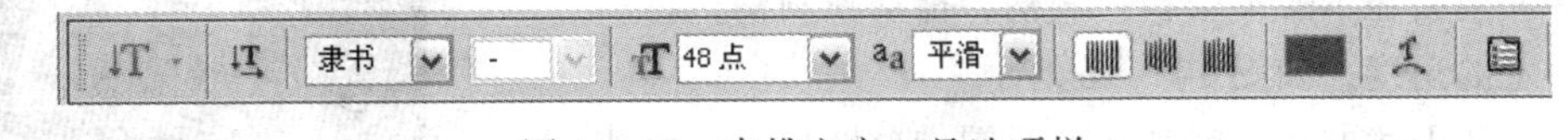

图 1-1-8　直排文字工具选项栏

（2）单击工具箱内的“移动工具”按钮，“图层”面板内会自动增加一个“摄影之家”文本图层，如图 1-1-10 所示。单击“样式”面板中的“雕刻天空（文字）”图标，将该样式应用于选中的文字，如图 1-1-11 所示。此时的“图层”面板如图 1-1-12 所示。

图 1-1-9　文字

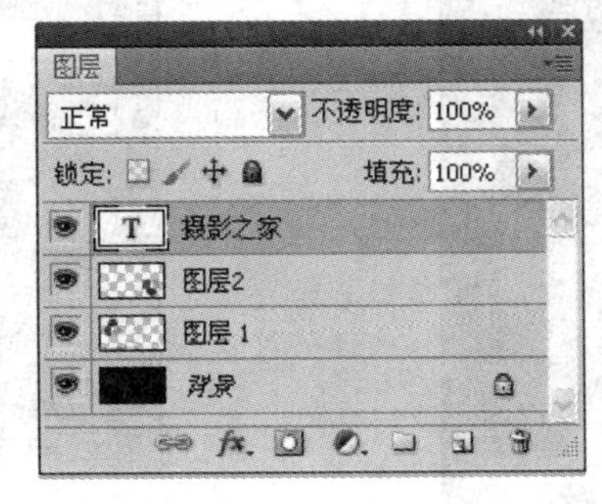

图 1-1-10　“图层”面板

图 1-1-11　添加样式

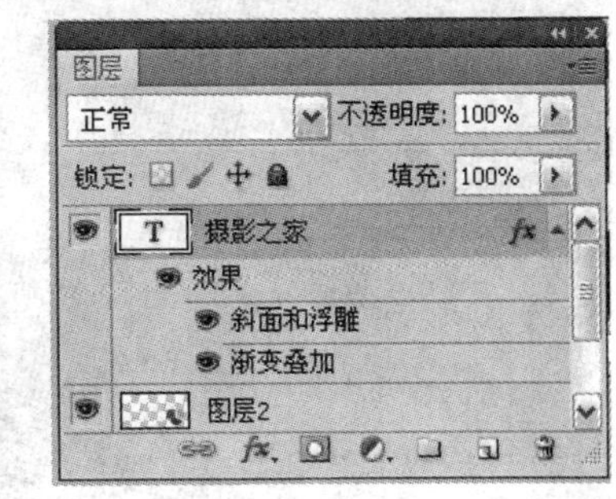

图 1-1-12　“图层”面板

（3）选中“图层”面板内的“图层 2”图层，单击“文件”→“打开”菜单命令，调出“打开”对话框，利用该对话框打开 7 幅宝宝图像。选中其中的一幅宝宝图像（宽 800 像素、高 800 像素），如图 1-1-13 所示。

（4）单击工具箱内的“裁剪工具”按钮，不在其选项栏内的“宽度”和“高度”文本框中输入任何数据。在图像上拖动出一个矩形，创建一个矩形裁剪区域，如图 1-1-14 所示。按【Enter】键，完成图像的裁剪，如图 1-1-15 所示。

（5）单击“图像”→“图像大小”菜单命令，调出“图像大小”对话框，选中“约束比例”复选框，在“宽度”文本框内输入 130，“高度”文本框内的数值会随之变化。单击“确定”

按钮，将图像调小，图像的宽高比例没有改变。

图 1-1-13　一幅宝宝图像

图 1-1-14　裁剪图像

图 1-1-15　裁剪效果

（6）拖动调整好的图像到“【案例 1】儿童摄影之家.psd”图像窗口内，会在该窗口内复制一份图 1-1-15 所示的图像。同时，“图层”面板内会自动添加一个“图层 3”图层，放置复制的图像。

（7）单击“编辑”→“自由变换”菜单命令，选中的宝宝图像四周会显示矩形框和控制柄，拖动控制柄，将图像旋转一定的角度，如图 1-1-16 所示。

图 1-1-16　将图像旋转一定的角度

（8）按照上述方法，将其他 5 幅图像分别加工，拖动复制到“【案例 1】儿童摄影之家.psd”图像窗口内。然后调整它们的大小和旋转角度，最后的效果如图 1-1-17 所示。“图层”面板如图 1-1-18 所示。

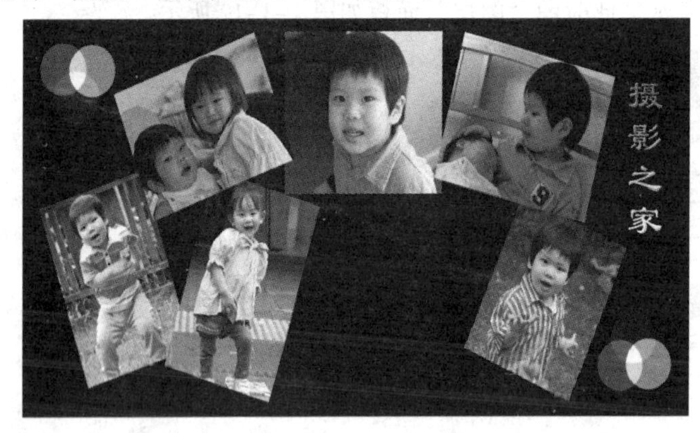

图 1-1-17　添加 6 幅图像

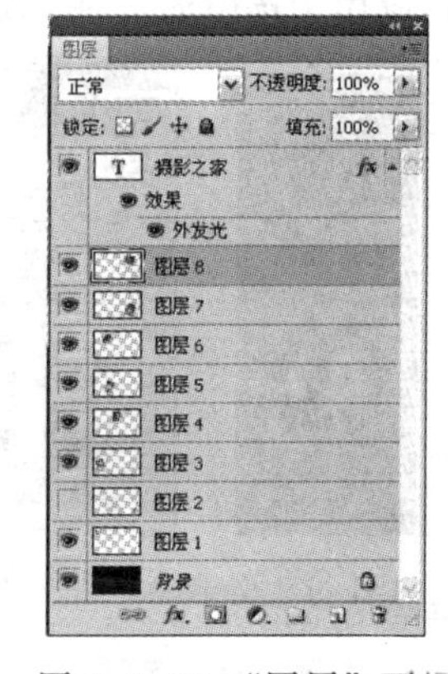

图 1-1-18　“图层”面板

4．修改背景和文字

（1）调出“样式”面板。单击该面板内的按钮，调出“样式”面板菜单，单击该菜单内的“文字效果 2”菜单命令，调出一个提示框，单击该提示框内的“追加”按钮，即可将“文字效果 2”中的多种样式追加到“样式”面板中原来样式的后边。按照这种方法将“文字效果”样式追加到“样式”面板中。

（2）拖动“图层”面板中的“背景”图层至“创建新图层”按钮上，“图层”面板中自动生成一个“背景副本”图层。单击“样式”面板中的“深红色斜面”图标，将该样式应用于该图层，如图 1-1-19 所示。

（3）单击工具箱内的“移动工具”按钮，拖动“图层”面板内的“摄影之家”文本图层到“创建新图层”按钮上，复制一个“摄影之家”文本图层，名称为“摄影之家副本”。选中“摄影之家副本”文本图层，单击“样式”面板内的“鲜红色斜面”图标，使“摄影之家”文字变为红色立体文字。

（4）选中“摄影之家”文本图层，单击“样式”面板内的“喷溅蜡纸”图标，使红色立体文字“摄影之家”四周出现白色光芒，如图 1-1-19 所示。

（5）选中“图层”面板内的“图层 8”图层。打开“宝宝 7.jpg”图像，如图 1-1-29 所示。将该图像的宽度调整为 260 像素，宽高比例不变。将该图像拖动复制到“【案例 1】儿童摄影之家.psd”图像窗口内。调整复制图像的大小和位置，效果如图 1-1-20 所示。

图 1-1-19　修改背景和文字

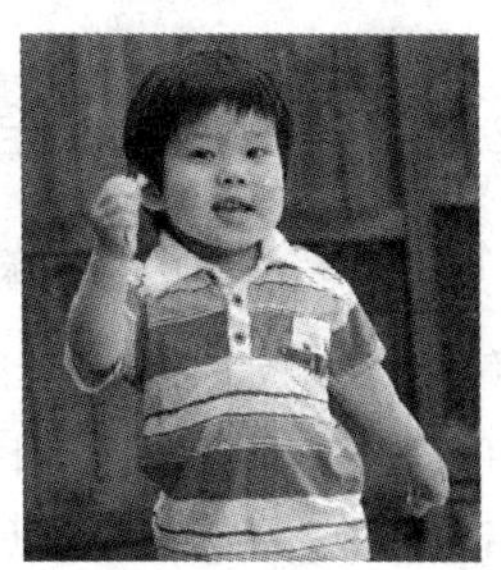

图 1-1-20　“宝宝 7.jpg”图像

5．制作有框架图像

（1）选中“图层 9”图层（“宝宝 7.jpg”图像所在图层），按住【Ctrl】键，单击“图层 9”图层的缩略图，创建一个选中该图层内图像的矩形选区，如图 1-1-21 所示。

（2）单击“选择”→“修改”→“边界”菜单命令，调出“边界选区”对话框，在“宽度”文本框中输入 8，如图 1-1-22 所示。单击“确定”按钮，所得选区如图 1-1-23 所示。

图 1-1-21　创建选区

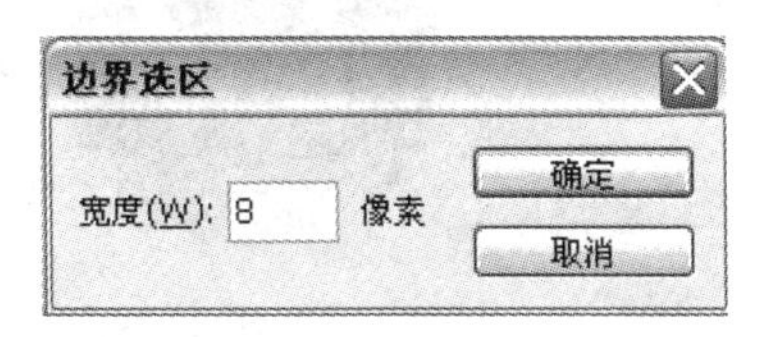

图 1-1-22　“边界选区”对话框

图 1-1-23　边界选区

（3）设置前景色为金黄色，按【Alt+Delete】组合键，给选区填充金黄色，如图 1-1-24 所示。

（4）单击“图层”面板中的“添加图层样式”按钮，调出其菜单，单击该菜单内的“斜面和浮雕”命令，调出“图层样式”对话框，采用默认值，单击“确定”按钮，制作出一个金黄色的立体框架，如图 1-1-25 所示。

（5）按【Ctrl+D】组合键，取消选区，金黄色的立体框架图形效果如图 1-1-26 所示。

图 1-1-24　填充金黄色

图 1-1-25　立体框架

图 1-1-26　取消选区

（6）加工好的图像如图 1-1-1 所示。以名称“【案例 1】儿童摄影之家.psd”保存在“【案例 1】摄影之家”文件夹内。

相关知识——图像变换和混合模式

1. 移动、复制和删除图像

（1）移动图像：单击工具箱内的“移动工具”按钮，鼠标指针变为状，选中“图层”面板内要移动图像所在的图层，即可拖动该图像，如图 1-1-27 所示。如果选中了移动工具选项栏中的“自动选择图层”复选框，则拖动图像时，可以自动选择被拖动图像所在的图层，保证可以移动和调整该对象。

在选中要移动的图像之后，按光标移动键，可以每次移动图像 1 像素。按住【Shift】键的同时按光标移动键，可以每次移动图像 10 像素。

（2）复制图像：按住【Alt】键，同时拖动图像，可以复制图像，此时鼠标指针会变为重叠的黑白双箭头状。复制后的图像如图 1-1-28 所示。如果使用移动工具将画布中的图像移到另一个画布中，则可以将图像复制到其他画布中。

（3）删除图像：使用移动工具，选中选项栏中的“自动选择图层”复选框，单击要删除的图像，同时选中了该图像所在的图层，然后按【Delete】或【Backspace】键，即可将选中的图像删除，同时该图像所在的图层也会被删除。如果图像只有一个图层，则不能够删除图像。

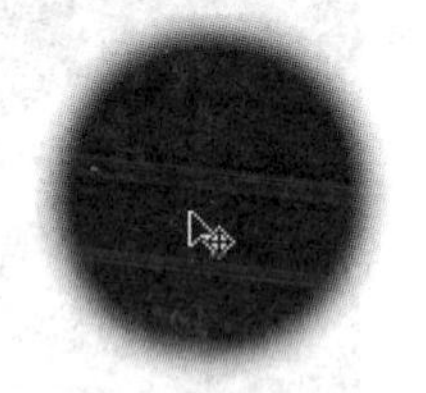

图 1-1-27　移动图像

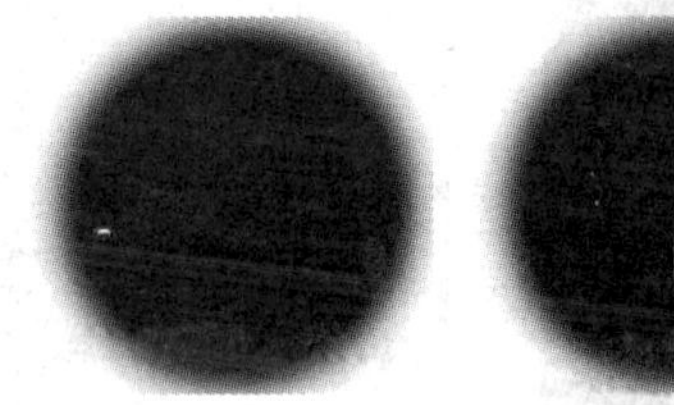

图 1-1-28　复制图像

注意：不能对“背景”图层中的图像进行移动、复制和删除。如果要将“背景”图层内的图像移动、复制和删除，则需要先将“背景”图层转换为常规图层。将“背景”图层转换为常规图层的方法是，双击“背景”图层，调出“新建图层”对话框，再单击该对话框内的“确定”按钮。

2. 变换图像

单击“编辑”→“变换”→“× ×”菜单命令，即可按选定的方式调整选中的图像。其中，

“××”是“变换”子菜单中的命令，如图1-1-29所示。利用该子菜单可以完成选中图像的缩放、旋转、斜切、扭曲和透视等操作。

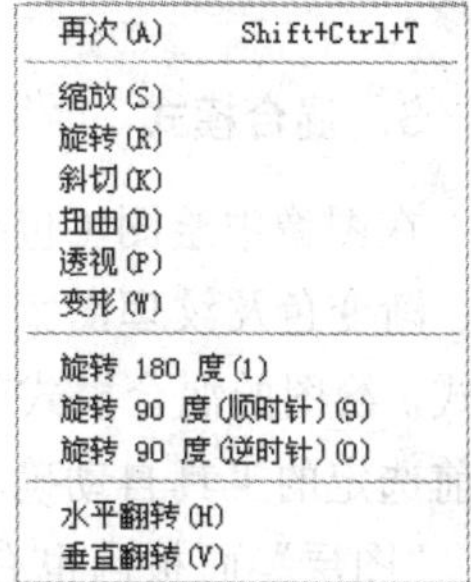

图1-1-29　“变换”子菜单

（1）缩放图像：单击“编辑”→“变换”→“缩放”菜单命令后，选中图像的四周会显示一个矩形框、8个控制柄和中心点标记 ⌖。将鼠标指针移到图像四角的控制柄处，它变为双箭头状，即可拖动调整图像的大小，如图1-1-30所示。

（2）旋转图像：单击“编辑”→“变换”→“旋转”菜单命令后，将鼠标指针移到四角的控制柄处，它会变为弧形的双箭头状，即可拖动旋转图像，如图1-1-31所示。拖动矩形框中间的中心点标记 ⌖，可以改变旋转的中心点位置。

（3）斜切图像：单击“编辑”→“变换”→“斜切”菜单命令后，将鼠标指针移到四边的控制柄处，鼠标指针会添加一个双箭头，即可拖动图像呈斜切状，如图1-1-32所示。按住【Alt】键的同时拖动，可以使选中图像对称斜切。

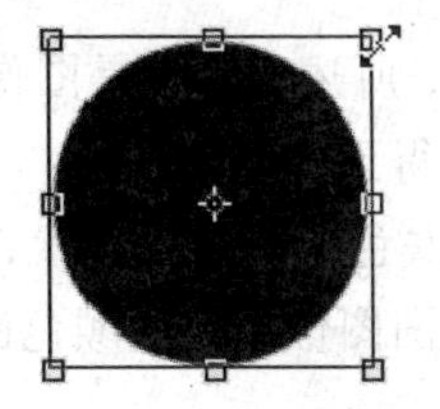
图1-1-30　缩放图像

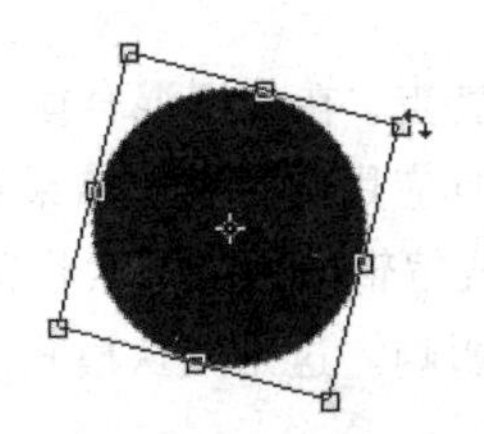
图1-1-31　旋转图像

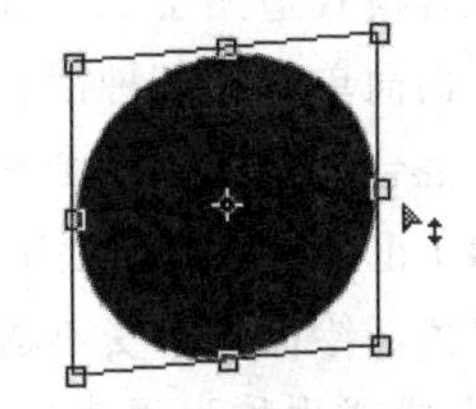
图1-1-32　斜切图像

（4）扭曲图像：单击“编辑”→“变换”→“扭曲”菜单命令后，将鼠标指针移到选区四角的控制柄处，鼠标指针会变成灰色单箭头状，再拖动，即可使选中图像呈扭曲状，如图1-1-33所示。按住【Alt】键的同时拖动，可使选中图像对称扭曲。

（5）透视图像：单击“编辑”→“变换”→“透视”菜单命令后，将鼠标指针移到选中图像四角的控制柄处，鼠标指针会变成灰色单箭头状，再拖动，即可使选中图像呈透视状，如图1-1-34所示。

（6）变形图像：单击“编辑”→“变换”→“变形”菜单命令后，图像上出现网状控制框，再拖动切线控制柄，即可使选中的图像变形，如图1-1-35所示。

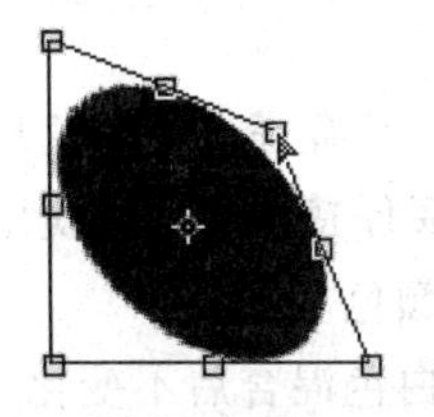
图1-1-33　扭曲图像

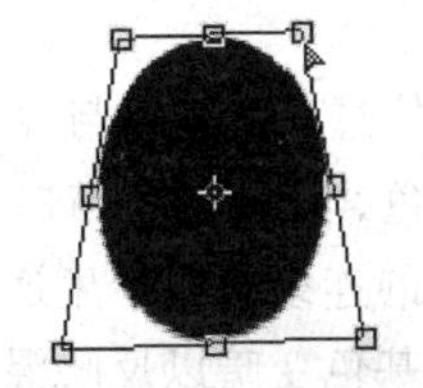
图1-1-34　透视图像

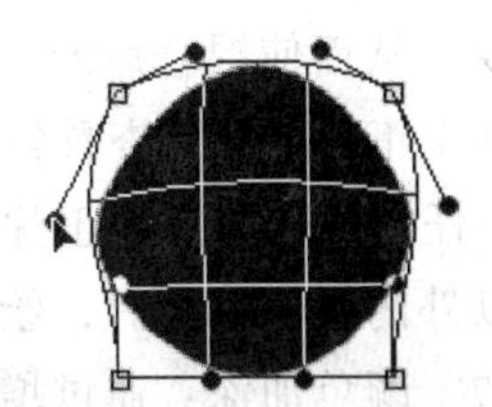
图1-1-35　变形图像

（7）按特殊角度旋转图像：单击“编辑”→“变换”→“水平翻转”菜单命令，即可将选中图像水平翻转。单击“编辑”→“变换”→“垂直翻转”菜单命令，即可将选中图像水平翻转。另外，还可以旋转180°、顺时针旋转和顺逆时针旋转90°。

（8）自由变换图像：单击“编辑”→“自由变换”菜单命令，选中图像的四周会显示矩形框、控制柄和中心点标记，以后可按照上述变换图像的方法（除变形外）自由变换选中的图像。

3. 混合模式

在图像中绘图（包括使用画笔、铅笔、仿制图章等工具绘制图形图像，以及为选区填充单色、渐变色及纹理图案）时，选项栏内都有一个“模式”下拉列表框，用来选择绘图时的混合模式。绘图的混合模式就是绘图颜色与下面原有图像像素混合的方法。可以使用的模式会根据当前选定的工具自动确定。使用混合模式可以创建各种特殊效果。

“图层”面板内也有一个“模式”下拉列表框，它为图层或组指定混合模式，图层混合模式与绘画模式类似。图层的混合模式确定了其像素如何与图像中的下层像素进行混合。

图层没有“清除”和“背后”混合模式。此外，“颜色减淡”、“颜色加深”、“变暗”、“变亮”、“差值”和“排除”模式不可用于 Lab 图像。仅“正常”、“溶解”、“变暗”、“正片叠底”、“变亮”、“线性减淡（添加）”、“差值”、“色相”、“饱和度”、“颜色”、“亮度”、“浅色”和“深色”混合模式适用于 32 位图像。

下面简单介绍各种混合模式的特点。在介绍混合模式的效果时，所述的基色是图像中的原颜色，混合色是通过绘画或编辑工具应用的颜色，结果色是混合后得到的颜色。

（1）正常：当前图层中新绘制或编辑的每个像素将覆盖原来的底色或图像的像素，使其成为结果色。绘图效果受不透明度的影响。这是默认模式。在处理位图图像或索引颜色图像时，“正常”模式也称为阈值。

（2）溶解：编辑或绘制每个像素，使其成为结果色。但是，根据像素位置的不透明度，结果色由基色或混合色的像素随机替换。绘图效果受不透明度的影响。

（3）背后：仅在图层的透明部分编辑或绘画，只能用于非背景图层。此模式仅在取消锁定透明像素的图层中使用，类似于在透明纸的透明区域背面绘画。

（4）清除：只有取消锁定透明像素的图层才能使用此模式，用来清除当前图层的内容。编辑或绘制每个像素，使其透明。此模式可用于形状工具（当选定填充区域时）、油漆桶工具、画笔工具、铅笔工具、“填充”和“描边”菜单命令。

（5）变暗：系统将查看每个通道中的颜色信息（或比较新绘制图像的颜色与底色），并选择基色或混合色中较暗的颜色作为结果色。将替换比混合色亮的像素，而比混合色暗的像素保持不变，从而使混合后的图像颜色变暗。

（6）正片叠底：查看各通道的颜色信息，将基色与混合色进行正片叠底，结果色总是较暗颜色。任何颜色与黑色正片叠底产生黑色，任何颜色与白色正片叠底保持不变。当使用黑色或白色以外的颜色绘画时，绘画工具绘制的连续描边产生逐渐变暗的颜色。

（7）颜色加深：通过增加对比度使基色变暗以反映混合色。与白色混合后不变化。

（8）线性加深：通过减小亮度使基色变暗以反映混合色。与白色混合后不变化。

（9）深色：比较混合色和基色的所有通道值的总和并显示值较小的颜色，从基色和混合色中选择最小的通道值来创建结果颜色。

（10）查看每个通道中的颜色信息，并选择基色或混合色中较亮的颜色作为结果色。比混合色暗的像素被替换，比混合色亮的像素保持不变。

（11）滤色：查看每个通道的颜色信息，并将混合色的互补色与基色进行正片叠底。例如，红色与蓝色混合后的颜色是粉红色。结果色总是较亮的颜色。用黑色过滤时颜色保持不变，用白色过滤将产生白色。该模式类似于将两张幻灯片分别用两台幻灯机同时放映到同一位置，由于有来自两台幻灯机的光，因此结果图像通常比较亮。

（12）颜色减淡：通过减小对比度使基色变亮以反映混合色。与黑色混合不变化。

（13）线性减淡（添加）：增加亮度使基色变亮以反映混合色。与黑色混合不变化。

（14）浅色：比较混合色和基色的所有通道值的总和并显示值较大的颜色。"浅色"模式不会生成第三种颜色（可以通过"变亮"混合获得），因为它将从基色和混合色中选择最大的通道值来创建结果色。

（15）叠加：对颜色正片叠底或过滤，具体取决于基色。颜色在现有像素上叠加，同时保留基色的明暗对比。不替换基色，但基色与混合色相混以反映原色的亮度或暗度。

（16）柔光：新绘制图像的混合色有柔光照射效果。系统将使灰度小于 50%的像素变亮，使灰度大于 50%的像素变暗，从而调整了图像灰度，使图像亮度反差减小。

（17）强光：新绘制图像的混合色有耀眼的聚光灯照在图像上的效果。当新绘制的图像颜色灰度大于 50%时，以"滤色"模式混合，产生加光的效果；当新绘制的图像颜色灰度小于 50%时，以"正片叠底"模式混合，产生暗化的效果。

（18）亮光：通过增加或减小对比度来加深或减淡颜色，具体取决于混合色。如果混合色（光源）比 50%灰色亮，则使图像变亮。如果混合色比 50%灰色暗，则使图像变暗。

（19）线性光：减小或增加亮度来加深或减淡颜色，具体取决于混合色。如果混合色（光源）比 50%灰色亮，则使图像变亮。如果混合色比 50%灰色暗，则使图像变暗。

（20）点光：根据混合色替换颜色。如果混合色比 50%灰色亮，则替换比混合色暗的像素，而不改变比混合色亮的像素。如果混合色比 50%灰色暗，则替换比混合色亮的像素，而比混合色暗的像素保持不变。这对于向图像添加特殊效果非常有用。

（21）实色混合：将混合颜色的红、绿和蓝色通道值添加到基色 RGB 值。如果通道的结果总和大于或等于 255，则值为 255；否则值为 0。因此，所有混合像素的红、绿和蓝色通道值是 0 或 255。这会将所有像素更改为原色：红、绿、蓝、青、黄、洋红、白或黑色。

（22）差值：查看各通道的颜色，从基色中减去混合色，或从混合色中减去基色，具体取决于哪一种颜色的亮度更大。与白色混合将反转基色值，与黑色混合则不变化。

（23）排除：它的混色效果与"差值"模式基本一样，只是图像对比度更低，更柔和一些。与白色混合将反转基色值，与黑色混合则不发生变化。

（24）色相：用基色的明度和饱和度以及混合色的色相创建结果色。

（25）饱和度：用基色的明度和色相以及混合色的饱和度创建结果色。在无饱和度（灰色）的区域使用此模式绘画不会发生任何变化。

（26）颜色：用基色的明度以及混合色的色相和饱和度创建结果色。这样可以保留图像中的灰阶，对于给单色图像上色和给彩色图像着色都非常有用。

（27）明度：用基色的色相和饱和度以及混合色的明度创建结果色。此模式创建与"颜色"模式相反的效果。

思考与练习 1-1

1. 制作一幅“北京旅游”网页的标题栏图像，它是由 6 幅北京名胜图像水平拼接而成的，图像上有立体文字“北京旅游”。

2. 将“【案例 1】儿童摄影之家”图像的画布调整为宽 900 像素，高 600 像素，背景色应仍然为黑色。将左上角的三原色混色图像等比例缩小，再复制两份，分别移到左下角和右上角。再添加 3 幅风景图像，重新布置画面。

3. 参考【案例 1】所述方法，制作另一个“摄影之家”图像，如图 1-1-36 所示。

4. 制作一幅“三补色混合”图像，如图 1-1-37 所示。可以看到，立体彩色框架内有一幅反应黄色、品红色和青色三补色混合效果的图像，右边是带阴影的立体彩色文字。

图 1-1-36 “摄影之家”图像

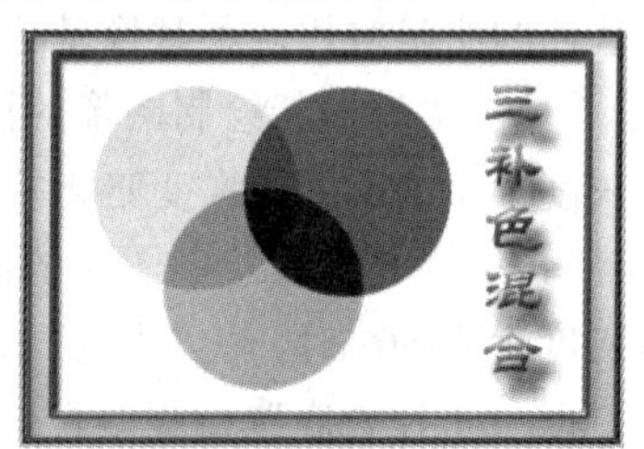

图 1-1-37 “三补色混合”图像

1.2 【案例 2】批量处理图像与合成全景照片

案例描述

该案例由批量处理图像和合成全景照片两部分组成，批量处理图像分 3 部分来完成，首先将“世界名胜”文件夹内的 12 幅图像的名称改为序列名称“世界名胜 01.jpg”……“世界名胜 12.jpg”，然后存放在“世界名胜 1”文件夹中；其次将“世界名胜 1”文件夹内的 12 幅图像统一改为宽度接近 200 像素、高度为 150 像素、格式为 JPG 的图像，保存在“世界名胜 2”文件夹内（系统会自动生成“JPEG”文件夹用于存放 JPG 图像），如图 1-2-1 所示；最后将“世界名胜 2”文件夹内的 12 幅图像各添加一个图像框架，保存在“世界名胜 3”文件夹内。要加工的一幅图像如图 1-2-2 所示，添加框架后的风景图像如图 1-2-3 所示。

图 1-2-1 “世界名胜 2”文件夹内的图像文件

图 1-2-2 要加工的图像

图 1-2-3 加工后的图像

合成全景照片部分是将图 1-2-4 所示的 3 幅照片加工合并成一幅全景照片，如图 1-2-5 所示。

图 1-2-4 3 幅照片图像

图 1-2-5 合成后的全景照片

设计过程

1. 调出 Adobe Bridge 软件

调出 Adobe Bridge 软件的方法有以下两种：

（1）启动 Photoshop CS5，单击“文件”→“在 Bridge 中浏览”菜单命令，即可调出 Adobe Bridge 窗口，如图 1-2-6 所示。

（2）不必启动 Photoshop CS5，单击“开始”按钮，调出“开始”菜单，再单击该菜单中的“所有程序”→“Adobe Bridge CS5”菜单命令。

“收藏集”面板允许创建、查找和打开收藏集和智能收藏集；“内容”窗口用来显示由路径栏、“收藏夹”面板或“文件夹”面板指定的文件；“预览”面板用来显示在“内容”窗口中选中的图像；“文件属性”列表内显示选中图像的相关属性。

菜单栏中有一个“工具”菜单，利用该菜单中的命令可以给图像成批重命名，可以对图像进行批处理，可以建立 PDF 演示文稿、Web 照片画廊等。

2. 批量更改图像名称

（1）单击“文件”→“在 Bridge 中浏览”菜单命令，调出 Adobe Bridge 窗口。选择“世界名胜”文件夹。单击 Adobe Bridge 窗口菜单栏中的“编辑”→“全选”菜单命令，在“内容”窗口内选中“世界名胜”文件夹内的 12 幅图像。

图 1-2-6 Adobe Bridge 窗口

（2）单击“工具”→“批重命名”菜单命令，调出“批重命名”对话框。选中该对话框中的“复制到其他文件夹”单选按钮，此时会显示出一个“浏览”按钮，如图 1-2-7 所示（还没有设置）。

（3）单击“浏览”按钮，调出“浏览文件夹”对话框，选中目标文件夹“世界名胜 1”，如图 1-2-8 所示。单击“确定”按钮。

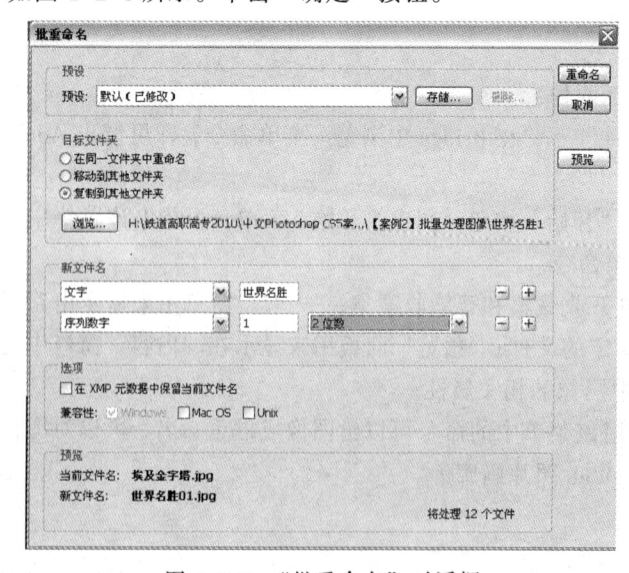

图 1-2-7 “批重命名”对话框

图 1-2-8 “浏览文件夹”对话框

（4）“新文件名”栏内原来有 4 行，单击第二行和第三行的⊟按钮，取消这两行命名选择，在第一行的下拉列表框中选择“文字”选项，在第一行文本框中输入“世界名胜”；在第二行第一个下拉列表框中选择“序列数字”选项，在文本框内输入 1，在第二个下拉列表框内选择“2 位数”选项。设置好的“批重命名”对话框如图 1-2-7 所示。

单击⊞按钮，可增加一行选项；单击⊟按钮，可删除对应行的选项。“批重命名”对话框的“预览”栏中会显示第一幅图像原来的名称，以及更名后该图像的名称。

（5）单击“批重命名”对话框中的“重命名”按钮，即可自动完成重命名工作。

3. 批量改变图像大小

（1）调出 Adobe Bridge 窗口。选中“世界名胜 1”文件夹内的所有图像。单击“工具”→“Photoshop”→“图像处理器”菜单命令，调出“图像处理器”对话框。

（2）选中“选择文件夹”按钮左边的单选按钮，单击“选择文件夹”按钮，调出“选择文件夹”对话框，利用该对话框选择加工后的图像所存放的“世界名胜 2”文件夹，如图 1-2-9 所示。单击“确定”按钮，返回“图像处理器”对话框，如图 1-2-10 所示。

图 1-2-9　“浏览文件夹”对话框

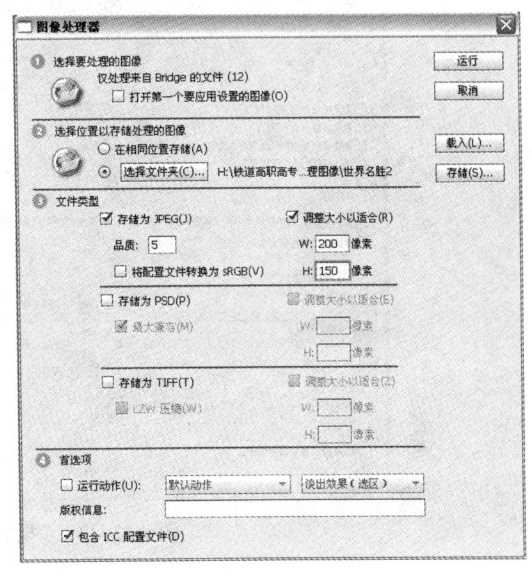

图 1-2-10　“图像处理器”对话框

（3）选中“图像处理器”对话框“文件类型”栏内的“存储为 JPEG”和“调整大小以适合”复选框。

（4）在“W”文本框内输入加工后图像的宽度 200 像素，在“H”文本框内输入加工后图像的高度 150 像素。在处理图像时，Photoshop 会根据源图像的宽高比，保证图像宽高比不变、高度为 150 像素的情况下，自动进行调整到与设定值接近。

（5）单击“图像处理器”对话框内的“运行”按钮，即可将选中的图像均调整为符合要求的大小，格式统一为 JPG，保存在“世界名胜 2”文件夹的“JPEG”文件夹中。

4. 批量给图像加框架

（1）为了给“批处理”对话框的“动作”下拉列表框添加“画框”动作，单击“动作”面板内右上角的▾☰按钮，调出面板菜单，单击该菜单中的“画框”命令，将外部的“画框.atn”动作载入到“动作”面板中。

（2）调出 Adobe Bridge 窗口。选中“世界名胜 2\JPEG”文件夹中的 12 幅图像。

（3）单击“工具”→“Photoshop”→“批处理”菜单命令，调出“批处理”对话框。在“组”下拉列表框中选择“画框”选项，在“动作”下拉列表框中选择“拉丝铝画框”选项，在“源”下拉列表框中选择“Bridge”选项，在“目的”下拉列表框中选择“文件夹”选项，此时“文件命名”栏各项变为有效。

（4）单击“选择”按钮，调出“浏览文件夹”对话框，利用该对话框选择加工后的图像所保存的 “世界名胜 3”目标文件夹。如果不在“目标”下拉列表框中选择“文件夹”选项，则默认的目标文件夹即为原图像所在的文件夹。

（5）单击“浏览文件夹”对话框内的“确定”按钮，返回“批处理”对话框，此时“选择”按钮的右侧会显示出目标文件夹的路径，如图 1-2-11 所示。

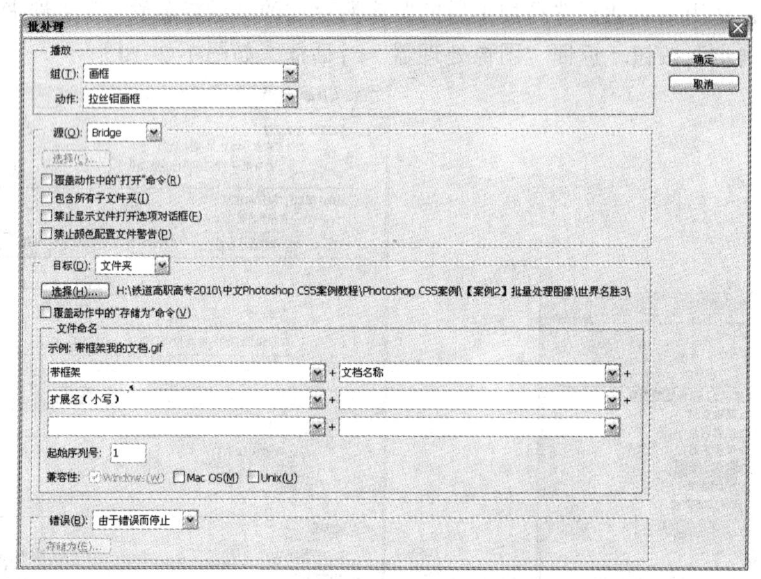

图 1-2-11 “批处理”对话框

（6）如果要更改文件的名称，可以在“文件命名”栏内进行设置。在“文件命名”栏内的第一个下拉列表框中输入“带框架”，在第二个下拉列表框中选择“文档名称”选项，在第三个下拉列表框中选择“扩展名（小写）”选项，如图 1-2-11 所示。加工后的新图像扩展名为“.psd”。

（7）单击“批处理”对话框内的“确定”按钮，开始加工图像。如果出现一些提示框或对话框，可按【Enter】键，或者根据内容，单击“继续”、“保存”或“确定”按钮。

5. 合成全景照片

（1）将“C:\Program Files\Adobe\Adobe Photoshop CS5\示例\Photomerge”目录下的 3 幅照片图像（如图 1-2-12 所示）复制到“【案例 2】合成全景照片”文件夹中。

（2）调出 Adobe Bridge 窗口，选择“【案例 2】合成全景照片”文件夹。按住【Ctrl】键，同时选中“内容”窗口内的“照片 1.jpg”、“照片 2.jpg”和“照片 3.jpg”图像文件。

（3）单击 Adobe Bridge 窗口内的“工具”→“Photoshop”→“Photomerge”菜单命令，调出“Photomerge”对话框，如图 1-2-12 所示。利用“Photomerge”对话框可以进行一些设置，此处采用默认设置，即选中“自动”单选按钮，单击“确定”按钮，关闭该对话框，调出 Photoshop CS5，自动加工图像，最后效果如图 1-2-13 所示。

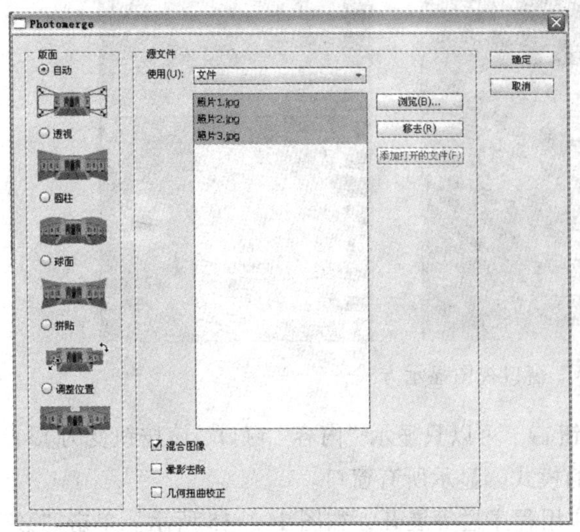

图 1-2-12　“Photomerge”对话框

图 1-2-13　加工后的图像

（4）可以看到，Photoshop CS5 已经将 3 幅图像拼接好了。如果图像拼接不好，需要重新调整图像的大小，然后重新进行图像拼接。

（5）调整该图像大小，在保证原图像宽高比不变的情况下，将宽度调整为 1 000 像素。

（6）使用裁剪工具对图像进行裁剪，如图 1-2-5 所示。将加工后的图像以名称“【案例 2】合成全景照片.psd”保存在“【案例 2】合成全景照片”文件夹内。

相关知识——Adobe Bridge CS5

1. Adobe Bridge 缩略图视图显示方式

（1）调整窗口大小：Adobe Bridge 窗口内有多个窗口和面板，拖动各窗口之间的分隔边框，可以调整各窗口的大小。拖动 Adobe Bridge 窗口边框，可调整该窗口的大小。

（2）改变“内容”窗口内图像的大小：拖动视图切换栏内的缩览图滑块，可以调整“内容”窗口内图像的大小；单击视图切换栏内的“较小的缩览图大小”按钮，可以使“内容”窗口内的图像变小；单击“视图切换”栏内的“较大的缩览图大小”按钮，可以使“内容”窗口内的图像变大。

（3）改变“内容”窗口中图像的显示方式：单击“单击锁定缩览图网格”按钮，可以在“内容”窗口中显示分隔图像的网格，如图 1-2-14 左图所示；单击“以缩览图形式查看内容”按钮，可以在“内容”窗口内以缩略图方式显示图像，如图 1-2-14 左图所示；单击“以详细信息形式查看内容”按钮，可以在“内容”窗口中以详细信息方式显示图像，如图 1-2-14 中图所示；单击“以列表形式查看内容”按钮，可以在“内容”窗口中以列表方式显示图像，如图 1-2-14 右图所示。

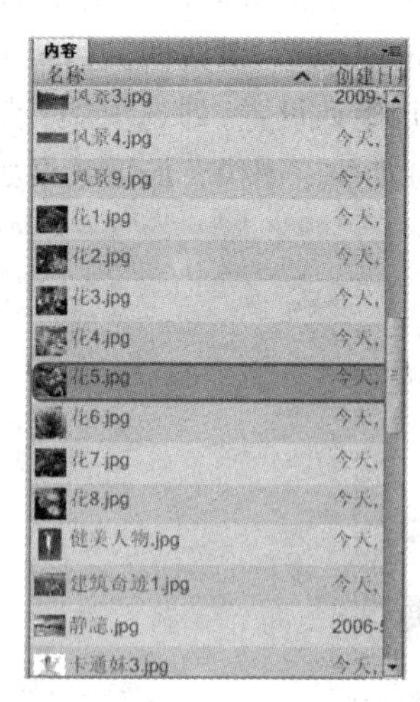

图 1-2-14 “内容”窗口视图显示方式

（4）单击右上角的“切换到紧凑模式”按钮，可以只显示“内容”窗口，该按钮变为；再单击“完整模式”按钮，可以回到原来的模式，显示所有窗口。

（5）将 Adobe Bridge 窗口调宽，此时的应用程序栏等展开，如图 1-2-15 所示。单击“必要项”、“胶片”和“元数据”等按钮，可以切换 Adobe Bridge 窗口的显示方式。

图 1-2-15 应用程序栏等展开后的效果

2. 利用 Adobe Bridge 窗口打开图像

（1）在“文件夹”或“收藏夹”面板中选中图像文件所在的文件夹，再选中“内容”窗口内的一幅图像，可在“预览”面板内看到选中图像的预览图像。

（2）单击 Adobe Bridge 窗口菜单栏中的“编辑”→“全选”菜单命令，即可将“内容”窗口内的所有图像选中。按住【Shift】键，单击起始图像，再单击终止图像，可以选中连续的图像。按住【Ctrl】键，单击“内容”窗口内的图像，可以同时选中多幅图像。

（3）如果要加工某一幅图像，可以在 Adobe Bridge 窗口内找到该图像，然后双击该图像或将该图像拖动到 Photoshop CS5 选项栏下方的空白处（即文档窗口选项卡所在灰色矩形条空白处）即可。

3. 文件夹和图像文件基本操作

（1）添加文件夹：单击工具栏内的“创建新文件夹”按钮。

（2）删除文件夹：选中要删除的文件夹，再单击工具栏内的“删除项目”按钮。

（3）删除图像文件：选中要删除的文件（不是只读文件），单击“删除”按钮。

（4）向收藏夹中添加文件夹：单击“文件”→“添加到收藏夹”菜单命令，即可将当前的文件夹添加到收藏夹中。在“收藏夹”面板内可以看到添加的文件夹。

（5）显示最近使用的文件和转到最近访问的文件夹：单击应用程序栏内的按钮，调出其菜单，单击该菜单内的相应命令。例如，单击该菜单内的“显示最近使用的所有文件”命令，可以显示最近使用的所有文件。

（6）筛选图像文件：可以根据“过滤器”面板内设置的条件，在“内容”窗口中显示符合条件的图像文件。单击“过滤器”面板内的▶按钮，可以展开参数选项，进行选择。

（7）利用路径栏选择文件夹：路径栏会显示正在查看的文件夹的路径，允许导航到该目录。单击路径栏内各级路径的按钮，可以调出该级文件夹名称，单击文件夹名称，即可切换到相应的文件夹。

（8）将资源管理器或“我的电脑”中的文件夹或文件拖动到“预览”面板内，可以导航到 Adobe Bridge 窗口中的该文件夹或文件，使“内容”窗口显示该文件夹下的内容。

4．查找图像文件

（1）按照条件查找图像文件：单击“编辑”→“查找”菜单命令，调出“查找”对话框，如图 1-2-16 所示。利用该对话框选择要查找的文件夹，设置查找的条件，单击“查找”按钮，即可找出符合条件的图像文件。单击按钮，可以添加条件。

（2）为项目（图像文件或文件夹）添加等级和标签：其目的是给项目分类，便于分类浏览。在添加标签和等级前应先在“内容”窗口内选中要加工的项目。具体方法如下：

◎ 为项目添加等级：选中要添加等级的项目（图像文件或文件夹），单击“标签”菜单，调出“标签”菜单命令，如图 1-2-17 所示。单击“*”（或其他多个“*”）菜单命令，即可给选定的项目添加“*”标记，即确定选定项目的等级，如图 1-2-18 所示。

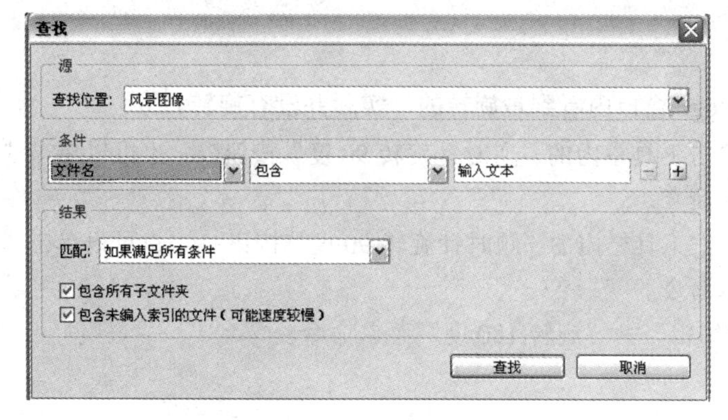

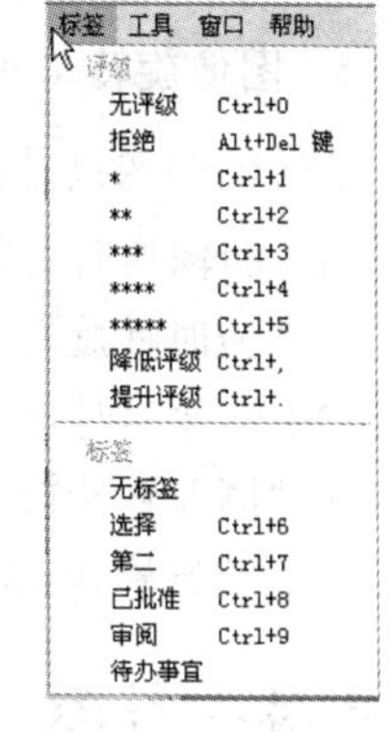

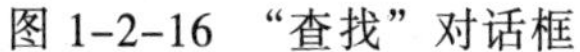
图 1-2-16　“查找”对话框

图 1-2-17　“标签”菜单

◎ 为项目添加标签：选中要添加标签的项目，单击“标签”→“选择”（或“第二”、“已批准”等）菜单命令，为项目添加不同颜色的标签，如图 1-2-19 所示。

◎ 为项目添加“拒绝”标记：选中要添加“拒绝”标记的项目，单击“标签”→“拒绝”菜单命令，项目即可添加“拒绝”标记，如图 1-2-20 所示。

（3）筛选项目：单击工具栏内的“按评级筛选项目”按钮，调出“按评级筛选项目”菜单，如图 1-2-21 所示。单击其内的菜单命令，可在“内容”窗口中显示相关项目。例如，单击“显示 1 星（含）以上的项”菜单命令，可显示 1 星及以上等级的项目。

（4）项目排序显示：单击工具栏内的“按文件名排序”按钮 按文件名排序，调出其菜单，如图 1-2-22 所示。单击该菜单内的命令，即可按相应的要求在“内容”窗口中排序显示项目。单击“升序”按钮，即可在“内容”窗口中按照文件名升序排序，同时该按钮变为“降序”按钮；单击“降序”按钮，即可在“内容”窗口中按照文件名降序排序，同时该按钮变为“升序”按钮。

图 1-2-18　添加等级标记

图 1-2-19　添加不同颜色标签

图 1-2-20　添加“拒绝”标记

按文件名排序
清除筛选器 Ctrl+Alt+A
仅显示已拒绝的项
仅显示未评级的项
显示 1 星（含）以上的项 Ctrl+Alt+1
显示 2 星（含）以上的项 Ctrl+Alt+2
显示 3 星（含）以上的项 Ctrl+Alt+3
显示 4 星（含）以上的项 Ctrl+Alt+4
显示 5 星的项 Ctrl+Alt+5
仅显示已标记的项
仅显示未标记的项

图 1-2-21　“按评级筛选项目”菜单

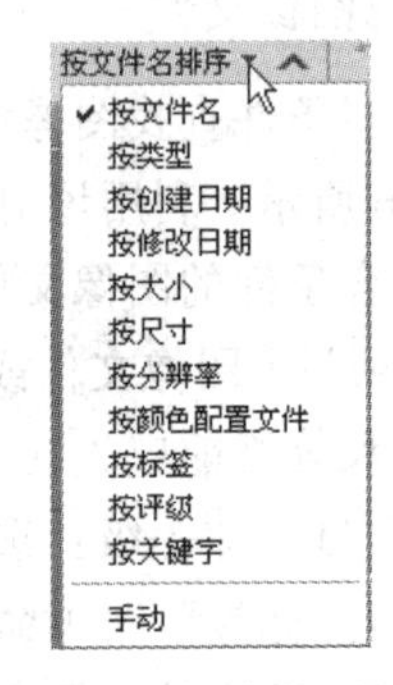

图 1-2-22　“按文件名排序”菜单

5. **图像旋转**

旋转的图像只是在 Adobe Bridge 窗口内看到是旋转的，实际并没有旋转。

（1）图像逆时针旋转 90°：单击工具栏内的“逆时针旋转 90 度”按钮，也可以单击“编辑”→“逆时针旋转 90 度”菜单命令。

（2）图像顺时针旋转 90°：单击工具栏内的“顺时针旋转 90 度”按钮，也可以单击“编辑”→“顺时针旋转 90 度”菜单命令。

（3）图像旋转 180°：单击“编辑”→“旋转 180 度”菜单命令。

思考与练习 1-2

1. 将图 1-2-23 所示 3 幅照片加工合并成一幅全景照片，如图 1-2-24 所示。

图 1-2-23　3 幅照片

2. 将“TU”文件夹内的所有图像自动更名为“TU01.jpg”、“TU02.jpg”……“TU10.jpg”，

保存在"TU1"文件夹内。将所有图像宽改为 100 像素，高接近于 80 像素。

图 1-2-24　合成后的全景照片

3. 用数码照相机在一个风景区照 3 张不同位置又相互连接的照片（可以有部分图像重叠），然后用 Bridge 将这 3 幅照片连接成一幅照片。

1.3　【案例 3】世界名胜图像浏览网页

案例描述

世界名胜图像浏览网页的画面如图 1-3-1 所示。将鼠标指针移到框架内的图像上，鼠标指针会变为小手状。单击即可调出相应的大图像，如图 1-3-2 所示。

图 1-3-1　世界名胜图像浏览网页的主页画面

图 1-3-2　大图像网页

设计过程

1. 制作主页画面

（1）将"【案例 2】批量处理图像"文件夹内的"世界名胜"和"世界名胜 3"文件夹复制到"【案例 3】世界名胜图像浏览网页"文件夹内。

（2）按照【案例 2】中介绍的批量改变图像大小的方法，调出 Adobe Bridge 窗口，选中"世界名胜 3"文件夹内的所有图像，然后单击"工具"→"Photoshop"→"图像处理器"菜单命令，调出"图像处理器"对话框。选中"在相同位置内存储"单选按钮，其他设置与图 1-2-10

所示一样。单击“运行”按钮，在“世界名胜 3”文件夹的“JPEG”文件夹中保存调整大小后的 12 幅格式为 JPG 的相同内容图像。

（3）新建宽度为 820 像素、高度为 470 像素、模式为 RGB 颜色、背景为白色的图像。

（4）打开“世界名胜 3\JPEG”文件夹中的 12 幅小图像文件。使用工具箱中的移动工具，依次将 12 幅图像拖动到新建图像窗口中，复制 12 幅图像。调整复制图像的位置，如图 1-3-3 所示。将 12 幅小图像关闭。

（5）选中“图层”面板内的“图层 12”图层，单击工具箱中的“直排文字工具”按钮，单击图像窗口右上角。在其选项栏内设置字体为隶书、字大小 48 点、“平滑”、红色，然后输入文字“世界名胜图像”，如图 1-3-3 所示。“图层”面板内会自动增加一个“世界名胜图像”文本图层。单击“样式”面板中的“日落天空”图标，将该样式应用于选中的文字，如图 1-3-3 所示。

（6）单击“图层”面板中“背景”图层的眼睛图标，使眼睛图标消失。再单击“图层”→“合并可见图层”菜单命令，将除“背景”图层外的所有图层合并。

图 1-3-3　12 幅世界名胜图像

2. 制作切片和建立网页链接

（1）打开“世界名胜”文件夹内的 12 幅大图像。其中有 3 幅图像的格式是 BMP，保留这 3 幅图像原来的名称，将扩展名改为.jpg，保存为 JPG 格式的图像。

（2）选中“长城”图像，单击“文件”→“存储为 Web 和设备所用格式”菜单命令，调出“存储为 Web 和设备所用格式”对话框，如图 1-3-4 所示。利用该对话框可以将图像优化，减少文件的字节数。

（3）单击该对话框中的“存储”按钮，调出“将优化结果存储为”对话框。在该对话框内，选择保存在“【案例 3】世界名胜图像浏览网页”文件夹中，在“格式”下拉列表框中选择“HTML 和图像”选项，在“文件名”文本框中输入文件的名字“长城.html”。单击“保存”按钮，即可将“长城”图像保存为网页文件（图像以 GIF 格式保存在“【案例 3】世界名胜图像浏览网页”文件夹内的“images”文件夹中。

（4）按照上述方法，将其他 11 幅图像也保存为网页文件（HTML 文件和 GIF 图像文件），文件名称分别为“白宫.htmll”……“布达拉宫.html”。然后关闭这 12 幅图像。

（5）选中“图层”面板中图像所在的图层，单击工具箱内的“切片工具”按钮，在选项栏的“样式”下拉列表框中选择“正常”选项，再在图像中拖动鼠标，选中左上角第一幅图像，即可创建切片。按照相同的方法，使用切片工具 为其他 11 幅图像创建独立的切片，最后效果如图 1-3-5 所示。

图 1-3-4　“存储为 web 所用格式”对话框

（6）右击第一图像，调出快捷菜单，单击该菜单中的“编辑切片选项”命令，调出“切片选项”对话框。在该对话框的“URL”文本框中输入要链接的网页名称“长城.html”，在“信息文本”文本框内输入“长城”，如图 1-3-6 所示。单击“确定”按钮，即可建立该切片与当前目录下名称为“长城.html”网页文件的链接。

图 1-3-5　将 12 幅图像创建成切片

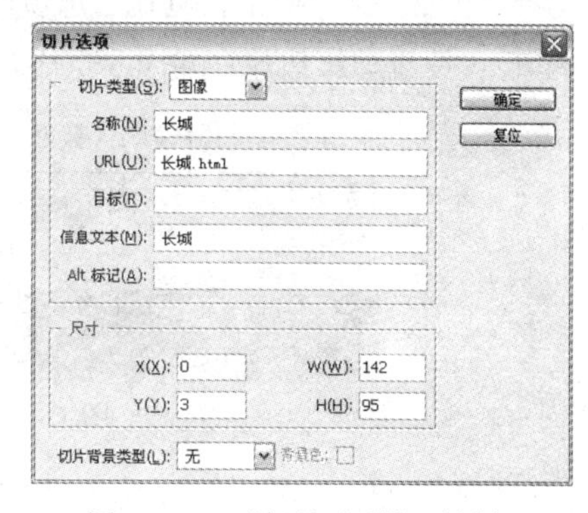

图 1-3-6　“切片选项”对话框

（7）按照上述方法，建立其他 11 幅图像切片与相应网页文件的链接。

（8）将加工的图像保存。单击“文件”→“存储为 Web 和设备所用格式”菜单命令，调出“存储为 Web 和设备所用格式”对话框。将该图像以名称“【案例 3】世界名胜图像浏览网页.html”保存。

相关知识——切片和网页制作

1. 切片和切片工具选项栏

（1）切片：是图像中的一块矩形区域，可以使用切片将源图像分成许多的功能区域。使用切片，可以在关联的 Web 页中创建链接、翻转和动画。将图像划分为切片，能够更好地控制图像的功能和文件大小。在存储图像和 HTML 文件时，每个切片都会作为独立文件存储，并具有自己的设置和颜色面板，以及保留正确的链接、翻转效果和动画效果。

在处理包含不同类型数据的图像时，切片也很重要。例如，希望为图像某个区域加动画效果（需 GIF 格式），但想以 JPEG 格式优化图像的其余部分，则可使用切片来隔离动画。

（2）切片工具选项栏：切片工具的作用是将图像切分出几个矩形热区切片。切片工具的选项栏如图 1-3-7 所示（存在参考线时），各选项的作用如下：

图 1-3-7　切片工具的选项栏

◎ “样式”下拉列表框：用来设置切片长宽限制的类型。它有 3 个选项：“正常”（自由选取）、“固定长宽比”、“固定大小”（固定切片的长宽数值）。
◎ “宽度”和“高度”文本框：在“样式”下拉列表框内选择“固定长宽比”或“固定大小”选项后，用来输入“宽度”和“高度”的比值或大小。
◎ “基于参考线的切片”按钮：在图像内创建参考线后，该按钮有效。单击该按钮，即可自动给由参考线划分的各个矩形区域添加切片。

2. 用户切片和自动切片

单击工具箱内的“切片工具”按钮，再在图像窗口内拖动鼠标（在“样式”下拉列表框中选择“正常”或“固定长宽比”选项时）或单击（在“样式”下拉列表框中选择“固定大小”选项时），即可创建切片，如图 1-3-8 所示。

图 1-3-8　用户切片和自动切片

切片分为用户切片和自动切片，用户切片是用户自己创建的，自动切片是系统自动创建的，用来占据图像的其余区域。用户切片由实线定义，而自动切片由虚线定义。用户切片的外框线颜色与自动切片的外框线颜色不同，而且是高亮蓝色显示。每种类型的切片都显示不同的图标。右击自动切片，调出快捷菜单，单击该菜单中的“提升到用户切片”命令，即可将自动切片转换为用户切片。

3. 切片的超链接

右击用户切片，调出快捷菜单，单击该菜单中的“编辑切片选项”命令，即可调出“切片选项”对话框。在“URL”文本框中输入网页的 URL，即可建立切片与网页的超链接。

如果在“切片类型”下拉列表框中选择“无图像”选项，则“切片选项”对话框如图 1-3-9 所示。可在“显示在单元格中的文本”文本框中直接输入 HTML 标识符。

4. 切片选取工具的选项栏

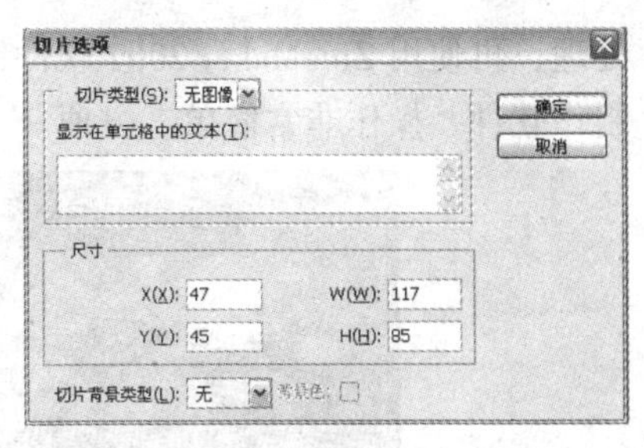

图1-3-9　“切片选项”对话框

切片选取工具主要用来选取切片，以及调整切片的大小与位置。单击“切片选取工具”按钮，单击要调整的用户切片，即可选中该切片。拖动用户切片，即可移动切片；拖动用户切片边框上的灰色方形控制柄，可以调整用户切片的大小。

切片选取工具的选项栏如图1-3-10所示。各选项的作用如下：

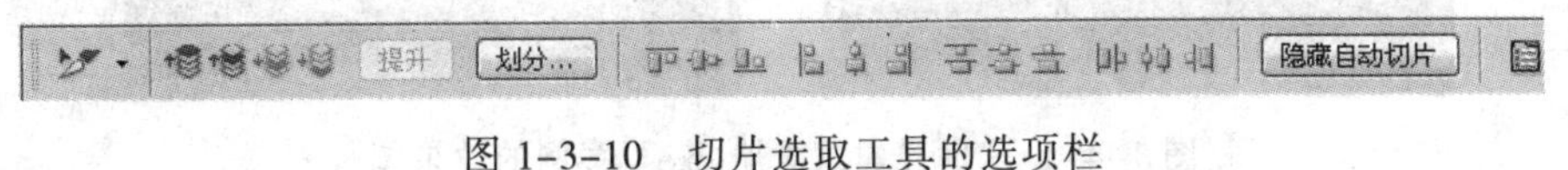

图1-3-10　切片选取工具的选项栏

（1）按钮组：用来移动多层切片的位置。是将切片移到最上边，是将切片向上移一层，是将切片向下移一层，是将切片移到最下边。

（2）提升按钮：选中自动切片后有效，单击它，可以将选中的自动切片转换为用户切片。

（3）划分...按钮：单击它，可以调出“划分切片”对话框，如图1-3-11所示。

（4）隐藏自动切片按钮：单击它可以隐藏自动切片，同时该按钮变为显示自动切片。再单击“显示自动切片”按钮，可以显示隐藏的自动切片，同时该按钮变为隐藏自动切片。

（5）对齐排列按钮组：单击工具箱内的“切片选取工具”按钮，按住【Shift】键，单击多个切片，可同时选中多个切片。再单击对齐排列按钮组中的任意一个按钮，即可将选中的多个切片进行排列和对齐。

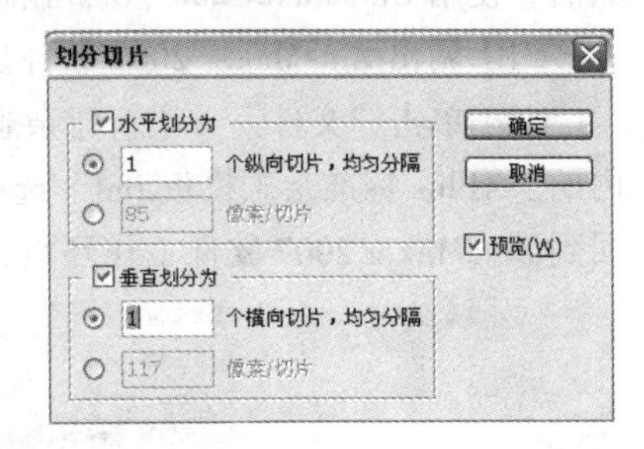

图1-3-11　“划分切片”对话框

思考与练习1-3

1. 什么是切片？如何将自动切片转换为用户切片？如何实现切片与网页的链接？

2. 参考【案例3】的制作方法，制作一个“中国十大名湖”网页。

3. 参考【案例3】的制作方法，制作一个“中国名胜”网页。

1.4　综合实训1——世界建筑画册

实训效果

“世界建筑画册.exe”是一个使用ZineMaker 2007软件设计的电子相册文件，双击其图标可调出一个世界建筑电子翻页相册。单击相册中的“上一页”和“下一页”按钮可进行图像浏览，也可以拖动图像右下角来翻页浏览图像，单击右上角的按钮可以退出程序。“世界建筑画册.exe”运行后的两幅画面如图1-4-1所示。首先使用Photoshop和Adobe Bridge软件对图像进行裁切处理，再使用 ZineMaker 2007 软件制作电子相册。ZineMaker 2007 软件是一款免费的电子相册制作软件，操作非常简单、方便。

图 1-4-1 “世界建筑画册.exe”案例的效果图

制作电子相册的软件很多，目前主要有 ZineMaker 和 iebook，ZineMaker 的最流行 bane 版本是 ZineMaker 2007，iebook 最新版本是“iebook 超级精灵 2011”。这两个软件都可以很方便地在网上下载，它们的大量模板和一些特效都可以在网上低价购买。

实训提示

首先利用 Adobe Bridge 快速找到所需的图像文件，并可以方便地进行浏览、批量加工图像。然后，使用 ZineMaker 2007 软件制作画册，方法简介如下：

（1）调出 ZineMaker 2007 软件。

（2）单击“文件”→“新建杂志”菜单命令，调出“新建杂志”对话框，选中“名称”栏内的“XPlus 标准杂志模板.tmf”选项，如图 1-4-2 所示。单击“确定”按钮，关闭该对话框，回到 ZineMaker 2007 软件工作环境，如图 1-4-3 所示。

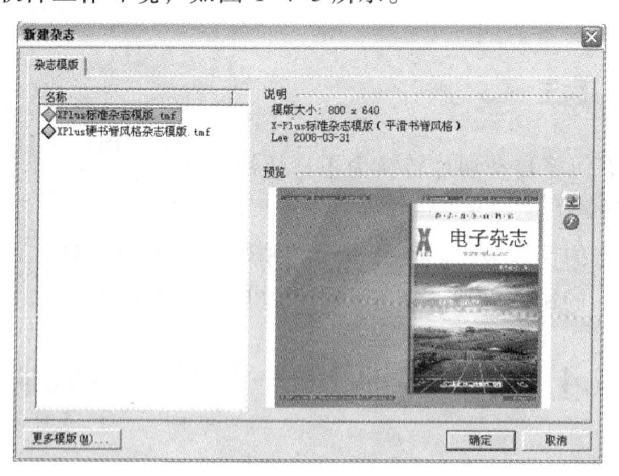

图 1-4-2 “新建杂志”对话框

（3）选中“杂志页面”栏内的“XPlus 标准杂志模板.tmf”选项，单击“编辑”→“页面重命名”菜单命令，使页面名称进入编辑状态，将名称改为“世界建筑画册”。

（4）展开“世界建筑画册”文件夹，选中“封面图片”选项，会在右边显示模板给出的背景图像，单击“替换图片”文本框右边的按钮，调出“打开”对话框，利用该对话框选中“埃菲尔铁塔 1.jpg”图像，单击“打开”按钮，用选中的图像替代原图像。

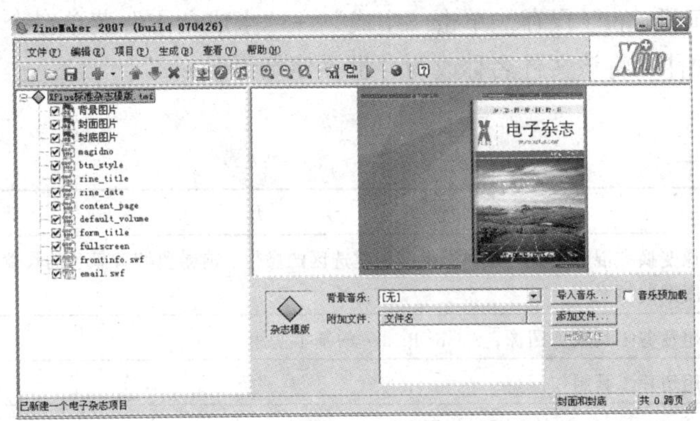

图 1-4-3　ZineMaker 2007 软件工作环境

（5）如果选中的图像不符合要求（宽 388 像素、高 550 像素），会调出“ZineMaker 2007”提示框，单击“是”按钮，调出“裁切图像”对话框，利用该对话框可以裁切图像。单击该提示框内的“否”按钮，即可将图像导入电子杂志中。

按照上述方法，替换封底图片。

（6）收缩 ZineMaker 2007 软件工作环境左边列表框中的“世界建筑画册”文件夹，单击“项目”→“添加图片页面”菜单命令，调出“打开”对话框，选中其他图像文件，单击“打开”按钮，添加选中的图像。此时的软件工作环境如图 1-4-4 所示。

（7）选中 ZineMaker 2007 软件工作环境左边列表框中的图像，在右边“页面特效”下拉列表框内选择一种特效，还可以添加音乐等。

（8）单击“项目”→“添加 Flash 页面”菜单命令，调出“打开”对话框，利用该对话框还可以给电子画册添加 SWF 格式的动画文件。

（9）选中 ZineMaker 2007 软件工作环境左边列表框中的选项，单击工具栏内的“页面上移”按钮，可以使选中的图像向上移动；单击“页面下移”按钮，可以使选中的图像向下移动；单击“删除页面”按钮，可以将选中的图像删除。

（10）单击“生成”→“杂志设置”菜单命令，调出“生成设置”对话框，利用该对话框设置生成文件所在的文件夹和文件名称“电子画册.exe”。还可以设置窗口大小、生成文件的位置等，如图 1-4-5 所示。

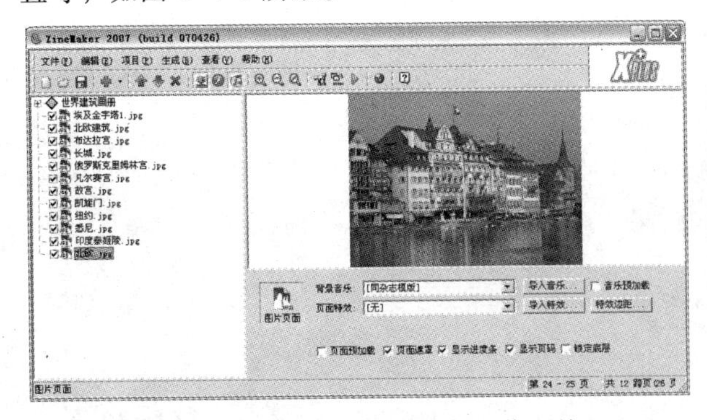

图 1-4-4　ZineMaker 2007 软件工作环境

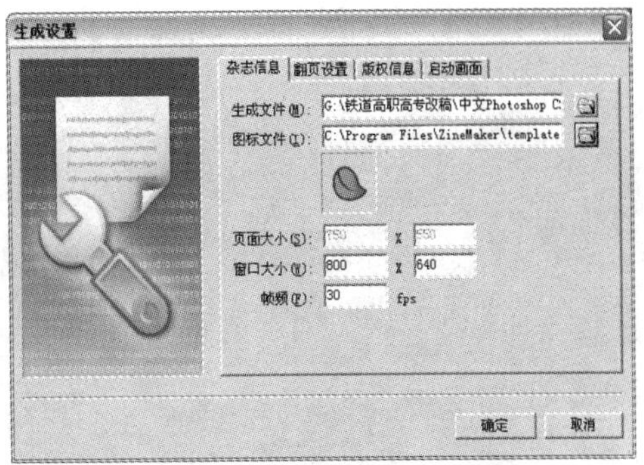

图 1-4-5　“生成设置”对话框

（11）单击“文件”→“另存为”菜单命令，调出“另存为”对话框，将设计的电子相册以名称“世界建筑画册.mpf”保存。单击“生成”→“生成杂志”菜单命令，即可在指定位置生成 magazine.exe 文件，将该文件名称改为“世界建筑画册.exe”。

实训测评

能力分类	能力	评分
职业能力	图像变换和混合模式，几种简单的创建选区的操作，前景色和背景色的设置，单色和图案的填充	
	使用裁剪工具裁剪图像，Adobe Bridge 的基本使用	
	使用切片工具制作网页	
	ZineMaker 2007 软件的基本使用方法	
通用能力	自学能力、总结能力、合作能力、创造能力等	
能力综合评价		

第2章 应用选区

【本章提要】在 Photoshop 中，常需要对部分图像进行操作，这就需要创建选区将这部分图像选出来。选区也叫选框，是由一条流动虚线围成的区域。许多图像编辑只对选区内的图像起作用。如果没有创建选区，则对图像的编辑操作是针对整个图像的，有些操作则无法进行。工具箱中提供了多个创建选区的工具。一些菜单命令也可以用来创建选区。另外，还可以使用路径、通道和蒙版等技术来创建选区，这将在以后介绍。

本章介绍工具箱中创建选区的工具，创建选区的菜单命令菜单命令创建选区，利用渐变工具给选区填充渐变颜色，调整和修改选区，编辑选区内的图像和选择性粘贴图像，选区描边等。

2.1 【案例4】太极八卦图

案例描述

“太极八卦图”图像如图 2-1-1 所示，它阐明宇宙从无极而太极，以致万物化生的过程。太极即为天地未开、混沌未分阴阳之前的状态。两仪即为太极的阴、阳二仪，两仪生四象，四象生八卦。其中，长黑条表示 0，短黑条表示 1，一个八卦符号表示一个 3 位二进制数字。

图 2-1-1 “太极八卦图”图像

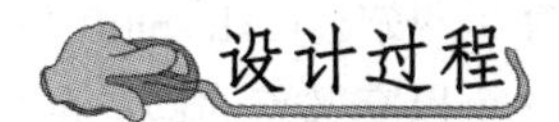

设计过程

1. 制作太极图像

（1）设置背景色为棕色（C=24，M=53，Y=88，K=1）。单击“文件”→“新建”菜单命令，调出“新建”对话框，设置宽度为 20 厘米、高度为 18 厘米、分辨率为 72 像素/英寸，模式为 RGB 颜色、背景为背景色（即棕色）。单击“确定”按钮，完成设置。

（2）拖动“图层”面板中的“背景”图层至“创建新图层”按钮上，生成一个“背景副本”图层。将“图像效果”样式追加到“样式”面板中原来样式的后面。单击“样式”面板中的“拼图（图像）”图标，将该样式应用于图层。

（3）显示标尺。分别在 6 厘米、8 厘米、10 厘米、11 厘米、12 厘米处创建垂直参考线；从水平标尺向下拖动，在 18 厘米处创建一条水平参考线，如图 2-1-2 所示。

（4）选中“背景副本”图层，单击“图层”面板中的“创建新图层”按钮，创建“图层

1”，如图 2-1-3 所示。选中“图层 1”。

（5）单击工具箱中的“椭圆选框工具”按钮，在其选项栏的“羽化”文本框中输入 0。再单击水平参考线与 10 厘米处垂直参考线的交叉点，在不释放鼠标左键的情况下，按住【Alt+Shift】组合键并向外拖动，创建一个以交叉点为圆心的圆形选区，如图 2-1-4 所示。

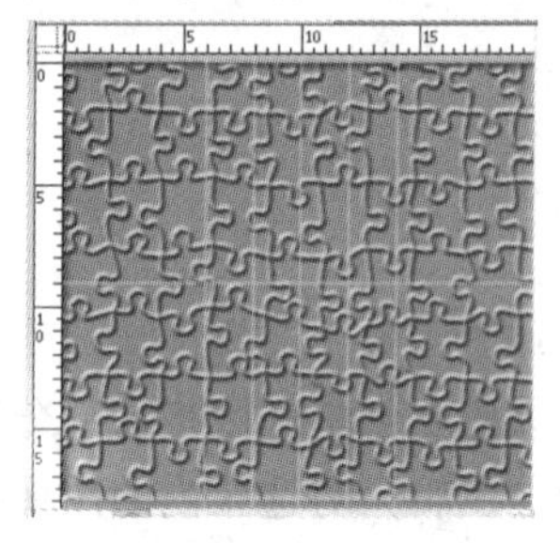

图 2-1-2　创建参考线

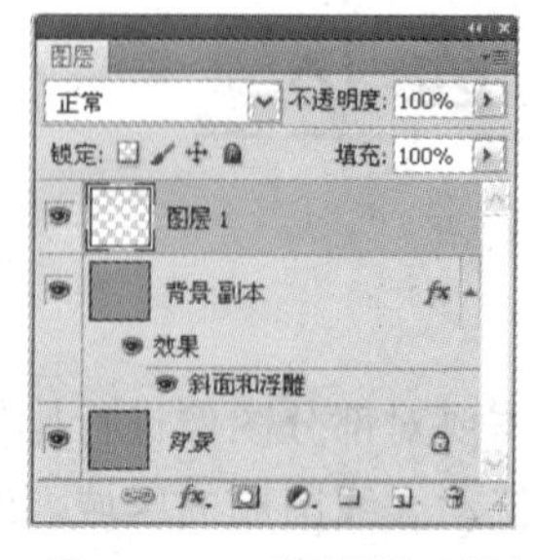

图 2-1-3　“图层”面板

图 2-1-4　创建选区

（6）设置前景色为黑色、背景色为白色，按【Alt+Delete】组合键，为选区填充黑色，如图 2-1-5 所示。

（7）单击工具箱中的“矩形选框工具”按钮，在选项栏的“羽化”文本框中输入 0。将鼠标指针定位在图像的左上角，按住【Alt】键，拖动到水平参考线位置处，减去圆上部的选区，创建一个半圆形选区，如图 2-1-6 所示。

（8）按【Ctrl+Delete】组合键，为半圆选区填充白色，如图 2-1-7 所示。按【Ctrl+D】组合键，取消选区，背景和半圆图案制作完毕。

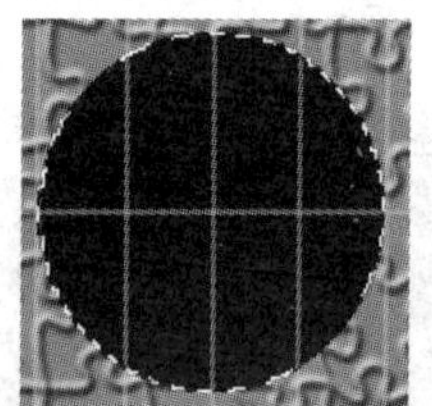

图 2-1-5　选区填充黑色

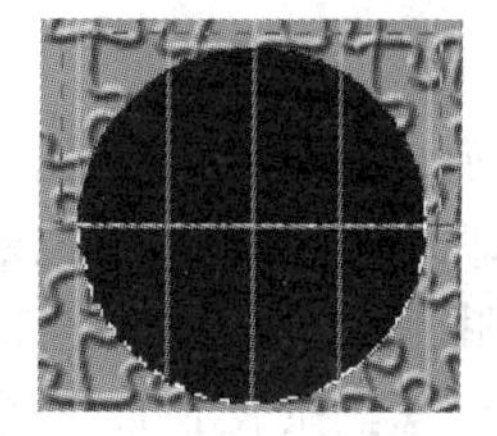

图 2-1-6　减去上半个圆选区

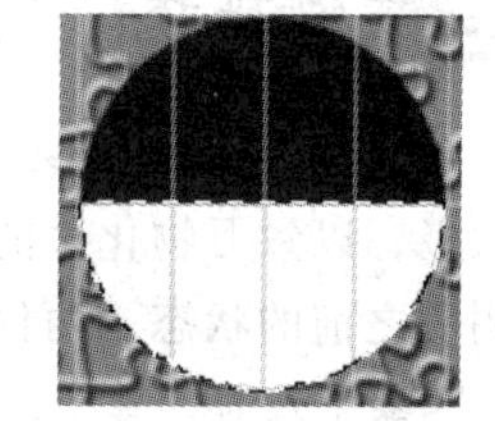

图 2-1-7　半圆选区填充白色

（9）选择工具箱中的椭圆选框工具，在选项栏内设置“羽化”为 0。按住【Alt+Shift】组合键，从水平参考线与 8 厘米处垂直参考线的交叉点向外拖动，创建一个以交叉点为圆心的圆形选区。按【Alt+Delete】组合键，为选区填充黑色，如图 2-1-8 所示。

（10）水平拖动圆形选区移动到其右边，按【Alt+Delete】组合键，为选区填充白色，制作出鱼形图形，如图 2-1-9 所示。按【Ctrl+D】组合键，取消选区。

（11）使用上述方法，为鱼形图形创建出一个白色圆形图形和一个黑色圆形图形，即太极图形，如图 2-1-10 所示。

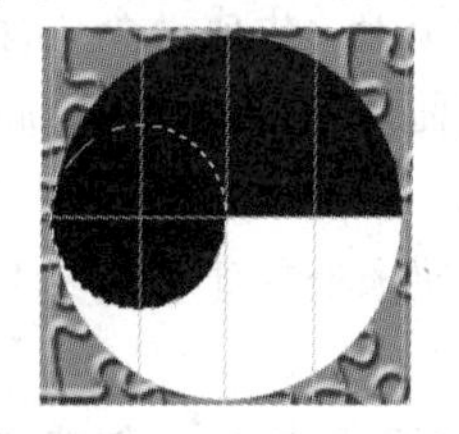

图 2-1-8　选区填充黑色

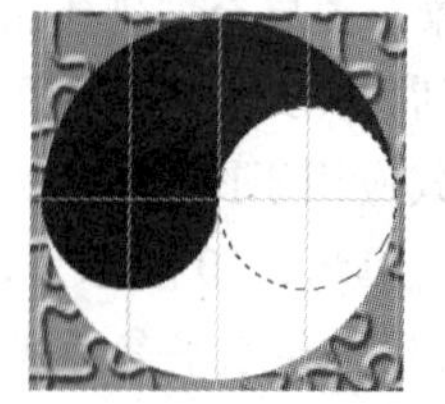

图 2-1-9　移动选区并填充白色

图 2-1-10　太极图形

（12）选中“图层”面板内的“图层 1”，单击“编辑”→“变换”→“旋转 90 度（逆时针）”菜单命令，将“图层 1”内的太极图形逆时针旋转 90°。按【Ctrl+D】组合键，取消选区，效果如图 2-1-11 所示。

单击“背景副本”图层内的图标，使该图标变为，隐藏“背景副本”图层。

2．制作八卦图

（1）选中“图层 1”，单击“图层”面板中的“创建新图层”按钮，创建“图层 2”，同时选中“图层 2”。使用工具箱中的矩形选框工具，在太极图的上边中间处创建一个长条矩形选区，如图 2-1-12（a）所示。按【Alt+Delete】组合键，为选区填充黑色，如图 2-1-12（b）所示。按【Ctrl+D】组合键，取消选区。

（2）在“图层”面板内，2 次拖动“图层 2”到“创建新图层”按钮上，创建“图层 2 副本”和“图层 2 副本 2”图层。

（3）使用移动工具选中“图层 2 副本”图层，垂直向下拖动“图层 2 副本”图层内的黑色矩形；选中“图层 2 副本 2”图层，垂直向下拖动“图层 2 副本”图层内的黑色矩形，如图 2-1-13 所示（还没有增加参考线，放大显示 300%）。

（4）按住【Ctrl】键，选中“图层 2”、“图层 2 副本”和“图层 2 副本”图层，右击选中的图层，调出快捷菜单，单击该菜单内的“合并图层”命令，将选中的图层合并，将合并的图层名称改为“图层 2”。创建 2 条垂直辅助线，如图 2-1-13 所示。

图 2-1-11　旋转 90°太极图

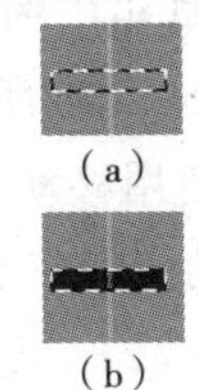

（a）

（b）

图 2-1-12　选区和填充黑色

图 2-1-13　八卦“乾”符号

（5）在“图层”面板内，拖动“图层 2”到“创建新图层”按钮上，创建“图层 2 副本”图层，将其名称改为“图层 3”。隐藏“图层 2”，选中“图层 3”。使用工具箱中的矩形选框工具创建一个矩形选区，按住【Shift】键，创建另一个矩形选区，如图 2-1-14 所示。按【Delete】键，删除选区内的图形，如图 2-1-15 所示。

（6）按【Ctrl+D】组合键，取消选区。使用移动工具，选中“图层 3”，即选中图 2-1-15 所示图形，单击“编辑”→“自由变换”菜单命令，垂直向下拖动图形的中心点标记到水平参考线与 10 厘米处垂直参考线的交叉点处（即画布中心点处）。单击“编辑”→“变换”→“旋转 90 度（顺时针）”菜单命令，将图 2-1-13 所示图形围绕中心点顺时针旋转 90°，获得八卦“坎”符号。按【Enter】键确认，即可完成变换操作，效果如图 2-1-16 所示。

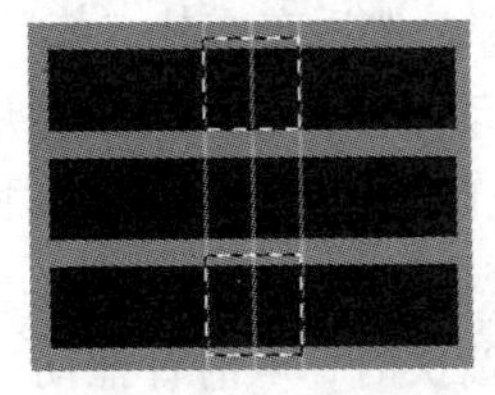

图 2-1-14　2 个矩形选区

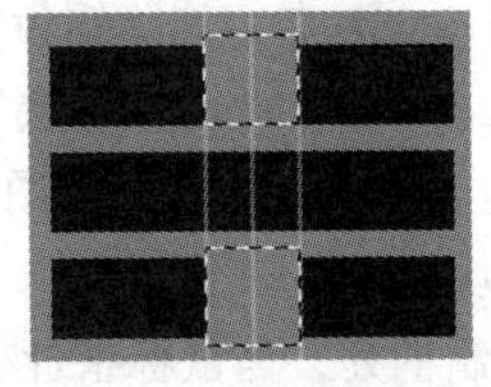

图 2-1-15　删除选区内图形

图 2-1-16　八卦“坎”符号

单击工具箱内的“移动工具”按钮，调出 Adobe Photoshop CS5 对话框。单击该对话框内的“应用”按钮，也可完成变换操作。

（7）显示“图层 2”，拖动“图层 2”到“创建新图层”按钮上，创建“图层 2 副本”图层。将该图层名称改为“图层 4”。隐藏“图层 2”，选中“图层 4”。

（8）使用矩形选框工具创建一个矩形选区。按【Delete】键，删除选区内的黑色图形，效果如图 2-1-17 所示。按【Ctrl+D】组合键，取消选区，如图 2-1-18 所示。使用移动工具选中图 2-1-18 所示图形，单击“编辑”→“自由变换”菜单命令，垂直向下拖动图形中心点标记到水平参考线与 10 厘米处垂直参考线的交叉点处。单击“编辑”→“变换”→“垂直翻转”菜单命令，将图 2-1-18 所示图形围绕它的中心点垂直翻转，获得八卦“坤”符号。

（9）按照上述方法，在“图层 5”中制作八卦“离”符号，如图 2-1-19 所示。

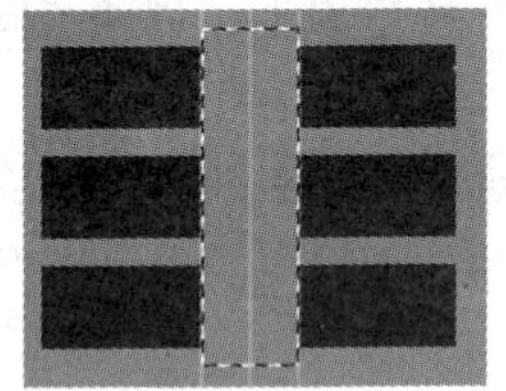

图 2-1-17 删除选区内图形

图 2-1-18 八卦“坤”符号

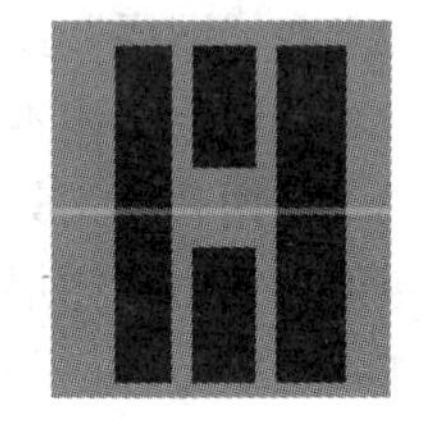

图 2-1-19 八卦“离”符号

（10）显示“图层 2”，拖动“图层 2”到“创建新图层”按钮上，创建“图层 2 副本”图层。将该图层名称改为“图层 6”。使用工具箱中的矩形选框工具创建一个矩形选区，按【Delete】键，删除选区内的黑色图形，如图 2-1-20 所示。

（11）按【Ctrl+D】组合键，取消选区。使用移动工具选中图 2-1-20 所示图形，单击“编辑”→“自由变换”菜单命令，垂直向下拖动图形中心点标记到水平参考线与 10 厘米处垂直参考线的交叉点处。单击“编辑”→“变换”→“旋转”菜单命令，将鼠标指针移到右上角的控制柄处，当鼠标指针变为弯曲的双箭头时，顺时针拖动，将图形围绕中心点顺时针旋转 45°角，如图 2-1-21 所示，获得八卦“巽”符号，如图 2-1-22 所示。

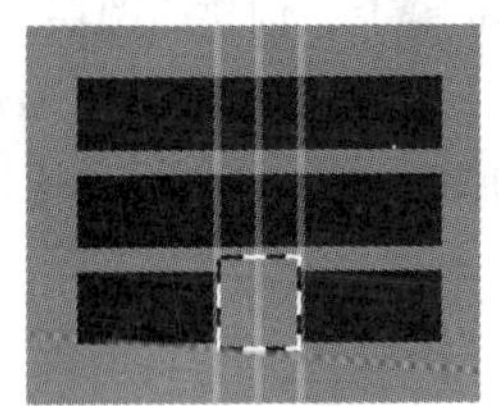

图 2-1-20 删除选区内图形

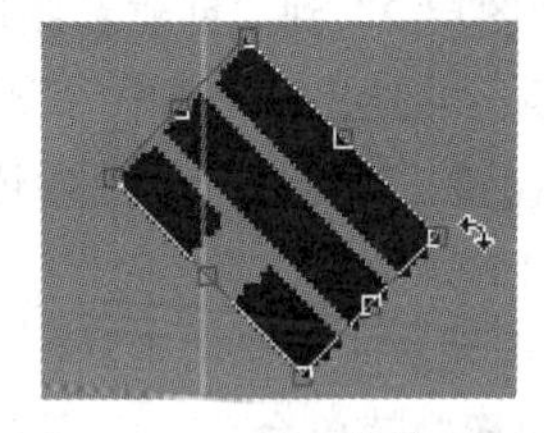

图 2-1-21 45°角旋转图形

图 2-1-22 八卦“巽”符号

（12）制作其他八卦符号。然后，将太极图形放大 120%，效果如图 2-1-23 所示。

（13）单击工具箱中的“横排文字工具”按钮T，再单击太极图形“乾”符号上方。在选项栏内设置字体为“隶书”，大小为 48 点，消除锯齿方法为“浑厚”。然后在八卦“乾”符号上方输入文字“乾”，如图 2-1-24 所示。此时“图层”面板内会自动生成“乾”文本图层。

（14）在八卦“坎”符号右边输入文字“坎”，“图层”面板内会自动生成“坎”文本图层。使用工具箱内的移动工具选中“坎”文本图层，单击“编辑”→“变换”→“旋转”菜单命令，然后将鼠标指针移到右上角的控制柄处，当鼠标指针变为弯曲的双箭头时，顺时针拖动“坎”

字围绕中心点顺时针旋转 90°，如图 2-1-25 所示。

图 2-1-23　太极八卦图像

图 2-1-24　文字“乾”

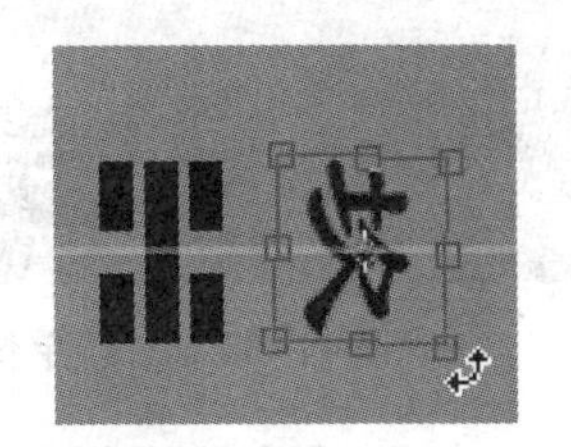

图 2-1-25　旋转文字“坎”

（15）按照上述方法，输入其他文字，并适当旋转。单击“背景副本”图层内的图标，使该图标变为，显示该图层。将该图像以名称“【案例 4】太极八卦图.psd”保存。

相关知识——创建选区（1）和变换选区

1．选框工具的使用

工具箱中创建选区的工具分别是选框工具组、套索工具组和魔棒工具等，如图 2-1-26 所示。选框工具组有矩形选框工具、椭圆选框工具、单行选框工具和单列选框工具，如图 2-1-27 所示。选框工具组的工具用来创建规则选区。

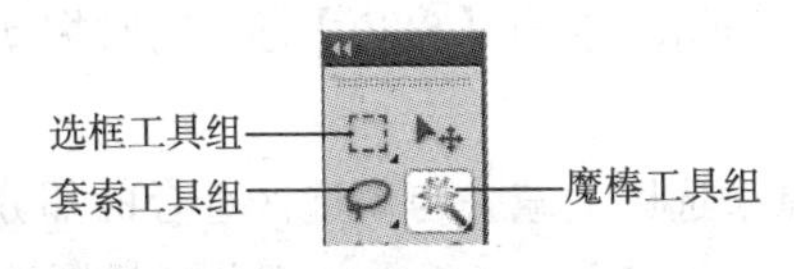

图 2-1-26　选取工具

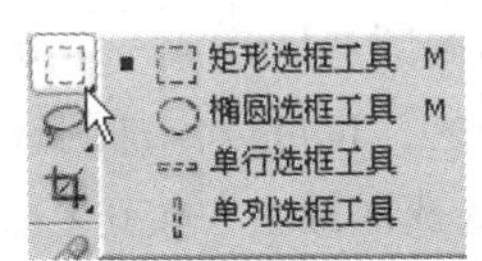

图 2-1-27　选框工具组

（1）矩形选框工具：单击它，鼠标指针变为十字线状，在图像窗口内拖动，即可创建一个矩形选区，如图 2-1-28 所示。

（2）椭圆选框工具：单击它，鼠标指针变为十字线状，用鼠标在图像窗口内拖动，即可创建一个椭圆形选区，如图 2-1-29 所示。

图 2-1-28　矩形选区

图 2-1-29　椭圆形选区

对于矩形选框工具和椭圆选框工具，按住【Shift】键的同时拖动，可以创建一个正方形或圆形选区。按住【Alt】键的同时拖动，可以创建一个以单击点为中心的矩形或椭圆形选区。按住【Shift+Alt】组合键的同时拖动，可以创建一个以单击点为中心的正方形或圆形选区。

（3）单行选框工具：单击它，鼠标指针变为十字线状，在图像窗口内单击，即可创建一行单像素的选区，如图 2-1-30 所示。

（4）单列选框工具：单击它，鼠标指针变为十字线状，在图像窗口内单击，即可创建一列单像素的选区，如图 2-1-31 所示。

图 2-1-30　一行单像素的选区

图 2-1-31　一列单像素的选区

2. 选框工具的选项栏

各选框工具的选项栏基本如图 2-1-32 所示。各选项的作用如下：

图 2-1-32　选框工具的选项栏

（1）选区运算按钮：由 4 个按钮组成，它们的作用如下。

◎“新选区”按钮：单击它后，只能创建一个新选区。在此状态下，如果已经有一个选区，再创建一个选区，则原来的选区将消失。

◎“添加到选区”按钮：单击它后，如果已经有一个选区，再创建一个选区，则新选区与原来的选区连成一个新的选区。例如，一个椭圆选区和另一个与之相互重叠一部分的椭圆选区连成一个新选区，如图 2-1-33 所示。按住【Shift】键，同时拖动出一个新选区，也可以添加到选区。

◎“从选区减去”按钮：单击它后，可在原来选区上减去与新选区重合的部分，得到一个新选区。例如，从一个椭圆选区去掉另一个与之相互重叠一部分的椭圆选区成为一个新的选区，如图 2-1-34 所示。按住【Alt】键，同时拖动出一个新选区，也可以完成相同的功能。

◎“与选区交叉”按钮：单击它后，创建选区时，只保留新选区与原选区重合的部分，得到一个新选区。例如，一个椭圆选区与另一个椭圆选区重合部分的新选区如图 2-1-35 所示。按住【Shift+Alt】组合键，同时拖动出一个新选区，也可以保留新选区与原选区重合部分。

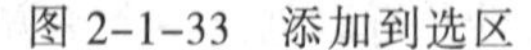

图 2-1-33　添加到选区

图 2-1-34　从选区减去

图 2-1-35　与选区交叉

（2）“羽化”文本框：在该文本框内可以设置选区边界线的羽化程度。数值单位是像素，数字为 0 时，表示不羽化。图 2-1-36 是在没有羽化的椭圆形选区内填充一幅图像的效果图，图 2-1-37 是在羽化 30 像素的椭圆形选区内填充一幅图像的效果图。

操作提示：要创建羽化的选区，应先设置羽化数值，再用鼠标拖动创建选区。

（3）“消除锯齿”复选框：选择椭圆选框工具后，该复选框变为有效。选中它可以使选区边界平滑。

（4）“样式”下拉列表框：选择椭圆选框工具或矩形选框工具后，该下拉列表框变为有效。其中有 3 种样式，如图 2-1-38 所示。

图 2-1-36　正常填充

图 2-1-37　羽化填充

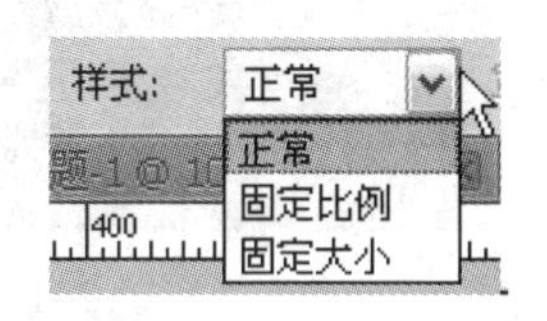

图 2-1-38 “样式”下拉列表框

◎ 选择“正常”样式后，可以创建任意大小的选区。

◎ 选择“固定比例”样式后，“样式”下拉列表框右边的“宽度”和“高度”文本框变为有效，可在这两个文本框内输入数值，以确定长宽比，使以后创建的选区符合该长宽比。

◎ 选择“固定大小”样式后，“样式”下拉列表框右边的“宽度”和“高度”文本框变为有效，可在这两个文本框内输入数值，以确定选区的尺寸，使以后创建的选区符合该尺寸。

3. 变换选区

创建选区后，可以调整选区的大小、位置和旋转选区。单击“选择”→“变换选区”菜单命令，此时的选区如图 2-1-39 所示。再按照下述方法变换选区：

（1）调整选区大小：将鼠标指针移到选区四周的控制柄处，鼠标指针会变为直线的双箭头状，再用鼠标拖动，即可调整选区的大小。

（2）调整选区的位置：在使用选框工具或其他选取工具的情况下，将鼠标指针移到选区内，鼠标指针会变为白色箭头状，再拖动移动选区。

（3）旋转选区：将鼠标指针移到选区四周的控制柄外，鼠标指针会变为弧形的双箭头状，再拖动旋转选区，如图 2-1-40 所示。可以拖动调整中心点标记的位置。

（4）以其他方式变换选区：单击“编辑”→“变换”→“××”菜单命令，可以进行选区缩放、旋转、斜切、扭曲或透视等操作。其中，“××”是“变换”子菜单中的命令。

选区变换完成后，单击工具箱内的其他工具，可弹出一个提示对话框，如图 2-1-41 所示。单击“应用”按钮，即可完成选区的变换。单击“不应用”按钮，可取消选区变换。

另外，选区变换完成后，按【Enter】键，可以直接应用选区的变换。

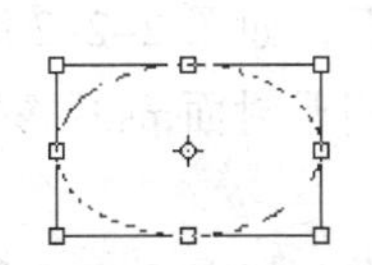

图 2-1-39　变换选区

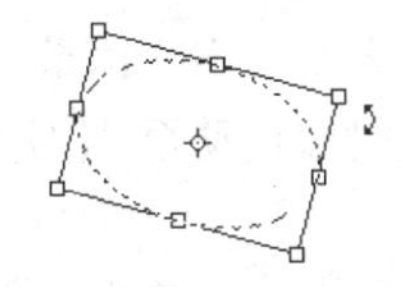

图 2-1-40　旋转选区

图 2-1-41　提示对话框

思考与练习 2-1

1. 将图 2-1-1 所示的“太极八卦图”图像中的白色和黑色互换，更换背景纹理。

2. 制作一幅“绿色北京”图像，如图 2-1-42 所示。该图像是将一组图像依次复制并粘贴入新建画布窗口内羽化的选区中，再制作标题文字。

3. 制作一幅“太极宝宝”图像，如图 2-1-43 所示。

图 2-1-42 “绿色北京”图像

图 2-1-43 “太极宝宝”图像

2.2 【案例 5】摄影相册封面

案例描述

“摄影相册封面”图像如图 2-2-1 所示。画面以浅蓝色为底色，在风景和荷花图像上添加了白色网格，使整个画面显得简单、明净。

图 2-2-1 “摄影相册封面”图像

设计过程

1. 制作图像封面

（1）设置背景色为浅绿色。新建一个文档，设置宽度为 840 像素、高度为 400 像素、分别率为 72 像素/英寸、模式为 RGB 颜色、背景为背景色（即绿色）。单击“确定”按钮，完成设置。以名称“【实例 9】摄影相册封面.psd”保存。

（2）打开“风景.jpg”图像，将图像调整为宽 300 像素、高 220 像素，如图 2-2-2 所示。使用工具箱中的移动工具将“风景.jpg”图像拖动至“【实例 9】摄影相册封面.psd”窗口中，“图层”面板中生成“图层 1”。

（3）打开“荷花.jpg”图像，调整图像宽为 300 像素、高为 450 像素，如图 2-2-3 所示。将“荷花.jpg”图像拖动至“【实例 9】摄影相册封面.psd”窗口中，“图层”面板中自动生成一个名称为“图层 2”的图层。

（4）打开人物图像，调整宽为 330 像素、高为 380 像素，如图 2-2-4 所示。选中人物图像，单击“图像”→“图像旋转”→“水平翻转画布”菜单命令，将人物图像水平翻转，效果如图 2-2-5 所示。

（5）单击工具箱中的“椭圆选框工具”按钮◯，在选项栏的“羽化”文本框中输入 0，在人物白色背景上创建一个小椭圆选区。然后，单击“选择”→“扩大选取”菜单命令，使小椭圆选区扩大选中其他白色部分，如图 2-2-6 所示。

图 2-2-2 “风景”图像

图 2-2-3 “荷花”图像

图 2-2-4 人物图像

（6）将图像的显示比例调整为 200%。按住【Alt】键，使用矩形选框工具⬚，在图像的右下方多次创建选区与原选区相减，直到人物背景都被选区选中为止。如果选区未选中人物的部分图像，则按住【Shift】键，创建选区与原选区相加。最后效果如图 2-2-7 所示。

图 2-2-5 水平翻转画布

图 2-2-6 创建选区

图 2-2-7 选中背景的选区

（7）单击“选择”→“反向”菜单命令，使选区选中人物图像，如图 2-2-8 所示。单击“编辑”→“拷贝”菜单命令，将选区内的人物图像复制到剪贴板内。切换到“摄影相册封面”窗口，再单击“编辑”→“粘贴”菜单命令，将剪贴板内的图像粘贴到该窗口内。“图层”面板中自动生成一个名称为“图层 3”的图层。

（8）使用移动工具▶✥调整粘贴的人物图像位置，如图 2-2-9 所示。

图 2-2-8 选区反向

图 2-2-9 “摄影相册封面”窗口内的图像

（9）拖动“图层”面板中的“背景”图层至“创建新图层”按钮▢上，生成“背景副本”

图层。将“图像效果”样式追加到“样式”面板中原来样式的后面。单击“样式”面板中的“水中倒影”图标，将该样式应用于“背景副本”图层。

2. 制作文字和白线网格

（1）使用工具箱中的“横排文字工具” T，在选项栏中设置文字字体为“华文楷体”，大小为 60 点，输入文字“摄影相册”。单击工具箱内的“移动工具”按钮，拖动“图层”面板内的“摄影相册”文本图层到“创建新图层”按钮上，复制一个“摄影相册”文本图层，名称为“摄影相册副本”。选中“摄影相册副本”文本图层，单击“样式”面板内的“星光”图标，使文字变为蓝色立体文字。

（2）选中“摄影相册”文本图层，单击“样式”面板内的“喷溅蜡纸”图标，使蓝色立体文字“摄影相册”四周出现白色光芒，如图 2-2-1 所示。

（3）单击“编辑”→“首选项”→“参考线、网格和切片”菜单命令，调出“首选项”对话框，同时选中该对话框左边列表框内的“参考线、网格和切片”选项。在“网格”栏内进行设置，如图 2-2-10 所示。单击“确定”按钮，关闭“首选项”对话框。

图 2-2-10 “首选项”对话框

（4）单击“视图”→“显示”→“网格”菜单命令，使画布窗口内显示网格，效果如图 2-2-11 所示。在“图层 3”上方创建“图层 4”，选中该图层。

图 2-2-11 显示网格

（5）单击工具箱中的“单行选框工具”按钮，单击一条水平网格线，创建水平线选区。再按住【Shift】键，单击其他水平网格线，在画布中创建多行选区。然后，单击工具箱中的“单列选框工具”按钮，单击一条垂直网格线，创建垂直线选区。再按住【Shift】键，单击其他垂直网格线，在画布中创建多列选区。

（6）单击“编辑”→“描边”菜单命令，调出“描边”对话框，设置描边颜色为白色，宽度为 2 px，选中“居中”单选按钮，如图 2-2-12 所示。按【Ctrl+D】组合键，取消选区。单击“视图”→“显示”→“网格”菜单命令，隐藏网格，效果如图 2-2-13 所示。

（7）将“图层 4”拖动到“图层”面板内“创建新图层”按钮上，创建“图层 4 副本”图层，再将“图层 4”隐藏。按住【Ctrl】键，单击“图层 1”的缩览图，载入选区，选中“图层 1”内的“风景”图像。单击“选择”→“反选”菜单命令。

图 2-2-12 “描边”对话框

图 2-2-13　描边效果

（8）选中“图层 4 副本”图层，按【Delete】键，将“图层 4 副本”图层内“风景”图像外的白线删除。按【Ctrl+D】组合键，取消选区，如图 2-2-14 所示。

图 2-2-14　将“图层 4 副本”图层内“风景”图像外的白线条删除

（9）使“图层 4”显示。按住【Ctrl】键，单击“图层 2”图像的缩览图，载入选区，选中该图层内的“荷花”图像，单击“选择”→“反选”菜单命令。选中“图层 4”，按【Delete】键，将“图层 4”内“荷花”图像外的白线删除。按【Ctrl+D】组合键，取消选区。

（10）选中“图层 1”，单击“编辑”→“自由变换”菜单命令，调整“图层 1”内“风景”图像的大小和旋转角度，再按【Enter】键。按照相同的方法，调整“荷花”图像。

相关知识——创建选区（2）和调整选区

1. 创建选区的菜单命令

（1）选取整个画布为一个选区：单击“选择”→“全选”菜单命令或按【Ctrl+A】组合键。

（2）反选选区：单击“选择”→“反向”菜单命令，选中原选区外的区域。

（3）扩大选区：在已经有了一个或多个选区后，要扩大与选区内颜色和对比度相同或相近的区域为选区，可以单击“选择”→“扩大选取”菜单命令。例如，图 2-2-15 中有 3 个选区，3 次单击“选择”→“扩大选取”菜单命令后，选区如图 2-2-16 所示。

图 2-2-15　创建 3 个选区

图 2-2-16　扩大选区

（4）选取相似：如果已经有了一个或多个选区，要创建与选区内颜色和对比度相同或相近的像素的选区，可单击“选择”→“选取相似”菜单命令。

“扩大选区”是在原选区基础之上扩大选取范围，“选取相似”可在整个图像内创建多个选区。

2．移动、取消和隐藏选区

（1）移动选区：在选择选框工具组中工具的情况下，将鼠标指针移到选区内部（此时鼠标指针变为三角箭头状，而且箭头右下角有一个虚线小矩形），再拖动移动选区。如果按住【Shift】键的同时拖动，可以使选区在水平、垂直或45° 角整数倍斜线方向移动。

（2）取消选区：在“与选区交叉”或“新选区”状态下，单击选区外任意处。另外，单击“选择”→“取消选择”菜单命令或按【Ctrl+D】组合键，也可以取消选区。

（3）隐藏选区：单击“视图”→“显示”→“选区边缘”菜单命令，使它左边的选中标记取消，即可使选区边界的流动线消失，隐藏了选区。虽然选区隐藏了，但对选区的操作仍可进行。如果要使隐藏的选区显示出来，可重复刚才的操作。

思考与练习 2-2

1．参考【案例 5】图像的制作方法，制作另一幅“摄影相册封面”图像。

2．制作“手机广告”图像，如图 2-2-17 所示。这个图像的背景是一幅风景图像，风景图像上有手机图片、“NoNo73”立体文字和手机形象代言人的照片。制作该广告图像使用了图 2-2-18 所示的几幅图像。

图 2-2-17 “手机广告”图像

图 2-2-18 4 幅素材图像

2.3 【案例 6】立体几何图形

案例描述

“立体几何图形”图像如图 2-3-1 所示，由图可以看到，在一个半透明伸展到远处的棋盘格地面背景（近处为青绿色，向远处逐渐变为浅灰色）上，有一个圆柱体、一个圆管、一个圆台、一个圆锥和一个圆球，5 个立体几何图形的颜色均为金黄色，各自有倒影。

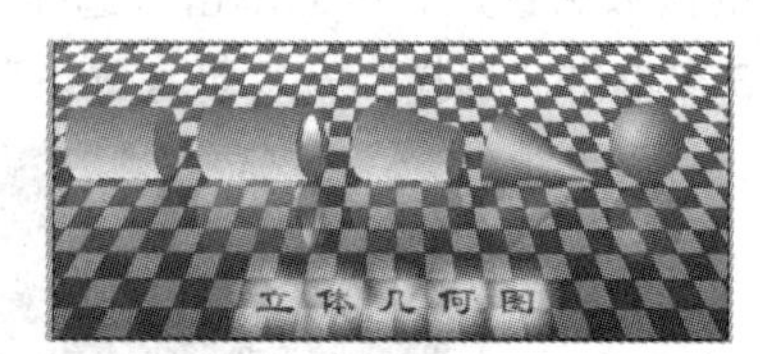

图 2-3-1 “立体几何图形”图像

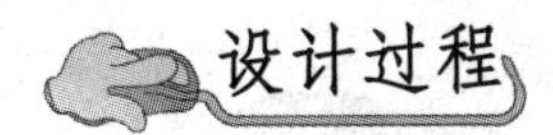

设计过程

1. 制作圆柱图形

（1）新建宽为 800 像素、高为 340 像素、模式为 RGB 颜色、背景为白色的画布。使文档窗口显示标尺。2 次从水平标尺向下拖动，创建两条参考线。创建“图层 1”，双击图层名称“图层 1”，进入图层名称编辑状态，将图层名称改为“圆柱”。

（2）设置前景色为金黄色。选中“圆柱”图层，使用工具箱中的椭圆选框工具创建一个椭圆选区。按【Alt+Delete】组合键，给选区填充前景色，如图 2-3-2 所示。

（3）使用工具箱中的移动工具，按住【Alt】键，同时水平拖动复制一个金黄色椭圆图形，如图 2-3-3 所示。

（4）单击工具箱中的“矩形选框工具”按钮，按住【Shift】键拖动鼠标，创建一个矩形选区，与原来的椭圆选区相加，如图 2-3-4 所示。

图 2-3-2　选区填充色

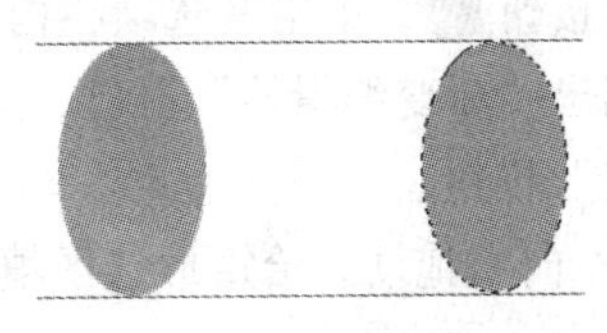

图 2-3-3　复制金黄色椭圆

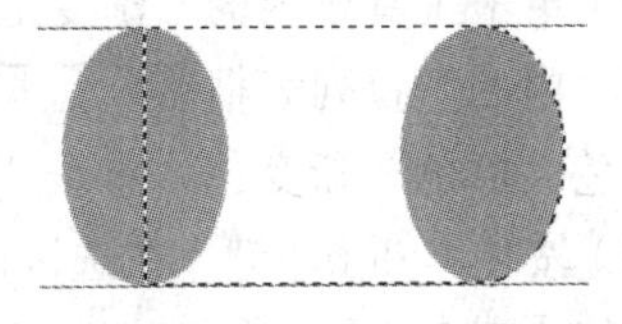

图 2-3-4　矩形与椭圆选区相加

（5）单击工具箱中的“魔棒工具”按钮，按住【Alt】键，单击选区左边金黄色椭圆图形，将其从原来的选区中减去，如图 2-3-5 所示。

（6）设置前景色为白色、背景色为金黄色。单击工具箱内的“渐变工具”按钮，单击其选项栏内的“线性渐变”按钮，单击选项栏内下拉列表框，调出“渐变编辑器”窗口，选择“预设”列表框中的“前景色到背景色渐变”图标，设置从白色到金黄色的线性渐变。单击“确定”按钮。

（7）按住【Shift】键，在选区内从上向下拖动，给图 2-3-5 所示的选区填充从白色到金黄色的线性渐变色。按【Ctrl+D】组合键，取消选区，形成一个圆柱体，如图 2-3-6 所示。

（8）单击“编辑”→“自由变换”菜单命令，进入自由变换状态，调整圆柱体的大小和位置。按【Enter】键，结束调整。

2. 制作圆管和圆台图形

（1）使用工具箱中的移动工具，2 次拖动“圆柱”图层到“图层”面板下方的“创建新图层”按钮上，复制 2 个相同的图层，将这 2 个图层的名称分别改为“圆管”和“圆台”。然后，拖动复制的 2 个圆柱体，将它移到原来圆柱体的右边。

（2）选中“圆管”图层，单击“编辑”→“变换”→“旋转 90 度（顺时针）”菜单命令，将“圆管”图层内的圆柱体顺时针旋转 90°。

（3）单击工具箱中的“椭圆选框工具”按钮，按住【Alt】键，同时在复制的圆柱体顶部的椭圆中心处向外拖动，创建一个椭圆形选区，如图 2-3-7 所示。

（4）按住【Shift】键，在选区内从左向右拖动，填充从金黄色到白色的线性渐变色，如

图 2-3-8 所示。按【Ctrl+D】组合键，取消选区。

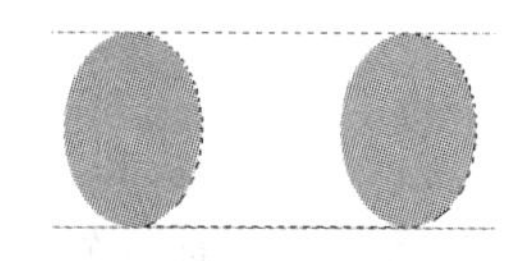
图 2-3-5 新选区与原选区相减

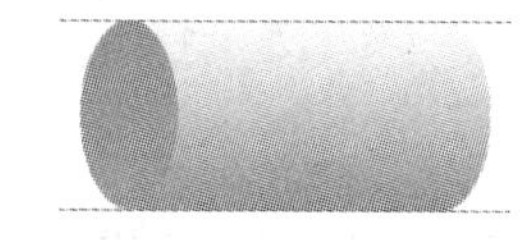
图 2-3-6 选区填充线性渐变色

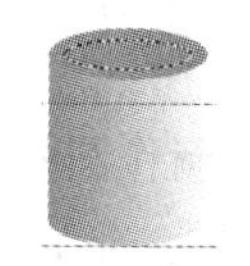
图 2-3-7 椭圆选区

（5）选中“圆台”图层，拖动复制的圆柱体到圆管的右边。单击“编辑”→“变换”→“斜切”菜单命令，调整复制的圆柱体成为圆台，如图 2-3-9 所示。单击“编辑”→“自由变换”菜单命令，进入自由变换状态，调整圆台大小和位置，按【Enter】键，结束调整。

3. 制作圆球和圆锥图形

（1）创建一个新图层，将该图层的名称改为“圆锥”，使用工具箱中的矩形选框工具创建一个矩形选区。

（2）单击工具箱内的“渐变工具”按钮，单击其选项栏内的“线性渐变”按钮，单击选项栏内的下拉列表框，调出“渐变编辑器”窗口，选择“预设”列表框中的“橙色、黄色、橙色”渐变色。单击“确定”按钮。

（3）按住【Shift】键，在选区内从左向右拖动，给矩形选区填充线性渐变色，如图 2-3-10 所示。按【Ctrl+D】组合键，取消选区。

（4）单击“编辑”→“变换”→“透视”菜单命令，水平向左拖动矩形图形右上角的控制柄，将图形调整成为平底圆锥形状，如图 2-3-11 所示。按【Enter】键，结束调整。

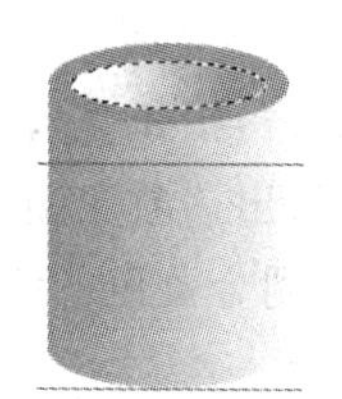
图 2-3-8 填充线性渐变色

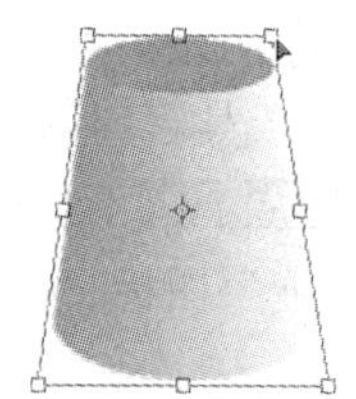
图 2-3-9 圆台

图 2-3-10 圆锥图形

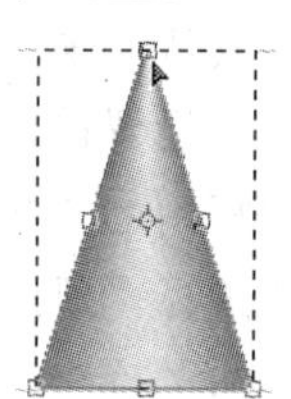
图 2-3-11 平底圆锥

（5）单击“编辑”→“变换”→“变形”菜单命令，向下拖动圆锥图形下边的黑色圆形控制柄，将图形调整成为圆锥形状，如图 2-3-12 所示。按【Enter】键，结束调整。按【Ctrl+D】组合键，取消选区。再单击“编辑”→“变换”→“缩放”菜单命令，将圆锥图形在垂直方向调小一些，按【Enter】键，结束调整，效果如图 2-3-13 所示。

（6）创建一个新图层，将该图层名称改为“圆球”。使用工具箱中的椭圆选框工具，按住【Shift】键拖动，创建一个圆形选区。

（7）调出“渐变编辑器”窗口，选择“橙色、黄色、橙色”渐变色。向下拖动渐变设计条左下角的色标，取消该色标。水平向左拖动中间的色标，将它移到最左边。单击“确定”按钮。

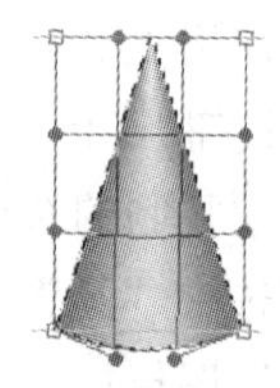
图 2-3-12 圆锥图形的变形调整

（8）在选区内拖动，填充渐变色。按【Ctrl+D】组合键，取消选区，效果如图 2-3-14 所示。

4．制作倒影和立体文字

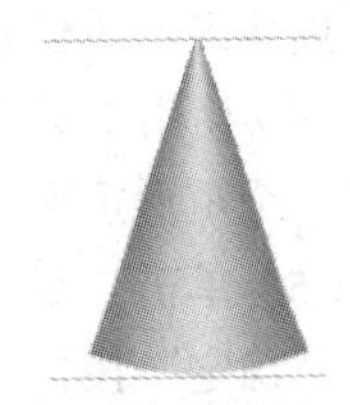

图 2-3-13　圆锥图形

图 2-3-14　圆球图形

（1）选中“图层”面板中的“圆柱”图层，单击“编辑”→“自由变换”菜单命令，旋转圆柱图形，使它水平放置。采用相同的方法，调整其他图形，使它们均水平放置，并适当调整它们的大小和位置，参见图 2-3-1。

（2）选中“图层”面板中的“背景”图层，单击“创建新图层”按钮，创建一个新的图层，将该图层名称改为“背景图”，选中该图层。

（3）设置前景色为浅灰色（R=220，G=220，B=220），背景色为青绿色（R=48，G=184，B=187）。单击工具箱内的“渐变工具”按钮，单击其选项栏内的“线性渐变”按钮。再单击下拉列表框右侧的下拉按钮，调出“渐变样式”面板，设置渐变色为“前景色到背景色渐变”。

（4）按住【Shift】键，从上向下垂直拖动，给“背景图”图层填充浅灰到青绿线性渐变色，如图 2-3-1 所示。

图 2-3-15　“图层”调板

（5）在“图层”面板中“圆柱”图层上方创建一个其副本图层，将该图层的名称改为“圆柱倒影”。将该图层内的圆柱图像垂直拖动到原来圆柱图形的下边。再单击“编辑”→“变换”→“垂直翻转”菜单命令，使复制的图形垂直翻转。

（6）选中“圆柱倒影”图层，在“图层”面板内的“填充”文本框中输入 23%，使“圆柱倒影”图层内的圆柱图形成为倒影。再分别制作其他图形的倒影，如图 2-3-1 所示。“图层”面板如图 2-3-15 所示（部分图层还没有）。

（7）输入字体为“隶书”、字大小为 48 点、颜色为红色的横排文字“立体几何图”。调出“样式”面板，单击“喷溅蜡纸”图标，效果如图 2-3-16 所示。

5．制作棋盘格地面

（1）将“图层”面板内的“背景图”和“背景”图层以外的所有图层隐藏。在“背景图”图层上方创建“图层 1”，将该图层的名称改为“棋盘格”。选中该图层。

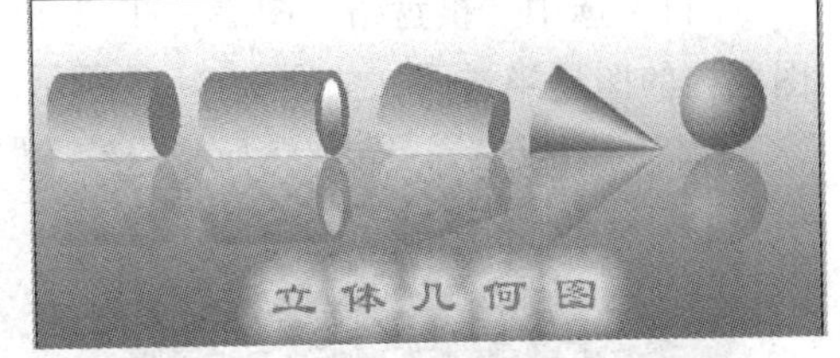

图 2-3-16　“立体几何图形”图像

（2）单击“编辑”→“首选项”→“参考线、网格和切片”菜单命令，调出“首选项”对话框。在该对话框内的“网格”栏中，设置网格线的颜色为橙色、线间隔 20 像素、子网格个数为 10 像素。单击“确定”按钮，完成网格线的设置。单击“视图”→“显示”→“网格”菜单命令，在文档窗口内显示网格。

（3）单击工具箱内的“单行选框工具”按钮，按住【Shift】键，单击所有水平网格线，即可创建多行单像素的选区。再创建 11 列单像素选区，效果如图 2-3-17 所示。

（4）使用工具箱中的矩形选框工具 ，按住【Alt】键，在第 11 列单像素的选区右边拖动创建一个矩形选区，将右边的单行选区选中，以将它们去除，如图 2-3-18 所示。

（5）单击“编辑”→“描边”菜单命令，调出“描边”对话框，设置描边 1 像素、黑色，单击“确定”按钮，即可完成描边任务。

（6）按【Ctrl+D】组合键，取消选区。单击“视图”→“显示”→“网格”菜单命令，不显示网格，效果如图 2-3-19 所示。隐藏“背景图”图层，以便制作“棋盘格”图形。

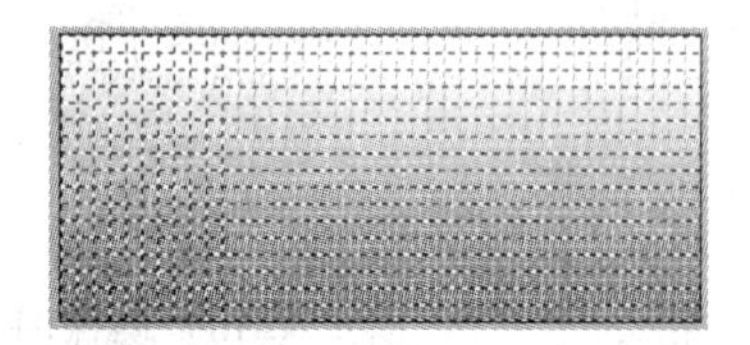

图 2-3-17　多行和 11 列单像素选区

图 2-3-18　取消右边选区

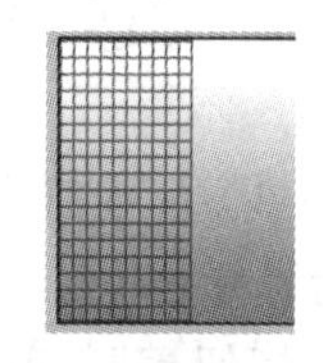

图 2-3-19　选区描边

（7）单击工具箱中的“魔棒工具”按钮 ，按住【Shift】键，单击奇数行奇数列小方格，再单击偶数行偶数列小方格，创建相间的小方格选区。设置前景色为黑色，按【Alt+Delete】组合键，给选区内填充黑色。按【Ctrl+D】组合键，取消选区，如图 2-3-20 所示。

（8）使用工具箱中的移动工具 ，选中“棋盘格”图层，按住【Ctrl】键，水平拖动“棋盘格”图形，复制 3 幅“棋盘格”图形，并水平依次排列，如图 2-3-21 所示。

图 2-3-20　“棋盘格”图形

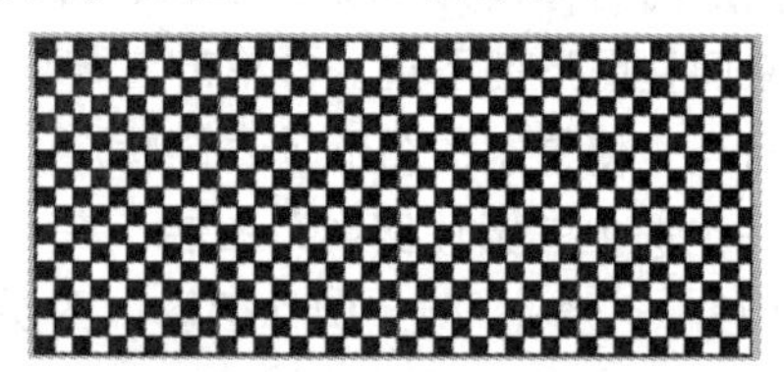

图 2-3-21　复制“棋盘格”图形

（9）按住【Ctrl】键，选中“棋盘格”图层和其他 3 个复制图形后产生的图层，右击选中的图层，调出快捷菜单，单击该菜单中的“合并图层”命令，将选中的图层合并到一个图层中，将该图层的名称改为“棋盘格”。

（10）显示“背景图”图层。选中“棋盘格”图层，单击“编辑”→“变换”→“透视”菜单命令，进入“透视”变换调整状态，水平向右拖动右下角的控制柄，使“棋盘格”图形呈透视状，如图 2-3-22 所示。按【Enter】键，完成“棋盘格”图形的透视调整。

（11）选中“棋盘格”图层，在“图层”面板内的“不透明度”文本框中输入 40%，使该图层内的图形半透明，如图 2-3-23 所示。再显示所有图层，如图 2-3-1 所示。

图 2-3-22　透视调整“棋盘格”图形

图 2-3-23　“棋盘格”图层半透明

相关知识——创建选区（3）

1. 套索工具组

图 2-3-24　套索工具组

套索工具组有套索工具、多边形套索工具和磁性套索工具，如图 2-3-24 所示。

（1）套索工具：单击它，鼠标指针变为套索状，在画布窗口内沿荷叶图像的轮廓拖动，可创建一个不规则的选区，如图 2-3-25 所示。当释放鼠标左键时，系统会自动将起点与终点连接，形成一个闭合区域。

（2）多边形套索工具：单击它，鼠标指针变为多边形套索状，单击多边形选区的起点，再依次单击选区各个顶点，最后回到起点处，当鼠标指针上出现小圆圈时，单击即可形成一个闭合的多边形选区，如图 2-3-26 所示。

（3）磁性套索工具：单击它，鼠标指针变为磁性套索状，拖动创建选区，最后回到起点，当鼠标指针上出现小圆圈时，单击即可形成一个闭合的选区，如图 2-3-27 所示。

磁性套索工具与套索工具的不同之处是，系统会自动根据选区边缘的色彩对比度来调整选区的形状。因此，对于选取区域外形比较复杂，同时又与周围图像的色彩反差比较大的情况，采用该工具创建选区是很方便的。

图 2-3-25　不规则的选区

图 2-3-26　多边形套索创建选区

图 2-3-27　磁性套索创建选区

（4）套索工具组工具的选项栏：套索工具与多边形套索工具的选项栏基本相同，如图 2-3-28 所示。磁性套索工具的选项栏如图 2-3-29 所示。前面没有介绍过的选项简介如下：

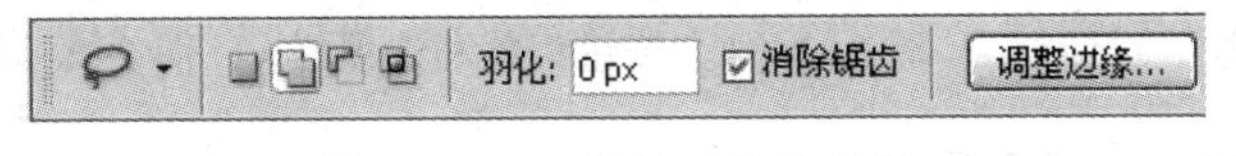

图 2-3-28　套索工具选项栏

图 2-3-29　磁性套工具选项栏

◎“宽度”文本框：用来设置系统检测的范围，单位为像素（px）。当用户用鼠标拖动出选区时，系统将在鼠标指针周围指定的宽度范围内选定反差最大的边缘作为选区的边界。该数值的取值范围是 1～40 像素。

通常，当选取具有明显边界的图像时，可将“宽度”文本框内的数值调大一些。

◎“对比度”文本框：用来设置系统检测选区边缘的精度，当用户用鼠标拖动出选区时，系统将认为在设定的对比度范围内对比度是一样的。该数值越大，系统能识别的选区边缘的对比度也越高。该数值的取值范围是 1%～100%。

◎“频率”文本框：用来设置选区边缘关键点出现的频率，此数值越大，系统创建关键点的速度越快，关键点出现的也越多。频率的取值范围是 0～100。

◎ 按钮：单击该按钮后，可以使用绘图板压力来更改钢笔笔触的宽度，只有使用绘图板绘图时才有效。再单击该按钮，可以使该按钮弹起。

（5）“调整边缘”按钮：在创建完选区后，单击该按钮，可以调出“调整边缘”对话框，如图 2-3-30 所示。利用该对话框可以像绘图和擦图一样从不同方面来修改选区边缘，可同步看到效果。将鼠标指针移到按钮或滑块上时，其下方会显示相应的提示信息。“调整边缘”对话框内一些选项涉及蒙版内容，可参看第 9 章有关内容。

单击 按钮，调出其菜单，如图 2-3-31（a）所示，其内有“调整半径工具”和“抹除调整工具”两个选项，此时选项栏改为可以切换这两个工具和调整笔触大小的选项栏，如图 2-3-31（b）所示。选择调整半径工具后，在没有完全去除背景的地方涂抹，可擦除选区边缘背景色（可选中“智能半径”复选框）；选择抹除调整工具后，在有背景的边缘地方涂抹，可以恢复原始边缘。按左、右方括号键或调整半径值，可以调整笔触大小。

“视图”下拉列表框用来选择视图类型，如图 2-3-32 所示。

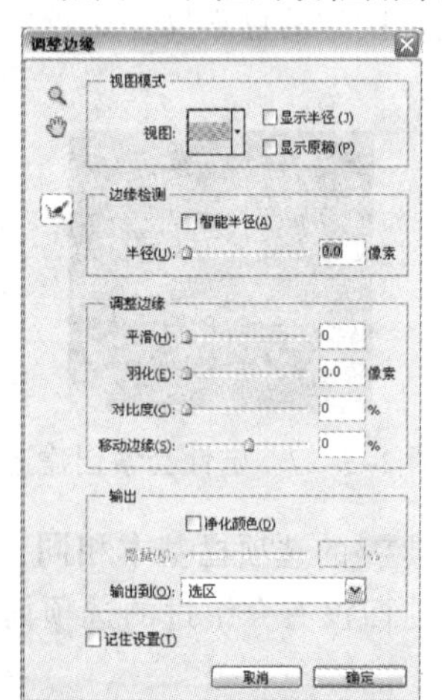

图 2-3-30 “调整边缘”对话框

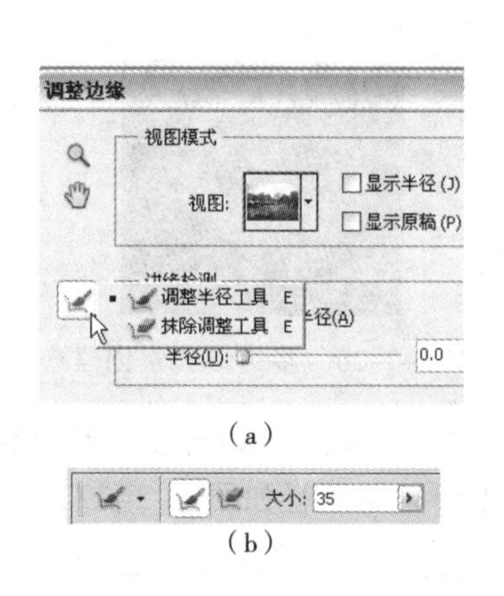

图 2-3-31 按钮菜单和选项栏

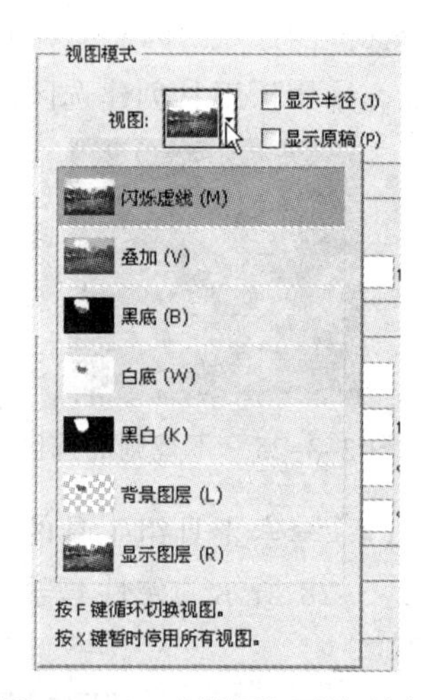

图 2-3-32 “视图”下拉列表框

2. 快速选择工具和魔棒工具

（1）快速选择工具：单击工具箱中的“快速选择工具”按钮 ，鼠标指针变为 状，在要选取的图像处单击或拖动，系统会自动将鼠标指针处颜色相同或相近的图像像素包围起来，创建一个选区，而且随着鼠标指针的移动选区不断扩大。按左、右方括号键或调整半径值，可以调整笔触大小。按住【Alt】键同时在选区内拖动，可以减少选区。快速选择工具 的选项栏如图 2-3-33 所示。部分选项的作用如下：

图 2-3-33 快速选择工具选项栏

◎ 按钮组：3 个按钮从左到右的作用依次是“重新创建选区”、“新选区与原选区相加”和“原选区减去新选区”。

◎ 按钮：单击它可调出面板，利用该面板可以调整笔触大小、间距等属性。

（2）魔棒工具：单击工具箱中的“魔棒工具”按钮，鼠标指针变为魔棒状，在要选取的图像处单击，系统会自动根据单击处像素的颜色创建一个选区，将与单击点相连处（或所有）颜色相同或相近的图像像素包围起来。

魔棒工具选项栏如图 2–3–34 所示。前面没有介绍过的选项作用如下：

容差: 32　消除锯齿　连续　对所有图层取样　调整边缘...

图 2–3–34　魔棒工具选项栏

◎ “容差”文本框：用来设置系统选择颜色的范围，即选区允许的颜色容差值。该数值的范围是 0～255。容差值越大，相应的选区也越大；容差值越小，相应的选区也越小。例如，单击荷花图像右下角创建的选区如图 2–3–35 所示（在 3 种容差下创建的选区）。

◎ “消除锯齿”复选框：当选中该复选框时，系统会将选区的锯齿边缘消除。

◎ “连续”复选框：当选中该复选框时，系统将创建一个选区，把与鼠标单击点相连的颜色相同或相近的图像像素包围起来。当不选中该复选框时，系统将创建多个选区，把图像内所有与鼠标单击处的颜色相同或相近的图像像素分别包围起来。

◎ “对所有图层取样”复选框：当选中该复选框时，系统在创建选区时，会将所有可见图层考虑在内；当不选该复选框时，系统在创建选区时，只将当前图层考虑在内。

容差：30

容差：50

容差：90

图 2–3–35　单击荷花图像右下角边处创建的选区

思考与练习 2-3

1. 制作一个“静物写生”图像，如图 2–3–36 所示。该图像由一个石膏球体、正方体和柱体组成，3 个几何体堆叠排列，既表现出光影的变换，又表现出了物体的质感。

2. 制作一个图表，如图 2–3–37 所示。

3. 制作一幅“思念”图像，如图 2–3–38 所示。由图可以看出，由“心”图像填充的背景上，有一幅四周羽化的女孩图像。两幅图像如图 2–3–39 所示。

4. 制作一幅“卷页图片”图像，如图 2–3–40 所示。它就像一幅图像的边缘被卷了起来。该图像是由图 2–3–41 所示“鲜花”图像加工而成的。制作该图像的提示如下：

（1）打开“鲜花”图像，创建一个矩形选区，再创建“图层 1”。

（2）使用渐变工具，设置“线性渐变”填充和“橙色、黄色、橙色”渐变色。

（3）在矩形选区内从上到下拖动，填充得到图 2–3–42 所示的图像。单击“编辑”→“变换”→“透视”菜单命令，选区四周出现控制柄，拖动左上角的控制柄到中间，使左边上下两个控制柄重合，如图 2-3-43 所示。按【Enter】键确认变换。

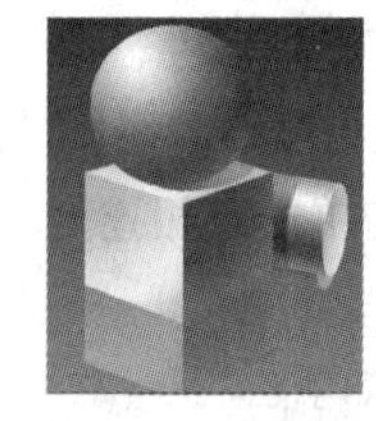

图 2-3-36 “静物写生”图像

图 2-3-37 图表

图 2-3-38 “思念”图像

图 2-3-39 “心”图像和“女孩”图像

图 2-3-40 “卷页图片”图像

（4）把“图层 1”中的图像向画布右边移动一段距离。在“图层 1”创建一个大小合适的椭圆选区，并调整其位置，按【Delete】键，删除选区内的图像。取消选区。进入自由变换状态，旋转和移动图像，如图 2-3-44 所示，按【Enter】键。

（5）单击“背景”图层，将需要清除的右下角区域创建为选区。设置前景色为白色，按【Alt+Delete】组合键，将选区填充为白色，再取消选区。

图 2-3-41 “鲜花”图像

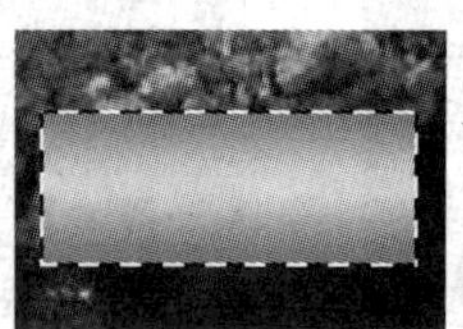

图 2-3-42 渐变填充

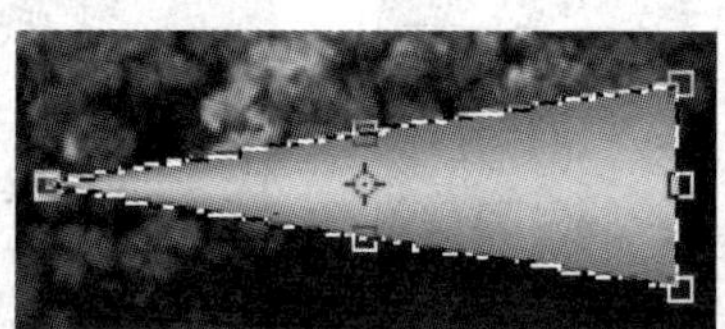

图 2-3-43 透视变换

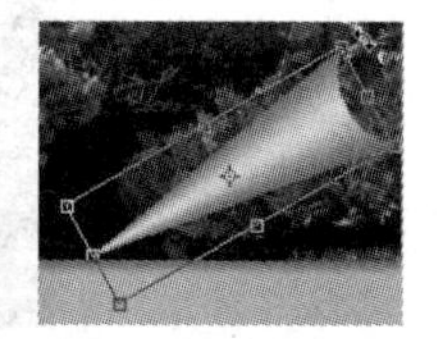

图 2-3-44 旋转和移动

2.4 【案例 7】美化照片

案例描述

“美化照片”图像如图 2-4-1 所示。该图像是用图 2-4-2 所示“丽人”图像和图 2-4-3 所示“风景”图像加工而成的。可以看到，人物的衣服花样更换了，背景变为风景画面。

图 2-4-1 “美化照片”图像

图 2-4-2 “丽人”图像

图 2-4-3 “风景”图像

设计过程

1. 加工“丽人”图像

（1）打开图2-4-2所示“丽人”图像，将该图像的大小调整为宽270像素、高380像素。打开图2-4-3所示的“风景”图像，该图像宽540像素，高400像素。

（2）选中“丽人”图像，使用多边形套索工具创建衣服选区，如图2-4-4所示。单击“选择”→“修改”→“平滑”菜单命令，调出“平滑选区”对话框，在“取样半径”文本框中输入2，单击“确定”按钮，对选区进行平滑处理。

（3）打开“鲜花”图像，如图2-4-5所示。单击工具箱中的“魔棒工具”按钮，在其选项栏内的“容差”文本框中输入50，选中“连续”复选框，单击“鲜花”图像的黄色背景，创建黄色背景的选区。再按住【Shift】键，单击未被选中的图像，最后使选区选中所有背景图像，如图2-4-6所示。

图2-4-4 选中衣服

图2-4-5 “鲜花”图像

图2-4-6 选中背景黄色的选区

（4）设置前景色为白色，按【Alt+Delete】组合键，给选区填充白色。调整“鲜花”图像大小，使得其宽为80像素、高为50像素。再创建一个矩形选区选中鲜花，如图2-4-7所示。

（5）单击“编辑”→“定义图案”菜单命令，调出“图案名称”对话框，在其文本框内输入“鲜花”。单击“确定”按钮，创建一个名称为“鲜花”的新图案样式。

（6）选中“丽人”图像，在“背景”图层上方添加“图层1”。选中该图层。

（7）单击“编辑”→“填充”菜单命令，调出“填充”对话框，在“使用”下拉列表框内选择“图案”选项，在“自定图案”下拉列表框中选择“鲜花”图案，如图2-4-8所示。单击“确定”按钮，将“鲜花”图案填充到选区内。

（8）按【Ctrl+D】组合键，取消选区，在“图层”面板的“模式”下拉列表框内选择“正片叠底”选项，效果如图2-4-9所示。

图2-4-7 矩形选区

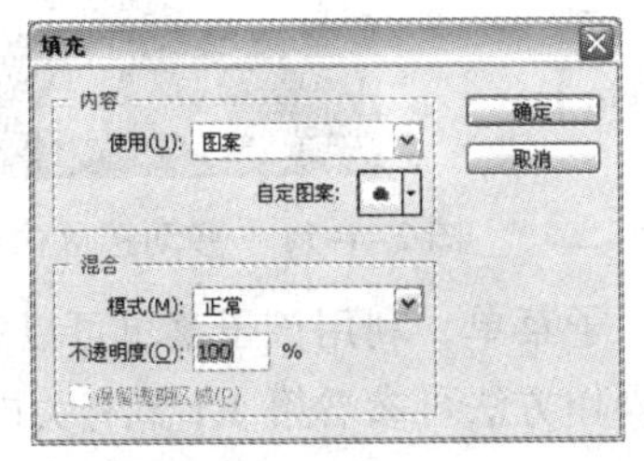

图2-4-8 “填充”对话框

图2-4-9 图案填充选区

2. 合并图像

（1）设置背景色为白色。单击“图像”→“画布大小”菜单命令，调出“画布大小”对话框框，单击“定位”栏内的按钮，在“宽度”文本框内输入 540，在“高度”文本框内输入 400。单击“确定”按钮，完成画布扩展。

图 2-4-10 “Adobe Photoshop CS5”对话框

（2）单击“图像”→“模式”→“RGB 颜色”菜单命令，调出图 2-4-10 所示的对话框，单击“拼合”按钮，将“丽人”图像内的“图层 1”和“背景”图层合并到“背景”图层。同时，将“丽人”图像的模式由“CMYK 颜色”模式转换为“RGB 颜色”模式。

（3）选择工具箱中的魔棒工具，在其选项栏内的“容差”文本框中输入 5，单击“新选区”按钮，选中“消除锯齿”和“连续”复选框。多次单击人物背景的白色区域，创建选中所有白色的选区。

（4）单击“选择”→“修改”→“平滑”菜单命令，调出“平滑选区”对话框，在“取样半径”文本框中输入 2，单击“确定”按钮，对选区进行平滑处理。

（5）选中“风景”图像，单击“选择”→“全部”菜单命令，将图像全部选中，再单击“编辑”→“拷贝”菜单命令，将选区中的图像拷贝到剪贴板内。选中“丽人”图像，单击“编辑”→“选择性粘贴”→“贴入”菜单命令，将剪贴板内的图像粘贴入选区。

（6）单击“文件”→“存储为”菜单命令，调出“存储为”对话框，利用该对话框将加工后的图像以名称“【案例 7】美化照片”保存。

相关知识——编辑和粘贴选区内的图像

1. 编辑选区内的图像

（1）移动图像：将要移动的图像用选区围住，再使用工具箱内的移动工具拖动选区内的图像，即可移动选区内当前图层内的图像，如图 2-4-11 所示。还可以将选区内当前图层的图像移到其他图像窗口内。如果选中了移动工具选项栏中的“自动选择图层”复选框，则拖动图像时，可以自动选择被拖动图像所在的图层。

（2）复制图像与移动图像的操作方法基本相同，只是在拖动选区内的图像时按住【Alt】键，鼠标指针会变为重叠的黑白双箭头状。复制后的图像如图 2-4-12 所示。

（3）删除图像：将要删除的图像用选区围住，然后单击“编辑”→“清除”菜单命令，或者单击“编辑”→“剪切”菜单命令，也可按【Delete】或【Backspace】键。

图 2-4-11 移动选区内图像

图 2-4-12 复制选区内图像

（4）变换图像：单击“编辑”→“变换”菜单命令，调出“变换”子菜单，利用该子菜单可以完成选区内图像的缩放、旋转、斜切、扭曲和透视等操作。具体操作方法可参看第 1.1 节有关内容，但变换的是选区内的图像，而不是整幅图像。

2. 选择性粘贴图像

（1）“贴入”菜单命令：打开一幅图像，按【Ctrl+A】组合键，全选图像；按【Ctrl+C】

组合键，将选中的图像复制到剪贴板内。打开另一幅图像，在该幅图像中创建一个选区，如图 2-4-13 所示。单击“编辑”→“选择性粘贴”→“贴入”菜单命令，将剪贴板中的图像粘贴到该选区内。使用移动工具 可拖动调整粘入的图像，如图 2-4-14 所示。

（2）“外部贴入”菜单命令：按照上述步骤操作，最后单击“编辑”→“选择性粘贴”→“外部贴入”菜单命令，可将剪贴板中的图像粘贴到该选区外，如图 2-4-15 所示。

（3）“原位粘贴”菜单命令：按照上述步骤操作，最后单击“编辑”→“选择性粘贴”→“原位粘贴”菜单命令，可将剪贴板中的图像粘贴到原来该图像所在位置。

图 2-4-13　矩形选区

图 2-4-14　粘贴入选区

图 2-4-15　粘贴到选区外

思考与练习 2-4

1. 更换背景图像和丽人图像，制作另一幅“美化照片”图像。
2. 利用图 2-4-16 所示的两幅图像合并加工制作出图 2-4-17 所示的图像。

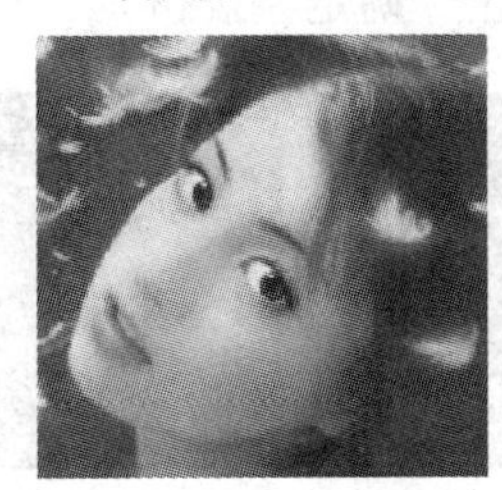

图 2-4-16　两幅图像

图 2-4-17　“花中丽人”图像

2.5 【案例 8】台球和球杆

案例描述

“台球和球杆”图像如图 2-5-1 所示。深绿色背景上，有一个台球案子，台球案子上有一个红色台球、一个棕色台球和两支球杆。

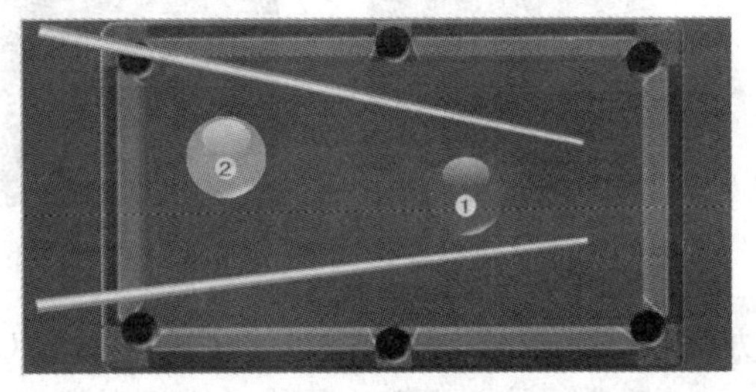

图 2-5-1　“台球和球杆”图像

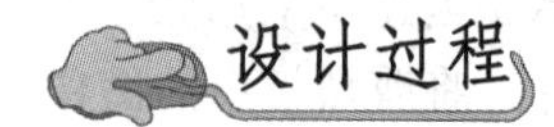

设计过程

1. 绘制红色台球

（1）设置前景色为白色、背景色为黑色，创建一个宽为 700 像素、高为 340 像素、模式为 RGB 颜色、背景为黑色的图像窗口。创建“图层 1”，选中该图层。将图像以名称“【案例 8】台球和球杆.psd”保存。

（2）选择工具箱中的椭圆选框工具，在其选项栏内的“羽化”文本框中输入 0。按住【Shift】键，同时在图像窗口内拖动，创建一个圆形选区。

（3）单击工具箱内的“渐变工具”按钮，单击其选项栏内的“线性渐变”按钮，单击下拉列表框，调出“渐变编辑器”窗口，设置渐变色为白色（R=255，G=255，B=255，不透明度为 43%）到白色（不透明度为 0%），如图 2-5-2 所示。单击“确定”按钮。

（4）在选区内从左上方向右下方拖动，如图 2-5-3 所示，为圆形选区填充从透明到白色的线性渐变色，如图 2-5-4 所示。

（5）在“图层 1”下方创建“图层 2”。设置前景色为红色，按【Alt+Delete】组合键，在“图层 2”内给选区填充前景色，如图 2-5-5 所示。

（6）单击选项栏内的下拉列表框，调出“渐变编辑器”窗口，设置渐变色为白色（不透明度为 80%）到白色（不透明度为 0%），如图 2-5-6 所示。单击“确定”按钮。

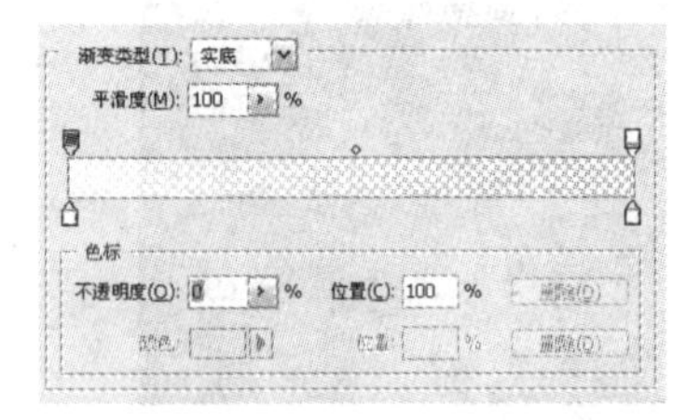

图 2-5-2　设置渐变色

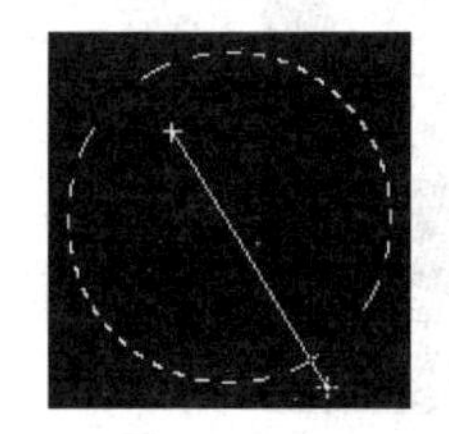

图 2-5-3　从左上向右下拖动

图 2-5-4　填充渐变色

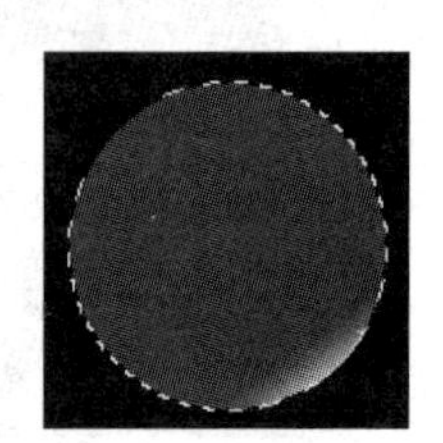

图 2-5-5　填充红色

（7）单击“选择”→“变换选区”菜单命令，进入选区调整状态，适当调整选区的大小和形状，如图 2-5-7 所示。按【Enter】键，完成选区的调整。

（8）在“图层 1”上方创建“图层 3”。在选区内从上向下拖动，如图 2-5-8 所示，填充线性渐变颜色。按【Ctrl+D】组合键，取消选区，效果如图 2-5-9 所示。

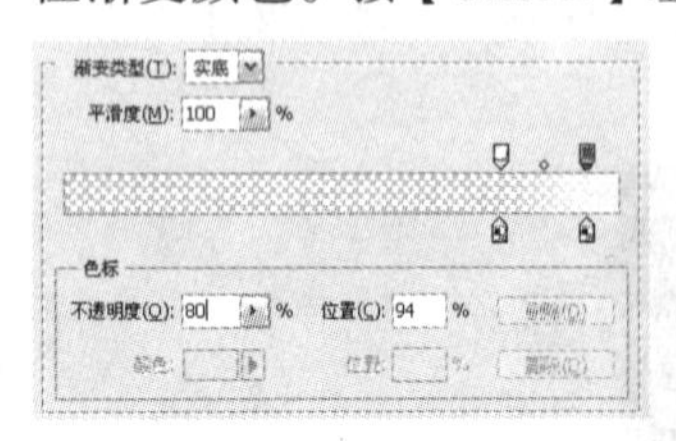

图 2-5-6　设置渐变色

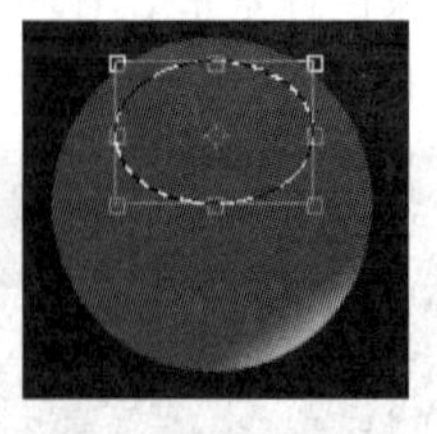

图 2-5-7　调整选区

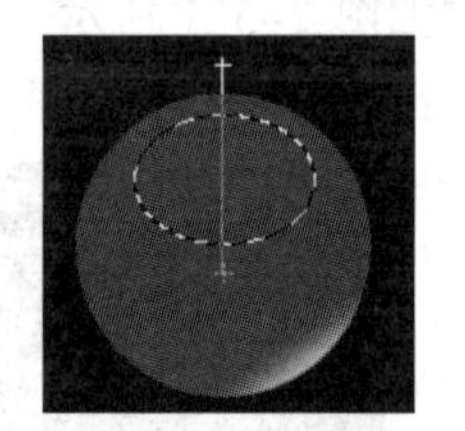

图 2-5-8　从上向下拖动

图 2-5-9　彩球图形

（9）在“图层 3”上方创建“图层 4”，绘制一个填充灰色（R、G、B 值均为 220）的圆形，再使用工具箱内的横排文字工具，输入黑色、黑体、26 点的数字“1”，如图 2-5-10 所示。“图层”面板内自动生成一个“1”文本图层。

2. 制作棕色台球

图 2-5-10 红色台球

（1）选中“图层3”，单击“图层”面板内“创建新组”按钮，在“图层3”上方创建一个名为“组1”的图层文件夹。双击“组1”名称，进入其名称编辑状态，将名称改为“红色台球”。

（2）按住【Ctrl】键，选中“图层1”、“图层2”、“图层3”和“1”文本图层，拖动到“红色台球”图层文件夹上，即可将其放入“红色台球”图层文件夹内。

（3）将入“红色台球”图层文件夹拖动到“创建新组”按钮上，复制一个“红色台球”图层文件夹和其内图层，图层文件夹名称为“红色台球副本”，其内图层名称保持不变。

（4）将“红色台球副本”图层文件夹的名称改为“棕色台球”，将其内图层的名称后增加一个“2”，将“1”文本图层的名称改为“2”。使用工具箱内的移动工具，选中“棕色台球”图层文件夹，向左边拖动复制的台球到新的位置。

（5）使用工具箱内的横排文字工具T，选中“2”文本图层内的文字“1”，将其改为“2”。

（6）按住【Ctrl】键，单击“图层22”图层缩览图，创建圆形选区，选中复制的台球。设置背景色为棕色，按【Ctrl+Delete】组合键，将红色圆的颜色改为棕色。

3. 绘制球杆

（1）设置前景色为深绿色，选中“背景”图层，按【Alt+Delete】组合键，给背景图层填充深绿色。在“2”文本图层上方创建“图层5”。将该图层名称改为“球杆1”。

（2）选中“球杆1”图层。使用矩形选框工具创建一个细长的矩形选区，如图2-5-11所示。单击工具箱内的“渐变工具”按钮，单击其选项栏内的“线性渐变”按钮，设置“线性渐变”填充方式。单击“渐变样式”下拉列表框，调出“渐变编辑器”窗口。

（3）单击“预设”栏内的“橙色、黄色、橙色”图标，设置从橙色到黄色再到橙色的渐变色。单击“确定”按钮，完成渐变色设置。按住【Shift】键，在选区内从上向下拖动，给矩形选区填充线性渐变色，形成台球球杆的初步图像，如图2-5-12所示。

图 2-5-11 细长的矩形选区

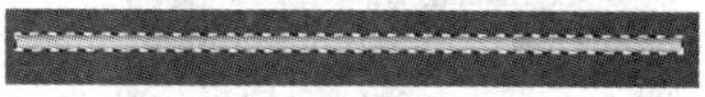

图 2-5-12 填充线性渐变色

（4）将画布的显示比例调整为300%，单击“编辑”→“变换”→“透视”菜单命令，进入透视编辑状态。向下拖动左下角的控制柄，使球杆左端粗一些，如图2-5-13所示。按【Enter】键，完成球杆图像的制作。

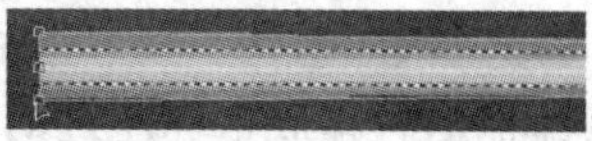

图 2-5-13 向下拖动左下角的控制柄

（5）单击“编辑”→“自由变换”菜单命令，使球杆图像四周出现8个控制柄，拖动调整球杆图像的大小，再旋转调整球杆图像的倾斜角度，如图2-5-1所示。

（6）拖动“图层”面板中“球杆1”图层到“创建新图层”按钮上，复制一个相同的图层，将复制的图层名称改为“球杆2”。单击“编辑”→“变换”→“垂直翻转”菜单命令，使复制的台球球杆图像垂直翻转。使用移动工具调整两支台球球杆的位置，效果如图 2-5-1 所示（还没有台球桌图像）。

（7）选中“背景”图层，打开一幅台球桌图像，使用工具箱内的移动工具，将台球桌图像拖动到“台球和球杆”图像窗口内，调整该图像的大小和位置。

相关知识——渐变色填充

1. 渐变工具选项栏

选择工具箱中的渐变工具，在选区内拖动，可以给选区填充渐变色。在没有选区的图像内拖动，可以给整个图像填充渐变色。此时的选项栏如图 2-5-14 所示。该选项栏中一些选项前面已经介绍过了，下面介绍其他选项的作用。

图 2-5-14　渐变工具选项栏

（1）按钮组：它有 5 个按钮，用来选择渐变色的填充方式。单击其中一个按钮，可进入一种渐变色填充方式。不同的渐变色填充方式具有相同的选项栏。

（2）“渐变样式”下拉列表框：单击其黑色箭头按钮，可弹出“渐变样式”面板，如图 2-5-15 所示。单击一种样式图案，即可完成填充样式的设置。选择不同的前景色和背景色后，“渐变样式”面板内的渐变颜色种类会稍有不同。

（3）“反向”复选框：选中该复选框后，可以产生反向渐变的效果。图 2-5-16 是没有选中该复选框时填充的效果，图 2-5-17 是选中“反向”复选框时填充的效果。

（4）“仿色”复选框：选中该复选框后，可使填充的渐变色色彩过渡更加平滑和柔和。

（5）“透明区域”复选框：选中该复选框后，允许渐变的透明设置，否则禁止渐变的透明设置。

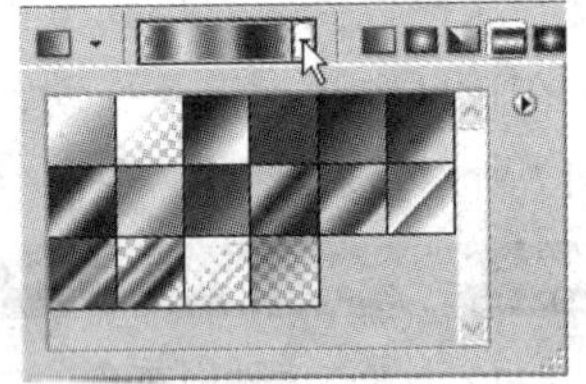

图 2-5-15　“渐变样式”面板

图 2-5-16　非反向渐变效果

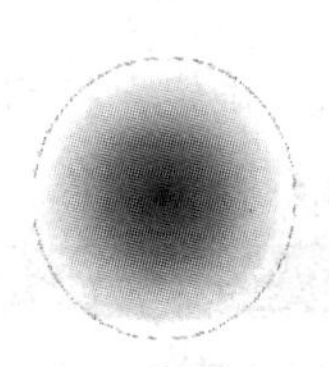

图 2-5-17　反向渐变的效果

2. 渐变色填充方式的特点

（1）“线性渐变”填充方式：形成起点到终点的线性渐变效果。起点即拖动时按下的点，终点即拖动时释放鼠标左键的点，如图 2-5-18 所示。

（2）“径向渐变”填充方式：形成由起点到四周的辐射状渐变效果，如图 2-5-19 所示。

（3）“角度渐变”填充方式：形成围绕起点旋转的螺旋渐变效果，如图 2-5-20 所示。

（4）“对称渐变”填充方式：可以产生两边对称的渐变效果，如图 2-5-21 所示。

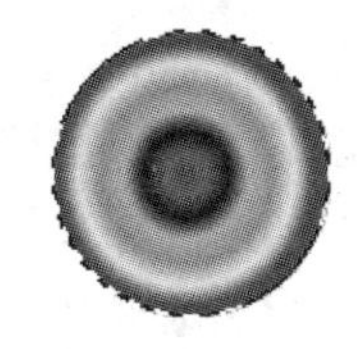

图 2-5-18　线性渐变　　图 2-5-19　径向渐变　　图 2-5-20　角度渐变　图 2-5-21　对称渐变

（5）“菱形渐变”填充方式：可以产生菱形渐变效果，如图 2-5-22 所示。

3．创建新渐变样式

单击“渐变样式”下拉列表框，调出“渐变编辑器”窗口，利用它可以设计新的渐变样式。设计方法及该窗口内主要选项的作用如下：

（1）“渐变类型”下拉列表框内有两个选项，一个是“实底”选项，“渐变编辑器”窗口如图 2-5-23 所示；另一个是“杂色”选项，“渐变编辑器”窗口如图 2-5-24 所示。

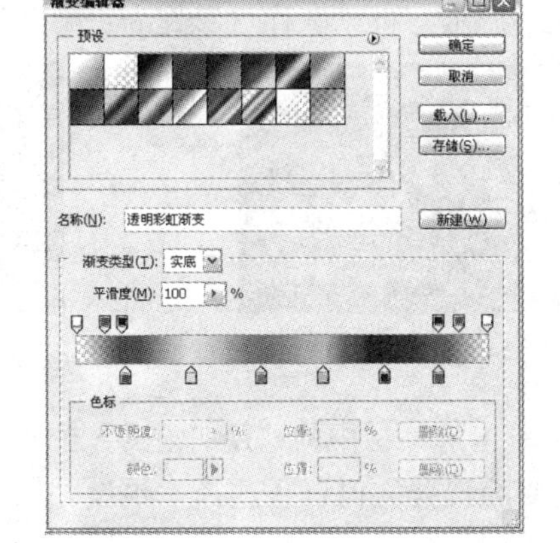

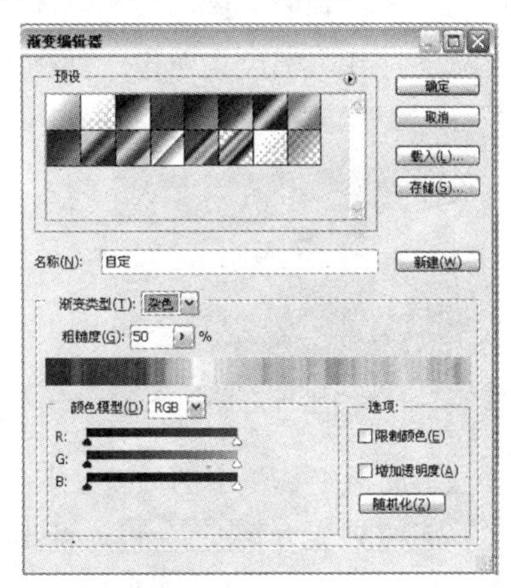

图 2-5-22　菱形渐变　图 2-5-23　“渐变编辑器”（实底）窗口　　图 2-5-24　“渐变编辑器”（杂色）窗口

利用杂色“渐变编辑器”窗口可以设置杂色的粗糙程度、杂色颜色模式、杂色的颜色和透明度等。单击“随机化”按钮，可产生不同的杂色渐变样式。

（2）在渐变设计条下方两个色标之间单击，会增加一个颜色图标（简称色标），色标上面有一个黑色箭头，指示了该颜色的中心点，它的两边各有一个菱形滑块，拖动菱形滑块，可以调整颜色的渐变范围。

单击“色板”或“颜色”面板内的一种颜色，即可确定该色标的颜色。也可以双击该色标，调出“拾色器”对话框，利用该对话框来确定色标的颜色。

（3）选中色标，“色标”栏中的“颜色”色块、“位置”文本框和“删除”按钮变为有效。利用“颜色”色块后的按钮可以选择颜色的来源（背景色、前景色或用户颜色）；改变“位置”文本框内的数据可以改变色标的位置，这与拖动色标的作用一样；选中色标，再单击“删除”按钮，即可删除选中的色标。

（4）在渐变设计条上方两个色标之间单击，会增加一个不透明度色标和两个菱形滑块。选中透明度色标，“不透明度”和“位置”文本框及“删除”按钮变为有效。利用“不透明度”文本框可以改变色标处的不透明度。

（5）在“名称”文本框内输入新填充样式的名称，再单击“新建”按钮，即可新建一个渐变样式。单击“确定”按钮，即可完成渐变样式的创建，并退出该窗口。

（6）单击“保存”按钮，可将当前“预设”栏内的渐变样式保存到磁盘中。单击“载入”按钮，可将磁盘中的渐变样式追加到当前“预设”栏内的渐变样式后面。

注意：渐变工具填充渐变色的方法是用鼠标在选区内或选区外拖动，而不是单击。鼠标拖动时的起点不同，会产生不同的效果。

思考与练习 2-5

1. 制作一幅“旭日之路”图像，如图 2-5-25 所示。在蓝天下，太阳从山脉中升起，一条马路和两旁的小树由近及远的延伸出去。

2. 制作一幅“彩虹”图像，如图 2-5-26 所示。该图像是在图 2-5-27 所示的风景图像上制作彩虹后得到的。该图像的制作方法提示如下：

（1）打开一幅风景图像，如图 2-5-27 所示。再以名称“彩虹.psd 保存”。

图 2-5-25 “旭日之路”图像

图 2-5-26 “彩虹”图像

图 2-5-27 风景图像

（2）选择工具箱中的渐变工具，单击选项栏中的“径向渐变”按钮。再单击“渐变样式”下拉列表框，调出“渐变编辑器”窗口。选择“预设”栏中的“透明彩虹”渐变色，如图 2-5-28 左图所示。

（3）在左起第一个色标右边单击，增加一个色标。双击该色标，调出“拾色器”对话框。设置该色标的颜色为橙色。再调整其他 6 个色标的颜色分别为红、黄、绿、青、蓝、紫色。垂直向上拖动中间的不透明度色标，去除这些色标。只保留两边的不透明度色标，不透明度均为 100%。

（4）将 7 个色标按照从左到右红橙黄绿青蓝紫的次序移到右边，再在它们的两边分别添加一个黑色色标，如图 2-5-28 右图所示。单击“确定”按钮，退出该窗口。

（5）在“背景”图层上方新建一个名称为“图层 1”的图层，选中该图层。按住【Shift】键，从下向上在背景图像上垂直拖动，如图 2-5-29 所示。释放鼠标左键后，即可填充一幅黑色背景的彩虹图形，如图 2-5-30 所示。

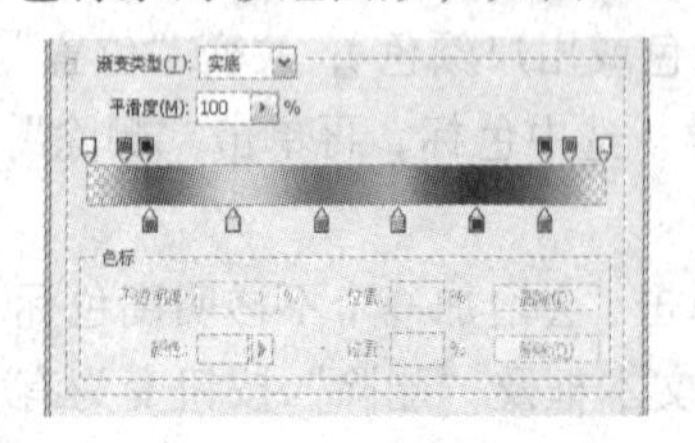

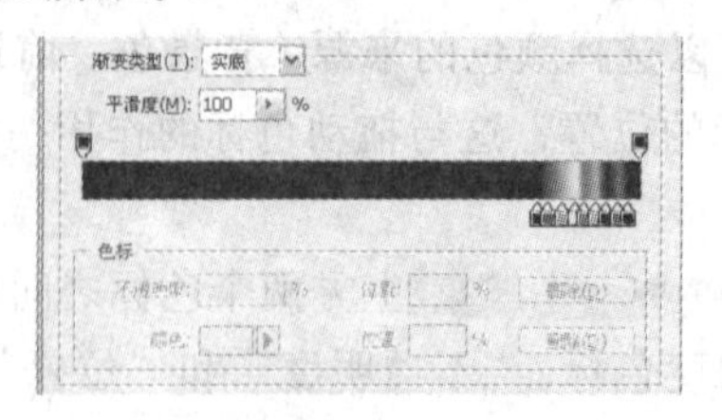

图 2-5-28 “渐变编辑器”对话框设置

图 2-5-29 垂直向上拖动

（6）在“图层”调板内的模式下拉列表框内选择“滤色”选项，在“不透明度”文本框内输入40%，使“图层1”图像的不透明度为40%。画面如图2-5-31所示。

（7）选择工具箱中的橡皮擦工具，在其选项栏的“模式”下拉列表框中选择“画笔”选项，在“不透明度”文本框内输入30%。单击“画笔预设”按钮，调出“画笔预设”面板，设置主直径65 px、硬度0%，如图2-5-32所示。再擦除彩虹两端的图形。

（8）单击“画笔预设”按钮，调出“画笔预设”面板，设置主直径5 px，硬度100%，擦除左边建筑的尖塔和绿树上的彩虹图像。最后效果如图2-5-26所示。

图2-5-30　彩虹图形

图2-5-31　调整“图层”调板

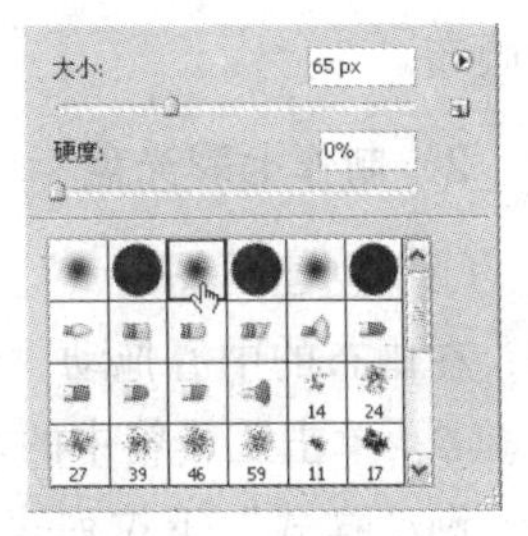

图2-5-32　“画笔预设”面板

2.6　【案例9】七彩光盘

案例描述

“七彩光盘”图形如图2-6-1所示。可以看到，在花纹背景上有一个七彩光盘。七彩光盘的7种颜色分别为：红、橙、黄、绿、青、蓝、紫。

图2-6-1　“七彩光盘”图像

设计过程

1. 制作花纹图案

（1）新建宽度为400像素、高度为300像素、模式为RGB颜色、背景为白色的画布。

（2）将画布放大为400%，单击“视图”→“标尺”菜单命令，显示标尺。分别从水平标尺和垂直标尺向图像拖动，创建两条参考线。选择工具箱中的矩形选框工具，按住【Shift】键，拖动创建一个正方形选区，如图2-6-2所示。

（3）单击“渐变工具”按钮，再单击选项栏中的“菱形渐变”按钮。设置渐变色为黄色到红色，“渐变编辑器”窗口中的渐变色设置如图2-6-3所示。

（4）在正方形选区内从中心向外拖动，填充得到一个图案，如图2-6-4所示。

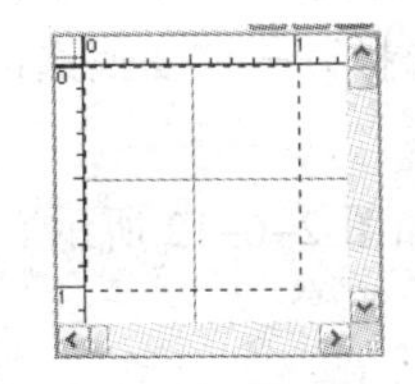

图2-6-2　正方形选区

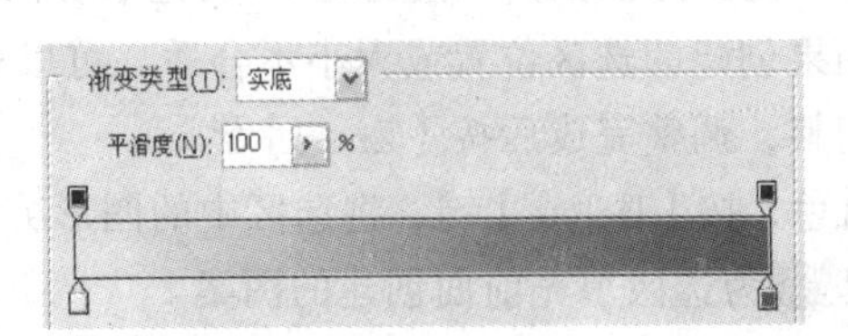

图2-6-3　渐变色设置

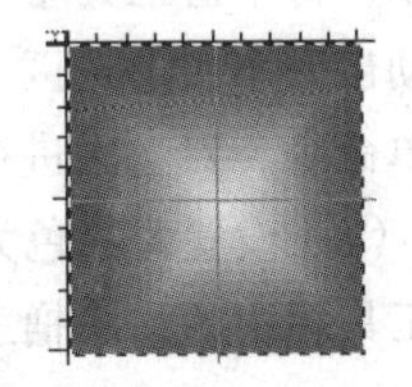

图2-6-4　方形彩色图案

（5）单击“编辑”→“定义图案”菜单命令，调出“图案名称”对话框。在其文本框中输入图案的名称，如图 2-6-5 所示。单击“确定”按钮，即可创建一个图案。

（6）在“历史记录”面板中，单击“新建”操作步骤，回到第一步操作状态。

图 2-6-5 “图案名称”对话框

（7）单击工具箱中的“油漆桶工具”按钮，在其选项栏的“填充”下拉列表框内选择“图案”选项，在“图案”面板中选择刚创建的图案。单击画布，用选中的图案填充整个画布。

2. 制作七彩光盘

（1）创建“图层 1”。单击工具箱中的“椭圆选框工具”按钮，按住【Shift+Alt】组合键，在画布的中心拖动，创建一个圆形选区。

（2）单击工具箱中的“渐变工具”按钮，单击选项栏中的“角度渐变”按钮。再单击“渐变样式”下拉列表框，调出“渐变编辑器”窗口。在“预设”栏中选择“色谱”渐变色。

（3）依次改变 7 个关键点色标的颜色，最后的设置如图 2-6-6 所示。单击“确定”按钮，退出“渐变编辑器”窗口。

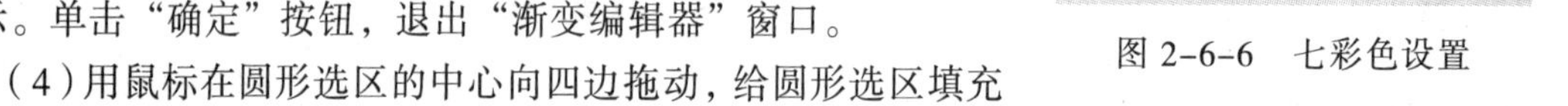

图 2-6-6 七彩色设置

（4）用鼠标在圆形选区的中心向四边拖动，给圆形选区填充七彩角度渐变色，如图 2-6-7 所示。为了保证拖动的起点在圆形选区的正中间，可加入参考线。

（5）单击“选择”→“修改”→“边界”菜单命令，调出“边界选区”对话框，设置如图 2-6-8 所示，单击“确定”按钮，所得选区如图 2-6-9 所示。

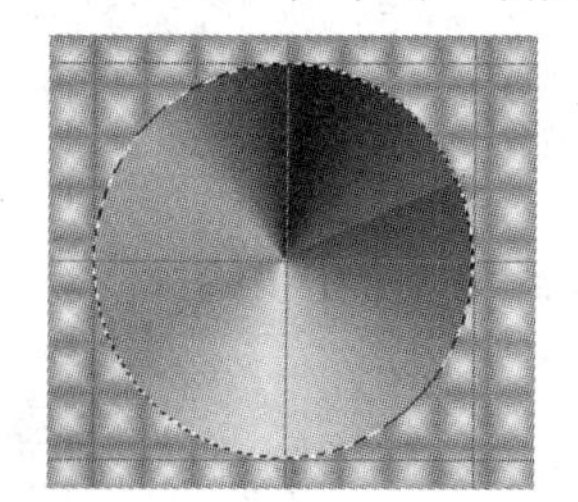

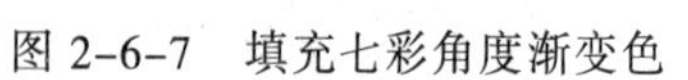

图 2-6-7 填充七彩角度渐变色

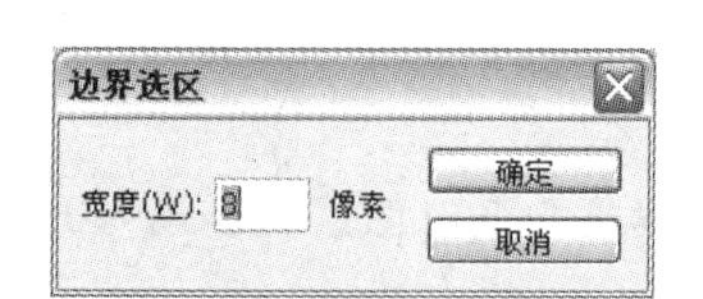

图 2-6-8 “边界选区”对话框

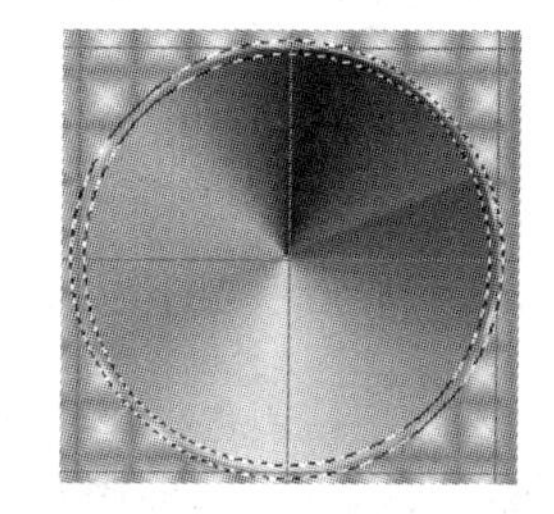

图 2-6-9 选区扩边效果

（6）单击工具箱中的“渐变工具”按钮，调出“渐变编辑器”窗口，设置渐变色为蓝、黄两色突变，如图 2-6-10 所示。在“渐变编辑器”窗口的“名称”文本框中输入“蓝黄突变”，再单击“新建”按钮，即可在“预设”栏中创建一个新的名称为“蓝黄突变”的渐变填充样式。

（7）在选区中从左向右拖动出渐变色。按【Ctrl+D】组合键，取消选区，效果如图 2-6-11 所示。再单击工具箱中的“椭圆选框工具”按钮，按住【Alt+Shift】组合键，在圆形的中间拖动出一个圆形选区。如果创建的选区位置或大小不合适，可以单击“选择”→“变换选区”菜单命令，对选区进行调整，调整完成后按【Enter】键。

（8）设置背景色为白色，按【Delete】键，将选区中的图形剪切掉，如图 2-6-12 所示。使用工具箱中的油漆桶工具为选区填充前面创建的图案。

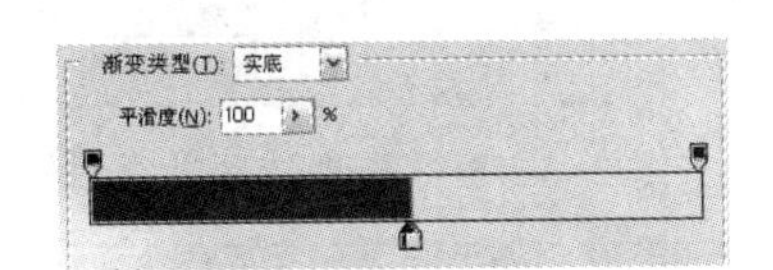

图 2-6-10　渐变设置

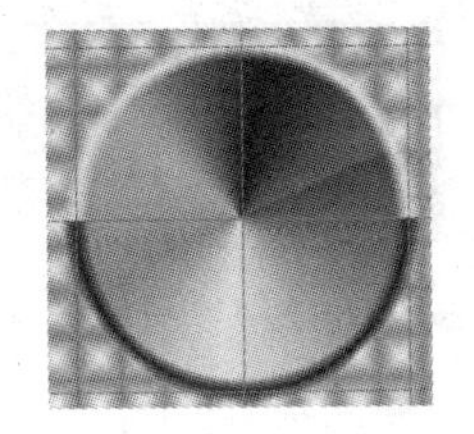

图 2-6-11　选区中渐变色

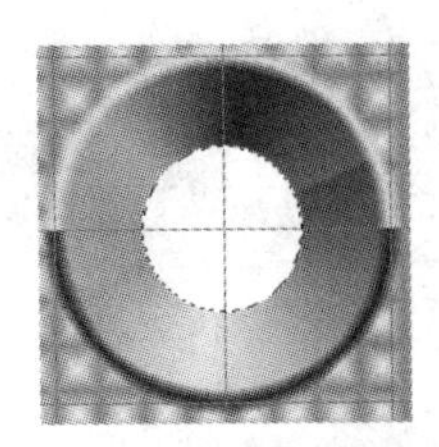

图 2-6-12　选区中图形剪切

（9）单击“选择”→“修改”→“边界”菜单命令，调出“边界选区”对话框。具体设置如图 2-6-8 所示，单击“确定”按钮。此时的图像如图 2-6-13 所示。

（10）选择工具箱中的渐变工具，调出“渐变编辑器”窗口，在“预设”栏中选择“蓝黄突变”渐变色样式，然后在选区中从上向下拖动。按【Ctrl+D】组合键，取消选区，如图 2-6-1 所示。

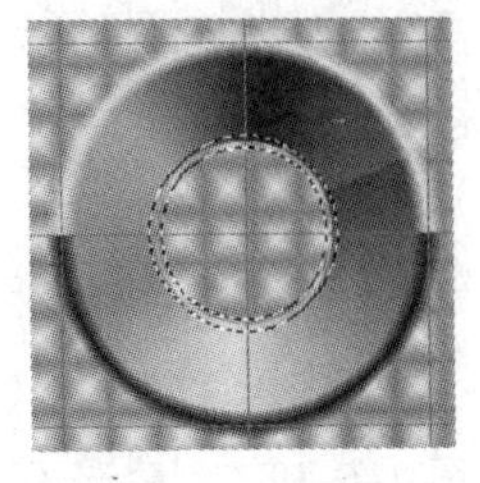

图 2-6-13　选区扩边效果

相关知识——修改选区和选区描边

1. 修改选区

修改选区是指将选区扩边（使选区边界线外增加一条扩展的边界线，两条边界线所围的区域为新的选区）、平滑（使选区边界线平滑）、扩展（使选区边界线向外扩展）和收缩（使选区边界线向内收缩）。只要在创建选区后，单击“选择”→“修改”→“××”菜单命令（见图 2-6-14）即可。其中，“××”是“修改”子菜单中的命令。

执行修改选区的相应菜单命令后，会弹出相应的对话框，输入修改量（单位为像素）后，单击“确定”按钮，即可完成修改任务。

（1）羽化选区：创建羽化的选区可以在创建选区时利用选项栏进行。如果已经创建了选区，再想将它羽化，可单击“选择”→“修改”→“羽化”菜单命令，调出“羽化选区”对话框，如图 2-6-15 所示。输入羽化半径值，单击“确定”按钮，即可进行选区的羽化。

图 2-6-14　“修改”子菜单

图 2-6-15　“羽化选区”对话框

（2）其他修改：单击“选择”→“修改”→“边界”菜单命令，调出图 2-6-16 所示的对话框。单击“选择”→“修改”→“平滑”菜单命令，调出图 2-6-17 所示的对话框。单击“选择”→“修改”→“扩展”菜单命令，调出图 2-6-18 所示的“扩展选区”对话框，其内有“扩展量”文本框，用来确定向外扩展量；单击“选择”→“修改”→“收缩”菜单命令，调出“收缩选区”对话框，“收缩量”文本框用来确定向内收缩量。

2. 选区描边

在图像内创建选区，如图 2-6-19 所示。然后单击“编辑”→“描边”菜单命令，调出“描边”对话框。设置描边 5 像素、红色，再单击 “确定”按钮，即可完成描边任务，如图 2-6-20 所示。“描边”对话框如图 2-6-21 所示，各选项的作用如下：

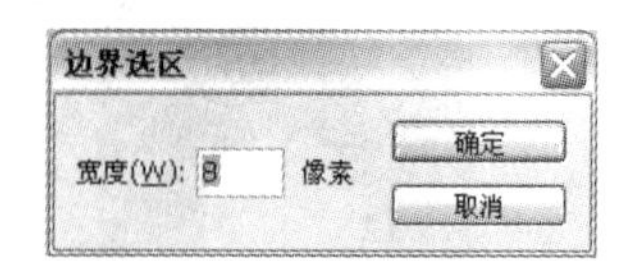

图 2-6-16 “边界选区”对话框

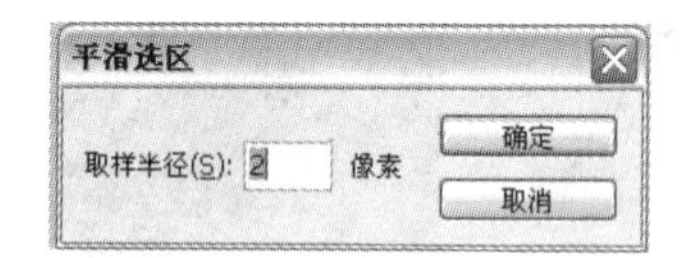

图 2-6-17 “平滑选区”对话框

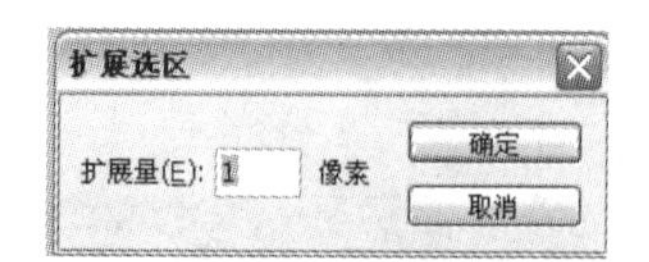

图 2-6-18 “扩展选区”对话框

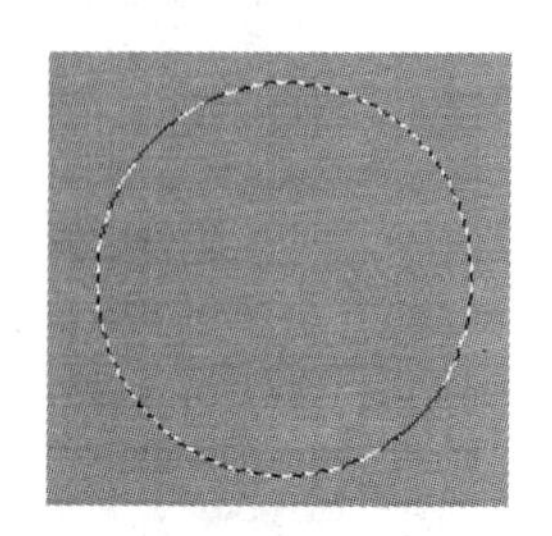

图 2-6-19 创建选区

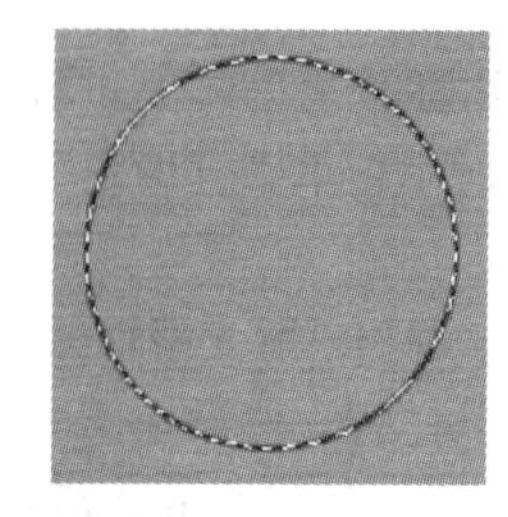

图 2-6-20 描边

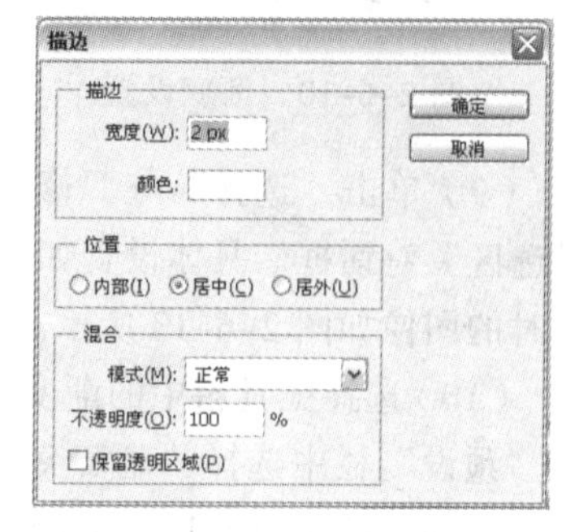

图 2-6-21 “描边”对话框

（1）“宽度”文本框：用来输入描边的宽度，单位是像素（px）。

（2）“颜色”按钮：单击它，可调出“拾色器”对话框，利用它可以设置描边的颜色。

（3）“位置”栏：选择描边相对于选区边缘线的位置：居内、居中或居外。

（4）“混合”栏：其中“不透明度”文本框用来调整填充色的不透明度。如果当前图层的图像透明，则“保留透明区域”复选框为有效，选中它后，则不能给透明选区描边。

思考与练习 2-6

1. 制作一幅“透明彩球”图像，如图 2-6-22 所示。该图形背景是花纹图像，其中有两个透明彩球。制作该图像使用了图案填充、渐变填充操作技术。

2. 制作一幅“彩球和彩环”图形，如图 2-6-23 所示。它的背景是花纹图案，其中有一个透明彩球和一个套在彩球外边的七彩光环。

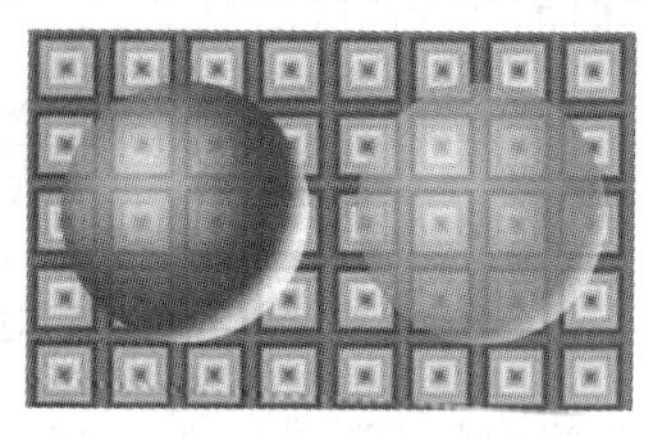

图 2-6-22 “透明彩球”图像

图 2-6-23 “彩球和彩环”图形

2.7 【案例 10】小池睡莲

案例描述

“小池睡莲”图像如图 2-7-1 所示。它是由图 2-7-2 所示“水波”图像、图 2-7-3 所示 3 幅“睡莲”图像加工合并制作而成的。

图 2-7-1 “小池睡莲”图像

图 2-7-2 “水波”图像

图 2-7-3 “睡莲 1”、“睡莲 2”和“睡莲 3”图像

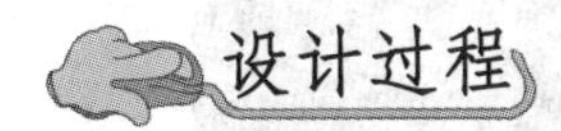

设计过程

1. 合并“水波”和“睡莲 1”图像

（1）打开图 2-7-2 所示的“水波”图像和图 2-7-3 所示的 3 幅“睡莲”图像。

（2）新建宽度为 800 像素、高度为 300 像素、模式为 RGB 颜色、背景为白色的画布，以名称“【案例 10】小池睡莲.psd”保存。

（3）将“睡莲 1”图像调整为宽 400 像素、高 260 像素。使用工具箱中的移动工具，两次将“睡莲 1”图像拖动到“【案例 10】小池睡莲.psd”窗口内，水平排成一排。选中右边的“睡莲 1”图像，单击“编辑”→“变换”→“水平翻转”菜单命令，将右边的“睡莲 1”图像水平翻转，如图 2-7-4 所示。

图 2-7-4 两幅拼合的“睡莲”图像

（4）按住【Ctrl】键，选中“图层 1”和“图层 1 副本”图层，右击，调出快捷菜单，单击该菜单中的“合并图层”命令，将选中的图层合并到一个图层中，将该图层的名称改为“睡莲 1”。

（5）选中“【案例 10】小池睡莲.psd”图像。单击“选择”→“色彩范围”菜单命令，调出“色彩范围”对话框，如图 2-7-5 所示。单击“色彩范围”对话框中的“添加取样”按钮，单击“【案例 10】小池睡莲.psd”图像中深蓝色部分，确定选取的颜色。

（6）拖动调整“色彩范围”对话框中的“颜色容差”滑块，调整它的数值，大约为 38，如图 2-7-6 所示。单击“确定”按钮，即可创建选区，将“【案例 10】小池睡莲.psd”图像中颜色为深蓝色的像素以及与深蓝色颜色相近的像素选中。

（7）选择工具箱中的矩形选框工具，按住【Shift】键拖动，添加没有选中的图像；按住【Alt】键拖动，清除多余的选区。最后选区效果如图 2-7-7 所示。

（8）选中“水波”图像。单击“选择”→“全选”菜单命令，将“水波”图像全部选中。单击“编辑”→“拷贝”菜单命令，将“水波”图像复制到剪贴板中。

（9）选中“【案例 10】小池睡莲.psd”图像，单击“编辑”→“选择性粘贴”→“贴入”菜单命令，将剪贴板中的“水波”图像粘贴到图 2-7-7 所示的选区中。单击“编辑”→“自由变换”菜单命令，调整粘贴图像的大小与位置，最终效果如图 2-7-8 所示。

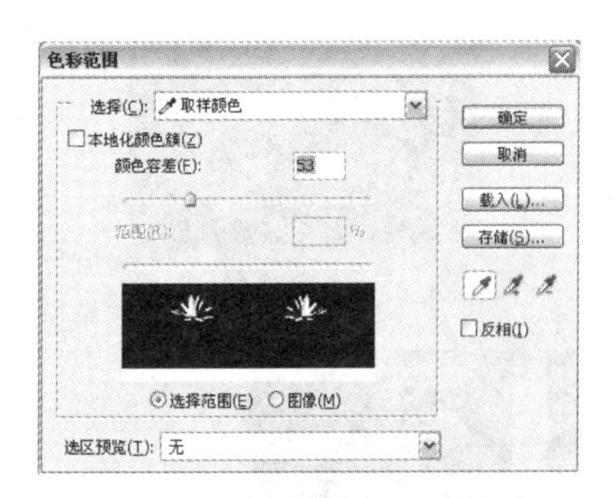

图 2-7-5 “色彩范围”对话框之一

图 2-7-6 “色彩范围”对话框之二

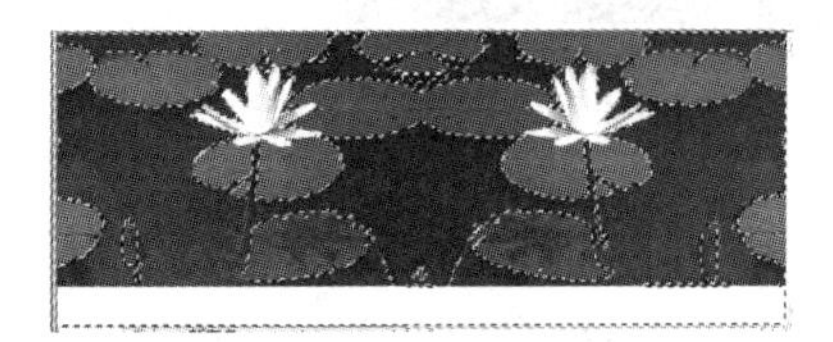

图 2-7-7 创建选区

图 2-7-8 贴入水波图像

2．添加睡莲图像

（1）选中图 2-7-3 所示的“睡莲 2”图像。单击“选择”→“色彩范围”菜单命令，调出“色彩范围”对话框，如图 2-7-9 所示。

（2）在“色彩范围”对话框的“选择”下拉列表框中选择“取样颜色”选项，按照图 2-7-9 所示进行设置。单击“确定”按钮，创建选区，将粉色的睡莲图像选中。然后，通过选区加减调整，使选区将整个睡莲图像选中，如图 2-7-10 所示。

图 2-7-9 “色彩范围”对话框之三

图 2-7-10 创建选区

（3）单击“选择”→“修改”→“收缩”菜单命令，调出“收缩选区”对话框，设置收缩量为 1 像素，如图 2-7-11 所示。单击“确定”按钮，将选区收缩 1 像素。

（4）单击“编辑”→“拷贝”菜单命令，将选中的睡莲图像复制到剪贴板中。选中“【案例 10】小池睡莲.psd”图像。单击“编辑”→“粘贴”菜单命令，将剪贴板中的睡莲图像粘贴到“【案例 10】小池睡莲.psd”图像中，然后调整睡莲图像的大小与位置。

（5）单击工具箱中的“移动工具”按钮，按住【Alt】键，拖动粘贴的睡莲图像，复制 3 份，如图 2-7-1 所示。将粘贴和复制睡莲图像后自动生成的 4 个图层合并，合并后的图层名称改为“睡莲 2”。

（6）选中图2-7-3所示的“睡莲3”图像。将其中的两个睡莲图像用选区选中，如图2-7-12所示。将它们分别复制并粘贴到“【案例10】小池睡莲.psd”图像中，调整它们的大小和位置，再分别复制几个，最后效果如图2-7-1所示。然后，将复制和粘贴睡莲图像后自动生成的4个图层合并，合并后的图层名称改为“睡莲3”。

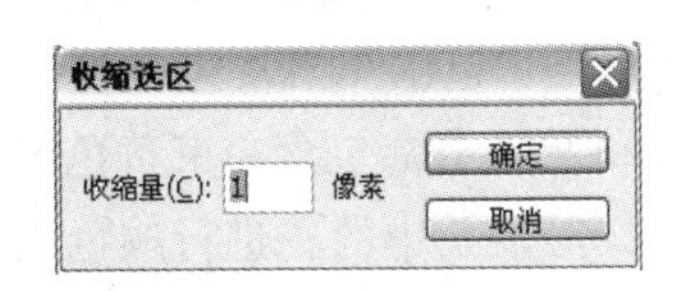

图2-7-11　“收缩选区”对话框

图2-7-12　创建选区选中睡莲图像

（7）创建选区，选中图2-7-3所示的“睡莲1”图像内的睡莲茎图像，将它复制到剪贴板中。再选中“【案例10】小池睡莲.psd”图像，6次单击“编辑”→“粘贴”菜单命令，将睡莲茎图像粘贴到该图像内，然后调整它们的位置，如图2-7-1所示。

（8）创建选区，选中“【案例 10】小池睡莲.psd”图像内的一个睡莲叶图像，将它复制到剪贴板中，再多次粘贴到该图像内，然后调整它们的位置，如图2-7-1所示。

（9）将粘贴睡莲茎图像和绿叶图像后自动生成的多个图层合并，合并后的图层更名为“睡莲叶和茎”，该图层在“睡莲2”图层的下方。

相关知识——使用取样的颜色选择色彩范围

打开一幅图像，如图2-7-10所示。单击“选择”→“色彩范围”菜单命令，可调出“色彩范围”对话框，单击荷花，调整颜色容差，如图2-7-9所示。利用该对话框，可以选择选区内或整个图像内指定的颜色或颜色子集，创建相应的选区。如果想替换选区，应在使用该命令前取消所有选区。使用该对话框创建相近颜色像素选区的方法有以下两种：

1. 使用取样的颜色选择色彩范围

（1）在“选择”下拉列表框中选择“取样颜色”选项。

（2）单击“吸管工具”按钮，再单击图像或该对话框内预览框中要选取的颜色，对要包含的颜色进行取样。例如，图2-7-10所示图像中粉色的荷花图像。

（3）用鼠标拖动“颜色容差”滑块，或在其文本框中输入数字，调整选取颜色的容差值。通过调整颜色容差，可以控制相关颜色包含在选区中的范围，以部分地选择像素。容差越大，选取的相似颜色的范围也越大。

（4）如果选中“选择范围”单选按钮，则在预览框内显示选区的状态（使用白色表示选区）；如果选中“图像”单选按钮，则在预览框内显示画布中的图像。按【Ctrl】键，可以在“色彩范围”对话框中的“图像”和“选择范围”预览之间切换。

（5）如果要添加颜色，可单击“添加到取样”按钮或按住【Shift】键，再单击图像或预览框中要添加的颜色。如果要减去颜色，可单击“从取样中减去”按钮或按住【Alt】键，再单击图像或预览框中要减去的颜色。

（6）若要在预览框中预览选区，可在“选区预览”下拉列表框中选择以下选项：

◎“无”选项：不在“色彩范围”对话框预览框中显示任何预览。

◎“灰度”选项：按选区在灰度通道中的外观，在预览框中显示选区。

◎“黑色杂边”选项：在“色彩范围”对话框内，在黑色背景上用彩色显示选区。

◎“白色杂边”选项：在“色彩范围”对话框内，在白色背景上用彩色显示选区。

◎“快速蒙版”选项：在“色彩范围”对话框内，使用当前的快速蒙版设置显示选区。

（7）“本地化颜色簇”复选框：选中该复选框，可以使用“范围”滑块来调整要包含在蒙版中的颜色与取样点的最大和最小距离。例如，图像前景和背景中都包含一束黄色的花，但只想选择前景中的花，可以选中“本地化颜色簇”复选框，只对前景中的花进行颜色取样，这样缩小了范围，避免选中背景中相似颜色的花。

2. 使用预设颜色选择色彩范围

（1）在“选择”下拉列表框中选择一种颜色或色调范围选项。其中，“溢色”选项仅适用于 RGB 和 Lab 图像。溢出颜色是 RGB 或 Lab 颜色，不能使用印刷色打印。

（2）单击该对话框中的“确定”按钮，即可创建选中指定颜色的选区。如果任何像素都不大于 50%选择，则单击“确定”按钮后会调出一个提示对话框，且不会创建选区。

单击“色彩范围”对话框中的“存储”按钮，可以调出“存储”对话框，利用该对话框可以保存当前设置。单击“色彩范围”对话框中的“载入”按钮，可以调出“载入”对话框，利用该对话框可以重新使用保存的设置。

思考与练习 2-7

1. 制作一幅“美化环境”图像，如图 2-7-13 所示。它是由图 2-7-14 所示的“建筑”图像、“向日葵”图像及图 2-7-15 所示的云图图像加工合并而成的。

图 2-7-13 “美化环境”图像

图 2-7-14 “建筑”和“向日葵”图像

2. 制作一幅“绿化”图像，如图 2-7-16 所示。该图像是由“建筑”、“云图”和“树木”3 幅图像合并后的图像。“建筑”和“树木”图像如图 2-7-17 所示。

图 2-7-15 “云图”图像

图 2-7-16 “绿化”图像

图 2-7-17 “建筑”和“树木”图像

2.8 【案例 11】珍珠项链

案例描述

“珍珠项链”图像如图 2–8–1 所示。黑色的背景上，有一个由白色珍珠和红色闪光项链坠组成的项链。制作该图形主要使用了存储选区和载入选区技术，此外还使用了“塑料包装”滤镜和画笔工具，这两项技术将在第 4、5 章详细介绍。

设计过程

（1）新建一个文档，设置背景色为黑色，宽为 400 像素、高为 300 像素，模式为 RGB 颜色。为了有利于创建心脏形状的选区，使画布中显示标尺和 3 条参考线。然后以名称“【案例 11】珍珠项链.psd”保存。在“图层”面板内增加“图层 1”，选中该图层。

（2）调出“画笔”面板。设置画笔直径为 9 像素，间距为 100%，如图 2–8–2 所示。设置前景色为白色。然后，在画布上按照图 2–8–1 所示，绘制白色的珍珠项链。

（3）使用椭圆选框工具 创建一个圆形选区，如图 2–8–3 所示。然后单击“选择”→“存储选区”菜单命令，调出“存储选区”对话框。在“名称”文本框内输入选区的名称“圆形 1”，如图 2–8–4 所示。单击“确定”按钮，保存选区，退出该对话框。

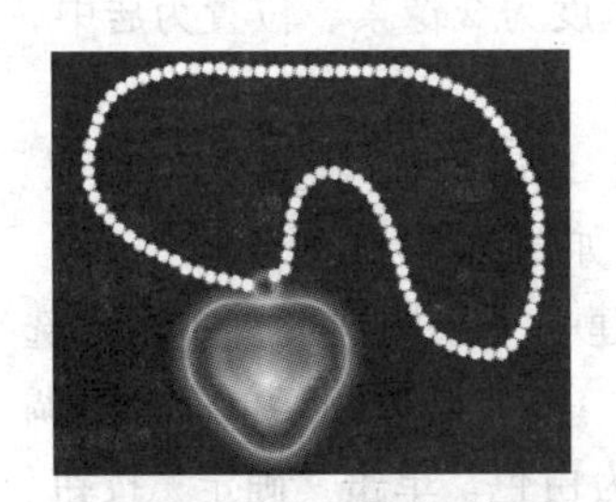

图 2–8–1　“珍珠项链”图像

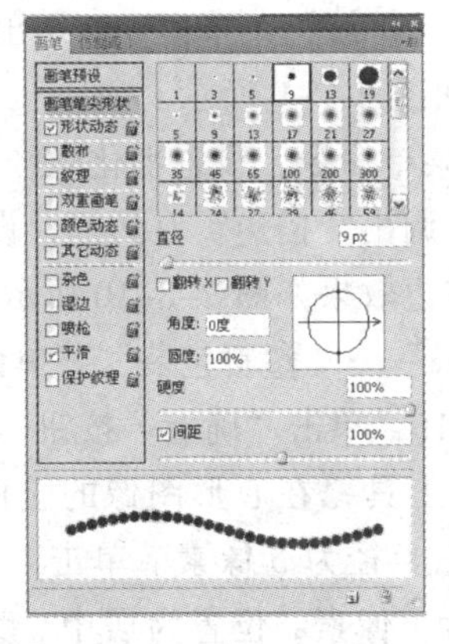

图 2–8–2　“画笔”面板

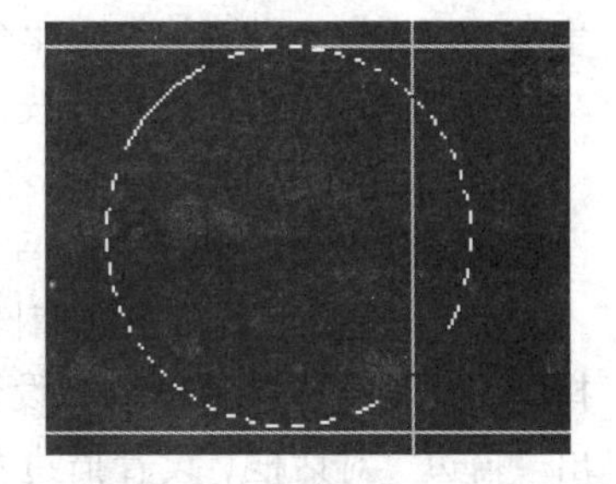

图 2–8–3　创建圆形选区

（4）水平向右拖动选区，移到右边，如图 2–8–5 所示。然后单击“选择”→“载入选区”菜单命令，调出“载入选区”对话框。按照图 2–8–6 所示，选择选区的名称“圆形 1”，选择“添加到选区”单选按钮，然后单击“确定”按钮，将选区加载到原来的位置，并与当前选区合并，如图 2–8–7（a）所示。

（5）按住【Shift】键，创建一个椭圆选区，与原选区相加，如图 2–8–7（b）所示。隐藏参考线，再进行选区的加减调整，直到选区成心脏形状为止，如图 2–8–7（c）所示。

（6）单击“选择”→“存储选区”菜单命令，调出“存储选区”对话框，在“名称”文本框内输入选区的名称“心脏形状”，单击“确定”按钮，保存选区，退出该对话框。

（7）单击“选择”→“羽化”菜单命令，设置羽化半径为 20 像素。设置前景色为红色，为选区填充前景色，按【Ctrl+D】组合键，取消选区，效果如图 2–8–8 所示。

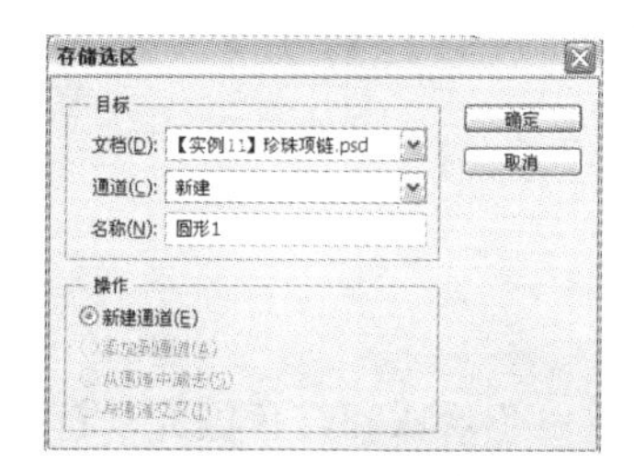

图 2-8-4 “存储选区”对话框

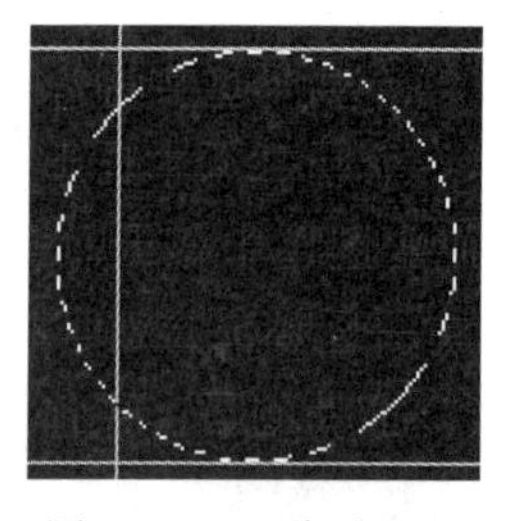
图 2-8-5 移动选区

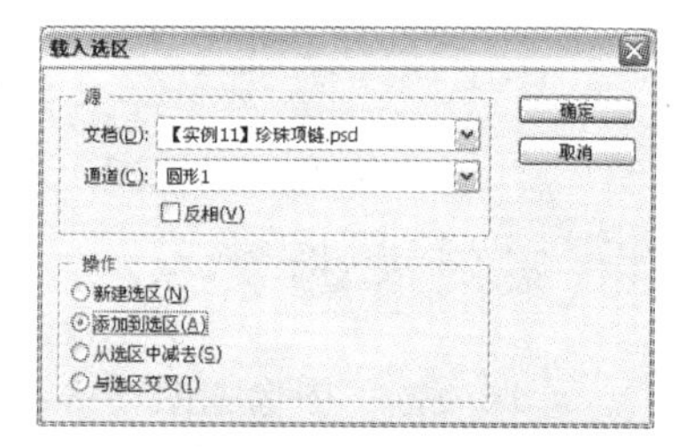

图 2-8-6 “载入选区”对话框

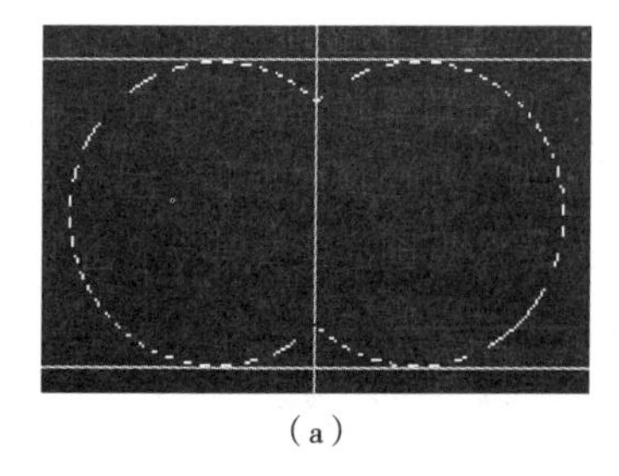
（a）

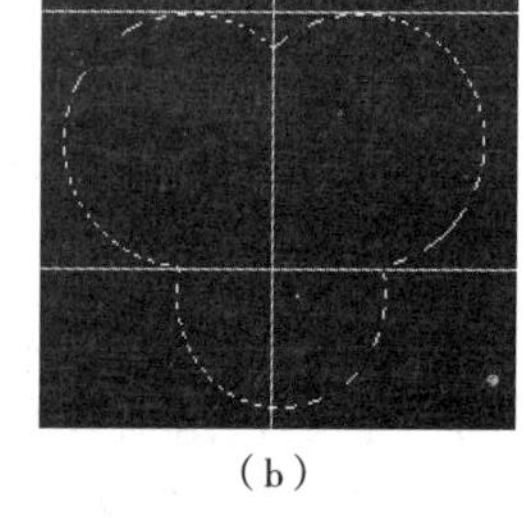
（b）

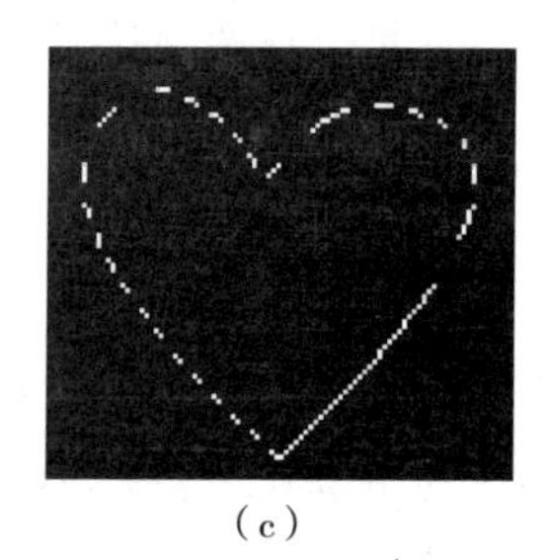
（c）

图 2-8-7 选区调整

（8）单击“选择”→“载入选区”菜单命令，调出“载入选区”对话框。选中“新建选区”单选按钮，在“通道”下拉列表框内选择“心脏形状”选项，单击“确定”按钮，将“心脏形状”选区载入画布中。

（9）单击“选择”→“修改”→“扩展”菜单命令，调出“扩展”对话框，设置扩展量为10像素，单击“确定”按钮，效果如图 2-8-9 所示。

（10）单击“选择”→“羽化”菜单命令，设置羽化半径为 5 像素。设置前景色为白色，单击“编辑”→“描边”菜单命令，调出“描边”对话框，设置宽度为 2 像素，位置为居中，颜色为白色。单击“确定”按钮，描边效果如图 2-8-10 所示。

（11）单击“滤镜”→“艺术效果”→“塑料包装”菜单命令，调出“塑料包装”对话框。设置高光强度 20，细节 15，平滑度 15，单击“确定”按钮，效果如图 2-8-11 所示。

（12）使用工具箱中的椭圆选框工具◯在心形图像的上面创建一个小圆选区。单击“选择”→“羽化”菜单命令，设置羽化半径为 5 像素。单击“编辑”→“描边”菜单命令，调出“描边”对话框，设置描边宽度为 1 像素，位置为居中，颜色为白色。单击“确定”按钮，完成选区描边，效果如图 2-8-1 所示。

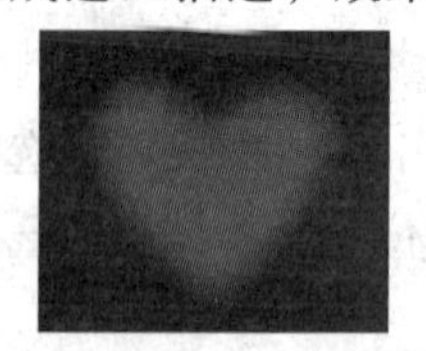
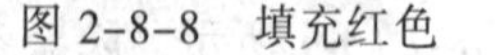
图 2-8-8 填充红色

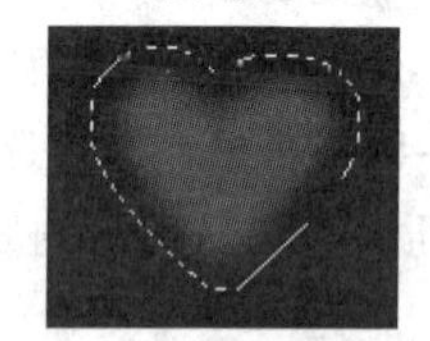
图 2-8-9 扩展选区

图 2-8-10 选区描边

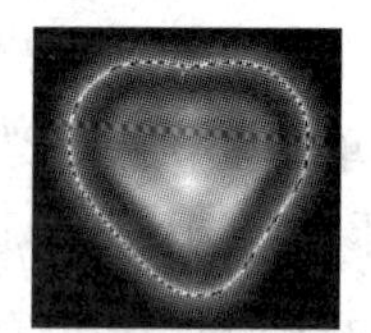
图 2-8-11 滤镜处理

相关知识——选区的存储与载入

1. 存储选区

单击“选择”→“存储选区”菜单命令，调出“存储选区”对话框，如图 2-8-4 所示。利用该对话框可以保存创建的选区，以备以后使用。在有通道时，在“通道”下拉列表框中选中该通道的名称，则 4 个单选按钮有效，否则只有第一个单选按钮有效。

2. 载入选区

单击“选择”→“载入选区”菜单命令，调出“载入选区”对话框，如图 2-8-6 所示。利用该对话框可以载入以前保存的选区。在该对话框的“操作”栏内选择不同的单选按钮，可以设置载入的选区与已有的选区之间的关系，这与本章 2.1 节所述的内容基本一样。

◎“新选区”单选按钮：选中它后，则载入的选区会替代原来的选区。如果原来没有选区，则新选区选中当前图层内的所有图像。如果选中“反相”复选框，则新选区选中当前图层内的透明部分。

◎“添加到选区”单选按钮：选中它后，则载入的选区与原来的选区相加。

◎“从选区中减去”单选按钮：选中它后，则载入的选区从原选区中减去。

◎“与选区交叉”单选按钮：选中它后，则载入的选区与原来选区相交叉的部分作为新选区。

如果选中“反相”复选框，则新选区可以选中上述计算产生的选区之外的区域。

按住【Ctrl】键，单击“图层”面板内图层的缩览图，可以载入选中该图层内所有图像的选区。

思考与练习 2-8

1. 制作一幅“云中飞机”图像，如图 2-8-12 所示。可以看到，两架飞机好像在云中飞行。它是利用“云图”图像和图 2-8-13 所示的“飞机”图像制作而成的。制作该图像需要使用载入选区、选区调整、缩放变换和新建通过剪切的图层等操作。

2. 制作一幅“书签”图像，如图 2-8-14 所示。

图 2-8-12　“云中飞机”图像

图 2-8-13　“飞机”图像

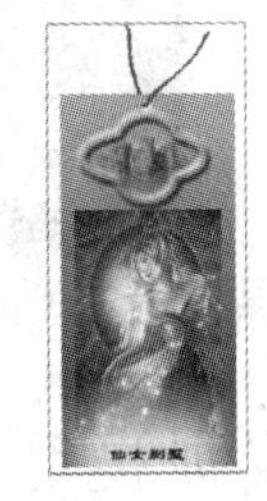

图 2-8-14　“书签”图像

3. 制作一幅“金色环”图形，如图 2-8-15 所示。制作该图形的提示如下：

（1）创建一个椭圆选区。将椭圆选区以名字“椭圆 1”保存。

（2）单击“选择”→“修改”→“边界”菜单命令，调出“边界选区”对话框。将选区转换为 5 像素宽的环状选区。

（3）选择渐变工具，设置“橙色、黄色、橙色”线性渐变渐色。在选区内水平拖动，给选区填充设置的线性渐变色，如图 2-8-16 所示。

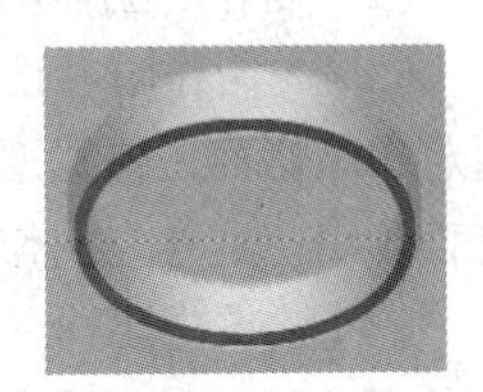

图 2-8-15　“金色环”图形

（4）使用移动工具，按住【Alt】键，同时多次按光标下移键，连续移动并复制图形。

按【Ctrl+D】组合键，取消选区，效果如图 2-8-17 所示。调出“载入选区”对话框，在“通道”下拉列表框内选择“椭圆 1”选项，载入“椭圆 1”选区。

（5）选择椭圆选框工具，多次按光标下移键，将选区移到图 2-8-18 所示位置。单击“选择”→“描边”菜单命令，调出“描边”对话框。设置宽度 5 像素，颜色为红色，单击“确定”按钮，给选区描边。按【Ctrl+D】组合键，取消选区。

图 2-8-16　为选区填充线性渐变色

图 2-8-17　复制产生的图形

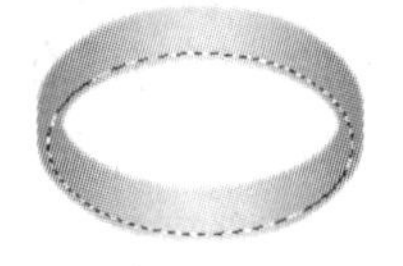

图 2-8-18　移动选区

2.9　综合实训 2——图书广告

实训效果

“图书广告”图像如图 2-9-1 所示。“图书广告”图像应具有很强立体感，它由书的正面、侧面、上面和背面组成。书正面有一些图像、图书名称、作者名和出版单位等。另外，立体图书旁还配有书的两张配套光盘和一个小书签（见图 2-9-2），光盘和书签中的画面内容与立体图书画面的内容一致。

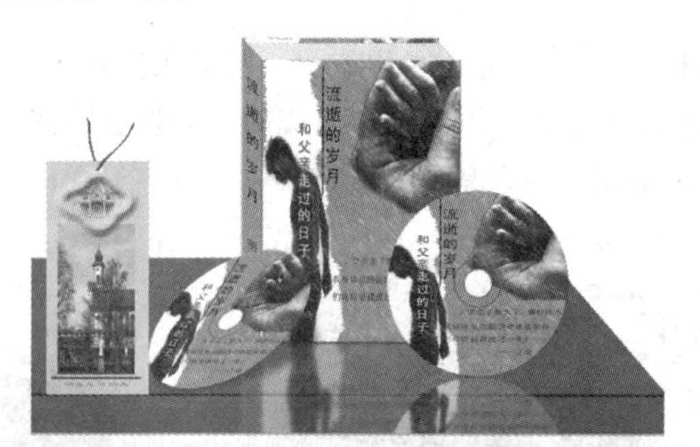

图 2-9-1　“图书广告”图像

图 2-9-2　“图书书签”图像

实训提示

（1）新建宽度为 1 000 像素、高度为 620 像素、模式为 RGB 颜色、背景为白色的画布。

（2）制作“立体图书”图像可以先制作图书正面和背面，再制作图书侧面和上面。

（3）先制作图书正面，2 次复制图层，形成图书背面和侧面。将图书正面和背面错开一些，再将图书侧面图像宽度调小，并进行扭曲变换。然后制作书顶部的白色平行四边形，遮挡部分背面画面。这样先制作出立体图书的框架。

（4）给图书正面、侧面输入文字和添加图像。再将侧面文字扭曲变换。为了美化封面，添加的图像可以进行适当的羽化等处理。

（5）制作图书书签使用了存储选区和载入选区技术。

（6）制作光盘可以创建圆形选区，再贴入一幅大小合适的图像。在中心处创建同心的圆形选区，进行描边；在中心处创建一个小一些的同心圆形选区，删除选区内的图像。为了保证 3 个圆形选区能够同心，可添加参考线，也可以使用存储和载入选区命令。

实训测评

能力分类	能　　力	评　分
职业能力	使用工具箱内的选框工具组和魔棒工具创建选区	
	选区描边，羽化选区和修改选区	
	使用套索工具组工具创建选区，选区编辑和选区内的图像处理	
	渐变工具的使用，各种渐变色的创建	
	利用菜单命令创建选区	
	利用“色彩范围”对话框创建选中颜色相似图像的选区	
	存储选区和载入选区	
通用能力	自学能力、总结能力、合作能力、创造能力等	
能力综合评价		

第3章 应用图层

【本章提要】本章介绍图层和“图层”面板，创建、编辑图层的方法，添加和编辑图层样式的方法，使用“图层”面板和有关图层的菜单命令的方法等。

3.1 【案例12】晨练

案例描述

“晨练”图像如图3-1-1所示。它是将图3-1-2所示的“草地”与图3-1-3所示的“人物”图像，以及自己制作的“呼拉圈”图像合并制成的。

图3-1-1 “晨练”图像

图3-1-2 “草地”图像

图3-1-3 “人物”图像

设计过程

1. 制作呼拉圈图像

（1）打开“草地”图像（宽500像素、高400像素），在“背景”图层上方新增“图层1”，隐藏“背景”图层，以名称“【实例18】晨练.psd”保存。选中“图层1”，单击“椭圆选框工具”按钮，在图像窗口内拖动创建一个椭圆选区。

（2）设置前景色为红色。单击“编辑”→“描边”菜单命令，调出“描边”对话框。在该对话框的“宽度”文本框中输入8，选中“居中”单选按钮，再单击“确定”按钮，给选区描5像素红色的边，如图3-1-4所示。

（3）单击“图层”面板内的“添加图层样式”按钮fx，调出其菜单，单击该菜单内的“斜面和浮雕”命令，调出“图层样式”对话框，保持默认设置。单击“确定”按钮，效果如图3-1-5所示。按【Ctrl+D】组合键，取消选区，创建呼拉圈图像，如图3-1-6所示。

（4）在“图层 1”的下方创建“图层 2”。选中“图层 1”，单击“图层”→“向下合并”菜单命令，将“图层 1”与“图层 2”合并，名称为“图层 2”，其内是呼拉圈图像。合并的图像具有图层样式效果，但是图层效果层消失了。

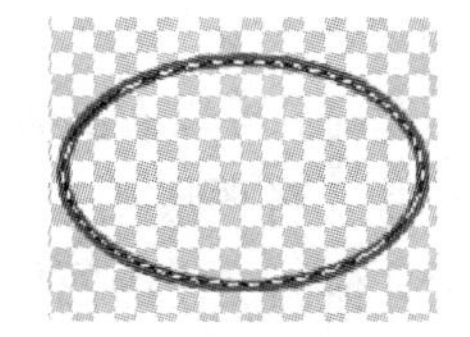

图 3-1-4 选区描边

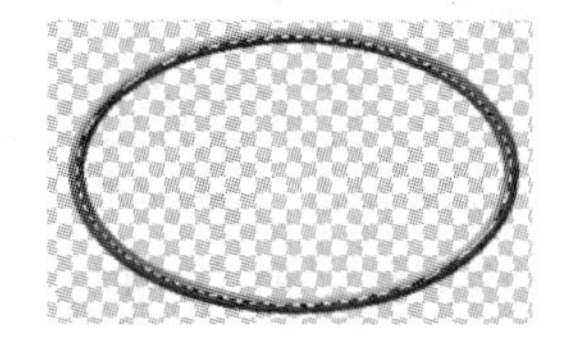

图 3-1-5 添加图层样式效果

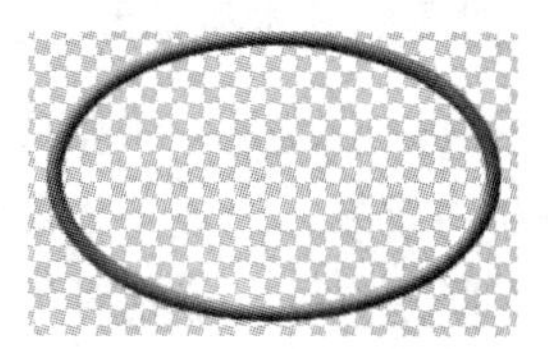

图 3-1-6 “呼拉圈”图像

这一步骤的操作是为了后面剪切部分呼拉圈图像时不产生变形失真。

2. 合并图像和产生环绕效果

（1）打开“人物”图像，使用套索工具沿人体轮廓拖动，创建一个选中人体的选区，修改选区，使选区只选中人体，如图 3-1-7 所示。

（2）单击“移动工具”按钮，将选区内的人物图像拖动到“【实例 18】晨练.psd”图像内。显示“背景”图层，适当调整人物图像的大小和位置，如图 3-1-8 所示。在“图层”面板内增加一个“图层 1”，其内是复制的人物图像。

图 3-1-7 选中人体

图 3-1-8 复制到“草地”图像内的人物图像

（3）选中“图层 2”，单击“编辑”→“自由变换”菜单命令，调整呼拉圈图像的大小和位置，按【Enter】键，完成呼拉圈图像大小和位置的调整，效果如图 3-1-9 所示。

（4）选中“图层 2”。使用套索工具在图 3-1-9 所示的图像中创建一个选区，如图 3-1-10 所示。

（5）单击“图层”→“新建”→“通过剪切的图层”菜单命令，将呼拉圈图像中选区内的部分呼拉圈图像剪贴到一个名称为“图层 3”的新图层中。

（6）拖动“图层”面板中的“图层 3”到“图层 1”的下方。“图层”面板如图 3-1-11 所示。此时图像窗口内的图像如图 3-1-1 所示。

图 3-1-9 调整呼拉圈图像

图 3-1-10 创建一个选区

图 3-1-11 “图层”面板

相关知识——创建图层和编辑图层（1）

1. 图层的基本概念和“图层”面板

图层可以看成是一张张透明的胶片。当多个有图像的图层叠加在一起时，可以看到各图层图像叠加的效果，通过上面图层内图像透明处可以看到下面图层中的图像。各图层相互独立，但又相互联系，可以分别对不同图层的图像进行加工处理，而不会影响其他图层内的图像，有利于实现图像的分层管理和处理。可以将各图层进行随意的合并操作。在同一个图像文件中，所有图层具有相同的画布属性。各图层可以合并后输出，也可以分别输出。

Photoshop 中有常规、背景、文字、形状、填充和调整 5 种类型的图层。常规图层（也叫普通图层）和背景图层中只可以存放图像和绘制的图形，背景图层是最下面的图层，它不透明，一个图像文件只有一个背景图层；文字图层内只可以输入文字，图层的名称与输入的文字内容相同；形状图层用来绘制形状图形，将在第 5 章介绍；填充和调整图层内主要用来存放图像的色彩等信息。“图层”面板如图 3-1-12 所示，一些选项的作用简介如下：

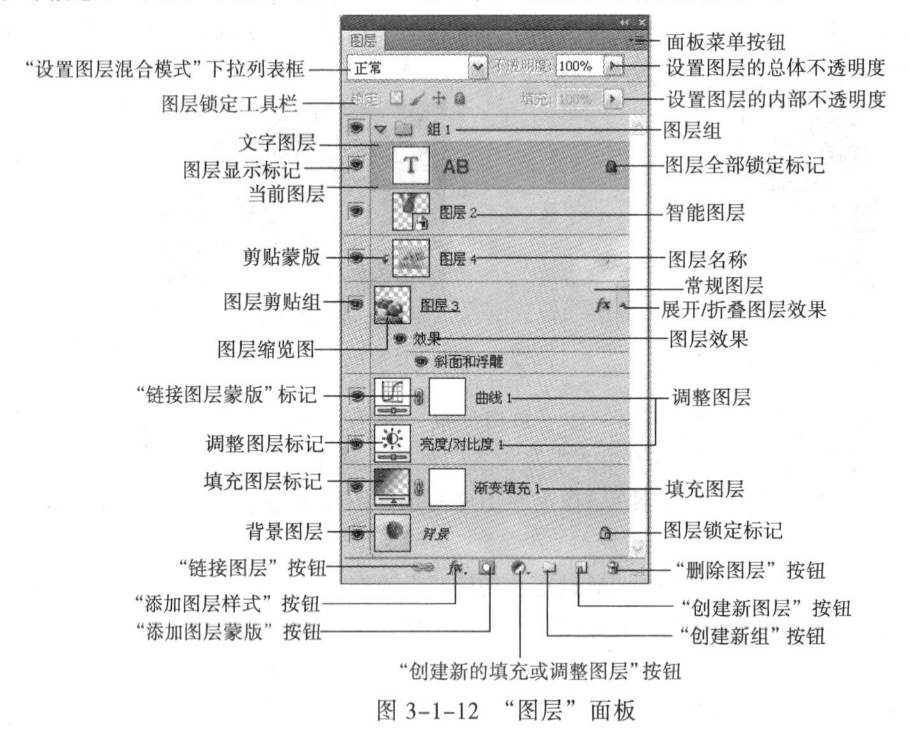

图 3-1-12 “图层”面板

（1）“不透明度”文本框 不透明度: 51%：用来调整图层的总体不透明度。它不但影响图层中绘制的像素或图层上绘制的形状，还影响应用于图层的任何图层样式和混合模式。

（2）“填充”文本框 填充: 100%：用来调整当前图层的不透明度。它只影响图层中绘制的像素或图层上绘制的形状，不影响已应用于图层的任何图层效果的不透明度。

（3）图层锁定工具栏：它有 4 个按钮，用来设置图层的锁定内容。单击“图层”面板中的某一图层，再单击这一栏的按钮，即可锁定该图层的部分内容或全部内容。锁定的图层会显示出一个图层全部锁定标记或图层部分锁定标记。4 个按钮的作用如下：

◎“锁定透明像素”按钮：禁止对该图层的透明区域进行编辑。

◎“锁定图像像素”按钮：禁止对该图层（包括透明区域）进行编辑。

◎“锁定位置”按钮：锁定图层中的图像位置，禁止移动该图层。

◎“锁定全部”按钮：锁定图层中的全部内容，禁止对该图层进行编辑和移动。

选中要解锁的图层，再单击图层锁定工具栏中相应的按钮，使它们呈弹起状。

（4）图层显示标记：有该标记时，表示该图层处于显示状态。单击该标记，即可使图层显示标记消失，该图层也就处于隐藏状态；再单击该处，图层显示标记恢复显示，图层显示。右击该标记，会调出一个快捷菜单，利用该菜单可以选择隐藏本图层，还是隐藏其他图层而只显示本图层。

（5）链接图层蒙版标记：有该标记，表示图层蒙版链接到图层。单击该标记可取消标记，表示图层蒙版没有链接到图层，单击该标记所在处，可以恢复该标记。

（6）“图层”面板底部一行按钮的名称和作用：

◎“删除图层”按钮：单击该按钮，即可将选中的图层删除。也可以用鼠标将要删除的图层拖动到“删除图层”按钮上，再释放鼠标左键，删除图层。

◎“创建新图层”按钮：单击该按钮，即可在当前图层上方创建一个常规图层。

◎“创建新组”按钮：单击该按钮，即可在当前图层上方创建一个新的图层组。

◎“创建新的填充或调整图层”按钮：单击该按钮，即可调出其菜单，单击该菜单中的命令，可以调出相应的对话框，利用这些对话框可以创建填充或调整图层。

◎“添加图层蒙版”按钮：单击该按钮，即可给当前图层添加一个图层蒙版。

◎“添加图层样式”按钮 fx：单击该按钮，即可调出其菜单，单击该菜单中的命令，可以调出“图层样式”对话框，并在该对话框的样式栏内选中相应的选项。利用该对话框可以给图层添加效果。

◎“链接图层”按钮：在选中两个或两个以上的图层后，该按钮有效，单击该按钮，可以建立选中图层之间的链接，链接图层的右边会显示图标。在选中一个或两个以上的链接图层后，单击该按钮，可以取消图层之间的链接。

2. 新建背景图层和常规图层

（1）新建背景图层：在图像窗口内没有背景图层时，选中一个图层，再单击“图层”→“新建”→“图层背景”菜单命令，即可将当前图层转换为背景图层。

（2）新建常规图层：创建常规图层的方法很多，简介如下。

◎ 单击“图层”面板内的“创建新图层”按钮。

◎ 将剪贴板中的图像粘贴到当前图像窗口中时，会自动在当前图层上方创建一个新的常规图层。按住【Ctrl】键，同时将一个图像窗口内选区中的图像拖动到另一个图像窗口内，会自动在目标图像窗口内当前图层上方创建一个新常规图层，同时复制选中的图像。

◎ 单击“图层”→“新建”→“图层”菜单命令，调出“新建图层”对话框，如图 3-1-13 所示。利用它设置图层名称、图层颜色、模式和不透明度等，再单击“确定”按钮。

◎ 选中“图层”面板中的背景图层，再单击“图层”→“新建”→“背景图层”菜单命令，或双击背景图层，都可以调出“新建图层”对话框（与图 3-1-13 类似）。单击“确定”按钮，可以将背景图层转换为常规图层。

◎ 单击“图层”→“新建”→“通过拷贝的图层”菜单命令，即可创建一个新图层，将当前图层选区中的图像（如果没有选区则是所有图像）复制到新创建的图层中。

◎ 单击“图层”→“新建”→“通过剪切的图层”菜单命令，可以创建一个新图层，将当前图层选区中的图像（如果没有选区则是所有图像）移到新创建的图层中。

◎ 单击“图层”→“复制图层”菜单命令，调出“复制图层”对话框，如图 3-1-14 所示。在“为”文本框内输入图层的名称，在“文档”下拉列表框内选择目标图像文档等。再单击“确定”按钮，即可将当前图层复制到目标图像中。如果在“文档”下拉列表框内选择的是当前图像文档，则在当前图层上方复制一个图层。

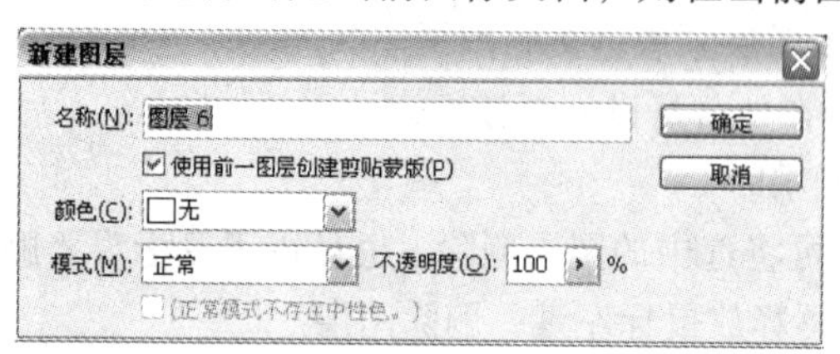

图 3-1-13 “新建图层”对话框

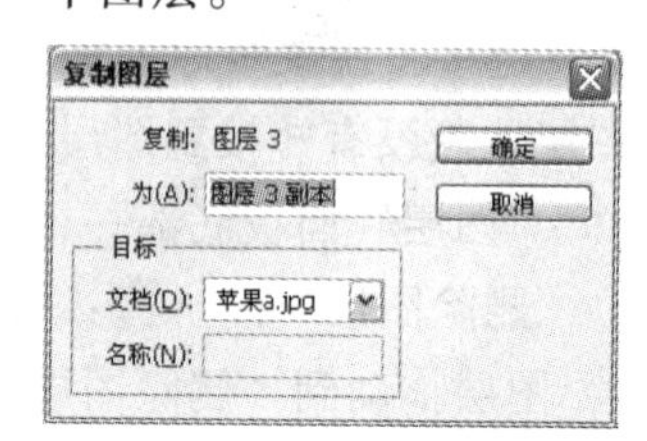

图 3-1-14 “复制图层”对话框

如果当前图层是常规图层，则上述后 3 种方法所创建的是常规图层。如果当前图层是文字图层，则上述创建常规图层的后 3 种方法所创建的就是文字图层。

3．编辑图层

（1）选中图层和移动图像：单击“图层”面板内的图层，即可选中该图层。选择移动工具后，如果没选中选项栏内的“自动选择”复选框，则拖动移动的是选中图层内的图像；如果选中选项栏中的“自动选择”复选框，则单击非透明区内的图像时，可以自动选中相应的图层，此时可以拖动移动该图层内的图像。

使用移动工具，或在使用其他工具时按住【Ctrl】键，可以同时拖动移动图像。用选区选中部分图像，再使用移动工具拖动选区内的图像，可以移动部分图像。

（2）图层的排列：使用移动工具在“图层”面板内上下拖动图层，可以调整图层的相对位置。单击“图层”→“排列”菜单命令，调出“排列”子菜单，如图 3-1-15 所示。再单击子菜单中的命令，可以移动当前图层。

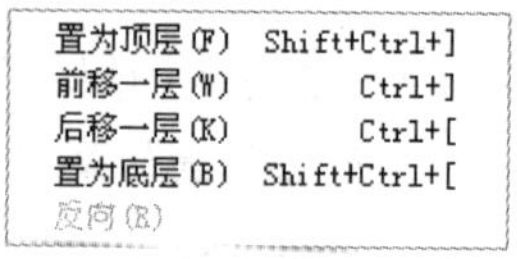

置为顶层(F)	Shift+Ctrl+]
前移一层(W)	Ctrl+]
后移一层(K)	Ctrl+[
置为底层(B)	Shift+Ctrl+[
反向(R)	

图 3-1-15 “排列”子菜单

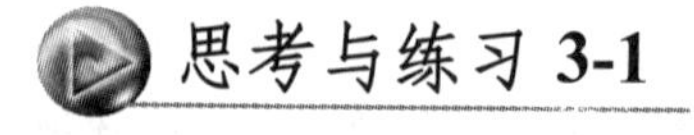

思考与练习 3-1

1．参考【案例 12】“晨练”制作一幅“健美”图像，如图 3-1-16 所示。它是利用图 3-1-17 所示的“人物”图像和“螺旋管”图像加工而成的。

2．制作一幅“林中汽车”图像，如图 3-1-18 所示。林中有一辆汽车在一棵大树的后边，车中坐着两个休闲的女士。制作该图像使用了“林子”、“汽车”和“女士”图像，如图 3-1-19 所示。制作该图像的关键是将树干的一部分裁切到新的图层，再将该图层移至汽车图像所在图层的上方。该图像的制作方法如下：

图 3-1-16　“健美”图像

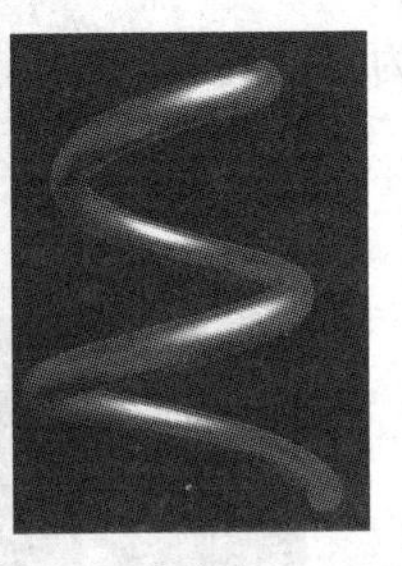

图 3-1-17　“人物”和“螺旋管”图像

图 3-1-18　“林中汽车”图像

（1）打开图 3-1-19 所示的图像。创建选区选中汽车，将选区中的汽车复制粘贴到“林子”图像。调整汽车图像的大小和位置，如图 3-1-20 所示。

（2）使“图层 1”内的汽车图像隐藏。使用套索工具在“林子”图像中创建一个选区，将部分树干和树枝选中。再将“图层 1”内的汽车图像显示，如图 3-1-21 所示。如果创建的选区不合适，可以重复上述过程，重新创建选区。

图 3-1-19　“林子”、“汽车”和“女士”图像

（3）选中“背景”图层（目的是可以将选区内的背景图像复制到新图层中）。单击“图层”→“新建”→“通过拷贝的图层”菜单命令，“图层”面板中会生成一个名称为“图层 2”的新图层，用来放置选区内的树干和树枝图像。

（4）拖动“图层 2”（其内是复制的树干和树枝图像）到“图层 1”的上方。此时的“林中汽车”图像如图 3-1-22 所示。

图 3-1-20　汽车粘贴到“林子”图像

图 3-1-21　创建选区

图 3-1-22　“林中汽车”图像

（5）选中“林中汽车”图像。创建一个选区，选中汽车风窗玻璃，如图 3-1-23 所示。单击“图层”→“新建”→“通过剪切的图层”菜单命令，“图层”面板中会生成一个名称为“图层 3”的新图层，用来放置选区内的玻璃图像。

（6）将“女士”图像调整为宽 200 像素，高 130 像素。创建选区选中人物，将选区内的人物图像拷贝到剪贴板中。将剪贴板内的图像粘贴入“林中汽车”图像的选区内。使用移动工具，拖动人物到合适的位置。再调整人物图像的大小，如图 3-1-24 所示。

（7）将“图层 4”（放置人物图像）移到“图层 3”（放置玻璃图像）的下方。选中“图层 3”，在“图层”面板中调整该图层的不透明度为 60%（即在“填充”文本框内输入 60%）。此时的“图层”面板如图 3-1-25 所示。

如果设置该图层的混合模式为“变亮”，也可以获得类似的效果。

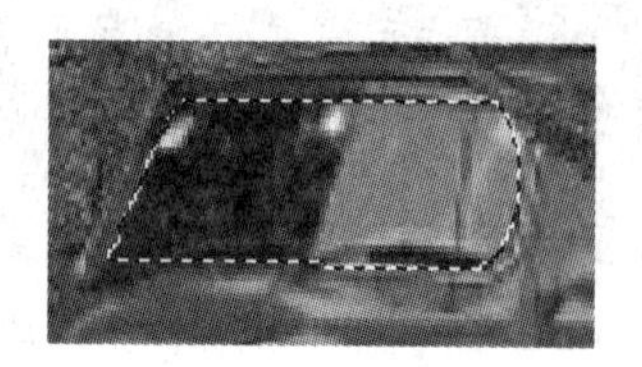

图 3-1-23 创建选区

图 3-1-24 调整选区内粘贴的图像

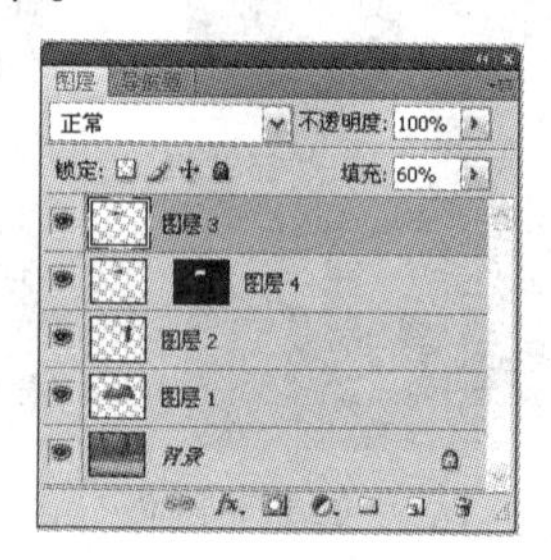

图 3-1-25 “图层”面板

3.2 【案例 13】春风杨柳

案例描述

“春风杨柳”图像如图 3-2-1 所示。“杨柳”图像（见图 3-2-2）中有“春风杨柳”立体文字，文字表面是花纹图案，其他部分是红色、黄色和绿色条纹。

图 3-2-1 “春风杨柳”图像

图 3-2-2 “杨柳”图像

设计过程

1. 制作背景图像和文字

（1）按照【案例 9】“七彩光盘”图像中介绍的制作图案的方法，制作一个“图案 1”图案，它是填充红色到黄色菱形渐变色的正方形。

（2）打开“杨柳”图像，如图 3-2-2 所示，以名称“【案例 13】春风杨柳.psd”保存。选中“背景”图层，单击“图层”→“新建调整图层”→“曲线”菜单命令，调出“新建图层”面板，单击“确定”按钮，关闭“新建图层”对话框，调出“调整”（曲线）面板，拖动其内的曲线，如图 3-2-3 所示，使图像变暗，如图 3-2-1 所示。

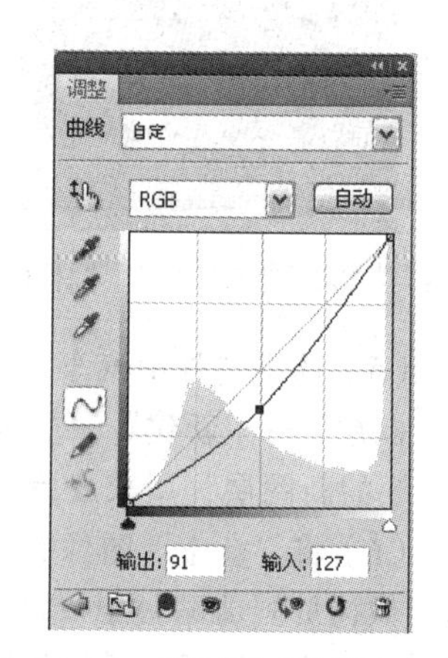

图 3-2-3 “调整”（曲线）面板

（3）单击“横排文字工具”按钮 T，利用选项栏，设置字体为“华文行楷”，大小为 86 点，颜色为红色。在画布内输入文字“春风杨柳”。

（4）使用移动工具，将文字移到画布左上角，如图 3-2-4 所示。单击“图层”→“栅格化”→“文字”菜单命令，将“春风杨柳”文字图层转换为常规图层。

（5）选中“图层”面板内的“背景”图层，单击“创建新图层”按钮，在“春风杨柳”图层的下方创建“图层 1”常规图层。设置前景色为绿色，选中“图层 1”，按【Alt+Delete】组合键，给“图层 1”填充绿色。

（6）按住【Ctrl】键，选中“春风杨柳”图层和“图层 1”。单击“图层”→“合并图层”菜单命令，将“春风杨柳”图层和“图层 1”合并到“春风杨柳”图层。

2. 制作立体文字

（1）使用魔棒工具单击绿色背景，再单击“选择”→“选取相似”菜单命令，创建选中绿色背景的选区，按【Delete】键，删除选区内的绿色。

（2）单击“选择”→“反向”菜单命令，使选区选中文字。设置前景色为黄色，即描边颜色为黄色。单击“编辑”→“描边”菜单命令，调出“描边”对话框，宽度为 1 像素，位置为“居外”，单击“确定”按钮，给选区描边，如图 3-2-5 所示。

（3）单击“移动工具”按钮，按住【Alt】键的同时，多次交替按光标下移键和光标右移键。可以看到立体文字已出现，如图 3-2-6 所示。

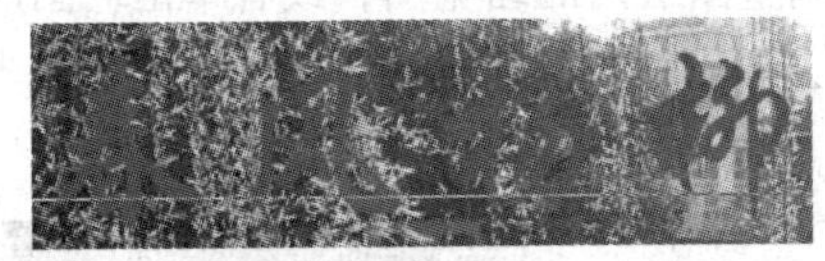

图 3-2-4 “春风杨柳”文字

图 3-2-5 文字选区描边

（4）单击“图层”→“新建填充图层”→“图案”菜单命令，调出“新建图层”对话框，如图 3-2-7 所示。

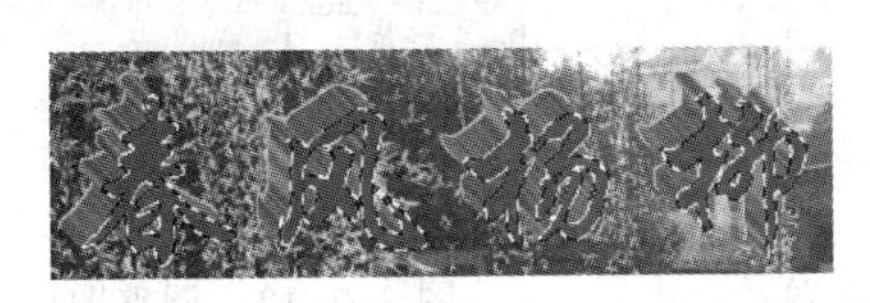

图 3-2-6 “春风杨柳”立体文字

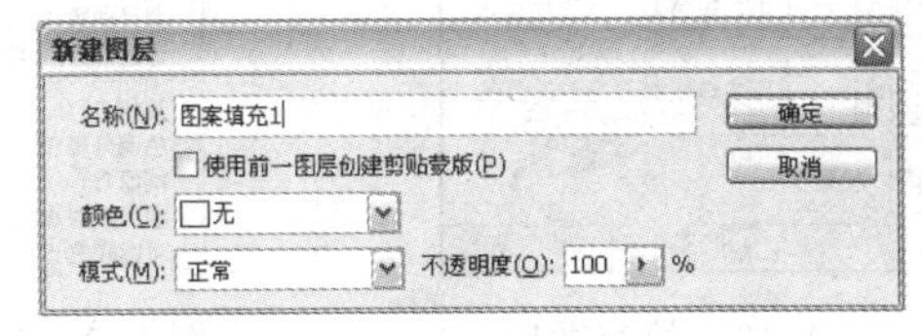

图 3-2-7 “新建图层”对话框

（5）单击“确定”按钮，关闭“新建图层”对话框，调出“图案填充”对话框，如图 3-2-8 所示。在“图案”下拉列表框中选择前面制作的“图案 1”图案，单击“确定”按钮，关闭该对话框，给选区填充一种图案，使文字表面为花纹图案，如图 3-2-1 所示。

此时的“图层”面板如图 3-2-9 所示。

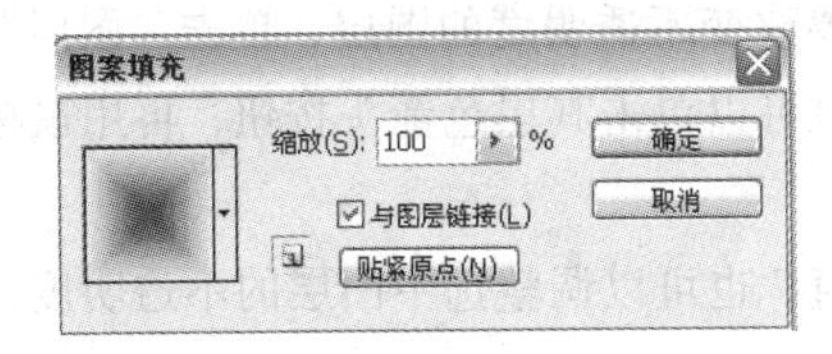

图 3-2-8 “图案填充”对话框

图 3-2-9 “图层”面板

相关知识——创建图层和编辑图层（2）

1. 新建填充图层和调整图层

（1）新建填充图层：单击“图层”→“新建填充图层”菜单命令，调出其子菜单。单击其内的菜单命令，可调出“新建图层”对话框，它与图 3-2-7 所示基本一样。单击“确定”按钮，可调出相应的对话框，再进行颜色、渐变色或图案调整。单击“确定”按钮，即可创建一个填充图层。图 3-2-10 是创建了 3 个不同填充图层后的“图层”面板。

（2）新建调整图层：单击“图层”→“新建调整图层”菜单命令，调出其子菜单，如图 3-2-11 所示。再单击菜单中的命令，可以调出“新建图层”对话框，它与图 3-2-7 所示基本一样。单击“确定”按钮，可以调出相应的“调整”面板，再进一步进行亮度/对比度等调整，即可创建一个调整图层。图 3-2-12 给出了创建 3 个调整图层后的“图层”面板。

（3）新建填充图层和调整图层的另一种方法：单击“图层”面板内的“创建新的填充或调整图层”按钮，调出一个菜单，单击菜单中的一个命令，即可调出相应的对话框或面板。利用该对话框或面板进行设置，即可完成创建填充图层或调整图层的任务。

（4）调整填充图层和调整图层：单击填充图层和调整图层内的缩览图，或者单击“图层”→“图层内容选项”菜单命令，可以根据当前图层的类型，调出相应的面板或对话框。例如，当前图层是“亮度/对比度”调整图层，则调出“调整”面板。

图 3-2-10　填充图层

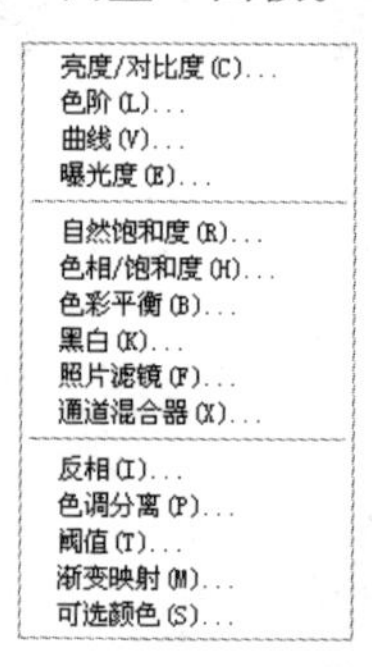

图 3-2-11　菜单

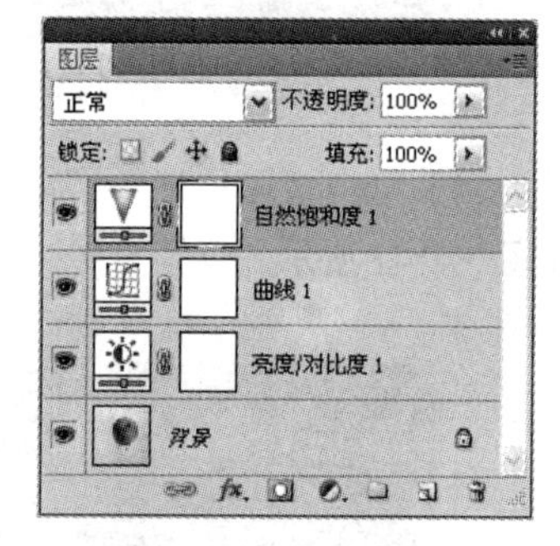

图 3-2-12　调整图层

填充图层和调整图层实际是同一类图层，表示形式基本一样。填充图层和调整图层可以保存对其下方图层的选区或整个图层（没有选区时）进行色彩等调整的信息，用户可以对它进行编辑调整，不会对其下方图层图像造成永久性改变。一旦隐藏或删除填充图层和调整图层后，其下方图层的图像会恢复原状。

2. 改变图层的属性

（1）改变图层不透明度：选中“图层”面板中要改变不透明度的图层，单击“图层”面板中的“不透明度”文本框，再输入不透明度数值。也可以单击其黑色箭头按钮，再用鼠标拖动滑块，调整不透明度数值，如图 3-2-13 所示。

改变“图层”面板中的“填充”文本框内的数值，也可以调整选中图层的不透明度，但不影响已应用于图层的任何图层效果的不透明度。

使“背景”图层不显示。单击“信息”面板中的吸管图标，调出其菜单，单击该菜单中的“不透明度”命令。确保要检查的图层上方的所有图层隐藏，再将鼠标指针移到图像窗口中，即可在“信息”面板中快速看到各个图层的不透明度数值。

（2）改变“图层”面板中图层的颜色和名称：单击“图层”→“图层属性”菜单命令，调出“图层属性”对话框，如图 3-2-14 所示。利用它可以改变图层颜色和图层名称。

（3）改变“图层”面板中图层预览缩图的大小：单击“图层”面板菜单中的“面板选项”菜单命令，调出“图层面板选项”对话框。选中该对话框中的单选按钮，再单击“确定”按钮，即可改变“图层”面板中图层预览缩图的大小。

图 3-2-13　“不透明度”文本框

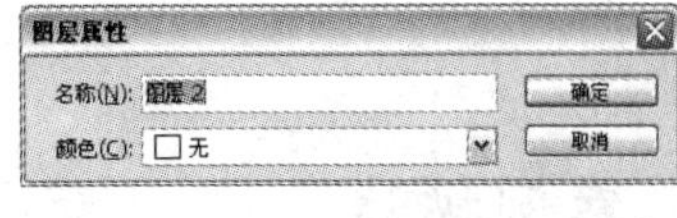

图 3-2-14　“图层属性”对话框

3．图层的合并

图层合并后，会使图像所占内存变小，图像文件变小。图层的合并有如下几种情况：

（1）合并可见图层：单击“图层”→“合并可见图层”菜单命令，可将所有可见图层合并为一个图层。如果“背景”图层可见，则将所有可见图层合并到背景图层中。如果“背景”图层不可见，则将所有可见图层合并到当前可见图层中。

（2）合并选中的图层：单击“图层”→“合并图层”菜单命令，即可将所有选中的图层合并到选中的最上方的图层中。

（3）向下合并图层：单击“图层”→“向下合并”菜单命令，即可将当前图层以及其下方的图层合并。

（4）拼合图像：单击“图层”→“拼合图像”菜单命令，可将所有图层内的图像合并到“背景”图层中。

也可以利用“图层”面板菜单、面板快捷菜单和主菜单中的命令进行图层合并。

（5）盖印图层：它类似于合并图层，两者之间的区别是，盖印图层不仅可以得到图层合并的效果，还保留原图层不变。按【Ctrl+Alt+E】组合键，可以盖印选中的图层；按【Ctrl+Alt+Shift+E】组合键，可以盖印所有可见图层。

4．图层栅格化

图像窗口内如果有矢量图形（如文字等），可以将它们转换成点阵图像，这就叫图层栅格化。图层栅格化的方法是：选中有矢量图形的图层，再单击“图层”→“栅格化”菜单命令，调出其子菜单。如果单击子菜单中的“图层”命令，即可将选中的图层内所有矢量图形转换为点阵图像。如果单击子菜单中的“文字”命令，即可将选中的图层内的文字转换为点阵图像，文字图层也会自动变为常规图层。

子菜单中还有其他一些菜单命令，针对不同情况，可以执行不同的菜单命令。

思考与练习 3-2

1．制作一幅“立体文字”图像，如图 3-2-15 所示。浅绿色背景上有“立体文字”，文字表面是花纹图案，其他部分是红色背景上有灰色条纹。

2．制作一幅“绿色阳光别墅”图像，如图 3-2-16 所示。它是在图 3-2-17 所示的“别墅”

图像的基础之上，添加填充图层和调整图层，再进行图层合并后获得的。图 3-2-17 所示的“别墅”图像比较暗，图 3-2-16 所示“绿色阳光别墅”图像比较亮，且偏绿色。

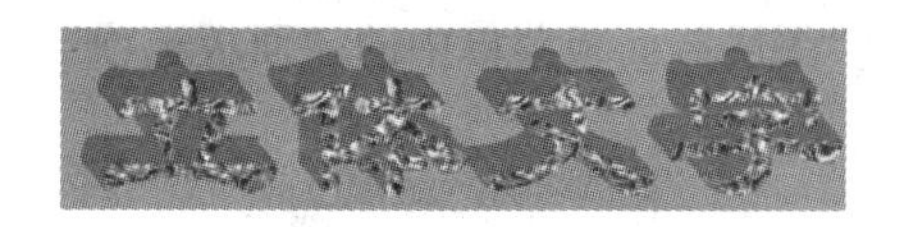

图 3-2-15 “立体文字”图像

图 3-2-16 “绿色阳光别墅”图像

图 3-2-17 “别墅”图像

3.3 【案例 14】街头艺术

案例描述

“街头艺术”图像如图 3-3-1 所示。它是利用图 3-3-2 所示的“街头”和“球”图像加工而成的。

图 3-3-1 “街头艺术”图像

图 3-3-2 “街头”图像和“球”图像

设计过程

1. 合并图像

（1）打开图 3-3-2 所示的“街头”和“球”图像。将“街头”图像以名称“【案例 14】街头艺术.psd”保存，然后选中“球”图像。

（2）选择椭圆选框工具，设置羽化为 0，按住【Alt+Shift】组合键，从“球”图像内金属球的正中心开始拖动鼠标，创建一个选中圆形金属球的选区，如图 3-3-3 所示。

（3）单击“编辑”→“拷贝”菜单命令，将选区内的金属球图像复制到剪贴板中。

（4）选中“【案例 14】街头艺术.psd”图像。单击“编辑”→“粘贴”菜单命令，将剪贴板中的金属球图像粘贴到“【案例 14】街头艺术.psd”图像中。“图层”面板中会增加一个名称为“图层 1”的图层，其内放置的是粘贴的金属球图像。

（5）使用移动工具适当调整粘贴的金属球图像的位置和大小。

2. 制作街头工艺品

（1）选中“图层”面板内的“图层 1”，将“图层 1”拖动到“创建新图层”按钮上，复制一个新图层，名称为“图层 1 副本”。将“图层 1 副本”图层的名称改为“图层 2”。

（2）按住【Ctrl】键，单击“图层”面板内“图层 1”的缩览图，创建一个圆形选区，选中“图层 1”中的金属球。

（3）单击“选择”→“修改”→“收缩”菜单命令，调出“收缩选区”对话框，按照图 3-3-4 所示在“收缩量”文本框内输入 16。单击“确定”按钮，使选区收缩，效果如图 3-3-5 所示。按【Delete】键，删除选区内的部分金属球，剩下一个圆形框架。

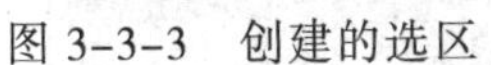

图 3-3-3 创建的选区

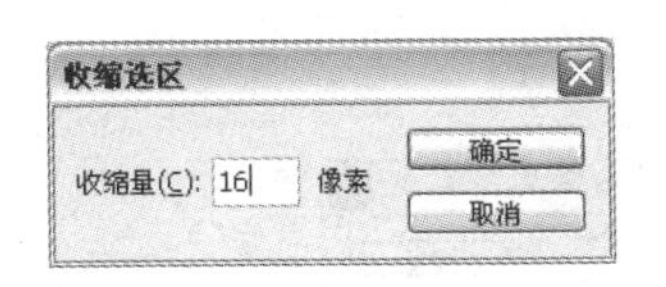

图 3-3-4 “收缩选区”对话框

图 3-3-5 选区收缩

（4）按【Ctrl+D】组合键，取消选区。选中“图层 2”，单击“选择”→“自由变换”菜单命令，利用选项栏，等比例缩小“图层 2”内的金属球。

（5）分 3 次将“图层 2”拖动到“图层”面板内的“创建新图层”按钮上，复制出 3 个图层。将“图层 2”和复制出的 3 个图层分别更名为“金属球 1”、“金属球 2”、“金属球 3”和“金属球 4”。

（6）选择移动工具，选中其选项栏内的“自动选择”复选框，拖动“金属球 1”图层内的金属球到圆形框架内框的下边，拖动“金属球 2”图层内的金属球到圆形框架内框的左边，拖动“金属球 3”图层内的金属球到圆形框架内框的上边，拖动“金属球 4”图层内的金属球到圆形框架内框的右边，效果如图 3-3-6 所示。

（7）按住【Ctrl】键，单击“图层”面板内“图层 1”的缩览图，创建一个选中圆形框架图像的选区。单击“渐变工具”按钮，再单击选项栏中的“线性渐变”按钮，设置“铜色渐变”。再在选区处垂直拖动，给选区填充渐变。

（8）单击“图层”面板内的“添加图层样式”按钮，调出其菜单，单击该菜单中的“斜面和浮雕”命令，调出“图层样式”对话框，选中“纹理”复选框，单击“确定”按钮，给圆形框架添加铜色渐变、有纹理的立体效果。按【Ctrl+D】组合键，取消选区，效果如图 3-3-7 所示。

图 3-3-6 4 个金属球

图 3-3-7 立体框架

（9）在立体框架的下方绘制一个立体彩球。最后效果如图 3-3-1 所示。

3. 创建金属球图像的图层组

（1）选中“图层”面板内的“金属球 1”图层。按住【Shift】键，单击“金属球 4”图层，选中“金属球 1”图层到“金属球 4”图层之间的 4 个图层。

（2）单击“图层”→“新建”→“从图层建立组”菜单命令，调出“从图层新建组”对话框，如图 3-3-8 所示。在“名称”文本框内输入“金属球”，给图层组设置粉红色、不透明度为 100%，模式为“穿透”。单击“确定”按钮，即可在“图层”面板内创建一个“金属球”图层组，并将选中的图层置于该图层组中，如图 3-3-9 所示。

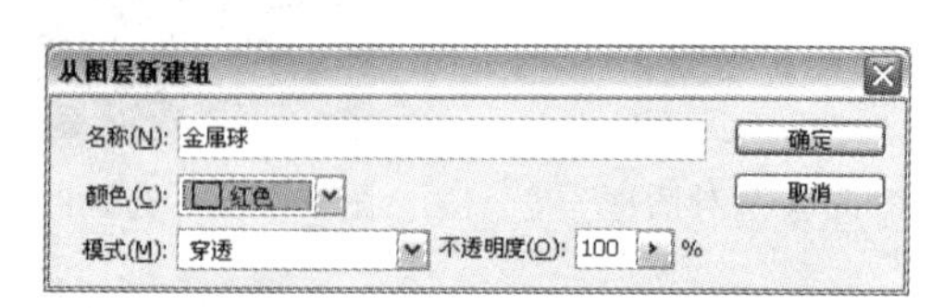

图 3-3-8 “从图层建立组”对话框

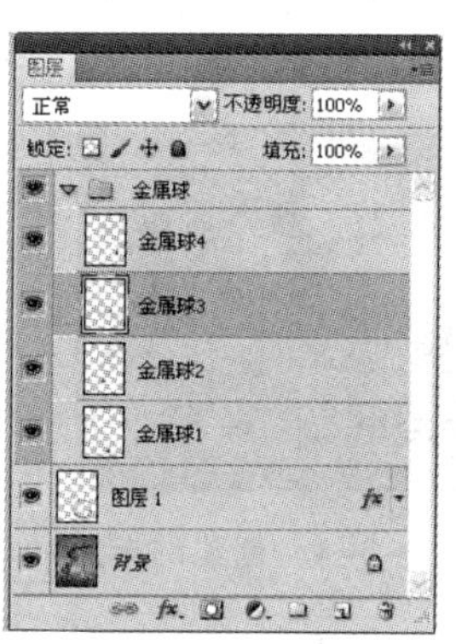

图 3-3-9 “图层”面板

相关知识——图层组

1. 图层组

图层组是若干图层的集合，就像文件夹一样。当图层较多时，可以将一些图层组成图层组，这样便于观察、管理和调整。在“图层”面板中，可以移动图层组与其他图层的相对位置，可以改变图层组的颜色和大小。同时，其内的所有图层的属性也会随之改变。

单击图层组左边的箭头▽，可以收缩图层组，同时箭头变为▷，如图 3-3-10 所示。单击图层组左边的箭头▷，可以展开图层组内的图层，同时箭头变为▽，如图 3-3-9 所示。

（1）从图层建立图层组：按住【Ctrl】键，选中“图层”面板内的若干图层。单击“图层”→“新建”→“从图层建立组”菜单命令，调出“从图层新建组”对话框，如图 3-3-8 所示。利用该对话框给图层组命名，设置颜色、不透明度和模式，单击“确定”按钮，即可创建一个新图层组，将选中的图层置于该图层组中，如图 3-3-9 所示。

图 3-3-10 收缩图层组

单击“图层”→“图层编组”菜单命令，可直接将选中的图层编入新建的图层组内。

（2）新建空图层组：单击“图层”→“新建”→“组”菜单命令，调出“新建组”对话框，它与图 3-3-8 所示基本相同。设置后单击“确定”按钮，即可在当前图层或图层组之上创建一个新的空图层组，其内没有图层。在图层组中还可以创建新图层组。

单击“图层”面板中的“创建新组”按钮，也可以创建一个新的空图层组。

（3）删除图层组：选中“图层”面板内的图层组，单击“图层”→“删除”→“组”菜单命令或者单击“图层”面板内的“删除图层”按钮，会调出一个提示对话框，如图 3-3-11 所示。单击“组和内容”按钮，可将图层组和图层组内的所有图层一起删除。单击“仅组”按钮，可以只将图层组删除。选中“图层”面板内的图层组，单击“图层”→“取消图层编组”菜单命令，可以直接取消选中的图层组，而该图层组内的图层保留。

（4）锁定组内的所有图层：单击“图层”→“锁定组内的所有图层”菜单命令，调出“锁定组内的所有图层”对话框，如图 3-3-12 所示。利用它可以选择锁定方式，单击“确定”按钮，即可将所有链接的图层按要求锁定。

图 3-3-11　提示对话框

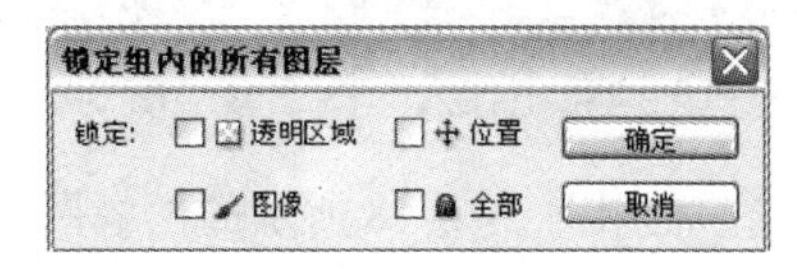

图 3-3-12　“锁定组内的所有图层”对话框

（5）复制图层组：将“图层”面板内要复制的图层组拖动到“创建新图层”按钮上，即可复制一个图层组，包括图层组内的所有图层。

（6）将图层移入和移出图层组：拖动“图层”面板中的图层，移到图层组的图标上，释放鼠标左键，即可将拖动的图层移到图层组中。向左下方拖动图层组中的图层，可将图层移出图层组。

2．图层链接

图层建立链接后，许多操作会针对所有建立链接的图层进行。

（1）建立图层链接：在“图层”面板内，选中要建立链接的两个或两个以上的图层，单击“图层”面板内的“链接图层”按钮，即可将选中的图层建立链接。

（2）取消图层链接：选中要取消链接的两个或两个以上的图层，单击“图层”面板内的“链接图层”按钮，即可取消图层的链接，同时也取消了链接标记。

3．图层对齐和分布

图层对齐和分布是指将选中图层中的所有对象按要求对齐或分布。

（1）对齐图层：选中要对齐的图层，单击“图层”→“对齐”菜单命令，调出“对齐”子菜单，如图 3-3-13 所示。再单击其内的菜单命令，可将选中图层中的对象按要求对齐。

（2）分布图层：选中要分布的两个以上图层，单击“图层”→“分布”菜单命令，调出“分布”子菜单，如图 3-3-14 所示。单击其内的菜单命令，可将当前图层中的对象按要求分布。

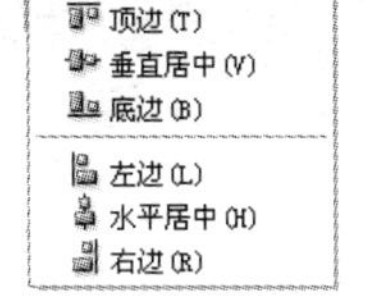

图 3-3-13　“对齐”子菜单

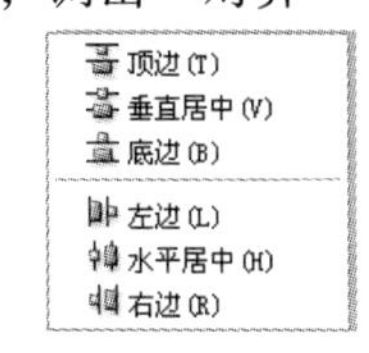

图 3-3-14　“分布”子菜单

单击“移动工具”选项栏按钮组内的一个按钮，也可以将图层中的所有对象按要求对齐或分布。

思考与练习 3-3

1．制作一幅“花中佳人”图像，如图 3-3-15 所示。它是利用图 3-3-16 所示的“向日葵”图像和“佳人”图像加工制作成的。制作该图像的关键是从“向日葵”图像内选出一个向日葵图像复制到“图层 1”，将“佳人”图像所在图层放置在“图层 1”上方，然后单击“图层”→“创建剪切蒙版”命令，将两个图层组成剪贴组。制作该图像还使用了通过拷贝将选区内的图像复制到新的图层和自由变换等技术。制作好的“花中佳人”图像的“图层”面板如图 3-3-17 所示。

图 3-3-15 “花中佳人”图像

图 3-3-16 “向日葵”和“佳人”图像

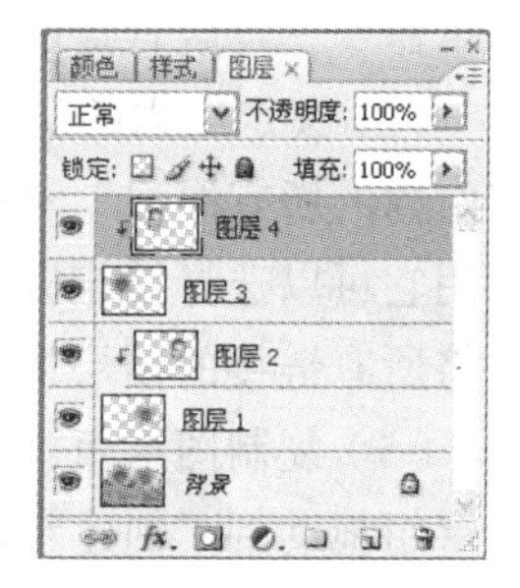

图 3-3-17 “图层”面板

2. 利用图 3-3-18 所示的两幅图像，制作一幅“节水海报”图像，如图 3-3-19 所示。

图 3-3-18 “沙漠”和“海洋”图像

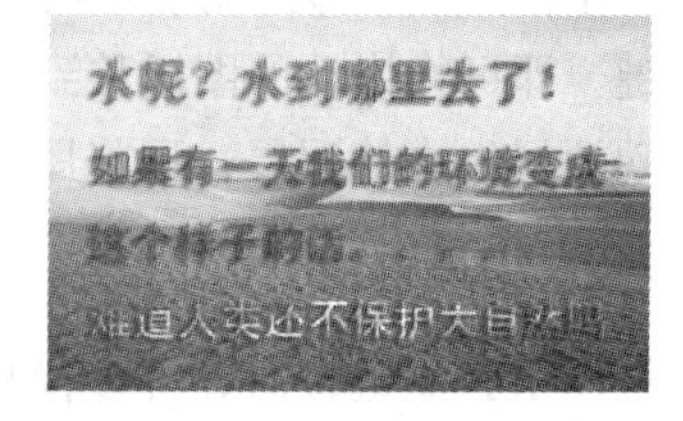

图 3-3-19 “节水海报”图像

3. 制作一幅“多个台球和球杆”图像，如图 3-3-20 所示。该图像是在【案例 8】“台球和球杆”图像的基础之上添加了 6 个台球，去掉台球案子制作而成的。

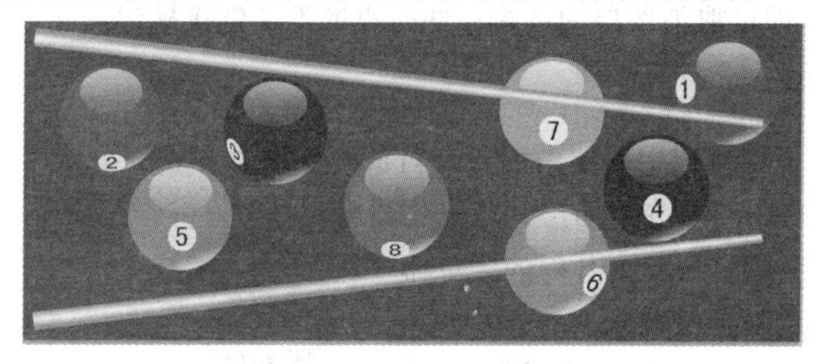

图 3-3-20 “多个台球和球杆”图像

3.4 【案例 15】牵手 2012

案例描述

“牵手 2012”图像如图 3-4-1 所示，长城背景图像上，是一些羽化的、融合的建筑图像、救灾图像、飞机图像、体育图像等，中间是一幅天安门图像，该图像上有七彩“2012”立体牵手文字、“实事求是 与时俱进”和“振奋精神 真抓实干”立体变形文字。这幅图像宣传了中国人民在 2012 年振奋精神、团结奋斗，迎接党的十八大的景况。

图 3-4-1 “牵手 2012” 图像

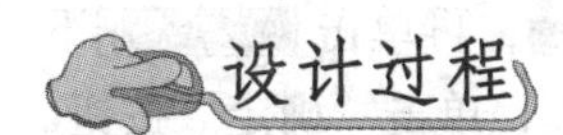

设计过程

1. 制作背景图像

（1）打开图 3-4-2 所示的“长城”图像，打开“天安门”、“建筑”、“抗震救灾”、“悼念”、“体育”、“战机”、“火箭”等图像。其中，“天安门”图像如图 3-4-3 所示。选中“长城”图像，将它以“【案例 15】牵手 2012.psd”保存。

图 3-4-2 “长城”图像

图 3-4-3 “天安门”图像

（2）选中“天安门.psd”图像，在其内创建一个羽化的椭圆选区（羽化半径为 20 像素）。使用移动工具，将选区内的图像拖动到“牵手 2012”图像中，然后调整天安门图像的大小与位置。

（3）按照上述方法，在打开的其他图像内创建一个羽化的椭圆选区（羽化半径为 30 像素），然后使用移动工具，将选区内的图像拖动到“牵手 2012”图像中，再调整图像的大小与位置。

（4）对“图层”面板内自动生成的各个图层以图像的名称命名。

（5）选中“战机”图层，在“图层”面板内的“设置图层的混合模式”下拉列表框中选择“变亮”选项，改变“战机”图层与“背景”图层的混合模式。

（6）改变其他图层与“背景”图层的混合模式，边改边观察效果。

2. 制作牵手文字

（1）新建一个宽 500 像素、高 260 像素、背景色为白色的画布，以名称“牵手文字.psd”保存。在画布上输入一个字体为 Arial、大小为 200 点的数字“2”，同时在“图层”面板中创建了“2”文字图层，如图 3-4-4 所示。再将该数字移到画布的左边。

（2）选中“图层”面板中的“2”文字图层，单击“图层”→“栅格化”→“文字”菜单命令，将“2”文字图层改为普通图层，如图 3-4-5 所示。按照上述方法创建“0”普通图层，其内有文字“0”图像。“图层”面板如图 3-4-6 所示，画布如图 3-4-7 所示。

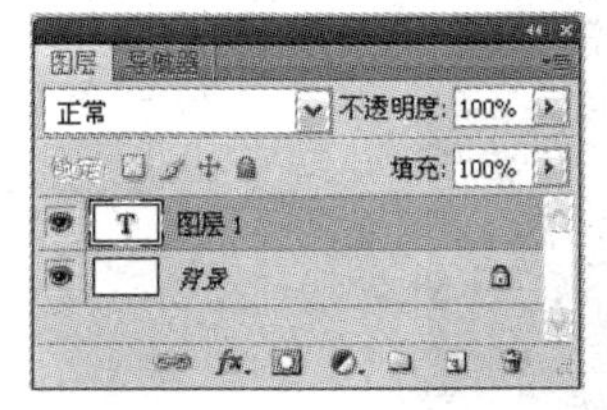

图 3-4-4 创建“2”文字图层

图 3-4-5 “2”普通图层

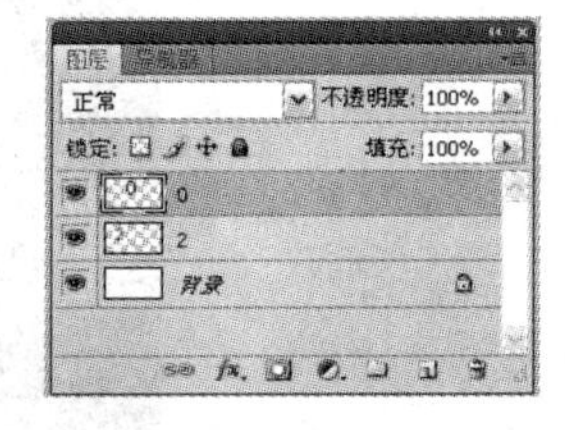

图 3-4-6 “0”普通图层

（3）选中“2”图层，单击“编辑”→“变换”→“旋转”菜单命令，将“2”图像旋转。选中“0”图层，再将“0”图像旋转，如图 3-4-8 所示。

（4）按住【Ctrl】键，单击“图层”面板中的“2”图层缩览图，创建选中“2”图像的选区。单击“渐变工具”按钮，单击其选项栏内的“线性渐变”按钮，再单击下拉列表框，调出“渐变编辑器”窗口。利用该窗口设置渐变色为“色谱”，单击“确定”按钮。从图像文字“2”左上角向右下角拖动出一条直线，释放鼠标左键，即可给“2”文字图像填充七彩色。按【Ctrl+D】组合键，取消图像的选取。

（5）按照同样的方法给图像文字“0”填充七彩色。调整图像“2”和“0”的相对位置，使它们重叠一部分，如图 3-4-9 所示。

20

图 3-4-7 文字“0”和“2”

图 3-4-8 旋转图像

图 3-4-9 填充七彩颜色并使文字重叠

（6）选中“0”图层。按住【Ctrl】键，单击“2”图层的缩览图，选中“2”图层中的图像“2”，如图 3-4-10 所示。按住【Ctrl+Shift+Alt】组合键，单击当前图层，即“0”图层，即可获得“2”图层和“0”图层中图像相交处的选区，如图 3-4-11 所示。

（7）选择矩形选框工具，按住【Alt】键，在图 3-4-11 所示下方的选区处拖动鼠标，选中选区，释放鼠标左键后，即可将下方的选区取消，如图 3-4-12 所示。

图 3-4-10 选中图像文字“2”

图 3-4-11 相交处的选区

图 3-4-12 将下方的选区取消

按【Delete】键，删除选区内“0”文字图像的内容。然后按【Ctrl+D】组合键，取消选区。这样就完成了“2”和“0”两个图像相互牵手的效果，如图 3-4-13 所示。

（8）按照上述方法，再输入一个“1”字，将“1”文字图层转换为普通图层，然后完成“1”与文字“0”的牵手。接着输入“2”字，将新的“2”文字图层转换为普通图层，再完成文字“2”与“1”图像牵手。

（9）选中“2”图层，单击“图层”面板内的“添加图层样式”按钮，调出图层样式菜单，如图 3-4-14 所示。单击图层样式菜单中的“斜面和浮雕”命令，调出“图层样式”对话框，如图 3-4-15 所示。利用该对话框将“2”图层中的文字“2”制作成立体文字。再按照相同方法将“0”、“1”、“2”图层中的文字“0”、“1”、“2”制作成立体文字，最后效果如图 3-4-16 所示。

图 3-4-13 删除选区图像

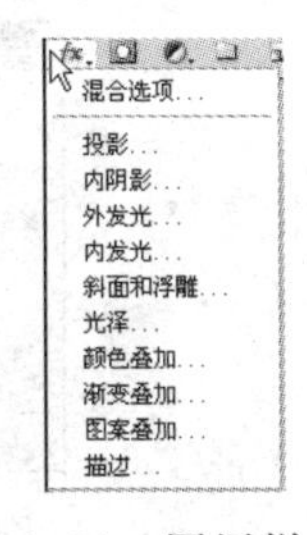

图 3-4-14 图层样式菜单

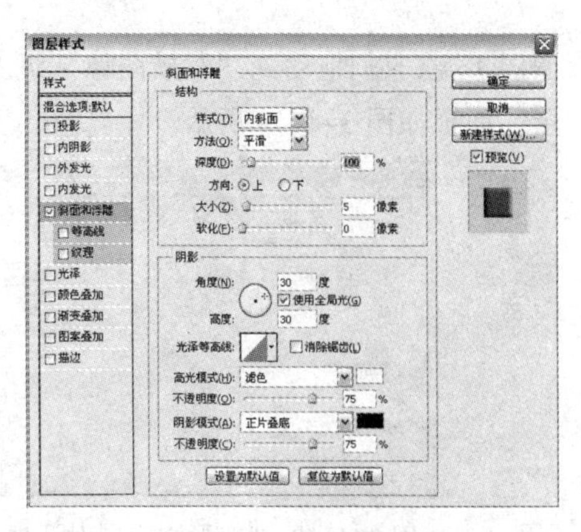

图 3-4-15 “图层样式”对话框

3. 制作文字和建立图层组

图 3-4-16 牵手立体文字

（1）选中“牵手文字”图像，单击“图层”面板内的“创建新组”按钮，在“图层”面板内创建一个名称为“组 1”的组，将该组的名称改为“牵手文字”。

（2）选中“2”、“0”、“1”、“2”图层，将它们拖动到“牵手文字”组上，使它们成为“牵手文字”组中的图层，如图 3-4-17 所示。

图 3-4-17 “图层”面板

（3）拖动“牵手文字”组到“牵手 2012”图像中，可将“牵手文字”组内的所有图层复制到“牵手 2012”图像的“图层”面板内，在图像窗口内会出现图 3-4-16 所示的“2012”立体牵手文字。调整“2012”立体牵手文字的大小和位置，如图 3-4-1 所示。

（4）在图像窗口内输入红色、楷体、72 点文字“实事求是 与时俱进”，再输入红色、楷体、72 点文字“振奋精神 真抓实干”。

（5）选中“实事求是 与时俱进”文字图层，单击“图层”面板内的“添加图层样式”按钮 *fx*，单击菜单中的“斜面和浮雕”命令，调出“图层样式”对话框。利用该对话框将“实事求是 与时俱进”文字制作成立体文字，如图 3-4-1 所示。再将“振奋精神 真抓实干”文字制作成立体文字，如图 3-4-1 所示。

（6）使用横排文字工具 T 选中“实事求是 与时俱进”文字，单击选项栏中的“创建变形文本”按钮，调出“变形文字”对话框。在该对话框内的“样式”下拉列表框中选择“拱形”选项，再调整弯曲度，如图 3-4-18 所示。单击“确定”按钮，将文字变形。再选中“振奋精神 真抓实干”文字，调出“变形文字”对话框，利用该对话框将文字变形，效果如图 3-4-1 所示。

（7）单击“图层”面板内的“创建新组”按钮，在“图层”面板内创建一个名称为“组 1”的组，将该组的名称改为“文字”。选中两个文字图层，将它们拖动到“文字”组上，可将这两个文字图层置于“文字”组内。

（8）单击“图层”面板内的“创建新组”按钮，在“图层”面板内创建一个名称为“组 1”的组，将该组的名称改为“背景图像”。选中所有与背景图像有关的图层（不包含“背景”

图层），将它们拖动到“背景图像”组上，将选中的图层置于“背景图像”组内。此时的“图层”面板如图 3-4-19 所示。

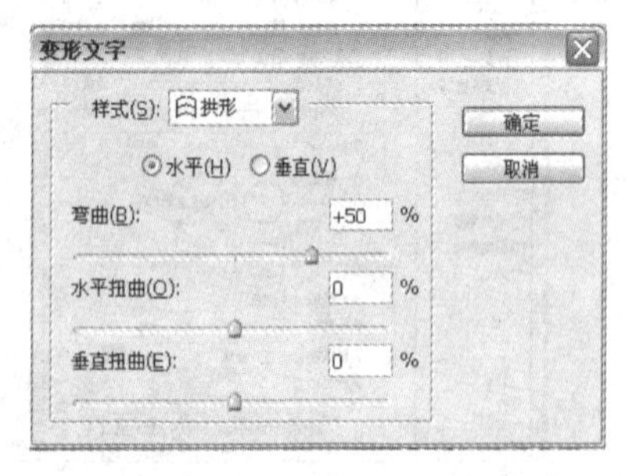

图 3-4-18 “变形文字”对话框

图 3-4-19 “图层”面板

相关知识——添加图层样式和编辑图层效果

1. 给图层添加图层样式

使用图层样式可以方便地为图层中的整个图像创建阴影、发光、斜面、浮雕和描边等效果。图层被赋予样式后，会产生许多图层效果，这些图层效果的集合就构成了图层样式。在“图层”面板中，图层名称的右侧会显示 fx ▲图标，图层的下方会显示效果名称，如图 3-4-20 所示。单击 fx ▲图标右边的▼按钮，可以将图层应用的效果名称展开，此时图层名称的右侧会显示 fx ▲图标。单击 fx ▲图标右边的▲按钮，可收缩图层下方的效果名称。

图 3-4-20 “图层”面板

添加图层样式前需要先选中要添加图层样式的图层，再采用下面所述的一种方法：

（1）单击“图层”面板内的“添加图层样式”按钮 fx.，调出图层样式菜单，如图 3-4-14 所示。单击“混合选项”菜单命令或其他菜单命令，即可调出“图层样式”对话框，如图 3-4-15 所示。利用该对话框，可以选中多个复选框添加多种图层样式，产生各种不同的效果。

（2）单击“图层”→“图层样式”→“混合选项”菜单命令。

（3）单击“图层”面板菜单中的“混合选项”菜单命令。

（4）双击要添加图层样式的图层，或者双击“样式”面板中的一种样式图标。

2. 设置图层样式

利用“图层样式”对话框可以设置图层样式，产生各种不同的图层效果。该对话框内各栏选项的作用和使用方法如下：

（1）在“图层样式”对话框的左边一栏中有“样式”、“混合选项”选项，以及“投影”、“斜面和浮雕”等复选框。选中一个复选框，即可增加一种效果，同时在“预览”框内显示出综合效果。

（2）单击“图层样式”对话框左边一栏中的选项名称后，“图层样式”对话框中间一栏会发生相应的变化。中间一栏中的各个选项用来供用户对图层样式进行调整。

3．隐藏和显示图层效果

（1）隐藏图层效果：单击“图层”面板内效果名称层左边的图标，使它消失，即可隐藏该图层效果；单击“效果”层左边的图标，使它消失，即可隐藏所有图层效果。

（2）隐藏图层的全部效果：单击“图层”→“图层样式”→“隐藏所有效果”菜单命令，可以将选中图层的全部效果隐藏，即隐藏图层样式。

（3）单击“图层”面板内“效果”层左边的图标，可使显示，同时使隐藏的图层效果显示。单击效果名称层的图标，则会使显示，同时使隐藏的图层效果显示。

4．删除图层效果

（1）删除图层的一种效果：将“图层”面板内的效果名称行（如 投影）拖动到“删除图层”按钮上，再释放鼠标左键，即可将该效果删除。

（2）删除一个图层的所有效果：

◎ 将“图层”面板内的“效果”行 效果 拖动到“删除图层”按钮上，再释放鼠标左键，即可将该图层的所有效果删除。

◎ 右击添加了图层样式的图层或效果行名称，调出其快捷菜单，单击菜单中的“删除图层样式”命令，即可删除全部图层效果（即图层样式）。

◎ 单击“图层”→“图层样式”→“清除图层样式”菜单命令。

◎ 单击“样式”面板中的“清除样式”按钮，即可删除选中图层的所有图层样式。

（3）删除一个或多个图层效果：选中要删除图层效果的图层，再调出“图层样式”对话框，然后取消该对话框左边一栏内复选框的选取。

思考与练习 3-4

1．制作图 3-4-21 所示的阴影文字。

2．制作一幅“奥运五环”图像，如图 3-4-22 所示。

3．利用几幅汽车图像，制作一幅图 3-4-23 所示的“名车掠影”图像。

图 3-4-21 阴影文字

图 3-4-22 “奥运五环”图像

图 3-4-23 “名车掠影”图像

3.5 【案例 16】云中战机

案例描述

“云中战机”图像如图 3-5-1 所示，其主题是两架飞机在云中飞翔。它是利用图 3-5-2 所示“云图”图像和“飞机”图像制作而成的。

图 3-5-1 “云中战机”图像

图 3-5-2 “云图”和“飞机”图像

设计过程

（1）打开“云图”和“飞机”图像，如图 3-5-2 所示。

（2）单击“魔棒工具”按钮，在其选项栏内设置容差为 50，单击飞机图像的背景，再按住【Shift】键，单击没有选中的飞机图像背景，将整个飞机图像背景选中，再单击“选择”→“反向”菜单命令，将飞机图像选中，如图 3-5-3 所示。

（3）单击“编辑”→“拷贝”菜单命令，将飞机图像复制到剪贴板中。选中“云图”图像，单击“编辑”→“粘贴”菜单命令，将剪贴板中的飞机图像粘贴到“云图”图像中。

（4）选择移动工具，按住【Alt】键拖动飞机图像，复制一幅飞机图像，如图 3-5-4 所示。将复制出的飞机图像所在图层的名称改为“图层 2”。分别调整“图层 1”和“图层 2”内飞机图像大小、位置和旋转角度。调整好后，按【Enter】键。

（5）双击“图层”面板中的“图层 1”（下方飞机图像所在图层），调出“图层样式”对话框，如图 3-5-5 所示。

（6）在“图层样式”对话框内的“混合颜色带”下拉列表框中选择“灰色”选项，如图 3-5-5 所示，表示对这两个图层中的灰度进行混合效果调整（该下拉列表框中还有“红”、“绿”和“蓝”3 个选项）。

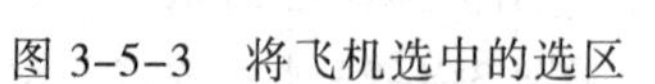

图 3-5-3 将飞机选中的选区　　图 3-5-4 调整好的 2 架飞机图像

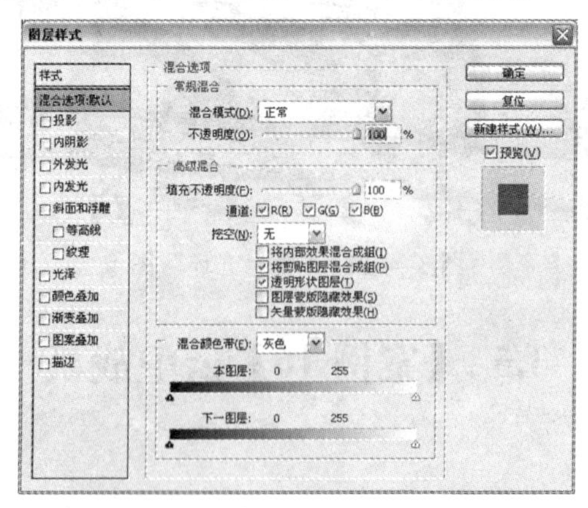

图 3-5-5 “图层样式”对话框

（7）按住【Alt】键，拖动“下一图层”颜色带的白色三角滑块，调整“图层 1”与下一个图层（即“云图”图像所在图层）的混合效果，如图 3-5-6 所示。飞机图像如图 3-5-7 所示。

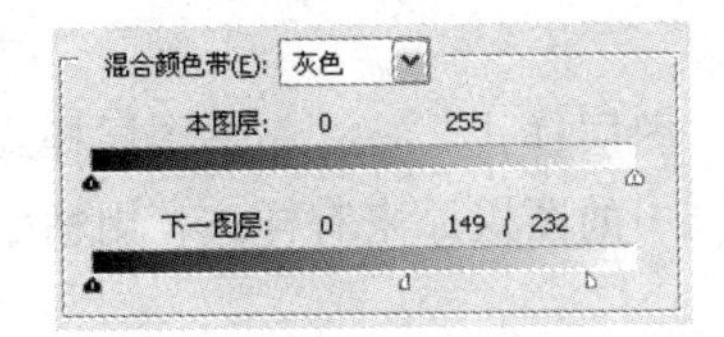

图 3-5-6 “混合颜色带”调整

图 3-5-7 云图中的飞机图像

（8）双击“图层”面板内的“图层 2”，调出“图层样式”对话框，利用“混合颜色带”调整“图层 2”内的“飞机”图像和“云图”图像所在图层的混合效果。“混合颜色带”调整结果如图 3-5-8 所示。调整效果如图 3-5-9 所示。

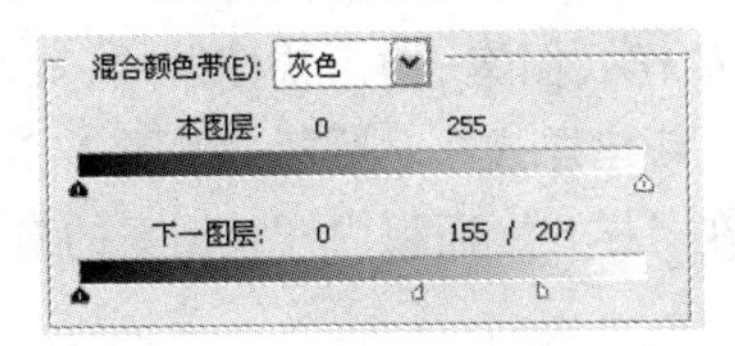

图 3-5-8 “混合颜色带”调整

图 3-5-9 画布中的图像

相关知识——编辑混合颜色带和图层样式

1. 编辑混合颜色带

“图层样式”对话框（选中该对话框左边的“混合选项：默认”选项）下方是“混合颜色带”栏，如图 3-5-5 所示。利用该栏可以对图像像素级别进行混合，产生自然和逼真的混合效果。该栏内各选项的作用如下：

（1）“混合颜色带”下拉列表框：用来选择混合的通道。如果选择“灰色”选项，则按全色阶和通道混合图像。

（2）“本图层”颜色带：用来控制当前图层从最暗色调的像素到最亮像素的显示情况。向左拖动白色滑块，可以隐藏亮调像素；向右拖动黑色滑块，可以隐藏暗调像素。

（3）“下一图层”颜色带：用来控制下方图层从最暗色调的像素到最亮像素的显示情况。向左拖动白色滑块，可以显示亮调像素；向右拖动黑色滑块，可以显示暗调像素。

按住【Alt】键拖动滑块，可以将滑块分为两个，分别调整分开的滑块，可以获得过渡柔和自然的混合效果。

2. 拷贝和粘贴图层样式

拷贝和粘贴图层样式的操作可以将一个图层的样式复制到其他图层中。

（1）拷贝图层样式有两种方法：

◎ 右击应用图层样式的图层或“效果”层，调出其快捷菜单，再单击“拷贝图层样式”菜单命令，即可拷贝图层样式。

◎ 选中应用图层样式的图层，再单击“图层”→“图层样式”→“拷贝图层样式”菜单命令，也可以拷贝图层样式。

（2）粘贴图层样式有两种方法：

◎ 右击要添加图层样式的图层，调出其快捷菜单，再单击“粘贴图层样式”菜单命令，可给右击的图层添加图层样式。

◎ 选中要添加图层样式的图层，单击“图层”→“图层样式”→“粘贴图层样式”菜单命令，可以给选中的图层粘贴图层样式。如果选中的图层原来有样式，则粘贴的样式会替代原来样式。

图 3-5-10 给出了没有粘贴图层样式的“图层”面板，图 3-5-11 是将“图层 2”的图层样式复制到“图层 1”后的“图层”面板。

3. 存储图层样式

存储图层样式的方法如下：

按照上述方法拷贝图层样式，右击“样式”面板内的样式图案，调出快捷菜单，如图 3-5-12 所示。单击该菜单中的“新建样式”命令，即可调出“新建样式”对话框，如图 3-5-13 所示。给样式命名和进行设置后，单击“确定”按钮，即可在“样式”面板内样式图案的最后增加一种新的样式图案。

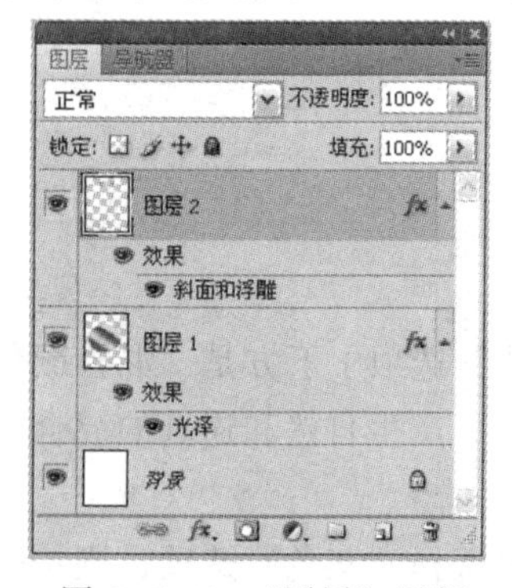

图 3-5-10 “图层”面板

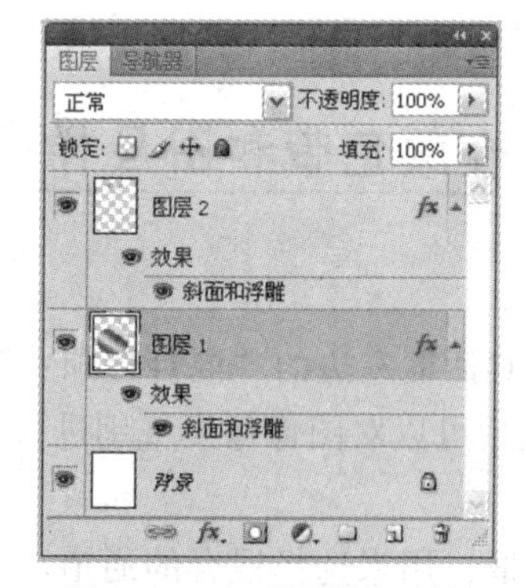

图 3-5-11 “图层”面板

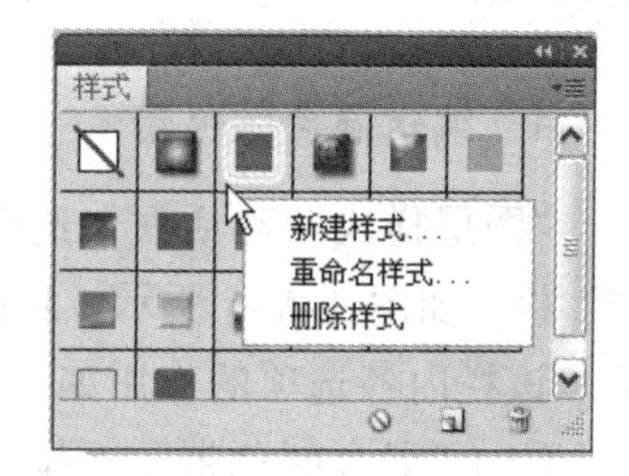

图 3-5-12 “样式”面板

4. 将图层和它的图层样式转换成剪贴组

（1）选中添加了图层样式的图层，如图 3-5-14 所示。

（2）右击“图层”面板内添加了图层样式的图层中的图标，调出其快捷菜单，再单击该菜单中的“创建图层”菜单命令，即可将选定的图层和它的图层样式转换成剪贴组（有一些图层样式不可以转换为剪贴组），如图 3-5-15 所示。

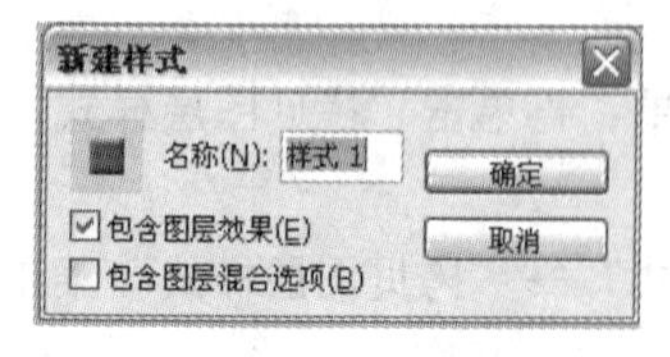

图 3-5-13 “新建样式”对话框

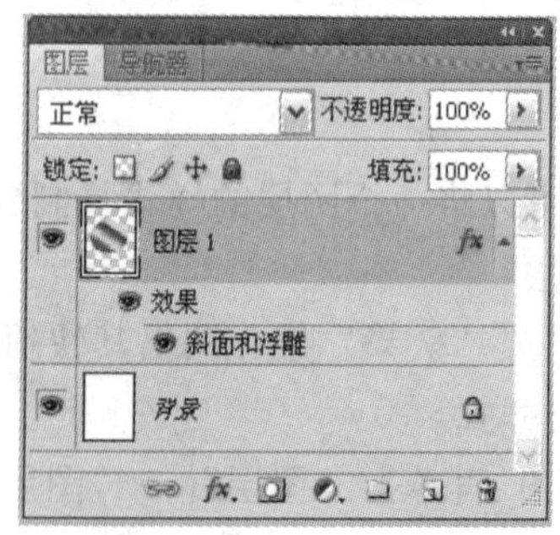

图 3-5-14 选中图层

图 3-5-15 “图层”面板

单击“样式”面板菜单中的“新样式”菜单命令，或者单击“图层样式”对话框内的“新建样式”按钮，都可以调出“新建样式”对话框。

思考与练习 3-5

1. 制作一幅“空中楼阁”图像，如图 3-5-16 所示。它是利用 3 幅楼阁图像和一幅云图像制作而成的。

2. 制作一幅“透视凸起文字”图像，如图 3-5-17 所示。由图可以看出，这种图像文字像是从图像中凸起来一样。注意：凸起的透视文字内的图像与文字外的图像是连续的。

图 3-5-16　“空中楼阁”图像

图 3-5-17　“透视凸起文字”图像

3.6 【案例 17】小小摄影相册

案例描述

“小小摄影相册”图像是一个宝宝摄影相册的封面。它有 5 个方案，单击“图层复合”面板内“方案 1”图层复合左边的，使其内出现图标，如图 3-6-1 所示，方案 1 图像如图 3-6-2 所示。单击“图层复合”面板内“方案 2”图层复合左边的，使其内出现图标，方案 1 图像会自动切换到方案 2 图像，方案 2 图像和图 3-6-2 所示基本一样，只是文字是普通文字，没有添加图层样式。

按照上述方法，可以看到其他 3 个方案图像，方案 5 图像如图 3-6-3 所示。在“小小摄影相册”文件夹内不但有“【案例 17】小小摄影相册.psd”文件，还有 5 个方案的图像“小小摄影相册_0000_方案 1.jpg”……“小小摄影相册_0000_方案 5.jpg”。

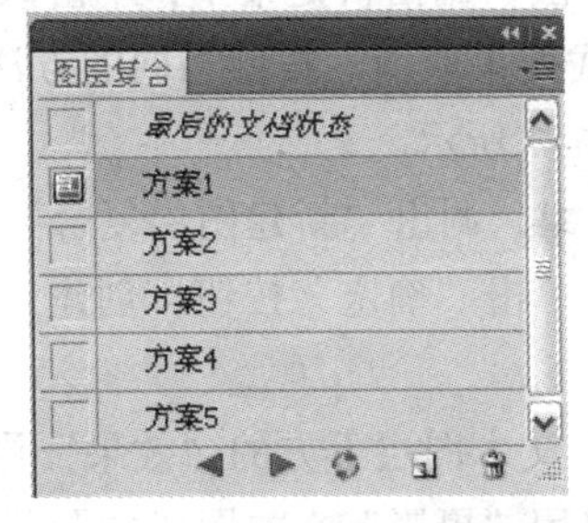

图 3-6-1　“图层复合”面板

图 3-6-2　方案 1 图像

图 3-6-3　方案 5 图像

设计过程

1. 制作“小小摄影相册”的方案 1 图像

（1）新建宽为 280 像素、高为 280 像素、背景为黑色的图像，以名称“【案例 17】小小摄影相册”保存。打开“宝宝 1”、“宝宝 2”和“宝宝 3”3 幅图像。

（2）将 3 幅宝宝图像分别调整为宽 120 像素、高 120 像素，然后依次拖动到“【案例 17】小小摄影相册”图像窗口内，再调整它们的位置。同时，“图层”面板内生成“图层 1”……“图层 3”图层，分别放置一幅宝宝图像。

（3）按住【Ctrl】键，单击“图层 1”图层的缩览图，生成选中该图层内图像的选区，再给选区描 5 像素的白边。按照相同的方法，给其他 2 幅宝宝图像描边。

（4）输入华文楷体、6 点、浑厚、白色文字“摄影”和“宝宝”，“图层”面板内生成“摄影”和“宝宝”文本图层。分别给“摄影”和“宝宝”文本图层添加图层样式，最终效果如图 3-6-2 所示。

2. 制作其他方案图像

（1）调出“图层复合”面板，如图 3-6-1 所示（还没有建立方案）。单击“创建新图层复合”按钮，调出“新建图层复合”对话框，选中 3 个复选框，如图 3-6-4 所示。在“名称”文本框内输入“方案 1”，单击“确定”按钮，创建“方案 1”图层复合，如图 3-6-5 所示。此时，“图层”面板如图 3-6-6 所示。

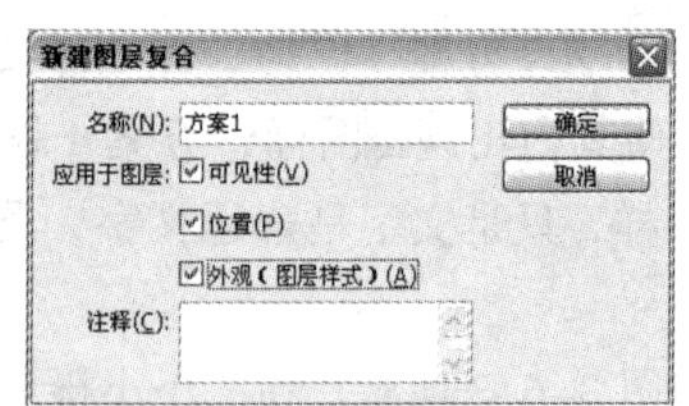

图 3-6-4 “新建图层复合”对话框

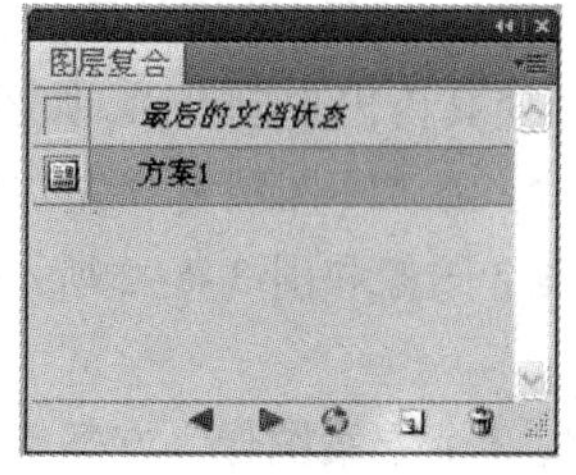

图 3-6-5 “图层复合”面板

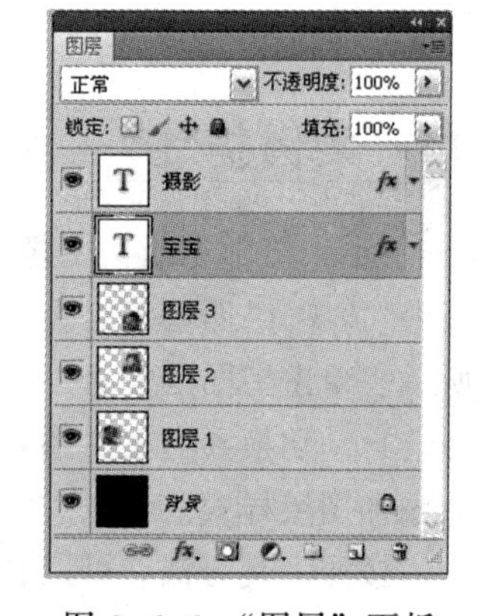

图 3-6-6 “图层”面板

（2）右击“图层”面板内“摄影”文本图层下方的“效果”层，调出快捷菜单，单击该菜单内的“停用图层效果”命令，使“摄影”文本图层的图层样式效果取消。按照相同的方法，取消“宝宝”文本图层的图层样式效果。“图层”面板如图 3-6-7 所示。

（3）单击“图层复合”面板内的“创建新图层复合”按钮，调出“新建图层复合”对话框，选中 3 个复选框，在“名称”文本框内输入“方案 2”，单击“确定”按钮，创建“方案 2”图层复合。方案 2 图像如图 3-6-8 所示。

（4）隐藏“宝宝”文本图层，右击“图层”面板内“摄影”文本图层下方的“效果”层，调出它的快捷菜单，单击该菜单内的“启用图层效果”命令，启用“摄影”文本图层的图层样式效果。再调整“图层 1”到“图层 2”的上方，如图 3-6-9 所示。

然后，调整图像的位置，获得方案 3 图像，如图 3-6-10 所示。

（5）单击“图层复合”面板内的“创建新图层复合”按钮，调出“新建图层复合”对话框，选中 3 个复选框，在“名称”文本框内输入“方案 3”，单击“确定”按钮，在“图层复合”面板内创建“方案 3”图层复合。

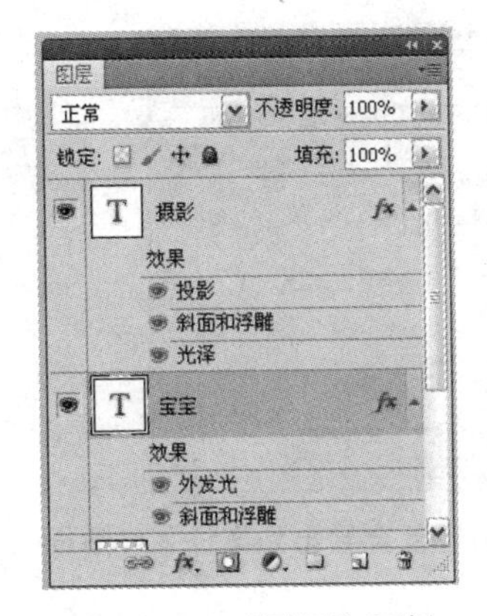

图 3-6-7 “图层”面板

图 3-6-8 方案 2 图像

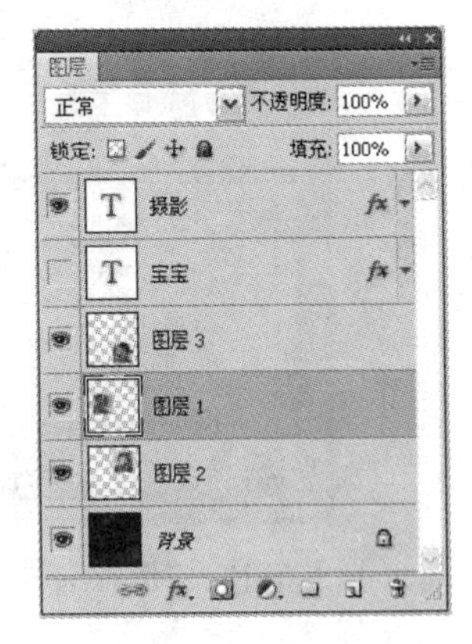

图 3-6-9 “图层”面板

（6）显示“宝宝”文本图层，隐藏“摄影”文本图层，启用“宝宝”文本图层的图层样式。调整图像位置，得到方案 4 图像，如图 3-6-11 所示。“图层”面板如图 3-6-12 所示。

图 3-6-10 方案 3 图像

图 3-6-11 方案 4 图像

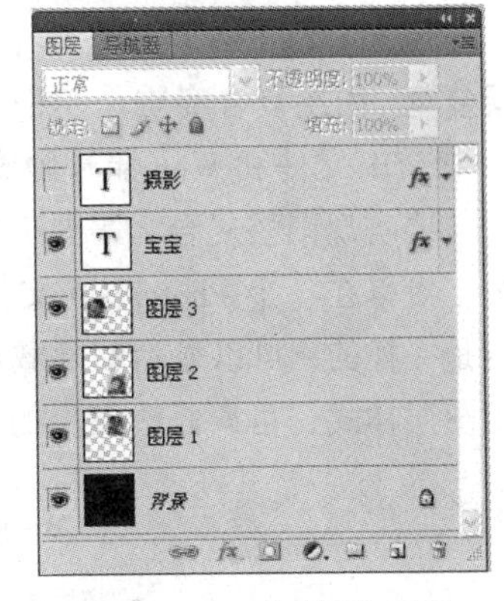

图 3-6-12 “图层”面板

（7）单击“图层复合”面板内的“创建新图层复合”按钮，调出“新建图层复合”对话框，选中 3 个复选框，在“名称”文本框内输入“方案 4”，单击“确定”按钮，在“图层复合”面板内创建“方案 4”图层复合。

（8）显示“摄影”文本图层，启用“摄影”文本图层的图层样式效果。调整图像位置，得到方案 5 图像，如图 3-6-3 所示。单击“图层复合”面板内的“创建新图层复合”按钮，调出“新建图层复合”对话框，选中 3 个复选框，在“名称”文本框内输入“方案 5”，单击“确定”按钮，在“图层复合”面板内创建“方案 5”图层复合，如图 3-6-1 所示。

3. 导出图层复合

可以将图层复合导出到单独的文件。单击“文件”→“脚本”→“将图层复合导出到文件”菜单命令，调出“将图层复合导出到文件”对话框。单击“浏览”按钮，调出“选择文件夹”对话框，利用该对话框选择“【案例 17】小小摄影相册”文件夹，如图 3-6-13 所示。单击“确定”按钮，关闭“选择文件夹”对话框，“将图层复合导出到文件”对话框设置如图 3-6-14 所示。单击“确定”按钮，在选中文件夹内导出 5 个方案图像“小小摄影相册_0000_方案 1.jpg”……“小小摄影相册_0000_方案 5.jpg”。

图 3-6-13 “选择文件夹”对话框

图 3-6-14 “将图层复合导出到文件”对话框

 相关知识——图层复合

1. 创建图层复合

Photoshop CS5 可以在单个 Photoshop 文件中创建、管理和查看版面的多个版本，也就是图层复合。图层复合实质是“图层”面板状态的快照。可以将图层复合导出到一个 PSD 格式文件、一个 PDF 文件和 Web 照片画廊文件。

要实现图层复合，需要使用“图层复合”面板，如图 3-6-15 所示。使用“图层复合”面板，可以在一个 Photoshop 文件中记录多个不同的版面。不同的版面要求“图层”面板内的图层是一样的，可以显示和隐藏不同的图层，可以调整图层内图像的大小和位置，可以停用或启用图层样式，可以修改图层的混合模式。

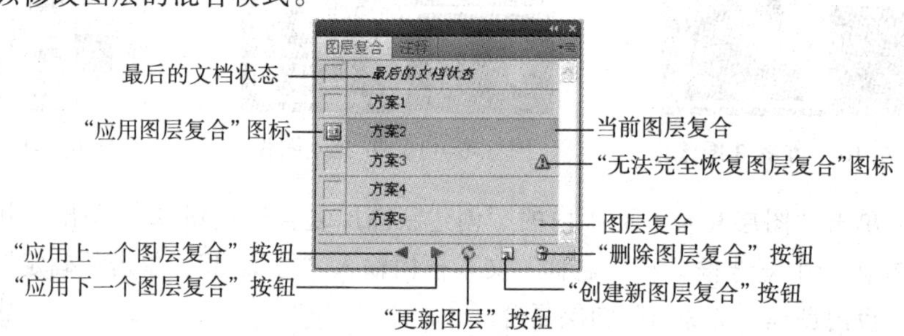

图 3-6-15 “图层复合”面板

创建图层复合的方法如下：

（1）单击“窗口”→“图层复合”菜单命令，可以调出“图层复合”面板。此时，该面板中只有“最后的文档状态”图层复合。如果“图层”面板内有两个及以上的图层，则“创建新图层复合”按钮才会有效。当“图层复合”面板内有新增的图层复合时，“图层复合”面板内其他 4 个按钮才会有效。

（2）单击“创建新图层复合”按钮，调出“新建图层复合”对话框，如图 3-6-4 所示。需要进行以下设置：

◎ “名称”文本框：输入新建图层复合的名称。

◎ “应用于图层”栏：选取要应用于“图层”面板内图层的选项。选中“可见性”复选框，表示应用图层的可见性，即是显示还是隐藏；选中“位置”复选框，表示应用图层的位置；选中“外观（图层样式）”复选框，表示将图层样式及图层的混合模式应用于图层。

◎“注释”文本框：其内输入该图层复合的说明文字。

（3）单击“新建图层复合”对话框内的“确定”按钮，关闭该对话框，即可在“图层复合”面板内创建一个新图层复合。

2．应用并查看图层复合

（1）在“图层复合”面板中，选定图层复合左边的“应用图层复合”图标。

（2）在“图层复合”面板内，单击“应用上一个图层复合”按钮，可以观看上一个图层复合；单击“应用下一个图层复合”按钮，可以观看下一个图层复合。可以循环查看所有图层复合。

（3）单击“图层复合”面板顶部的“最后的文档状态”左边的“应用图层复合”图标，可以显示最后的文档状态。

3．编辑图层复合

（1）复制图层复合：在“图层复合”面板中，将要复制的图层复合拖动到“创建新图层复合”按钮上。

（2）删除图层复合：在“图层复合”面板中选择图层复合，然后单击面板中的“删除图层复合”按钮，或者单击“图层复合”面板菜单中的“删除图层复合”命令。

（3）更新图层复合：操作方法如下。

① 选中“图层复合”面板内要更新的图层复合。

② 在画布内进行位置、大小等修改，在“图层”面板内进行图层隐藏和显示的修改，以及图层样式停用和启用的修改。

③ 在“图层复合”面板内，右击要更新的图层复合，调出快捷菜单，如图3-6-16所示。单击该菜单内的“图层复合选项”菜单命令，调出“图层复合选项”对话框，它与图3-6-4所示“新建图层复合”对话框基本一样。在该对话框内可以更改“应用于图层”栏内复选框的选择，记录前面图层位置和图层样式等更改。

④ 单击“图层复合”面板内底部的“更新图层复合”按钮，或者单击图3-6-16所示菜单内的“更新图层复合”命令。

应用图层复合
图层复合选项...
复制图层复合
删除图层复合
恢复最后的文档状态
更新图层复合

图3-6-16　快捷菜单

（4）清除图层复合警告：当改变“图层”面板内的内容（删除图层、合并图层或将常规图层转换为背景图层）时，会引发不能够完全恢复图层复合的情况。在这种情况下，图层复合名称旁边会显示一个警告图标。忽略警告，可能导致丢失一个或多个图层，其他已存储的参数可能会保留下来。更新复合，将导致以前捕捉的参数丢失，但可以使图层复合保持最新。

单击警告图标，可能会调出一个提示框，该提示框内的文字说明图层复合无法正常恢复。单击该对话框内的“清除”按钮，可以清除警告图标，但其余的图层保持不变。

右击警告图标，调出快捷菜单，单击该菜单内的“清除图层复合警告”命令，可以清除选中图层复合的警告；单击该菜单内的“清除所有图层复合警告”命令，可以清除所有图层复合的警告。

（5）导出图层复合：可以将图层复合导出到单独的文件。单击“文件”→“脚本”→“将图层复合导出到文件”菜单命令，调出“将图层复合导出到文件”对话框，利用该对话框，可设置文件类型，设置文件保存的目标文件夹和文件名称等，单击“确定”按钮。

思考与练习 3-6

1. 打开“【案例 15】牵手 2012.psd”图像，按照【案例 17】“小小摄影相册”的设计方法，利用该图像设计 3 个方案。

2. 打开“【案例 13】春风杨柳.psd”图像，利用该图像设计 3 个方案。

3.7 综合实训 3——《神话》宣传广告

实训效果

“《神话》宣传广告”图像如图 3-7-1 所示，它是宣传“神话”游戏的广告图像，给浏览者眼前一亮的感觉。它用龙做主题，搭配上暖色和奔放的背景，暗示着此款游戏上市后将占领网络游戏的主导地位。要求应用本章学习的知识，添加一些符合主题的内容。

实训提示

（1）打开图 3-7-2 所示的“背景”图像和图 3-7-3 所示的“龙”图像，将“龙”图像拖动到“背景”图像中。给“龙”图像填充银白色（颜色十六进制数值为#545b61）。

图 3-7-1 “《神话》宣传广告”图像

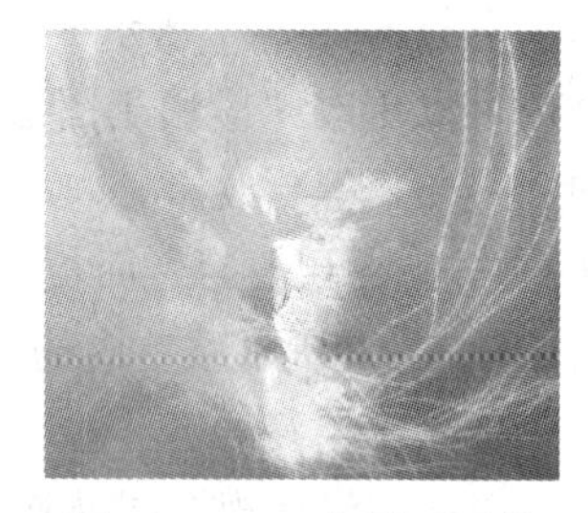
图 3-7-2 “背景”图像

（2）给“龙”图像添加“内发光”、“投影”、“斜面和浮雕”和“等高线”图层样式。

（3）在图像左下角输入银白色文字“龙行天下”。

（4）选中“龙行天下”文字图层，单击“图层”→“文字”→“转换为形状”命令，从而将文字图层转换为一个形状图层。使用矩形工具将文字“龙”与“天”连接起来。

（5）给“龙行天下”文字添加与“龙”图像一样的图层样式。

图 3-7-3 “龙”图像

（6）输入字体为“华文琥珀”的文字“‘神话’游戏隆重上市”，制作透视凸起的立体文字。

（7）输入其他文字，添加不同的图层样式。

实训测评

能力分类	能力	评分
职业能力	“图层”面板的基本使用方法，图层的基本操作	
	图层混合模式	
	创建各种图层	
	图层属性和图层栅格化	
	图层组和图层剪贴组	
	图层的链接	
	给图层添加图层样式	
	编辑图层样式	
通用能力	自学能力、总结能力、合作能力、创造能力等	
能力综合评价		

第4章 应用滤镜

【本章提要】本章介绍 Photoshop CS5 提供的部分滤镜的使用方法，Photoshop CS5 系统默认的滤镜菜单命令均放在“滤镜”菜单中。应用滤镜的实质是对整幅图像或选区中的图像进行特殊处理，将各个像素的色度和位置数值进行随机或预定义的计算，从而改变图像的形状。系统将风格化、画笔描边、素描、纹理、艺术效果等滤镜组合到滤镜库中，便于在各滤镜之间切换和同时使用多种滤镜，使操作更方便。另外，还介绍了一些外部滤镜的安装和使用方法。Photoshop 可使用外部滤镜有 KPT、Eye Candy、Ulead Gif.Plusing 等。

4.1 【案例 18】房地产广告

案例描述

“房地产广告”图像有两个，分别如图 4-1-1 和图 4-1-2 所示，由图可以看出，房屋在有水波纹的水中形成倒影。制作“房地产广告 1”图像使用了“波纹”和“动感模糊”滤镜，制作“房地产广告 2”图像使用了 Flood 外挂滤镜。

图 4-1-1 “房地产广告 1”图像

图 4-1-2 “房地产广告 2”图像

设计过程

1. 制作“房地产广告 1”图像

（1）新建宽为 600 像素、高为 300 像素、模式为 RGB 颜色、背景为蓝色的图像。打开一幅图 4-1-3 所示的别墅图像，调整该图像的宽为 300 像素、高为 150 像素。

（2）使用移动工具将图 4-1-3 所示的别墅图像拖动到新建的图像窗口内，如图 4-1-4 所示。同时，“图层”面板中自动生成“图层 1”。

（3）拖动“图层 1”到“图层”面板的“创建新图层”按钮上，复制出“图层 1 副本”

图层，将其重命名为“图层 2”。单击“编辑”→“变换”→“垂直翻转”菜单命令，将“图层 2”中的别墅图像上下颠倒。将粘贴的别墅图像垂直向下拖动到倒影的位置，如图 4-1-5 所示。此时的“图层”面板如图 4-1-6 所示。

图 4-1-3　别墅图像

图 4-1-4　图像窗口和复制的图像

（4）单击“滤镜”→“模糊”→“动感模糊”菜单命令，调出“动感模糊”对话框，设置模糊距离 15 像素、角度 90 度，如图 4-1-7 所示。单击“确定”按钮，将倒影图像模糊。

图 4-1-5　复制并粘贴倒影图像

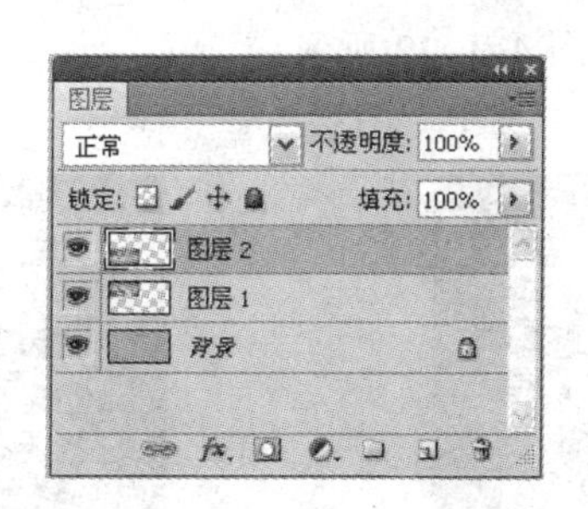

图 4-1-6　“图层”面板

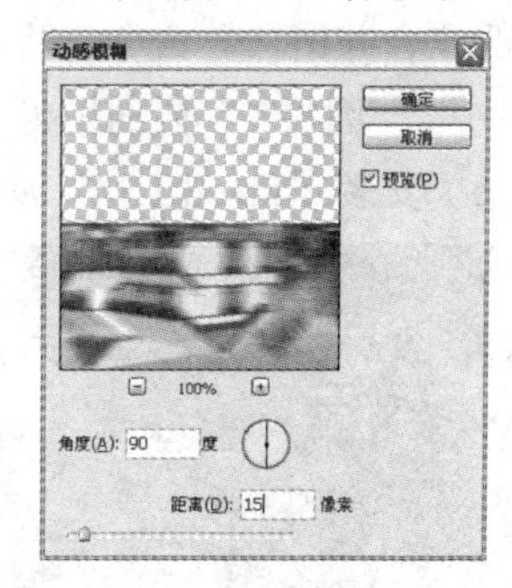

图 4-1-7　“动感模糊”对话框

（5）单击“滤镜”→“扭曲”→“波纹”菜单命令，调出“波纹”对话框。按照图 4-1-8 所示设置，再单击“确定”按钮，完成倒影的波纹处理。

（6）打开一幅“标志”图像，如图 4-1-9 所示。把该图拖动到别墅图像窗口中，调整好大小和位置，如图 4-1-10 所示。

图 4-1-8　“波纹”对话框

图 4-1-9　“标志”图像

图 4-1-10　调整图像大小

（7）制作各种文字，给这些文字分别添加不同的图层样式。

（8）在“图层”面板内将“图层 1”和“图层 2”复制一份，将复制的图像水平移到图像窗口的右边，再将“图层 1”和“图层 2”内的图像水平翻转。第一幅房地产广告图像做好了，如图 4-1-1 所示。以名称“【案例 18】房地产广告 1.psd”保存。

2. 制作“房地产广告 2”图像

（1）打开“【案例 18】房地产广告 1.psd”图像文件，以“【案例 18】房地产广告 2.psd”保存。然后，将“图层 1 副本”、“图层 2”和“图层 2 副本”图层删除。

（2）将“图层 1”复制一份，得到“图层 1 副本”图层，使用移动工具将“图层 1 副本”图层内的图像水平右移，再水平翻转。

（3）选中“图层 1”和“图层 1 副本”图层，右击选中的图层，调出快捷菜单，单击该菜单内的“合并图层”命令，将“图层 1”和“图层 1 副本”图层合并，合并后的图层名称改为“图层 1”。“图层 1”内的图像如图 4-1-11 所示。

（4）将“图层 1”复制一份，得到“图层 1 副本”图层，将该图层内的图像垂直移到下方，再将该图像垂直翻转。将“图层 1 副本”图层复制一份，将复制出的图层名称改为“图层 2”。

（5）选中“图层 1”和“图层 1 副本”图层，右击选中的图层，调出快捷菜单，单击该菜单内的“合并图层”命令，将“图层 1”和“图层 1 副本”图层合并，合并后的图层名称改为“图层 1”。“图层 1”内的图像如图 4-1-12 所示。

（6）安装“Flood 1.14”滤镜。选中“图层 1”。

图 4-1-11 “图层 1”内的图像之一

图 4-1-12 “图层 1”内的图像之二

（7）单击“滤镜”→“Flaming Pear”→“Flood 1.14”菜单命令，调出“Flood 1.14”对话框。按照图 4-1-13 所示进行设置，单击“确定”按钮，完成倒影的波纹处理。

（8）选中“图层 2”，单击“滤镜”→“模糊”→“高斯模糊”菜单命令，调出“高斯模糊”对话框，设置如图 4-1-14 所示。单击“确定”按钮，将倒影图像模糊处理。

图 4-1-13 “Flood 1.14”对话框

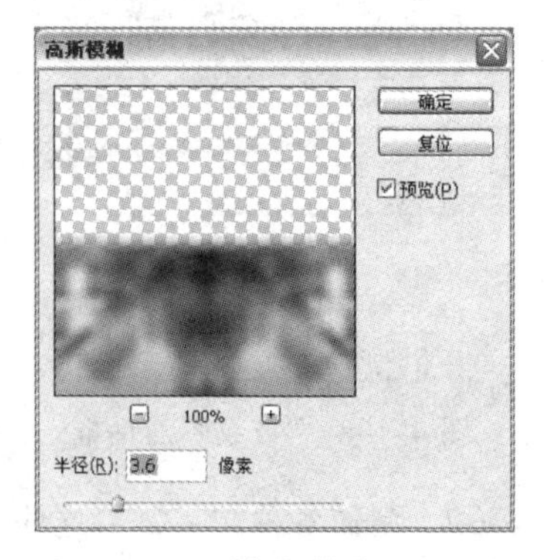

图 4-1-14 “高斯模糊”对话框

（9）选中“图层 2”，在“图层”面板内调整“不透明度”文本框内的数值为 33%。此时的“图层”面板如图 4-1-15 所示。最终效果如图 4-1-2 所示。

相关知识——滤镜的通用特点

1. 滤镜的作用范围和滤镜对话框中的预览

（1）滤镜的作用范围：如果有选区，则滤镜的作用范围是当前选区中的图像，否则是当前图层的整个图像。可将所有滤镜应用于 8 位图像，对于 16 位和 32 位图像只可以使用部分滤镜。有些滤镜只用于 RGB 图像，位图模式和索引颜色的图像不能用滤镜。

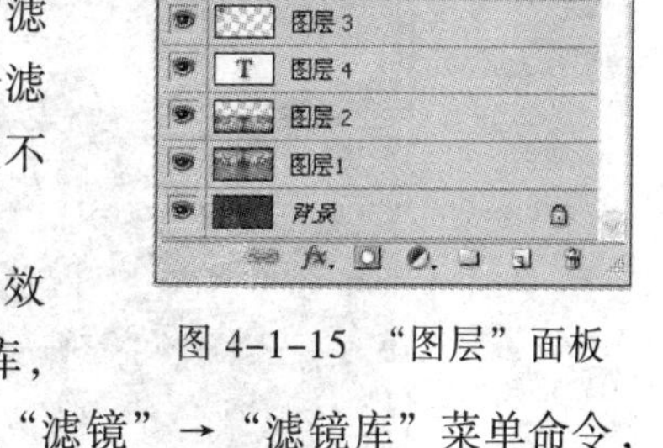

图 4-1-15 “图层”面板

（2）Photoshop 将风格化、画笔描边、素描、纹理、艺术效果和扭曲（部分）几个滤镜的对话框进行了合成，构成滤镜库，在滤镜库中，可以非常方便地在各滤镜之间进行切换。单击“滤镜”→“滤镜库”菜单命令，可以调出“滤镜库”对话框。

（3）滤镜对话框中的预览：单击滤镜命令后，会调出相应的对话框。例如，图 4-1-14 所示的“高斯模糊”对话框。对话框中均有预览框，可以直接看到图像加工后的效果。一些对话框中有“预览”复选框，选中它后，可以在画布中看到图像经过滤镜处理后的预览效果。单击□按钮，可以使预览框中的图像显示百分比变小；单击□按钮，可以使预览框中的图像显示百分比增加。在预览区域中拖动，可以调整预览图像的部位。

2. 重复使用滤镜

（1）在“滤镜”菜单中，第一个菜单命令是刚刚使用过的滤镜名称，其快捷键是【Ctrl+F】。按【Ctr+F】组合键，可以再次执行刚刚使用过的滤镜，对滤镜效果进行叠加。

（2）按【Ctrl+Alt+F】组合键，可以重新打开刚刚使用的滤镜对话框。

（3）按【Ctrl+Z】组合键，可以在使用滤镜后的图像与使用滤镜前的图像之间切换。

3. 滤镜库

滤镜库可提供许多特殊效果滤镜的预览。可以应用多个滤镜、打开或关闭滤镜的效果、复位滤镜的选项以及更改应用滤镜的顺序。如果对预览效果感到满意，则可以将它应用于图像。滤镜库并不提供“滤镜”菜单中的所有滤镜。单击“滤镜”→“滤镜库”菜单命令，可以调出“滤镜库”对话框，如图 4-1-16 所示。其中一些选项的作用如下：

（1）改变显示比例：单击“+”或“-”按钮，可以放大或缩小预览图；在下拉列表框内可以选取一个预览图的缩放百分比。

（2）查看预览：拖动滑块，可以浏览预览图中其他部分的内容；将鼠标指针移到预览图上，当鼠标指针变为□状时，在预览区域中拖动以查看其他部分。

（3）显示/隐藏缩览图按钮：单击该按钮，可以显示或隐藏滤镜预览图。

（4）使用的滤镜列表：单击“新建效果图层”按钮□，可以在使用的滤镜列表框中添加滤镜。单击滤镜旁边的眼睛图标□，可以隐藏滤镜效果。选择滤镜后单击“删除效果图层”按钮□，可以删除使用的滤镜列表框中选中的滤镜。滤镜效果是按照它们在使用的滤镜列表框的排列顺序应用的，可以拖动移动滤镜的前后次序。

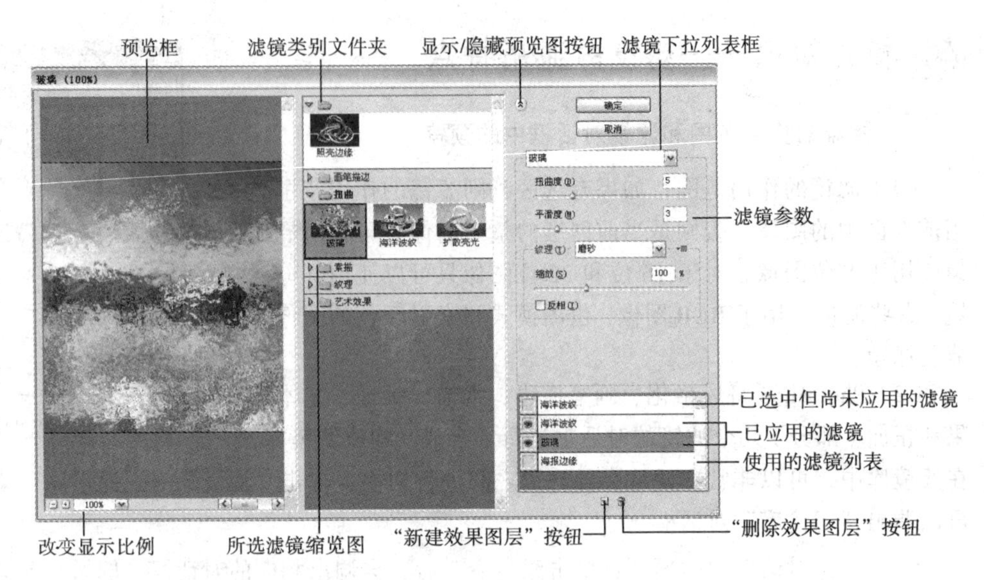

图 4-1-16 “滤镜库”对话框

（5）单击滤镜类别文件夹左边的▶按钮，可以展开文件夹，显示该文件夹内的滤镜；单击滤镜类别文件夹左边的▼按钮，可以收缩文件夹。在使用的滤镜列表框中选中一个滤镜后，单击滤镜类别文件夹内的滤镜缩略图，可以更换滤镜。

4. 安装外部滤镜

许多外部滤镜可以在网上下载。一部分滤镜有自身安装程序，运行安装程序后按照安装要求操作就可以安装滤镜。另一类滤镜扩展名为“.8bf”等（例如，Flaming Pear 滤镜中的 Flood 1.14 滤镜文件的名称是 Flood-114_ch.8bf），将该文件和有关文件复制到 Adobe Photoshop CS5 系统所在文件夹内的“增效工具\滤镜”文件夹中即可。例如“C:\Program Files\Adobe\Adobe Photoshop CS5\Plug-ins”文件夹。

安装好外部滤镜后，重新启动 Adobe Photoshop CS5 软件，即可在“滤镜”菜单中找到新安装的外部滤镜。

5. 滤镜使用技巧

（1）对于较大的或分辨度较高的图像，在进行滤镜处理时会占用较大的内存，执行速度会较慢。为了减小内存的使用量，加快处理速度，可以分别对单个通道进行滤镜处理，然后合并图像。也可以在低分辨率情况下进行滤镜处理，记下滤镜对话框的处理数据，再对高分辨率图像进行一次性滤镜处理。

（2）为了在试用滤镜时节省时间，可先在图像中选择有代表性的一小部分进行试验。

（3）可以对图像进行不同滤镜的叠加多重处理，还可以将多个使用滤镜的过程录制成动作，然后可以一次使用多个滤镜对图像进行加工处理。

（4）图像经过滤镜处理后，其边缘处出现一些毛边。这时可以对图像边缘进行适量的羽化处理，使图像的边缘平滑。

6. 智能滤镜

要在应用滤镜时不破坏图像，以便以后能够更改滤镜设置，可以应用智能滤镜。这些滤镜是非破坏性的，可以调整、移去或隐藏智能滤镜。应用于智能对象的任何滤镜都是智能滤镜。除了“液化”和“消失点”之外，智能滤镜可以应用任意的 Photoshop 滤镜。此外，可以将“阴影/高光”和“变化”调整作为智能滤镜应用。

选中一个图层（如“背景”图层），单击“滤镜”→“转换为智能滤镜”菜单命令，即可将选中的图层转换为保存智能对象的图层，“图层”面板如图 4-1-17 所示。再添加滤镜（如“高斯模糊”滤镜），但是没有破坏“图层 0”内的图像。此时的“图层”面板如图 4-1-18 所示。单击图标，可以重新设置滤镜参数（例如，可以调出“高斯模糊”对话框，重新调整高斯模糊参数）。

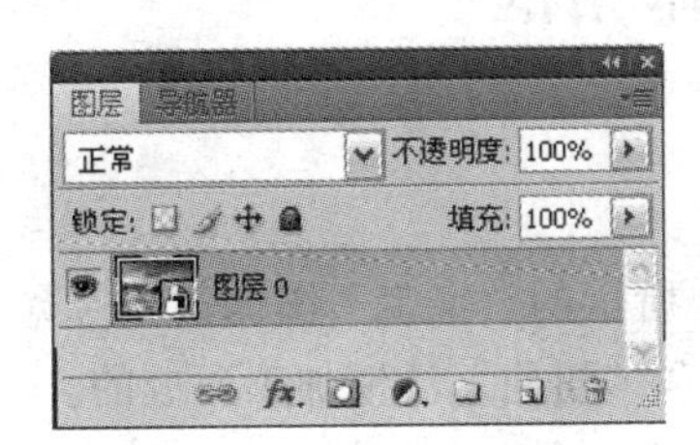

图 4-1-17　“图层”面板

图 4-1-18　“图层”面板

在“图层”面板中，要展开或折叠智能滤镜，可以单击智能对象图层右侧的和按钮；智能滤镜将出现应用这些智能滤镜的智能对象图层的下方。

思考与练习 4-1

1. 制作一幅“狂奔老虎”图像，如图 4-1-19 所示。由图可以看出，背景模糊，老虎径向模糊，产生一只老虎从远处沿大道狂奔而来的效果。制作该图像使用了“城堡”图像和“老虎”图像，如图 4-1-20 所示。制作该图像的方法提示如下：

（1）打开图 4-1-20 所示的“城堡”和“老虎”图像。创建选中老虎本身的选区，将选中的老虎拖动到“城堡”图像中，调整它的大小和位置。“图层 1”内是“老虎”图像。

图 4-1-19　“狂奔老虎”图像

图 4-1-20　“城堡”和“老虎”图像

（2）选中“背景”图层，调出“高斯模糊”对话框，设置半径为 4.5 像素，使背景图像模糊。

（3）选中“图层”面板中的“图层 1”，单击“滤镜”→“模糊”→“径向模糊”菜单命令，调出“径向模糊”对话框，设置数量 25，模糊方法为“缩放”，品质为“好”。用鼠标在该对话框内的“中心模糊”显示框内拖动调整模糊的中心点，单击“确定”按钮。

2. 制作一幅“空中战机”图像，如图 4-1-21 所示。它展现了一架高速飞行的战机在蓝天白云中飞翔。该图像是利用图 4-1-22 所示的“飞机”和“云图”图像加工制作而成的。制作该图像需要复制飞机所在图层，再使用“动感模糊”滤镜。

图 4-1-21 “空中战机”图像

图 4-1-22 “飞机”和“云图”图像

4.2 【案例 19】立体相框

案例描述

“立体相框”图像如图 4-2-1 所示。它是将图 4-2-2 所示的“宝宝”图像裁切为宽 300 像素、高 400 像素的图像（见图 4-2-3），再利用“模糊”和“扭曲”滤镜加工而成的。

图 4-2-1 “立体相框”图像

图 4-2-2 “宝宝”图像

图 4-2-3 裁切后创建选区

设计过程

（1）新建宽为 540 像素、高为 480 像素、模式为 RGB 颜色、背景为白色的图像。然后以名称“【案例 19】立体相框.psd”保存。打开“宝宝”图像。将该图像裁切为宽 300 像素、高 400 像素，如图 4-2-3 所示。再将该图像复制到“立体相框”图像内。

（2）按住【Ctrl】键，单击复制图像所在的“图层 1”缩览图，创建一个选中“宝宝”图像的选区，如图 4-2-3 所示。单击“选择”→“修改”→“扩展”菜单命令，调出“扩展选区”对话框，设置扩展量为 15，单击“确定”按钮，将选区向外扩展 15 像素。

（3）按住【Ctrl+Alt】组合键，单击“图层 1”缩览图，创建选区，如图 4-2-4 所示。设置背景色为金黄色，按【Ctrl+Delete】组合键，给选区填充背景色，如图 4-2-5 所示。

（4）单击“图层”→“新建”→“通过剪切的图层”菜单命令，将选区内的图像剪切到新建的“图层 2”内。选中该图层，单击“图层”面板内的“添加图层样式”按钮 fx，调出图层样式菜单，单击“斜面和浮雕”菜单命令，调出“图层样式”对话框，单击“确定”按钮，给“图层 2”添加样式，效果如图 4-2-6 所示。

（5）在“背景”图层上方创建“阴影”图层，选该图层，创建一个选中金黄色框架外框的矩形选区。给“阴影”图层选区内填充黑色。隐藏“图层 1”和“图层 2”。

（6）单击“滤镜”→“模糊”→“高斯模糊”菜单命令，调出“高斯模糊”对话框，设置模糊半径为 5 像素，如图 4-2-7 所示。单击“确定”按钮，将阴影图像模糊一些。

图 4-2-4　扩展选区

图 4-2-5　填充金黄色

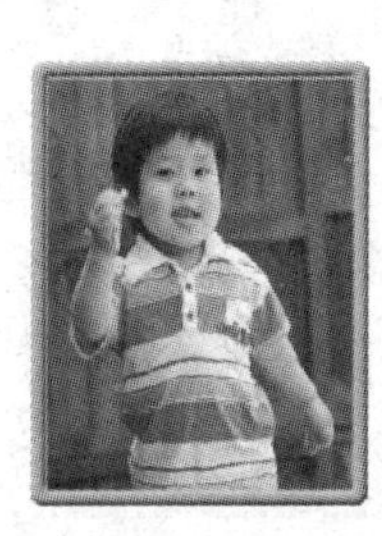

图 4-2-6　添加框架

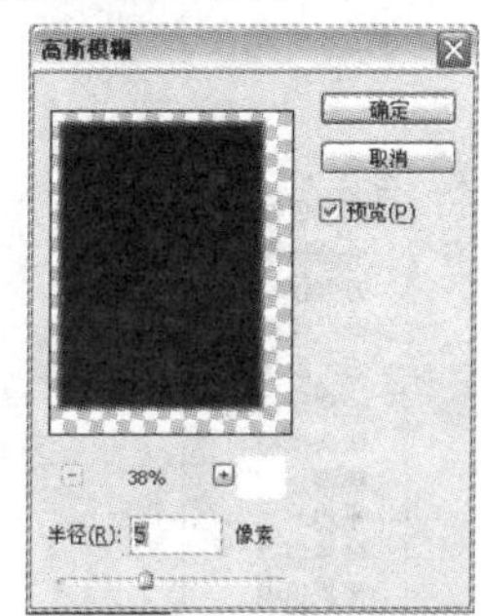

图 4-2-7　“高斯模糊”对话框

（7）单击“滤镜”→“扭曲”→“切变”菜单命令，调出“切变”对话框，向右水平移动显示框内直线两端，移动一格；单击直线中间，添加一个控制点，向左水平拖动该控制点，使直线弯曲，如图 4-2-8 所示。单击“确定”按钮，使阴影弯曲。

（8）选中“图层 1”和“图层 2”，右击调出快捷菜单，单击该菜单内的“合并图层”命令，将选中的两个图层合并到“图层 2”。选中该图层。

（9）单击“滤镜”→“扭曲”→“切变”菜单命令，调出“切变”对话框，向左水平移动显示框内直线两端，移动个格；单击直线中间，添加一个控制点，向右水平拖动该控制点，使直线弯曲，如图 4-2-9 所示。单击“确定”按钮，获得图像弯曲效果。

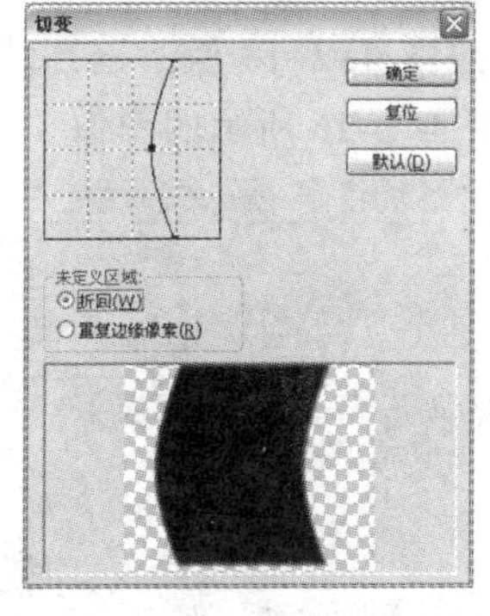

图 4-2-8　“切变”对话框之一

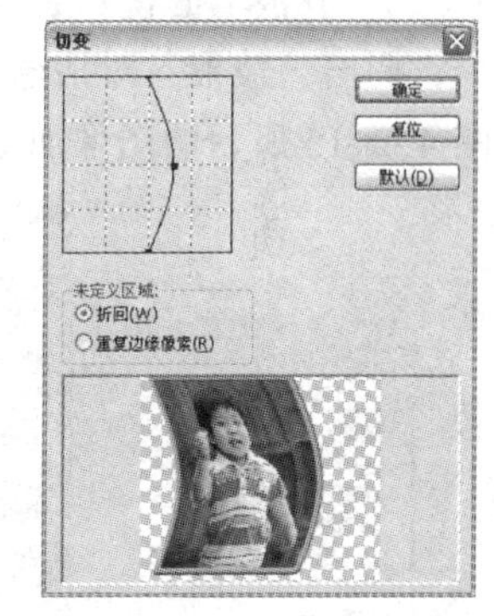

图 4-2-9　“切变”对话框之二

（10）使用移动工具将“阴影”图层内的图像向右移动一些。然后，将“阴影”图层的“不透明度”调整为 56%。微调“图层 2”内图像和“阴影”图层内图像的水平位置，最后效果如图 4-2-1 所示。

相关知识——“模糊”和“扭曲”滤镜

1.“模糊”滤镜

单击“滤镜”→“模糊”菜单命令，调出其子菜单。可以看出“模糊”滤镜组有 11 个滤镜，如图 4-2-10 所示。它们的作用主要是减小图像相邻像素间的对比度，将颜色变化较大的区域平均化，以达到柔化图像和模糊图像的目的。下面简介“动感模糊”和“径向模糊”滤镜。

（1）“动感模糊”滤镜：可以使图像的模糊具有动态的效果。单击“滤镜”→“模糊”→“动感模糊”菜单命令，调出“动感模糊”对话框，如图 4-1-7 所示。

（2）“径向模糊”滤镜：它可以产生旋转或缩放模糊效果。单击“滤镜”→“模糊”→“径向模糊”菜单命令，调出“径向模糊”对话框。按照图 4-2-11 所示进行设置，再单击“确定”按钮，即可将图 4-2-2 所示图像（创建人物背景的选区）加工成图 4-2-12 所示的图像。可以用鼠标在该对话框内的“中心模糊”显示框内拖动调整模糊的中心点。

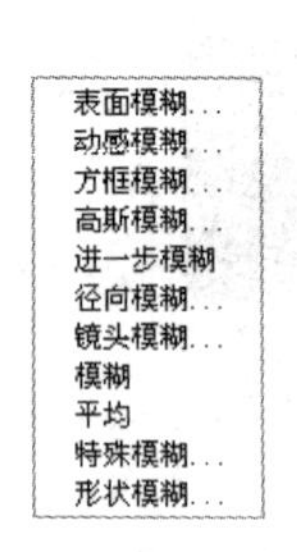

图 4-2-10 “模糊”菜单

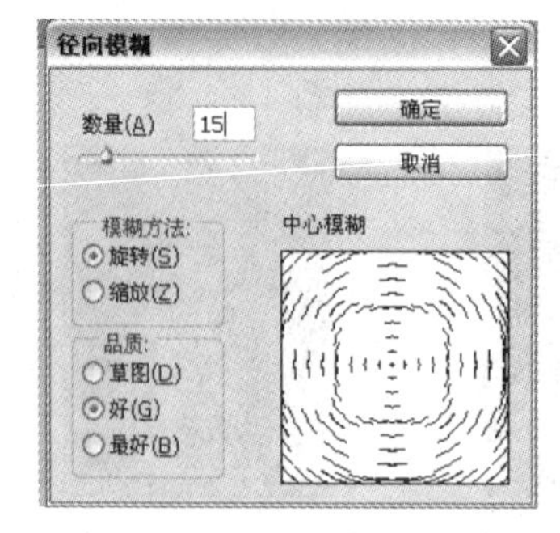

图 4-2-11 “径向模糊”对话框

图 4-2-12 径向模糊后的图像

2.“扭曲”滤镜

单击“滤镜”→“扭曲”菜单命令，即可看到 13 个子菜单命令，如图 4-2-13 所示。它们的作用主要是按照某种几何方式扭曲图像，产生三维或变形效果。举例如下：

（1）“波浪”滤镜：它可使图像呈波浪式效果。单击“滤镜”→“扭曲”→“波浪”菜单命令，调出“波浪”对话框。按照图 4-2-14 所示进行设置，再单击“确定”按钮，即可将一幅图 4-2-15 所示的图像加工成图 4-2-16 所示的图像。

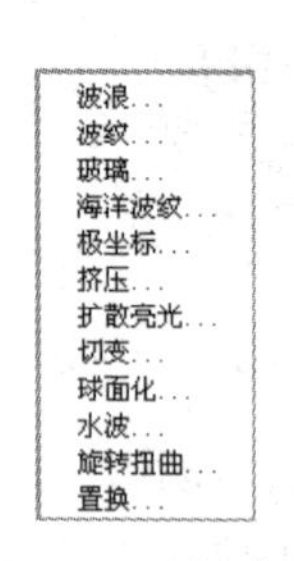

图 4-2-13 “扭曲”子菜单

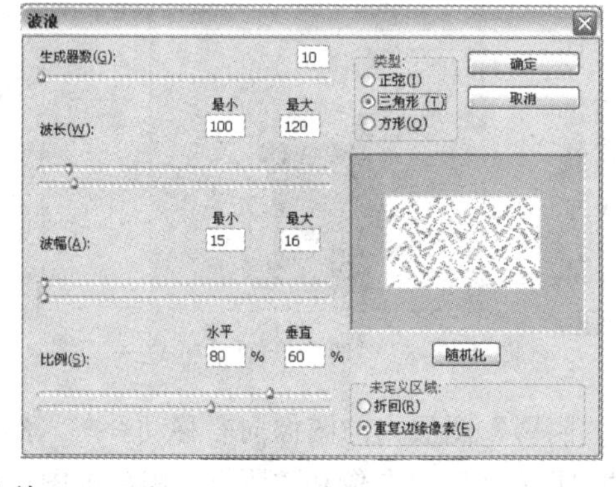

图 4-2-14 “波浪”对话框

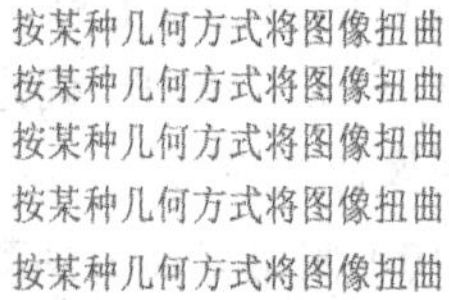

按某种几何方式将图像扭曲
按某种几何方式将图像扭曲
按某种几何方式将图像扭曲
按某种几何方式将图像扭曲
按某种几何方式将图像扭曲

图 4-2-15 输入 5 行文字

（2）“球面化”滤镜：它可以使图像产生向外凸起的效果。选中文字所在图层，在图 4-2-15 中间创建一个圆形选区，单击“滤镜”→“扭曲”→“球面化”菜单命令，调出“球面化”对话框，按照图 4-2-17 所示进行设置，单击“确定”按钮，即可获得图 4-2-18 所示效果。

图 4-2-16 波浪滤镜处理效果

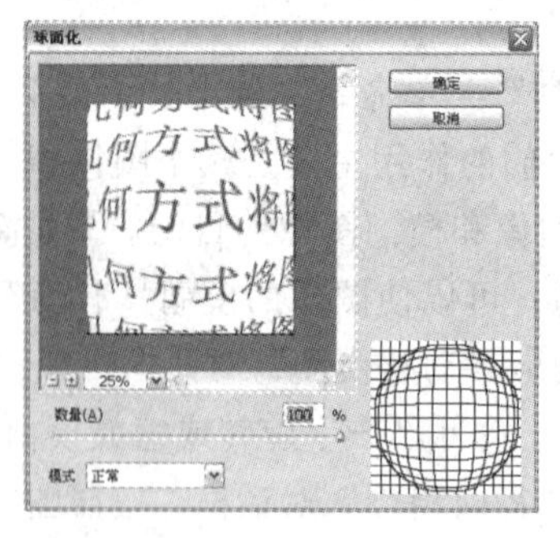

图 4-2-17 “球面化”对话框

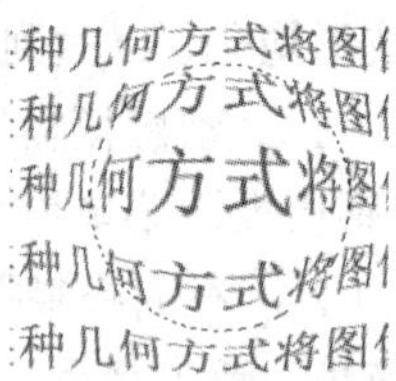

种几何方式将图
种几何方式将图
种几何方式将图
种几何方式将图
种几何方式将图

图 4-2-18 球面化处理

思考与练习 4-2

1．制作一幅“Photoshop 商标”图像，如图 4-2-19 所示。制作该图像需要使用文字变形和“极坐标”扭曲滤镜。

2．仿照【案例 19】图像的制作方法，给一幅风景照片添加一个立体相框。

3．通过查看帮助和动手操作，了解模糊滤镜和扭曲滤镜组内其他滤镜的作用。

4．制作一幅“声音传播”图像，如图 4-2-20 所示。其背景图像是白色到浅蓝色之间变化的圆形波纹，像是水波一样，象征声音的水波传播。水波纹背景图像上是由内向外逐渐变大并旋转变大的一圈圈文字。

图 4-2-19　“Photoshop 商标”图像

5．制作一幅“旋转文字”图像，如图 4-2-21 所示。可以看出在黄色背景上，“旋转文字”4 个文字以某点为中心旋转了一周。

6．制作一幅“大漠落日”图像，如图 4-2-22 所示。画面中展现的是一片被落日染成红色的荒原，一直延伸到远处的地平线。天空中高高漂浮着一层淡淡的云彩，紫红色的太阳正在缓缓落下。制作“大漠落日”图像，需要使用 KPT6 外挂滤镜。

图 4-2-20　“声音传播”图像

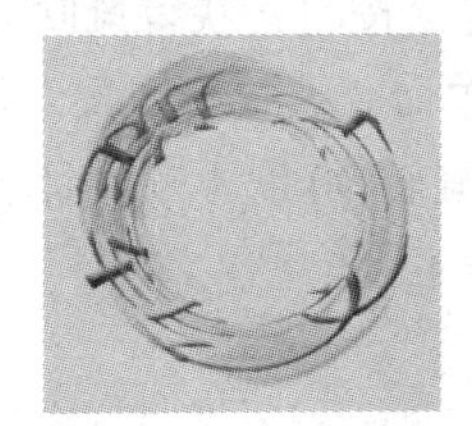

图 4-2-21　“旋转文字”图像

图 4-2-22　“大漠落日”图像

4.3 【案例 20】燃烧文字

案例描述

“燃烧文字”图像如图 4-3-1 所示，它就像是烈焰在图纸上飞腾起来一样。制作该案例使用合并可见图层、“风格化”滤镜、“高斯模糊”滤镜、“色相/饱和度”调整和图层混合模式设置等技术。第 6 章将深入介绍“色相/饱和度”调整。

设计过程

1．制作刮风文字

（1）新建宽为 520 像素、高为 360 像素、模式为 RGB 颜色、背景为黑色的图像。

（2）选择工具箱中的横排文字工具 T，设置字体为“宋体”、大小为 120 点、颜色为白色、消除锯齿的方式为“锐利”，输入“燃烧文字”文字。单击“编辑”→“自由变换”菜单命令，调整文字大小，使用移动工具将文字移到画布下方，如图 4-3-2 所示。

（3）在“燃烧文字”文字图层上方新建“图层 1”，选中该图层，按住【Alt】键不放，单击面板菜单按钮，调出图层菜单，单击该单中的“合并可见图层”菜单命令，可以看到“图层 1”内包含了下面两层的内容，“图层”面板如图 4-3-3 所示。

图 4-3-1 “燃烧文字”图像

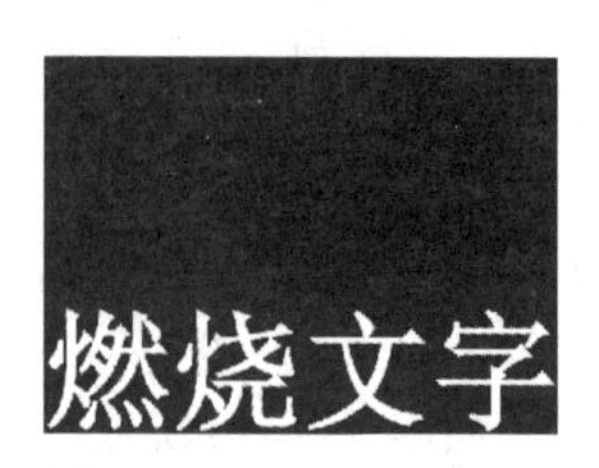

图 4-3-2 调整后的文字

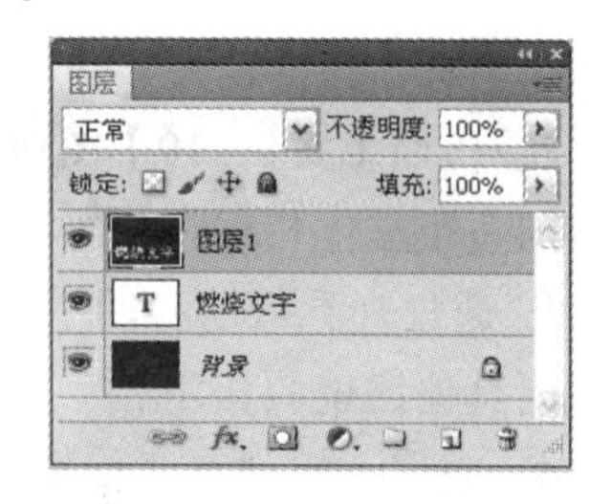

图 4-3-3 “图层”面板

注意： 新图层包含了下面两层的内容，像“历史记录”面板中的历史快照一样，记录了所有可见图层的图像内容，这样方便编辑，同时又保留了原图层不被破坏。当需要对多个图层进行编辑而又不想合并图层时，这是一个好方法。

（4）选中“图层 1”，单击“编辑”→“变换”→“旋转 90 度（逆时针）”菜单命令，将文字逆时针旋转 90°，再单击“滤镜”→“风格化”→“风”菜单命令，采用默认设置（方法为“风”，方向为“从右”），单击“确定”按钮，获得风吹效果。

（5）3 次单击“滤镜”→“风”菜单命令，执行 3 次“风”滤镜，效果如图 4-3-4 所示。

（6）单击“编辑”→“变换”→“旋转 90 度（顺时针）”菜单命令，将“图层 1”中的图像顺时针旋转 90°，再将文字移回到原来位置。

2. 制作火焰文字

（1）单击“滤镜”→“模糊”→“高斯模糊”菜单命令，调出“高斯模糊”对话框，设置模糊半径为 4 像素，单击“确定”按钮，文字效果如图 4-3-5 所示。

（2）单击“图像”→“调整”→“色相/饱和度”菜单命令，调出“色相/饱和度”对话框，选中“着色”复选框，设置色相为 40、饱和度为 100、明度为 23，如图 4-3-6 所示。单击“确定”按钮，关闭该对话框，为“图层 1”中的文字着明亮的桔黄色，着色效果如图 4-3-7 所示。

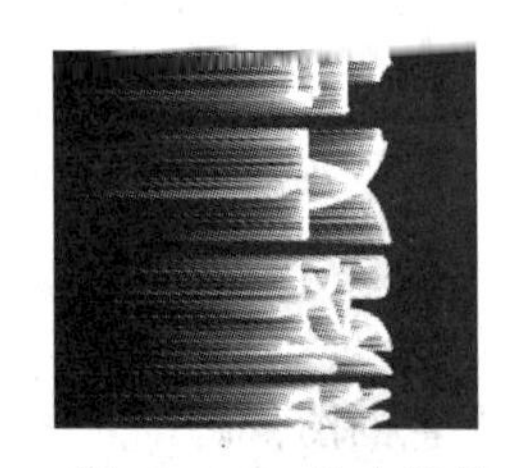
图 4-3-4 风吹效果

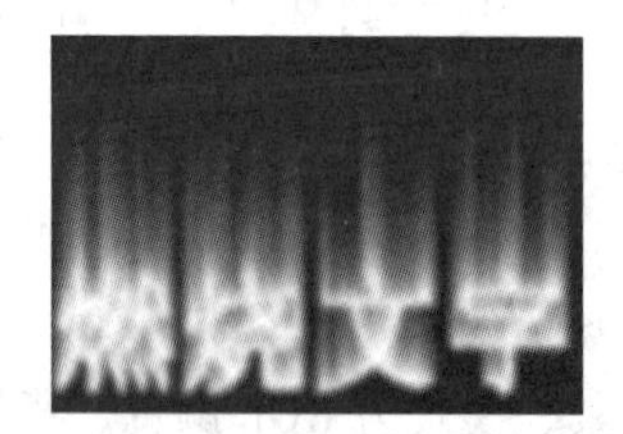

图 4-3-5 高斯模糊效果

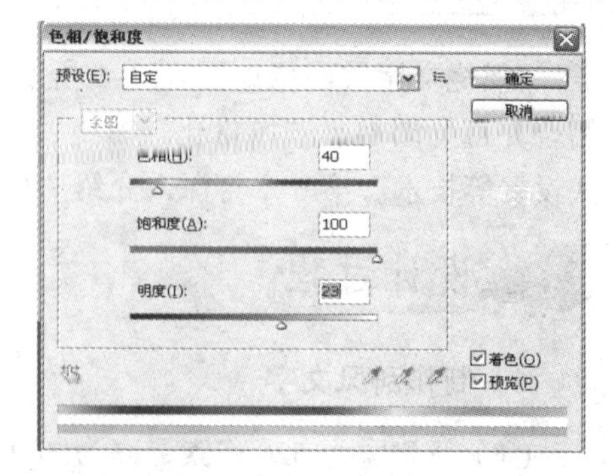

图 4-3-6 “色相/饱和度”对话框

（3）复制“图层 1”，将复制出的图层名称改为“图层 2”。再利用“色相/饱和度”命令，将“图层 2”中的文字改为红色。

（4）在“图层”面板的“设置图层的混合模式”下拉列表框内选择“柔光”选项，将“图层 2”的混合模式改为“柔光”。这样即得到火焰效果，如图 4-3-8 所示。

（5）选中“图层”面板内的“图层 2”，单击“图层”→“向下合并”菜单命令，将“图层 2”和“图层 1”合并，成为新的“图层 1”。

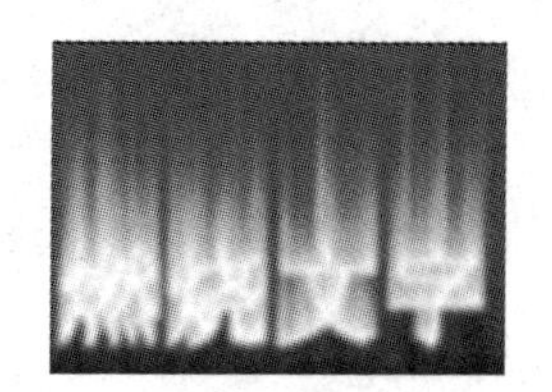

图 4-3-7　着色效果 1

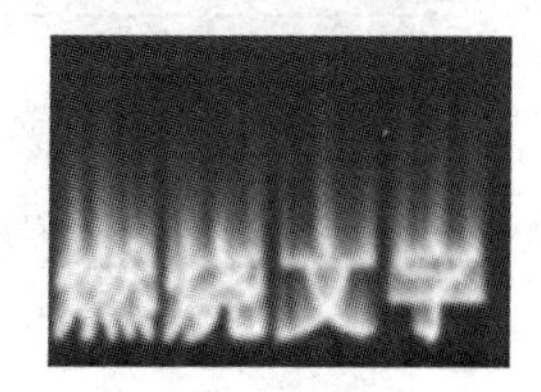

图 4-3-8　着色效果 2

3. 添加红色文字

（1）按住【Ctrl】键，单击“图层”面板内的“燃烧文字”文字图层，在图像窗口内创建一个“燃烧文字”选区。

（2）选中“图层”面板内的“图层 1”。设置前景色为红色，按【Alt+Delete】组合键，给“燃烧文字”选区填充红色。

（3）按住【Ctrl+D】组合键，取消选区。最后效果如图 4-3-1 所示。

相关知识——“风格化”和“纹理”滤镜

1. “风格化”滤镜

单击“滤镜”→“风格化”菜单命令，即可看到其子菜单命令，如图 4-3-9 所示。它们的作用主要是通过移动和置换图像的像素来提高图像的对比度，产生刮风等效果。举例如下：

（1）“浮雕效果”滤镜：它可以勾画各区域的边界，降低边界周围的颜色值，产生浮雕效果。单击“滤镜”→“风格化”→“浮雕效果”菜单命令，调出“浮雕效果”对话框。按照图 4-3-10 所示进行设置，单击“确定”按钮，将图 4-2-2 所示图像加工成图 4-3-11 所示的图像。

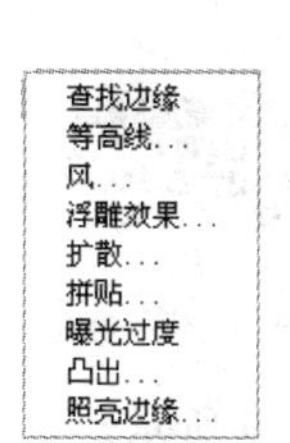

图 4-3-9　“风格化”子菜单

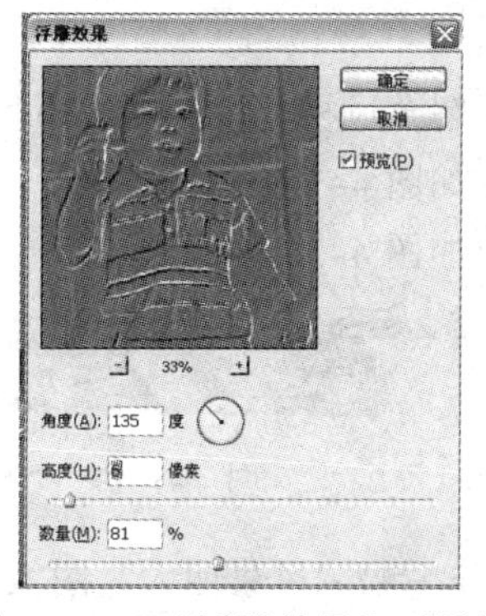

图 4-3-10　“浮雕效果”对话框

图 4-3-11　加工后的图像

（2）“凸出”滤镜：它可以将图像分为一系列大小相同的三维立体块或立方体，并叠放在一起，产生凸出的三维效果。单击“滤镜”→“风格化”→“凸出”菜单命令，调出“凸出”对话框。按照图 4-3-12 所示进行设置，再单击“确定”按钮，再按【Ctrl+D】组合键，即可将图 4-2-2 所示图像（创建选中人物背景的选区）加工成图 4-3-13 所示的图像。

2. “纹理”滤镜

单击“滤镜”→“纹理”菜单命令，即可看到其子菜单命令，如图 4-3-14 所示。“纹理”

滤镜组中有 6 个滤镜。它们的作用主要是给图像加上指定的纹理。举例如下：

（1）“马赛克拼贴”滤镜：将图像处理成马赛克效果。打开图 4-2-2 所示图像，单击“滤镜”→“纹理”→“马赛克拼贴”菜单命令，调出“马赛克拼贴”对话框，如图 4-3-15 所示。

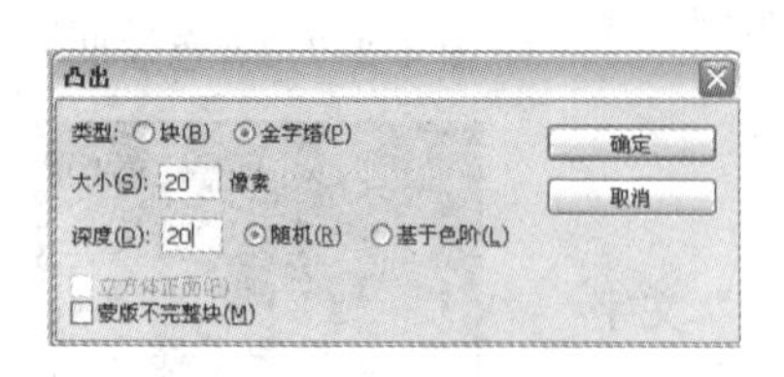

图 4-3-12 “凸出”对话框

图 4-3-13 加工后的图像

龟裂缝...
颗粒...
马赛克拼贴...
拼缀图...
染色玻璃...
纹理化...

图 4-3-14 “纹理”子菜单

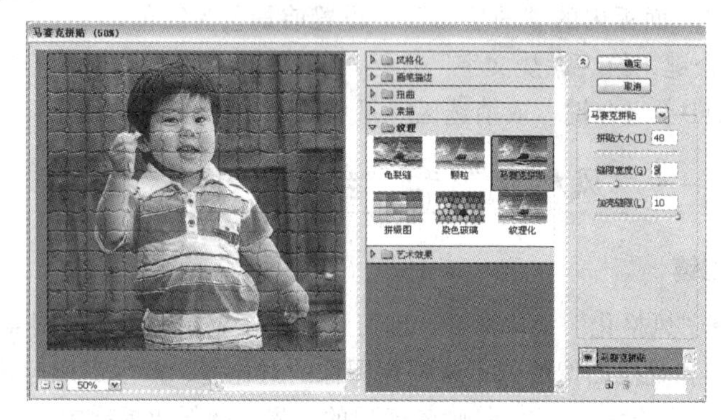

图 4-3-15 “马赛克拼贴”对话框

（2）“龟裂缝”滤镜：在图像中产生不规则的龟裂缝效果。

思考与练习 4-3

1. 通过查看帮助和动手操作，了解“风格化”和“纹理”滤镜组内滤镜的作用。
2. 制作一幅“冰雪文字”图像，如图 4-3-16 所示。
3. 制作一幅“飞行文字”图像，如图 4-3-17 所示。

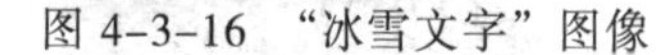

图 4-3-16 “冰雪文字”图像

图 4-3-17 “飞行文字”图像

4. 利用图 4-3-18 所示图像，制作一幅“风景丽人”图像，如图 4-3-19 所示。

图 4-3-18 “风景”图像和“丽人”图像

图 4-3-19 “风景丽人”图像

5. 制作“木纹材质”图像，如图 4-3-20 所示。图像中有水平的木纹线条，局部还有一些不规则的扭曲。可以使用 Photoshop 制作各种纹理素材。木纹素材的制作方法很多，此处给出一种较简单的方法。该图像的制作方法提示如下：

（1）设置前景色为棕色。设置图像宽为 600 像素、高为 160 像素，背景为棕色。

（2）单击“滤镜”→“纹理”→“颗粒”菜单命令，调出“颗粒”对话框。设置强度为 16，对比度为 16，颗粒类型为“水平”，单击“确定”按钮。

（3）使用工具箱中的椭圆选框工具◯在画布中创建一个椭圆选区。

（4）单击“滤镜”→“扭曲”→“波浪”菜单命令，弹出“波浪”对话框，按照图 4-3-21 所示进行设置，单击“确定”按钮。取消选区，再给木纹图像添加几个不规则局部扭曲即可。

图 4-3-20 “木纹材质”图像

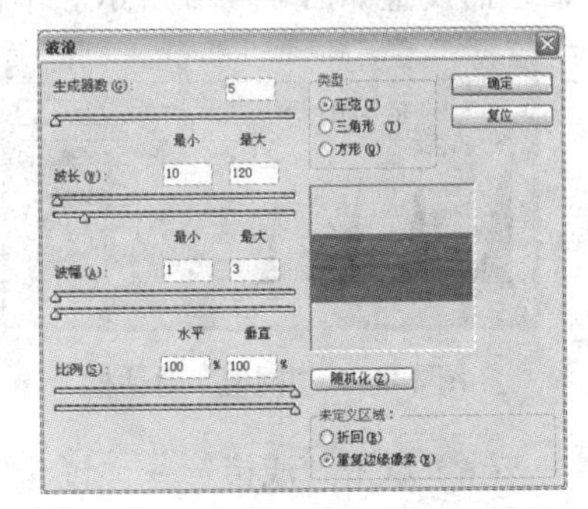

图 4-3-21 “波纹”对话框

4.4 【案例 21】雨中园林

案例描述

“雨中园林”图像如图 4-4-1 所示。它是对图 4-4-2 所示的“风景”图像添加下雨效果制作而成的。制作它使用了“点状化”、“动感模糊”和“USM 锐化”滤镜，还是用了“阈值”调整等技术。第 6 章将深入介绍“阈值”调整技术。

设计过程

（1）打开图 4-4-2 所示的“风景”图像，调整图像宽 600 像素、高 400 像素，设置前景色为黑色、背景色为白色，再以名字“【案例 21】雨中园林.psd”保存。在“图层”面板中创建“图层 1”。选中该图层，按【Alt+Delete】组合键，将“图层 1”填充为黑色。

（2）单击“滤镜”→“像素化”→“点状化”菜单命令，调出“点状化”对话框，在“单元格大小”文本框中输入为 3，单击“确定”按钮，效果如图 4-4-3 所示。

图 4-4-1 “雨中园林”图像

图 4-4-2 “风景”图像

图 4-4-3 点状化效果

注意：很多人都用添加杂色的方法制作下雨的效果，这里使“点状化”滤镜制作下雨的效果，因为点状化的程度是可以控制的，而添加杂色却不可以。

（3）单击“图像”→“调整”→“阈值”菜单命令，调出“阈值”对话框，调整“阈值色阶”值，如图 4-4-4 所示。单击“确定”按钮，使画面中的白点减少。

（4）在“图层”面板的“设置图层的混合模式”下拉列表框内选择“滤色”选项，将“图层 1”的混合模式改为“滤色”，图像效果如图 4-4-5 所示。

（5）单击“滤镜”→“模糊”→“动感模糊”菜单命令，调出“动感模糊”对话框，该对话框的设置如图 4-4-6 所示。单击“确定”按钮。

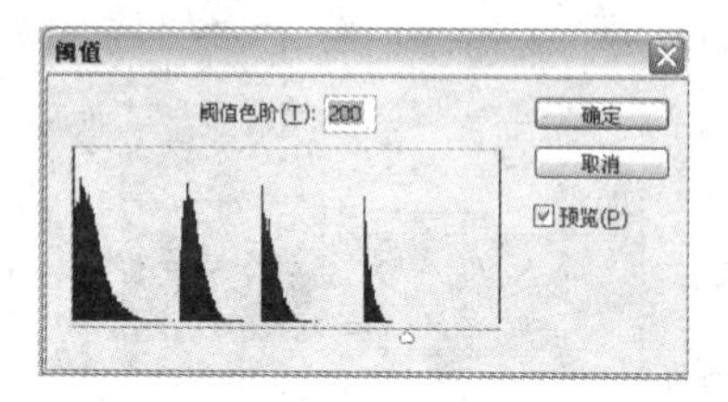

图 4-4-4 “阈值”对话框

图 4-4-5 “滤色”混合模式效果

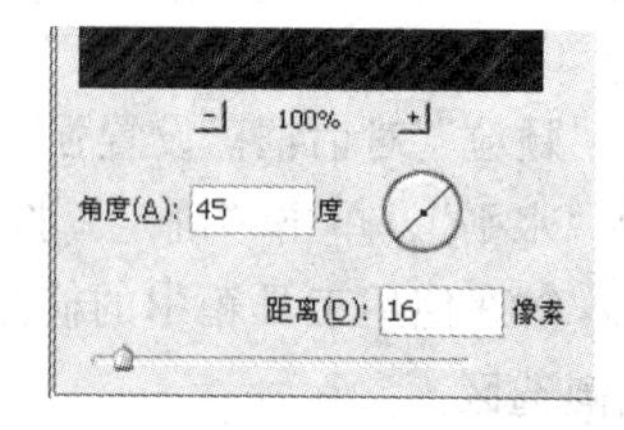

图 4-4-6 “动感模糊”对话框设置

（6）单击“滤镜”→“锐化”→“USM 锐化”菜单命令，在“USM 锐化”对话框中拖动“数量”滑块，将其值调整为 75，其他值不变，图像就制作好了，效果如图 4-4-1 所示。

相关知识——“像素化”和“画笔描边”滤镜

1.“像素化”滤镜

单击“滤镜”→“像素化”菜单命令，其子菜单命令如图 4-4-7 所示。可以看出“像素化”滤镜组有 7 个滤镜。它们的作用主要是将图像分块或将图像平面化。

（1）“晶格化”滤镜：单击“滤镜”→“像素化”→“晶格化”菜单命令，调出“晶格化”对话框，如图 4-4-8 所示。单击“确定”按钮，可以使图像产生晶格效果。

（2）“铜版雕刻”滤镜：它可以在图像上随机分布各种不规则的线条和斑点，产生铜版雕刻的效果。单击“滤镜”→“像素化”→“铜版雕刻”菜单命令，调出“铜版雕刻”对话框，如图 4-4-9 所示。单击“确定”按钮，可将图像加工成铜版雕刻图像。

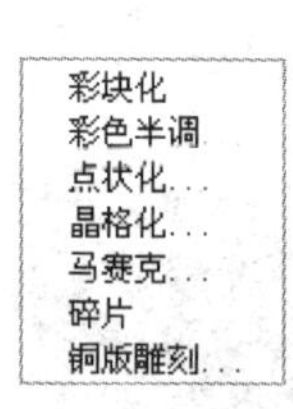

图 4-4-7 “像素化”子菜单

图 4-4-8 “晶格化”对话框

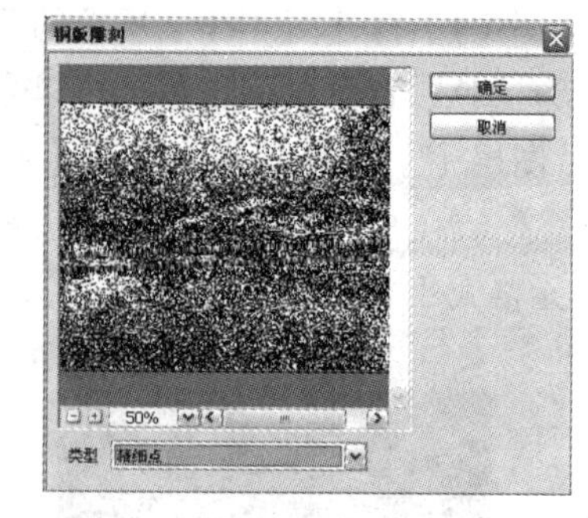

图 4-4-9 “铜版雕刻”对话框

2.“画笔描边”滤镜

单击“滤镜”→“画笔描边”菜单命令，其子菜单命令如图 4-4-10 所示。可以看出“画笔描边”滤镜组有 8 个滤镜。它们的作用主要是对图像边缘进行强化处理，产生喷溅等效果。

（1）“喷溅”滤镜：它可以产生图像边缘有笔墨飞溅的效果，好像用喷枪在图像的边缘喷涂一些彩色笔墨一样。单击“滤镜”→“画笔描边”→“喷溅”菜单命令，调出“喷溅”对话框，按照图 4-4-11 所示进行设置。

（2）“喷色描边”滤镜：它可以产生图像的边缘有喷色的效果。单击“滤镜”→“画笔描边”→“喷色描边”菜单命令，调出“喷色描边”对话框。也可以在图 4-4-11 所示对话框内单击“喷色描边”图标，或者在下拉列表框中选择“喷色描边”选项，切换到“喷色描边”对话框。对于其他的相关滤镜，也可以采用这种方法来切换相应的对话框。

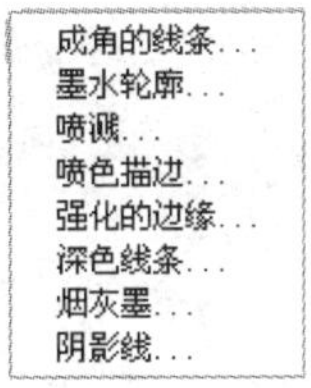

成角的线条...
墨水轮廓...
喷溅...
喷色描边...
强化的边缘...
深色线条...
烟灰墨...
阴影线...

图 4-4-10　“画笔描边”子菜单

喷溅 (100%)
风格化
画笔描边
成角的线条
墨水轮廓
喷溅
喷色描边
强化的边缘
深色线条
烟灰墨
阴影线
扭曲
玻璃
海洋波纹
扩散亮光
素描
纹理
艺术效果
确定
取消
喷色半径(R)
10
平滑度(S)
5
100%

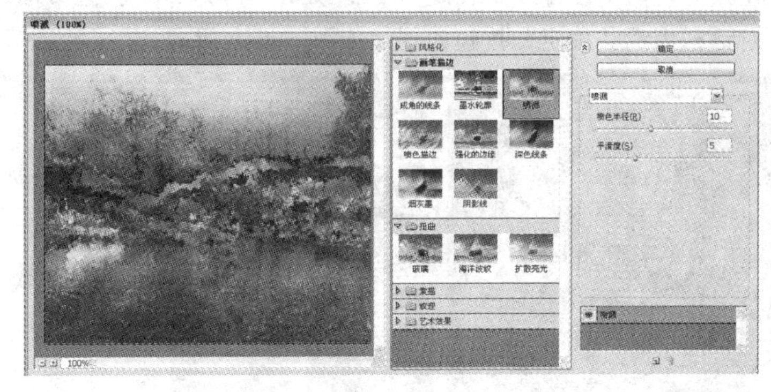

图 4-4-11　“喷溅”对话框

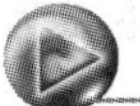

思考与练习 4-4

1. 通过查看帮助和动手操作，了解“像素化”和“画笔描边”滤镜组内滤镜的作用。

2. 制作一幅“气球迎飞雪”图像，如图 4-4-12 所示，它是利用图 4-4-13 所示的图像制作的。

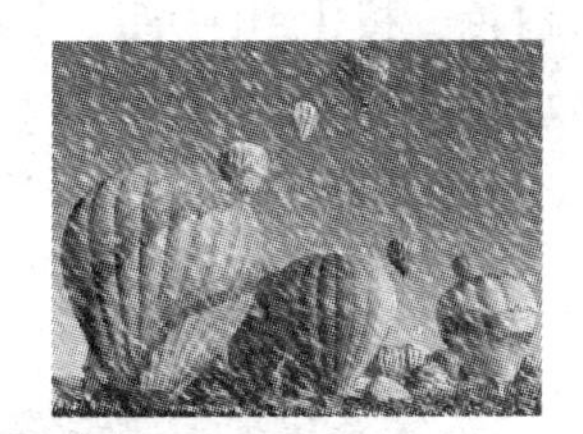

图 4-4-12　“气球迎飞雪”图像

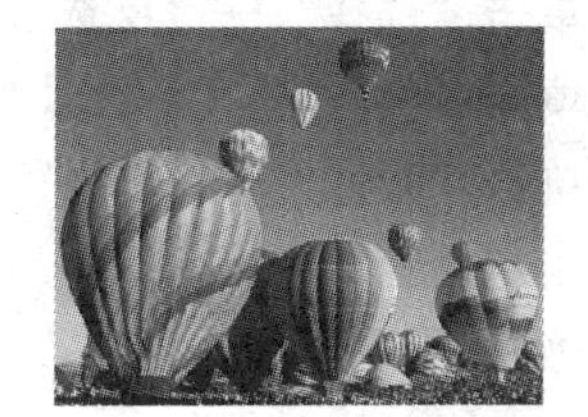

图 4-4-13　热气球图像

4.5 【案例 22】好大雪

案例描述

“好大雪”图像如图 4-5-1 所示，它是对图 4-5-2 所示的“小屋”图像进行滤镜处理得到的。

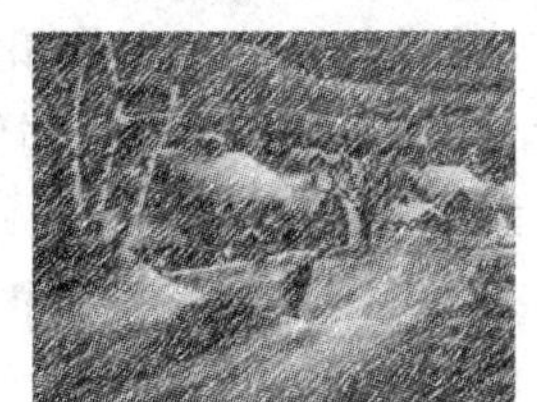

图 4-5-1　“好大雪”图像

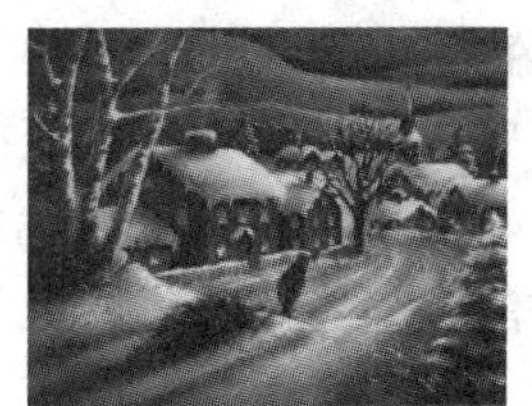

图 4-5-2　“小屋”图像

设计过程

（1）打开“小屋”图像，调整图像宽 600 像素、高 400 像素，设置前景色为灰色，再以名字“【案例 22】好大雪.psd”保存。创建“图层 1”，给它填充灰色。

（2）单击“滤镜”→“素描”→“绘图笔”菜单命令，调出“绘图笔”对话框，如图 4-5-3 所示。在该对话框中设置线条长度为 15，明暗平衡为 26，描边方向为“右对角线”。单击“绘图笔”对话框内的“确定”按钮，图像如图 4-5-4 所示。

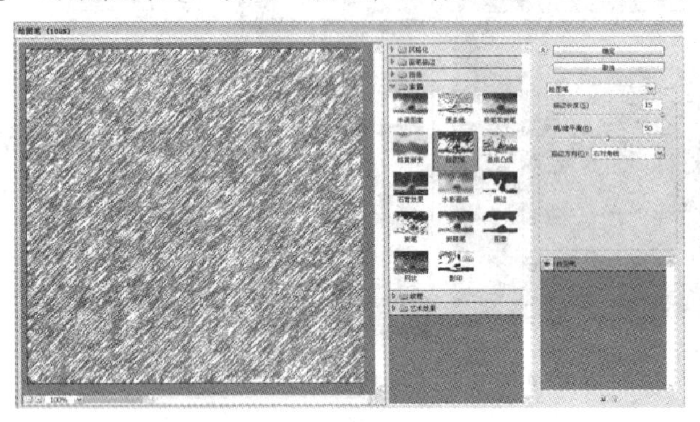

图 4-5-3 “绘图笔”对话框

图 4-5-4 倾斜的白色纹理

（3）单击“选择”→“色彩范围”菜单命令，调出“色彩范围”对话框，在“选择”下拉列表框中选择“高光”选项，如图 4-5-5 所示。再单击“确定”按钮，选中图像中的白色区域。按【Delete】键，删除选区中的白色，效果如图 4-5-6 所示。

（4）单击“选择”→“反选”菜单命令。设置前景色为白色，按【Alt+Delete】组合键，在选区内填充白色。按【Ctrl+D】组合键，取消选区，图像效果如图 4-5-7 所示。

（5）单击“滤镜”→“模糊”→“高斯模糊”菜单命令，在对话框中设置模糊半径为 2.0 像素，单击“确定”按钮。

图 4-5-5 “色彩范围”对话框

图 4-5-6 删除选区中图像

图 4-5-7 在选区内填充白色

（6）在“图层”面板中选中“图层 1”。单击“滤镜”→“锐化”→“USM 锐化”菜单命令，调出“USM 锐化”对话框，在该对话框中设置数量为 100%，半径为 3 像素，阈值为 20 色阶，如图 4-5-8 所示。单击“确定”按钮，对“图层 1”内的图像进行锐化处理。

（7）单击“滤镜”→“锐化”→“USM 锐化”菜单命令，再次按照刚才的设置再进行锐化处理。

（8）调整“图层”面板中的“不透明度”为 60%，最后效果如图 4-5-1 所示。

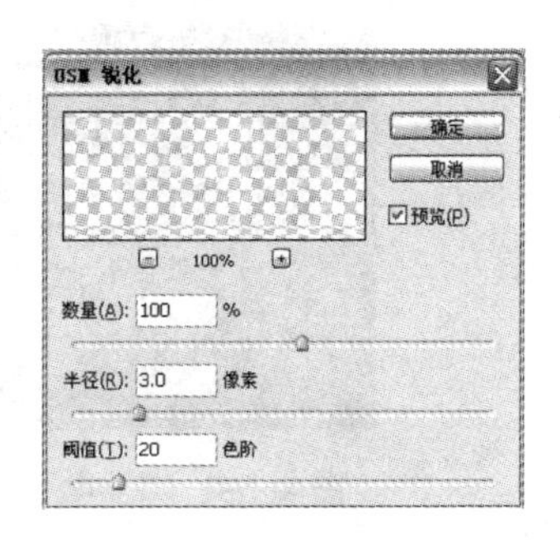

图 4-5-8 “USM 锐化”对话框

相关知识——“素描”和“锐化”滤镜

1.“素描”滤镜

单击“滤镜”→“素描”菜单命令，即可看到其子菜单命令，如图 4-5-9 所示。由图可以看出“素描”滤镜组有 14 个滤镜。它们的作用主要是模拟素描和速写等艺术效果。它们一般需要与前景色和背景色配合使用，所以在使用该滤镜前，应设置好前景色和背景色。

（1）“炭精笔”滤镜：用来模拟炭精笔绘画效果。打开图 4-2-2 所示的图像，单击“滤镜”→“素描”→“炭精笔”菜单命令，调出“炭精笔”对话框，如图 4-5-10 所示。单击中间一栏内的小图像或在右边的下拉列表框中选择不同选项，可以在各滤镜之间进行切换。

（2）“影印”滤镜：它可以产生模拟影印的效果，前景色用来填充高亮度区，背景色用来填充低亮度区。

2.“锐化”滤镜

单击“滤镜”→“锐化”菜单命令，其子菜单命令有 5 个，如图 4-5-11 所示。它们的作用主要是增加图像相邻像素间的对比度，减少甚至消除图像的模糊，使图像轮廓更清晰。

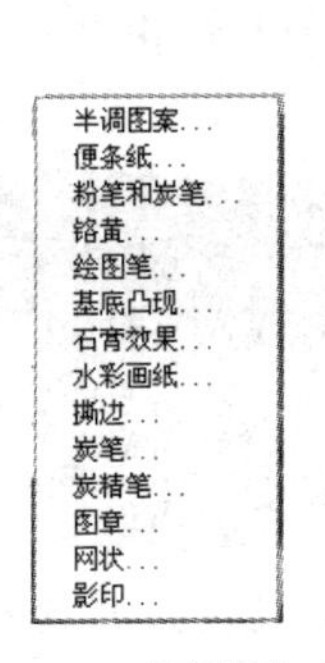

图 4-5-9 “素描”子菜单

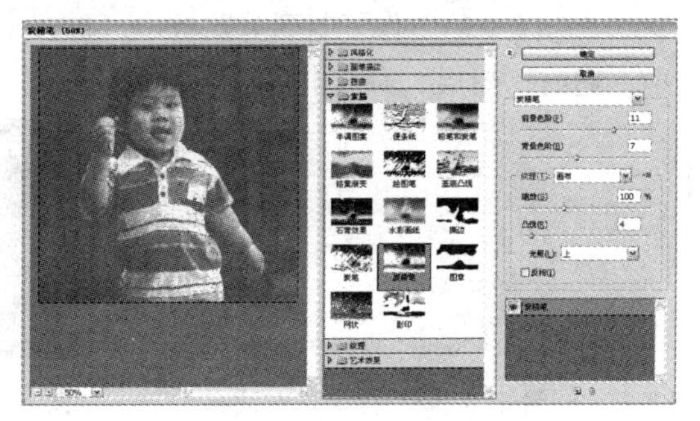

图 4-5-10 “炭精笔”对话框

USM 锐化...
进一步锐化
锐化
锐化边缘
智能锐化...

图 4-5-11 “锐化”子菜单

思考与练习 4-5

1. 通过查看帮助和动手操作，了解“素描”和“锐化”滤镜组内滤镜的作用。
2. 使用“素描”和“锐化”滤镜组内的滤镜，制作另一幅下大雪的图像。

4.6 【案例 23】圣诞贺卡

案例描述

“圣诞贺卡”图像如图 4-6-1 所示，它是将一幅图 4-6-2 所示的“圣诞节”图像经过滤镜处理制作而成的。

图 4-6-1 “圣诞贺卡”图像

图 4-6-2 “圣诞节”图像

设计过程

（1）打开图 4-6-2 所示的“圣诞节”图像。在“背景”图层上方添加“图层 1”，选中该图层。设置前景色为黑色，按【Alt+Delete】组合键，将“图层 1”填充为黑色。

（2）单击“滤镜”→“杂色”→“添加杂色”菜单命令，调出“添加杂色”对话框。按照图 4-6-3 所示进行设置，单击“确定”按钮。

（3）单击“滤镜”→“其他”→“自定”菜单命令，调出“自定”对话框。按照图 4-6-4 所示进行设置，单击“确定”按钮，使白色杂点减少。

注意：通过“自定”滤镜也可以控制杂色的多少。

（4）使用工具箱中的矩形选框工具，在“雪”图层中创建一个矩形选区，如图 4-6-5 所示。按【Ctrl+C】组合键，将选区中的图像复制到剪贴板中，再按【Ctrl+V】组合键，将剪贴板中的图像粘贴到画面中，同时“图层”面板中自动生成“图层 2”。

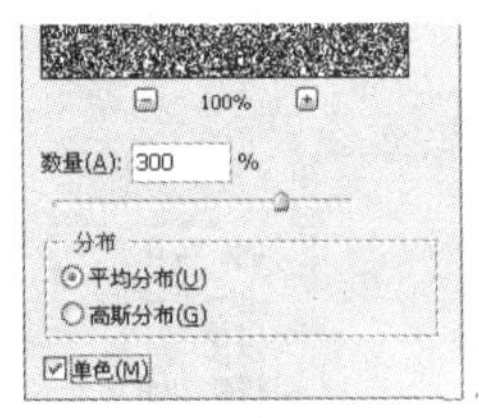

图 4-6-3 “添加杂色”对话框

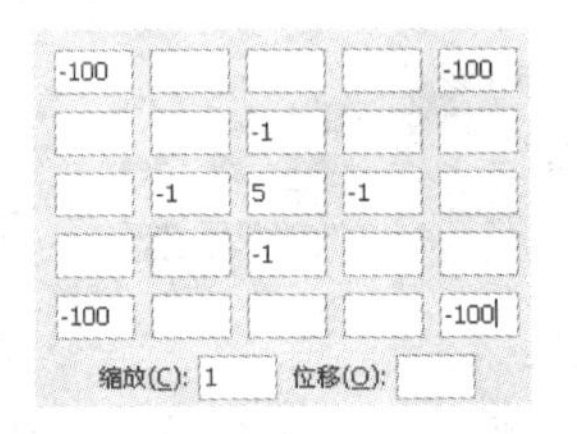

图 4-6-4 “自定”对话框

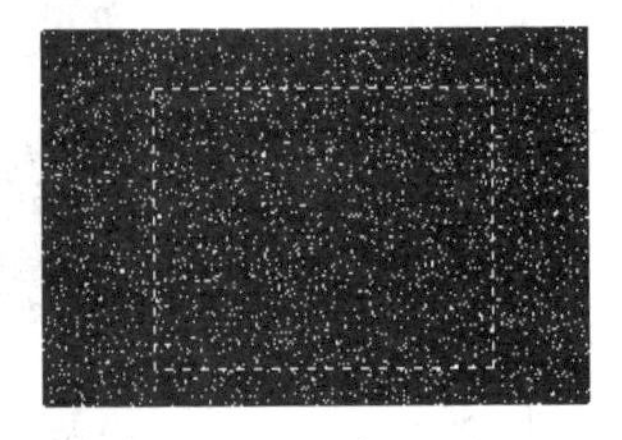

图 4-6-5 创建矩形选区

（5）删除“图层 1”，选中“图层 2”，单击“编辑”→“自由变换”菜单命令，将“图层 2”内的图像调整得和画布大小一样，按【Enter】键，如图 4-6-6 所示。

（6）将“图层 2”的混合模式改为“变亮”，效果如图 4-6-1 所示。

（7）添加文字和图层样式，以及两条横线，由读者自行完成。

图 4-6-6 “图层 2”图像

相关知识——“杂色”和“其他”滤镜

1.“杂色”滤镜

单击“滤镜”→“杂色”菜单命令，其子菜单命令如图 4-6-7 所示。可以看出“杂色”滤镜组有 5 个滤镜。它们的作用主要是给图像添加或去除杂点。例如，“添加杂色”滤镜可以给图像随机地添加一些细小的混合色杂点；“中间值”滤镜可以将图像中中间值附近的像素用附近的像素替代。

2．“其他”滤镜

单击“滤镜”→“其他”菜单命令，即可看到其子菜单命令。“其他”滤镜组有 5 个滤镜，如图 4-6-8 所示。它们的作用是用来修饰图像的细节部分，用户可以创建自己的滤镜。

（1）“高反差保留”滤镜：它可以删除图像中色调变化平缓的部分，保留色调高反差部分，使图像的阴影消失，使亮点突出。单击“滤镜”→“其他”→“高反差保留”菜单命令，调出“高反差保留”对话框。设置半径之后，单击“确定”按钮。

（2）“自定”滤镜：可以用它创建自己的锐化、模糊或浮雕等效果的滤镜。单击“滤镜”→“其他”→“自定”菜单命令，调出“自定”对话框，如图 4-6-9 所示。进行设置后单击“确定”按钮，即可完成图像的加工处理。“自定”对话框中各选项的作用如下：

◎ 5×5 的文本框：中间的文本框代表目标像素，四周的文本框代表目标像素周围对应位置的像素。通过改变文本框中的数值（−999～+999），来改变图像的整体色调。文本框中的数值表示该位置像素亮度增加的倍数。

减少杂色...
蒙尘与划痕...
去斑
添加杂色...
中间值...

图 4-6-7　“杂色”子菜单

高反差保留...
位移...
自定...
最大值...
最小值...

图 4-6-8　“其他”子菜单

图 4-6-9　“自定”对话框

系统会将图像各像素的亮度值（Y）与对应位置文本框中的数值（S）相乘，再将其值与像素原来的亮度值相加，然后除以缩放量（SF），最后与位移量（WY）相加，即（Y×S+Y）/SF+WY。计算出来的数值作为相应像素的亮度值，用于改变图像的亮度。

◎“缩放”文本框：用来输入缩放量，其取值范围是 1～9999。

◎“位移”文本框：用来输入位移量，其取值范围是-9999～+9999。

◎“载入”按钮：可以载入外部用户自定义的滤镜。

◎“存储”按钮：可以将设置好的自定义滤镜存储。

思考与练习 4-6

1．通过查看帮助和动手操作，了解“杂色”和“其他”滤镜组内滤镜的作用。

2．制作另一个“木纹材质”图像，如图 4-6-10 所示。该图像的制作方法提示如下：

（1）图像背景为白色。单击“滤镜”→“杂色”→“添加杂色”菜单命令，调出“添加杂色”对话框。“数量”为最大值，选中“单色”和“高斯分布”选项，效果如图 4-6-11 所示。

图 4-6-10　木纹材质图像

图 4-6-11　添加杂色的效果

（2）调出“动感模糊”对话框，在“角度”文本框中将角度设置为0°，将“距离”滑块拖动到最右端，再单击“确定”按钮，画布效果如图 4-6-12 所示。

图 4-6-12　动感模糊效果

（3）单击“滤镜”→“模糊”→“进一步模糊”菜单命令，使图像模糊一些。

（4）单击“滤镜”→“扭曲”→“旋转扭曲”菜单命令，调出“旋转扭曲”对话框，设置角度为 80°，再单击“确定”按钮，旋转扭曲后的图像如图 4-6-13 所示。

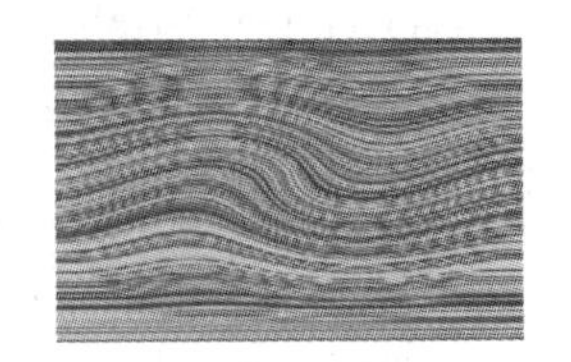

图 4-6-13　旋转扭曲后的效果

（5）单击“图像”→“调整”→“变化”菜单命令，调出“变化”对话框，如图 4-6-14 所示。选择一种颜色和亮度，单击“确定”按钮，效果如图 4-6-15 所示。

（6）按【Ctrl+A】组合键，选中整幅图像，再按【Ctrl+T】组合键，进入自由变换状态，如图 4-6-15 所示。将上边中点处的控制柄向下拖动到中间，按【Enter】键，效果如图 4-6-16 所示。

（7）选择工具箱中的裁剪工具，在图像中拖动鼠标，选中木纹部分，再按【Enter】键，将图像不需要的部分裁切掉。木纹材质的效果如图 4-6-1 所示。

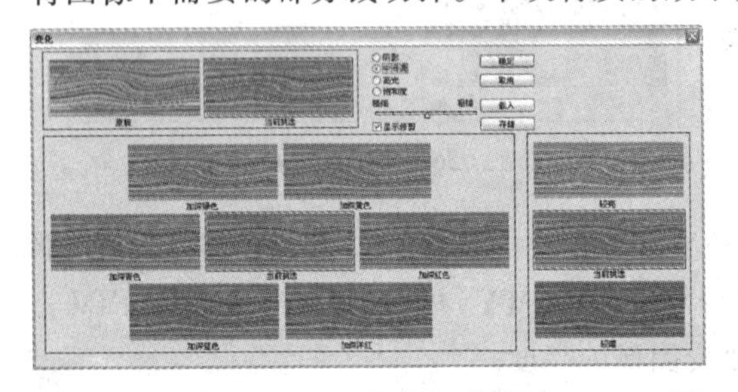

图 4-6-14 “变化”对话框

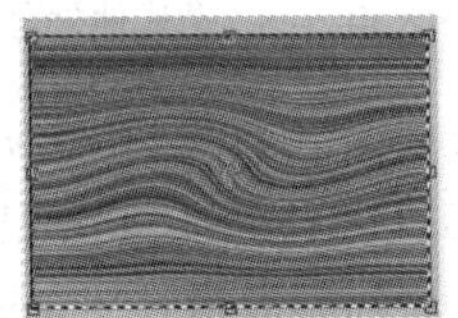

图 4-6-15　调整颜色后的图像

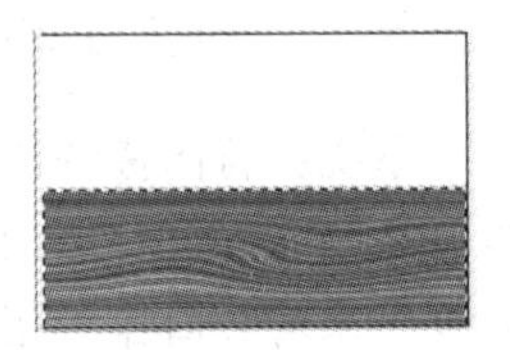

图 4-6-16　变换后的图像

4.7 【案例 24】围棋

案例描述

“围棋”图像如图 4-7-1 所示，它由部分围棋棋盘和 6 个棋子组成。该图像是在“木纹”图像（图 4-7-2 所示）的基础上，使用网格和“塑料包装”滤镜等技术制作而成的。

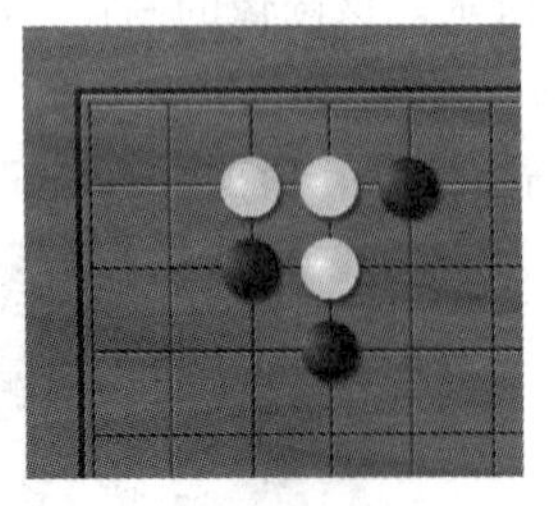

图 4-7-1 “围棋”图像

图 4-7-2 “木纹”图像

设计过程

（1）新建宽为 450 像素、高为 450 像素、模式为 RGB 颜色、背景为白色的图像。打开图 4-7-2 所示的“木纹”图像。将“木纹”图像复制到新建的图像中，作为棋盘的底纹，再将粘贴的木纹所在的图层更名为“木纹”。设置前景色为黑色。

注意：有了木纹图像后，接下来的工作就是画棋盘上的格线。如果直接手绘，显然很难保证格线之间的间距均匀，因此需要借助网格来完成此项工作。

（2）单击“编辑”→“首选项”→“参考线、网格和切片”菜单命令，调出“首选项”对话框，如图 4-7-3 所示。在“网格线间隔”下拉列表框中选择“像素”选项，再在“网格线间隔”文本框中输入 70，然后单击“确定”按钮。单击“视图”→“显示”→“网格”菜单命令，显示网格，图像窗口中出现间距为 70 像素的网格，如图 4-7-4 所示。

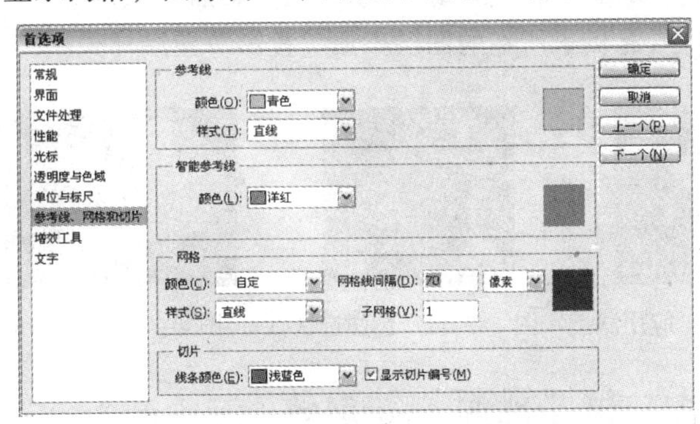

图 4-7-3　“首选项”对话框

图 4-7-4　显示网格

（3）新建“棋盘格”图层，选中该图层。选择工具箱内的铅笔工具，在工具选项栏中设置笔触直径为 2 像素。在画布左上角的网格点单击，再按住【Shift】键，在该条水平网格线的右端单击，可沿该条网格线绘制出一条直线。

按类似的方法绘制出其余格线，效果如图 4-7-5 所示。注意：按住【Shift】键单击，可以在本次单击点与上一个单击点之间绘制一条直线，由于显示了网格，因此即使单击处稍有偏差，系统也会自动将绘制的直线对齐网格线，可以很容易地绘制出准确的棋盘格线。

（4）隐藏网格。将铅笔的笔触直径设置为 6 像素。按住【Shift】键，在格线外围绘制棋盘的外框线，如图 4-7-6 所示。

（5）单击“图层”面板中的“添加图层样式”按钮 fx，调出其菜单，单击该菜单中的“斜面和浮雕”命令，调出“图层样式”对话框，同时选中了“斜面和浮雕”复选框，其关键设置如图 4-7-7 所示，单击“确定”按钮，效果如图 4-7-8 所示。

图 4-7-5　沿网格画线

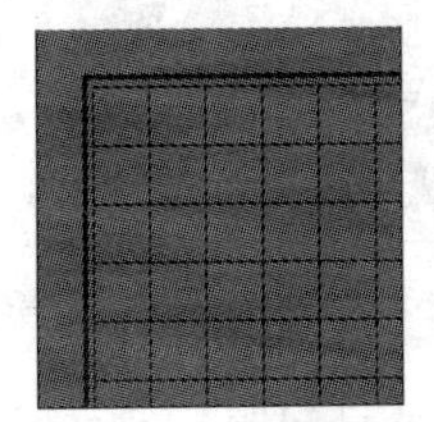

图 4-7-6　绘制外框线

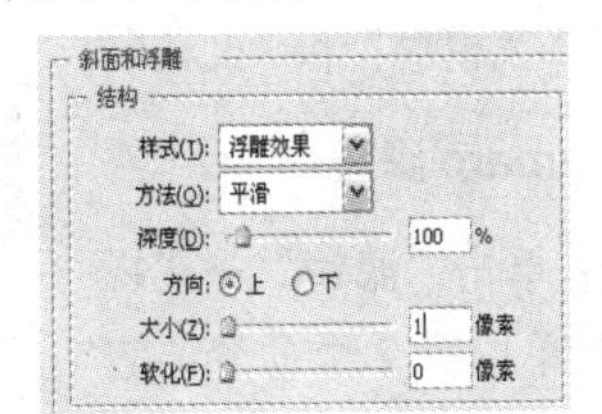

图 4-7-7　设置浮雕效果

图 4-7-8　浮雕效果

（6）在“棋盘格”图层上方创建一个“黑子”图层。选中该图层，选择椭圆选框工具，在其选项栏的“样式”下拉列表框中选择“固定大小”选项，在“宽度”和“高度”文本框中均输入 120 px。创建一个圆形选区。设置前景色为黑色，按【Alt+Delete】组合键，在选区中填充黑色。

（7）单击“滤镜”→“艺术效果”→“塑料包装”菜单命令，调出“塑料包装”对话框。按照图 4-7-9 设置，单击“确定”按钮后，效果如图 4-7-10 所示。按【Ctrl+D】组合键，取消选区。

（8）创建一个直径为 60 像素的圆形选区。将选区拖动到图 4-7-11 所示的位置，按【Ctrl+Shift+I】组合键，将选区反向，再按【Delete】组合键，将不需要的部分删除。在“黑子”图层上方创建一个名称为“白子”的图层。按照上述方法制作白棋子，如图 4-7-12 所示。

（9）将“黑子”图层和“白子”图层各复制两份，显示网格，使用移动工具将棋子移到图 4-7-1 所示的位置。在移动棋子时，网格会帮助自动对齐棋盘格。最后隐藏网格。

（10）利用“图层样式”对话框，将所有棋子所在的图层添加“投影”图层样式。

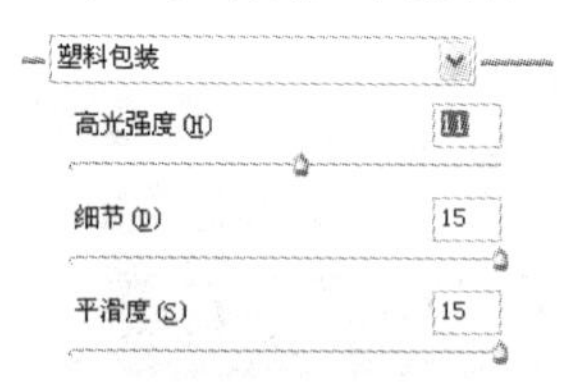

图 4-7-9 “塑料包装”滤镜设置

图 4-7-10 应用滤镜

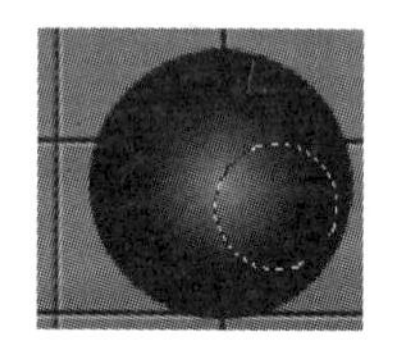

图 4-7-11 创建选区

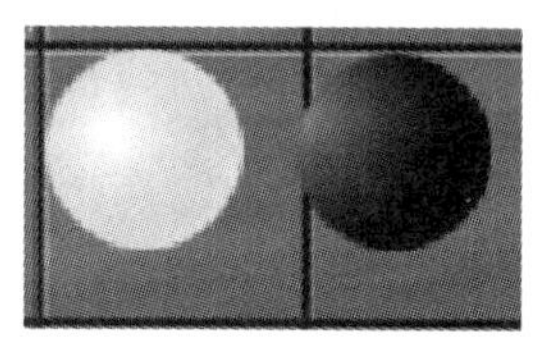

图 4-7-12 黑白棋子

相关知识——“艺术效果”和“视频”等滤镜

1.“艺术效果”滤镜

单击“滤镜”→“艺术效果”菜单命令，其子菜单中有 15 个滤镜。它们的作用主要是处理计算机绘制的图像，去除计算机绘图的痕迹，使图像看起来更像人工绘制的。

（1）“塑料包装”滤镜：给图像涂上一层光亮塑料，强调表面细节。单击“滤镜”→“艺术效果”→“塑料包装”菜单命令，调出“塑料包装”对话框，如图 4-7-13 所示。

（2）“海绵”滤镜：使用颜色对比强烈、纹理较重的区域创建图像，模拟海绵绘画效果。单击“滤镜”→“艺术效果”→“海绵”菜单命令，可以调出“海绵”对话框。

（3）“绘画涂抹”滤镜：可以选取各种大小(1～50)和类型的画笔来创建绘画效果。画笔类型包括“简单”、“未处理光照”、“未处理深色”、“宽锐化”、“宽模糊”和“火花”。

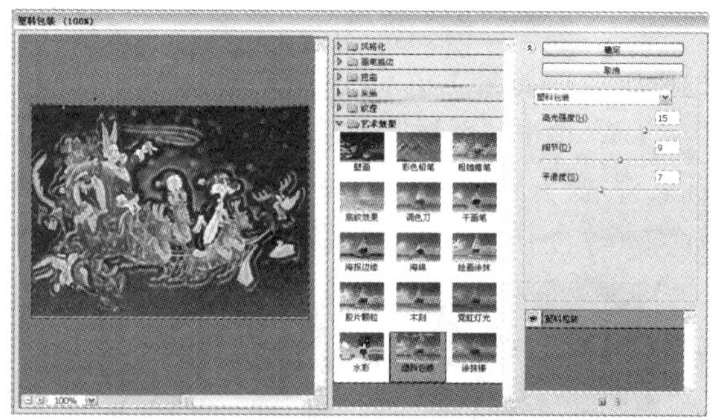

图 4-7-13 “塑料包装”对话框

2.“视频”和 Digimarc 滤镜

（1）“视频”滤镜：单击“滤镜”→“视频”菜单命令，其子菜单中有 2 个命令。它们的作用主要是解决视频图像输入与输出时系统的差异问题。

（2）Digimarc（作品保护）滤镜：单击“滤镜”→“Digimarc”菜单命令，其子菜单中有“嵌入水印”滤镜和“读取水印”滤镜。它们的作用是给图像加入或从中读取著作权信息。

思考与练习 4-7

1. 通过查看帮助和动手操作，了解“艺术效果”滤镜组内滤镜的作用。

2. 制作一幅“水中玻璃花”图像，如图 4-7-14 所示，可以看到水中有一朵玻璃花图像。制作该图像需要使用图 4-7-15 所示的两幅图像，以及“塑料包装”滤镜。

图 4-7-14　“水中玻璃花”图像

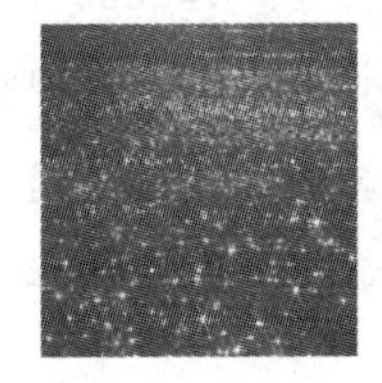

图 4-7-15　“海洋”和“荷花”图像

4.8　【案例 25】铁锈文字

案例描述

“铁锈文字”图像如图 4-8-1 所示。制作它使用了“光照效果”和“塑料包装”滤镜。

设计过程

图 4-8-1　“铁锈文字”图像

（1）新建宽为 520 像素、高为 150 像素、模式为 RGB 颜色、背景为白色的图像。

（2）创建“图层 1”。选择工具箱中的横排文字工具 T，在其选项栏中设置文字的字体为“黑体”，字大小为 130 点，然后输入文字，如图 4-8-2 所示。使用工具箱中的移动工具将文字移到画布的中间位置。

（3）单击“图层”→“栅格化”→“文字”菜单命令，将“铁锈文字”文字图层转换为普通图层。

（4）设置前景色为（R=72，G=45，B=18），背景色为（R=190，G=110，B=60）。单击“滤镜”→“渲染”→“云彩”菜单命令，对文字选区应用“云彩”滤镜。按【Ctrl+D】组合键，取消选区，效果如图 4-8-3 所示。

铁锈文字

图 4-8-2　输入文字

铁锈文字

图 4-8-3　云彩滤镜后的效果

（5）单击“图层”面板中 fx 按钮，调出其菜单，单击该菜单中的“内发光”命令，调出“图层样式”对话框。将颜色设置为铁锈颜色（R=95，G=80，B=80），其余设置如图 4-8-4 所示。单击“确定”按钮，给文字添加内发光效果。

注意：“内发光”效果是指在图像的边缘以内添加发光效果，但由于在对话框中指定光的颜色为铁锈色，并采用“溶解”模式和添加杂色，该效果在这里的实际作用是在文字笔画中添加铁锈杂点。

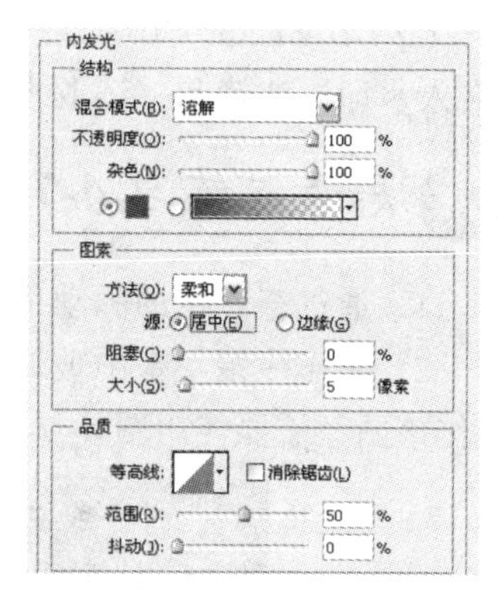

图 4-8-4 “图层样式”对话框

（6）选中“图层样式”对话框左侧的“斜面和浮雕”复选框。单击“高光模式”下拉列表框右侧的色块，调出“拾色器”对话框。在该对话框中设置颜色为（R=180，G=180，B=180），其余设置如图 4-8-5 所示，效果如图 4-8-6 所示。

注意：从图 4-8-6 中可以看到，通过使用“斜面和浮雕”图层样式，在文字的高光部分添加了灰色锈斑，在文字的暗调部分添加了黑色锈斑。

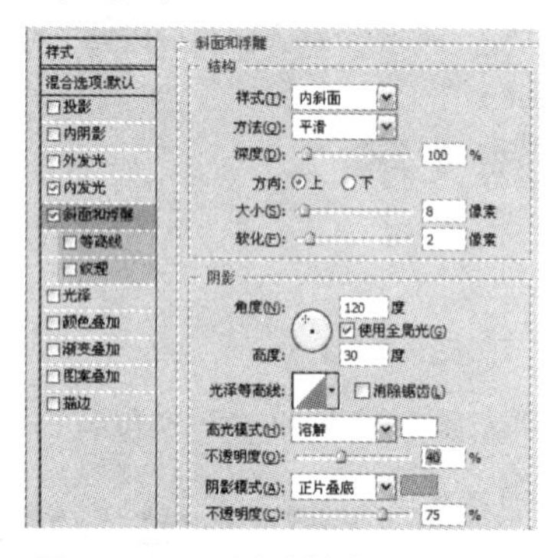

图 4-8-5 “图层样式”对话框

图 4-8-6 “斜面和浮雕”图层样式效果

（7）单击“滤镜”→“艺术效果”→“塑料包装”菜单命令，调出“塑料包装”对话框。按照图 4-8-7 所示进行设置，再单击“确定”按钮，图像效果如图 4-8-8 所示。

（8）单击“滤镜”→“渲染”→“光照效果”菜单命令，调出“光照效果”对话框，具体设置如图 4-8-9 所示，单击“确定”按钮。按【Ctrl+F】组合键，多次应用“光照效果”滤镜，根据所按的次数，图像呈现不同的锈斑程度。

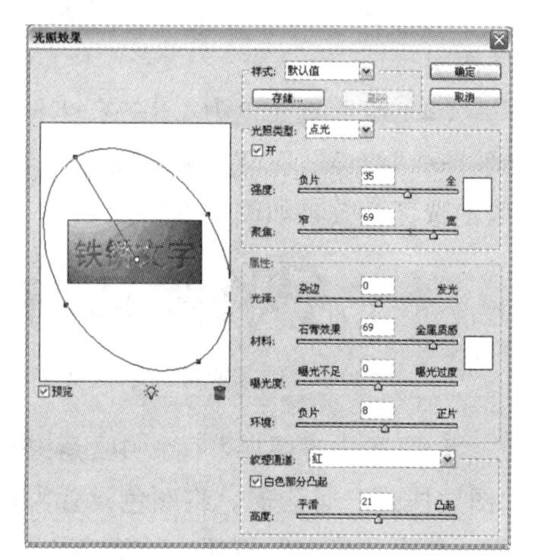

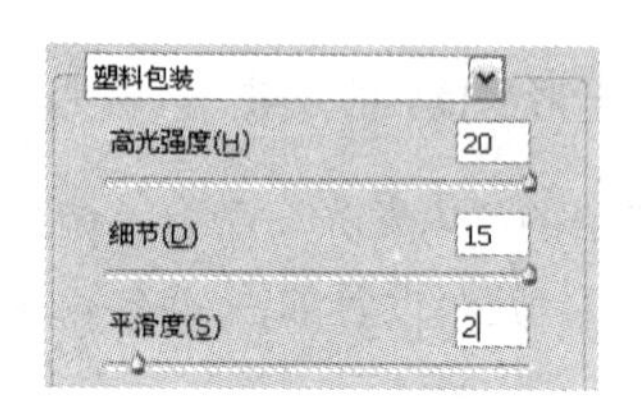

图 4-8-7 “塑料包装”滤镜参数

图 4-8-8 塑料包装效果

图 4-8-9 “光照效果”对话框

（9）单击“图层”面板中 fx. 按钮，弹出其菜单，单击该菜单中的“投影”命令，调出“图层样式”对话框，为“图层 1”添加投影，最终效果如图 4-8-1 所示。

相关知识——“渲染”和“液化”滤镜

1.“渲染”滤镜

单击“滤镜”→“渲染”菜单命令，其子菜单如图 4-8-10 所示。可以看出“渲染”滤镜组中有 5 个滤镜。它们的作用主要是给图像加入不同光源，模拟产生不同的光照效果。

（1）“分层云彩”滤镜：它可以通过随机地抽取介于前景色与背景色之间的值，生成柔和的云彩图案。此滤镜将云彩数据和现有的像素混合，其方式与“差值”模式混合颜色的方式相同。应用此滤镜多次后，会创建出与大理石的纹理相似的凸缘与叶脉图案。新建一个图像窗口，设置前景色为浅蓝色、背景色为棕黄色，单击“滤镜”→“渲染”→“分层云彩”菜单命令，即可获得图 4-8-11 所示的图像。

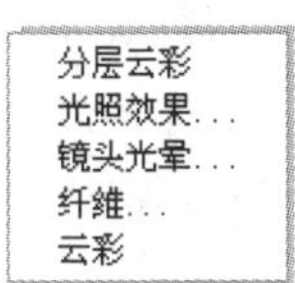

图 4-8-10 “渲染”菜单

（2）“光照效果”滤镜：通过改变 17 种光照样式、3 种光照类型和 4 套光照属性，在图像上产生无数种光照效果。还可以使用灰度文件的纹理（称为凹凸图）产生类似 3D 效果，并存储样式。该滤镜的功能很强大，运用恰当可产生极佳效果。

图 4-8-11 “分层云彩”滤镜处理

2.“液化”滤镜

“液化”滤镜是一种非常直观和方便的图像调整工具。它可以将图像或蒙版图像调整为液化状态。单击“滤镜”→“液化”菜单命令，调出“液化”对话框，如图 4-8-12 所示。

图 4-8-12 “液化”对话框

该对话框中间显示的是要加工的当前图像（图像中没有创建选区）或选区中的图像，左边是加工使用的液化工具，右边是对话框的选项栏。将鼠标指针移到中间的画面中时，鼠标指针呈圆形。在图像上拖动或单击，即可获得液化图像的效果。在图像上拖动鼠标的速度会影响加工的效果。

将鼠标指针移到液化工具按钮上，可显示出它的名称。单击液化工具按钮，即可使用相应的液化工具。在使用液化工具前，通常要先在“液化”对话框右边选项栏的“画笔大小”和“画笔压力”文本框中设置画笔大小和压力。“液化”对话框中各工具和选项的作用如下：

（1）向前变形工具：单击该按钮，设置画笔大小和画笔压力等，再用鼠标在图像上拖动，即可获得涂抹图像的效果，如图 4-8-13 所示。

（2）重建工具：单击该按钮，设置画笔大小和压力等，再用鼠标在图像上拖动，即可将拖动处的图像恢复原状，如图 4-8-14 所示。

（3）顺时针旋转扭曲工具：单击该按钮，设置画笔大小和压力等，使画笔的圆形正好圈住要加工的那部分图像，然后按住鼠标左键，即可看到圆形内的图像在顺时针旋转扭曲，当获得满意的效果时，释放鼠标左键即可，效果如图 4-8-15 所示。

按住【Alt】键，同时按住鼠标左键，即可看到圆形内的图像在逆时针旋转扭曲。

图 4-8-13　向前变形

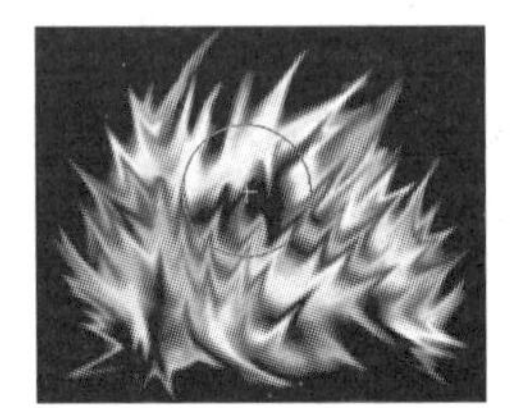

图 4-8-14　重建

图 4-8-15　旋转扭曲

（4）褶皱工具：设置画笔大小和压力等，在按住鼠标左键或拖动时使像素朝着画笔区域的中心移动。当获得满意的效果时，释放鼠标左键即可，效果如图 4-8-16 所示。

（5）膨胀工具：单击该按钮，设置画笔大小和压力等，在按住鼠标左键或拖动时使像素朝着离开画笔区域中心的方向移动，如图 4-8-17 所示。

（6）左推工具：当垂直向上拖动该工具时，像素向左移动（如果向下拖动，像素会向右移动），如图 4-8-18 所示。也可以围绕对象顺时针拖动以增加其大小或逆时针拖动以减小其大小。按住【Alt】键，在垂直向上拖动时向右移像素（或者要在向下拖动时向左移动像素）。

图 4-8-16　褶皱

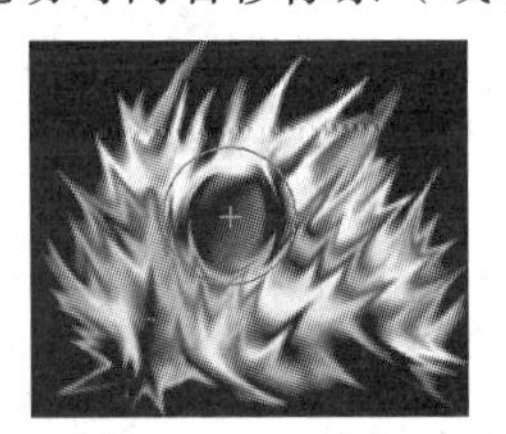

图 4-8-17　膨胀

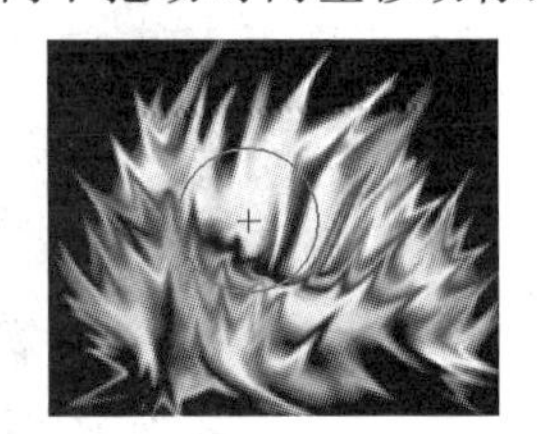

图 4-8-18　左推

（7）镜像工具：在图像上拖曳时，会将画笔移动所经过的描边区域左侧的像素复制到右侧区域。按住【Alt】键并拖曳，则会将画笔移动所经过的描边区域右侧的像素复制到左侧区域。使用重叠描边可创建类似于水中倒影的效果，如图 4-8-19 所示。

（8）湍流工具：在图像上拖动，可以平滑地混杂像素，获得涂抹图像的效果，如图 4-8-20 所示。它可用于创建火焰、云彩、波浪和相似的效果。

（9）冻结蒙版工具：设置画笔大小和压力等，在不需要加工的图像上拖动，即可在拖动过的地方覆盖一层半透明的颜色，以建立要保护的冻结区域，如图 4-8-21 所示。这时再用其他液化工具（不含解冻蒙版工具）在冻结区域拖动鼠标，则不能改变冻结区域内的图像。

（10）解冻蒙版工具：设置画笔大小和压力等，再用鼠标在冻结区域拖动，则可以擦除半透明颜色，使冻结区域变小，达到解冻的目的。

（11）缩放工具：单击画面可放大图像；按住【Alt】键同时单击画面，可缩小图像。

图 4-8-19　镜像

图 4-8-20　湍流

图 4-8-21　冻结蒙版

（12）抓手工具：当图像不能全部显示时，可以移动图像的显示范围。

（13）“画笔大小”文本框：用来设置画笔大小，即画笔直径大小。它的取值范围是 1～1 500。画笔越大，作用范围也越大。

（14）“画笔密度”文本框：控制画笔边缘羽化。画笔的中心最强，边缘处最轻。

（15）“画笔压力”文本框：用来设置画笔压力。画笔压力越大，拖动时图像的变化越大，图像变化的速度也越快。使用低画笔压力可减慢更改速度，因此更易于在恰到好处的时候停止。

（16）“重建模式”下拉列表框：选取的模式确定工具如何重建预览图像的区域。

（17）“模式”下拉列表框：用来选择图像重建时的一种模式。

（18）“重建”按钮：在加工完图像后，单击该按钮，可使图像按照设定的重建模式自动进行变化。

（19）“恢复全部”按钮：单击该按钮，可以使加工的图像恢复原状。

（20）“全部反相”按钮：单击该按钮，可使冻结区域解冻，使未冻结区域变为冻结区域。

（21）“全部蒙住”按钮：单击该按钮，可使预览图像全部覆盖一层半透明的颜色。

（22）“显示图像”复选框：选中该复选框后，显示图像，否则不显示图像。

（23）“显示网格”复选框：选中该复选框后，显示网格。

（24）“网格大小”和“网格颜色”下拉列表框：用来选择网格的大小和颜色。

思考与练习 4-8

1. 制作一幅“台灯灯光”图像，如图 4-8-22 所示。图中两个台灯的光线分别为白色和绿色。它是在图 4-8-23 所示“台灯”图像的基础之上使用“光照效果”滤镜加工而成的。

2. 制作一幅“禁止吸烟”图像，如图 4-8-24 所示。它是一幅宣传吸烟有害的公益宣传画。

画面中心为一只香烟被加上了禁止的图样。背景是一个面带惊恐的小男孩，画面右边有红色文字“让烟草远离儿童”。

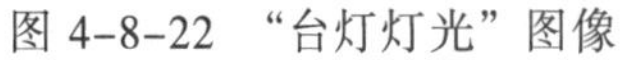
图 4-8-22 “台灯灯光”图像

图 4-8-23 “台灯”图像

图 4-8-24 禁止吸烟

3. 利用“镜头光晕”滤镜，给图 4-8-25 所示图像加镜头光晕，如图 4-8-26 所示。

4. 制作一幅“火焰文字”图像，它是参考本章【案例 20】“燃烧文字”图像的制作方法制作一般的火焰文字，再进一步使用“液化”滤镜制作而成的。由图 4-8-27 可以看到，火焰文字“燃烧”得更强烈，效果更加逼真。

图 4-8-25 夜景图像

图 4-8-26 镜头光晕效果

图 4-8-27 “火焰文字”图像

4.9 【案例 26】摄影展厅

案例描述

“摄影展厅”图像如图 4-9-1 所示。展厅的地面是黑白相间的大理石，天花板明灯倒挂，三面有摄影图像，给人富丽堂皇的感觉。

设计过程

图 4-9-1 “摄影展厅”图像

1. 制作展厅顶部和地面图像

（1）新建一个宽为 900 像素、高为 400 像素、模式为 RGB 颜色、背景为白色的图像。打开“花园”（宽 460 像素、高 300 像素）、“风景 1”（宽 400 像素、高 300 像素）和“风景 2”（宽 400 像素、高 300 像素），如图 4-9-2 所示。

（2）打开“灯”图像，如图 4-9-3 所示。调整该图像宽为 40 像素、高为 30 像素。单击“图像”→“定义图案”菜单命令，调出“定义图案”对话框，在“名称”文本框内输入“灯”，单击“确定”按钮，即可定义一个名称为“灯”的图案。

图 4-9-2 “花园”、“风景”和“风景 2”图像

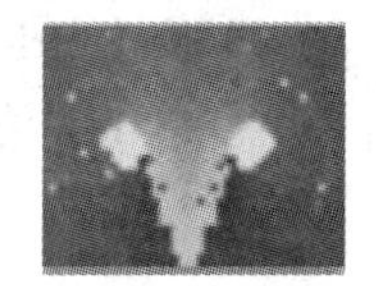

图 4-9-3 “灯”图像

（3）新建一个图像，设置宽 900 像素、高 400 像素、背景色为白色、RGB 颜色模式。创建两条水平参考线、两条垂直参考线，然后以名称“【案例 26】摄影展厅.psd”保存。

（4）使用工具箱内的多边形套索工具，在图像窗口上方创建一个梯形选区，如图 4-9-4 所示。选择工具箱内的油漆桶工具，在其选项栏内的“填充”下拉列表框中选择“图案”选项，在“图案”下拉列表框中选择“灯”图案，单击选区内部，给选区填充“灯”图案。

（5）单击“图像”→“描边”菜单命令，调出“描边”对话框，设置描边颜色为金黄色、宽度为 3 px，单击“确定”按钮，即可给选区描边。

（6）在左侧、右侧和下方各创建一个梯形选区，再给选区描金黄色、宽度为 3 px 的边。按【Ctrl+D】组合键，取消选区，如图 4-9-5 所示。

（7）新建一个图像窗口，设置宽 60 像素、高 60 像素、背景色为白色、RGB 颜色模式。在图像窗口左上角创建一个宽和高均为 30 像素的选区，填充黑色；再将选区移到右下角，填充黑色，效果如图 4-9-6 所示。将该图像以名称“砖”定义为图案。

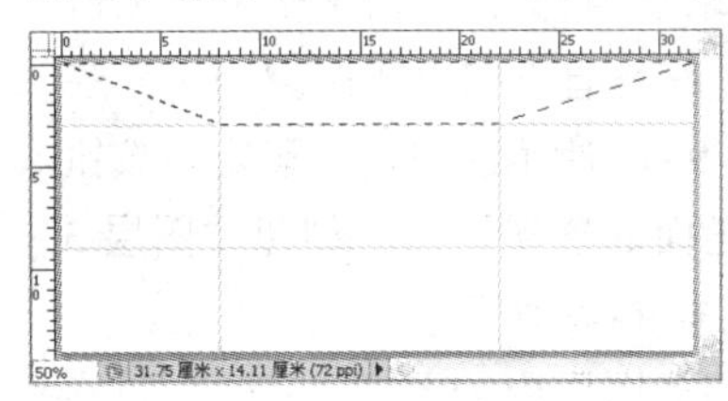

图 4-9-4　梯形选区

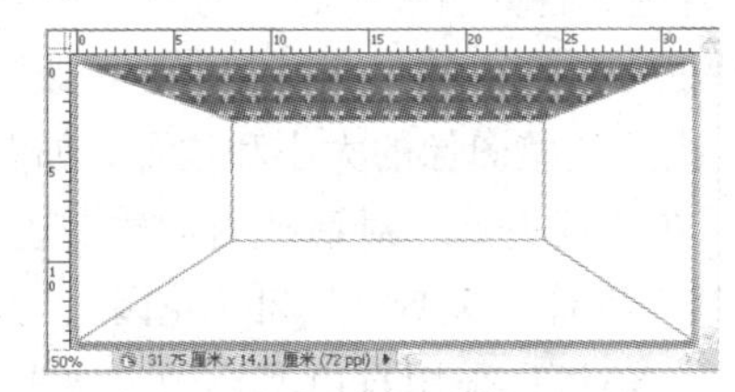

图 4-9-5　选区描边

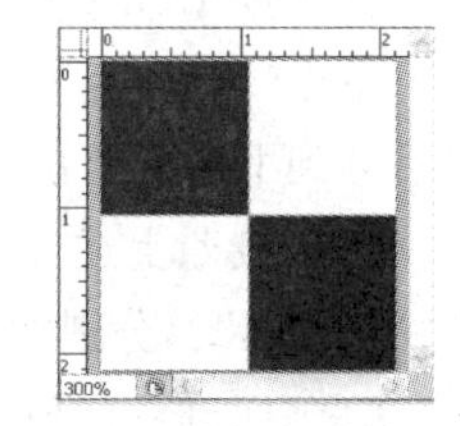

图 4-9-6　黑白相间图案

（8）新建一个图像窗口，设置宽 900 像素、高 400 像素、背景色为白色、RGB 颜色模式。选择油漆桶工具，在其选项栏内的“填充”下拉列表框中选择“图案”选项，在“图案”下拉列表框中选择“砖”图案，单击选区内部，给选区填充“砖”图案，如图 4-9-7 所示。将文档以名称“地面.jpg”保存。

图 4-9-7　黑白相间的地面图像

2．制作透视图像

（1）选中“风景 1”图像，双击“图层”面板内的“背景”图层，调出“新建图层”对话框，单击“确定”按钮，关闭该对话框，将“背景”图层转换为名称是“图层 0”的常规图层。单击“编辑”→“变换”→“水平翻转”菜单命令，将图像水平翻转。

（2）单击“选择”→“全部”菜单命令或按【Ctrl+A】组合键，创建选中整幅图像的选区；单击“编辑”→“拷贝”菜单命令或按【Ctrl+C】组合键，将选区内的图像复制到剪贴板内。

（3）切换到“【案例 26】摄影展厅.psd”图像，在“图层”面板内新建“图层 1”。选中“图层 1”，单击“滤镜”→“消失点”菜单命令，调出“消失点”对话框。在该对话框内的预览图像左边创建一个梯形透视平面，如图 4-9-8 所示。

（4）按【Ctrl+V】组合键，将剪贴板内的“风景 1”图像粘贴到“消失点”对话框的预览窗口内。单击“消失点”对话框工具箱内的“变换工具”按钮，将图像调小一些，再移到左边的透视平面内。调整图像的大小和位置，效果如图 4-9-9 所示。单击“确定”按钮。

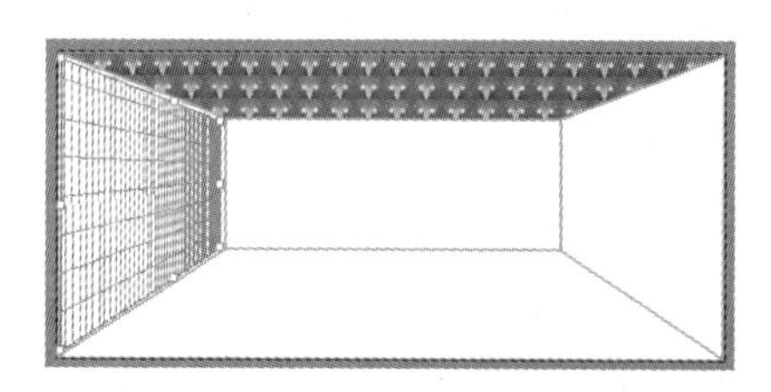

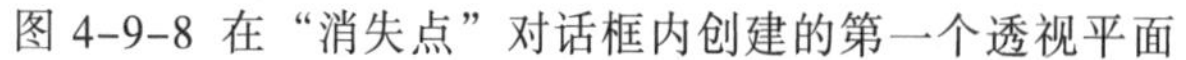
图 4-9-8 在“消失点”对话框内创建的第一个透视平面

图 4-9-9 透视平面插入图像

（5）选中“地面”图像，按【Ctrl+A】组合键，创建选中整幅图像的选区，按【Ctrl+C】组合键，将选区内的图像复制到剪贴板内。然后，切换到“【案例 26】摄影展厅.psd”图像，在“图层”面板内新建“图层 2”。单击“滤镜”→“消失点”菜单命令，调出“消失点”对话框。单击“消失点”对话框工具箱内的“创建平面工具”按钮，在该对话框下边创建一个梯形透视平面，如图 4-9-10 所示。

（6）按【Ctrl+V】组合键，将剪贴板内的“地面”图像粘贴到“消失点”对话框的预览窗口内。单击“消失点”对话框工具箱内的“变换工具”按钮，在垂直方向上将图像调小一些，然后移到下边的透视平面内。调整图像的大小和位置，如图 4-9-11 所示。单击“确定”按钮。

（7）按照上述方法，在“消失点”对话框内创建右边和正面的透视平面。创建“图层 3”和“图层 4”，分别加入透视图像“风景 2”和“花园”，如图 4-9-12 所示。

（8）回到图像窗口后，还可以采用自由变换的方法来调整各图层内的图像。

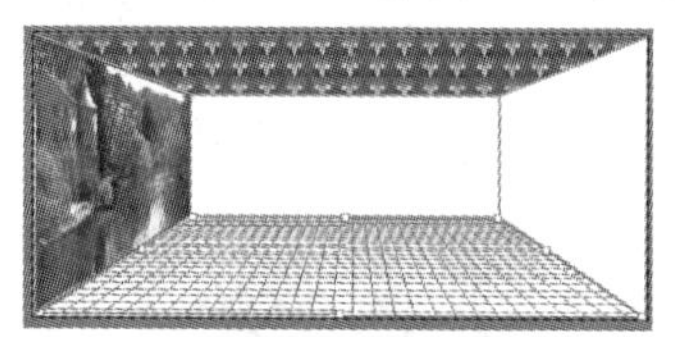
图 4-9-10 第二个透视平面

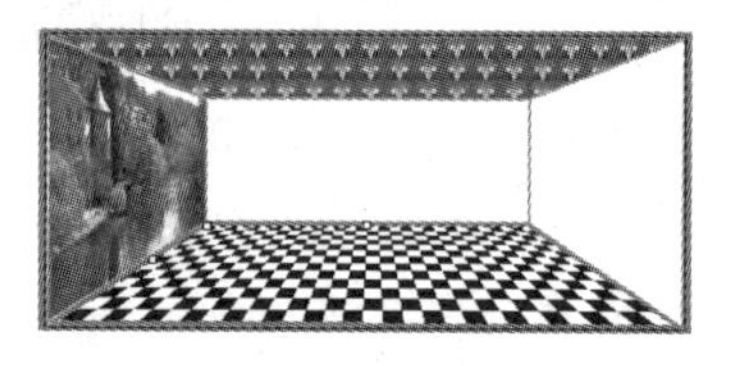
图 4-9-11 在透视平面内插入图像

图 4-9-12 4 个透视平面和图像

相关知识——消失点

利用“消失点”对话框可以创建一个或多个有消失点的透视平面（简称平面），在该平面内粘贴的图像、创建的矩形选区、使用画笔工具绘制的图形、使用图章工具仿制的图像都具有相同的透视效果。这样，可以简化透视图形和图像的制作与编辑过程。当修饰、添加或移去图像中的内容时，因为可以正确确定这些编辑操作的方向，并且将它们缩放到透视平面，效果更逼真。完成“消失点”对话框中的工作后，可继续编辑图像。要在图像中保留透视平面信息，应以 PSD、TIFF 或 JPEG 格式存储文档。还可以测量图像中的对象，并将 3D 信息和测量结果以 DXF 和 3DS 格式导出，以便在 3D 应用程序中使用。

1. “消失点”对话框

打开一幅图像，单击“滤镜”→“消失点”菜单命令，调出“消失点”对话框，如图 4-9-13 所示。其中包括用于定义透视平面的工具、用于编辑图像的工具、测量工具（仅限 Photoshop Extended）和图像预览。消失点工具（选框、图章、画笔及其他工具）的工作方式与工具箱中的对应工具十分类似。可以使用相同的键盘快捷键来设置工具参数。选择不同的工具，其选项栏内的选项会随之改变。单击“消失点的设置和命令”按钮 ，可以调出显示其他工具设置和命令的菜单。工具箱中各工具的作用如下：

图 4-9-13 “消失点”对话框

（1）编辑平面工具：选择、编辑、移动平面并调整平面大小。

（2）创建平面工具：定义平面的 4 个角节点、调整平面大小和形状并拉出新平面。

（3）选框工具：创建正方形、矩形或多边形选区，同时移动或仿制选区。双击选框工具，可以创建选中整个平面的选区。

（4）图章工具：使用图像的一个样本绘画。它与仿制图章工具不同，“消失点”对话框中的图章工具不能仿制其他图像中的元素。

（5）画笔工具：使用其选项栏内设置的画笔颜色等参数绘画。

（6）变换工具：通过移动外框控制柄来缩放、旋转和移动浮动选区。它的特点类似于在矩形选区上使用“自由变换”菜单命令。

（7）吸管工具：在预览图像中单击，可选择一种用于绘画的颜色。

（8）测量工具：在平面中测量项目的距离和角度。

（9）缩放工具：在预览图像中单击或拖动，可以放大图像的视图；按住【Alt】键单击或拖动，可以缩小图像的视图。

在选择了任何工具时按住【Space】键，然后可以在预览窗口内拖动图像的视图。

在“消失点”对话框底部的“缩放”下拉列表框中可以选择不同的缩放级别；单击加号（+）或减号（-）按钮，可以放大或缩小图像的视图。要临时在预览窗口内缩放图像的视图，可以按住【X】键。这对于在定义平面时放置角节点和处理细节特别有用。

（10）抓手工具：当图像大于预览窗口时，可以拖动移动预览图像。

2. 创建和编辑透视平面

（1）单击“滤镜”→“消失点”菜单命令，调出“消失点”对话框，如图 4-9-13 所示。默认按下“创建平面工具”按钮。

（2）在预览图像中，依次单击透视平面的 4 个角节点，在单击第三个角节点后，会自动形成透视平面，拖动到第四个角节点处单击，即可创建透视平面，如图 4-9-14 所示。创建透视平面后，“编辑平面工具”按钮呈选中状态，“创建平面工具”按钮转换为弹起状态，表示启用编辑平面工具，停止使用创建平面工具。

（3）在编辑平面工具选项栏内，调整“网格大小”文本框内的数值，可以改变改变透视平面内网格的大小。

（4）拖动透视平面 4 个角节点，可以调整透视平面的形状；拖动透视平面 4 条边的边缘结点，可以调整透视平面的大小；如果要移动透视平面，可以拖动透视平面。

（5）如果透视平面的外框和网格是蓝色的，表示透视平面有效；如果透视平面的外框和网格是红色或黄色的，表示透视平面无效，移动角节点可调整为有效。

（6）在添加角节点时，按【Backspace】键，可以删除上一个节点。

3. 创建共享同一透视的其他平面

（1）在消失点中创建透视平面之后，选择编辑平面工具，按住【Ctrl】键，同时拖动边缘节点，可以创建（拉出）共享同一透视的其他平面，如图 4-9-15 所示。另外，使用创建平面工具拖动边缘节点，也可以创建（拉出）共享同一透视的其他平面。如果新创建的平面没有与图像正确对齐，可以使用编辑平面工具拖动角节点以调整平面。调整一个平面时，将影响所有连接的平面。拉出多个平面可保持平面彼此相关。

可以从初始透视平面中拉出第二个平面之后，再从第二个平面中拉出其他平面，根据需要拉出任意多个平面。这对于在各表面之间无缝编辑复杂的几何形状很有用。

（2）新平面将沿原始平面成 90°角拉出。虽然新平面是以 90°角拉出的，但可以将这些平面调整到任意角度。在刚创建新平面后，释放鼠标左键，“角度”文本框变为有效，调整“角度”文本框中的数值，可以改变新拉出平面的角度。另外，使用编辑平面工具或创建平面工具的情况下，按住【Alt】键，同时拖动位于旋转轴相反一侧的中心边缘节点，也可以改变新拉出平面的角度，如图 4-9-16 所示。

图 4-9-14 创建一个透视平面

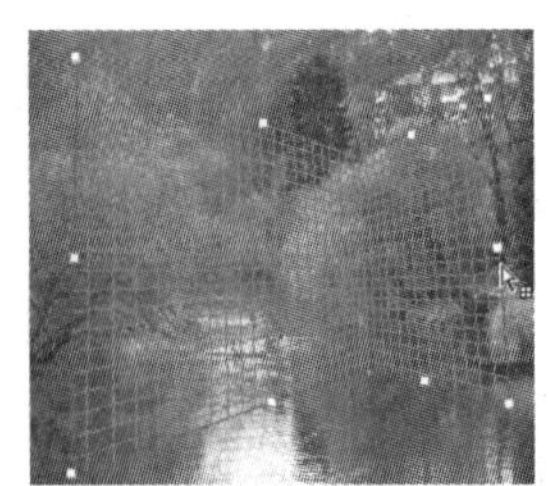

图 4-9-15 创建共享同一透视的平面

图 4-9-16 改变新平面角度

除了调整相关透视平面的角度之外，还可以调整透视平面的大小。按住【Shift】键，单击各个平面，可以同时选中多个平面。

4. 在透视平面内复制和粘贴图像

（1）打开要加入透视平面的图像，可以将一幅图像复制到剪贴板内。复制的图像可以来自另一个 Photoshop 文档。如果要复制文字，应选择整个文本图层，然后复制到剪贴板。

（2）创建一个新图层，准备将加入透视平面的图像保存在该图层内，这样原图像不会受到破坏，可以使用图层不透明度控制、样式和混合模式分别处理。

（3）调出“消失点”对话框，创建透视平面，按【Ctrl+V】组合键，将剪贴板内的图像粘贴到“消失点”对话框的预览窗口内，如图 4-9-17 所示。

（4）单击工具箱内的“变换工具”按钮，此时粘贴的图像四周会出现 8 个控制柄，可以调整图像的大小。移动图像到透视平面内，产生透视效果（是真正的逼真透视），如图 4-9-18 所示。注意，虽然有两个平面，但是属于一个透视平面，因此粘贴的图像会移到这两个平面内，在产生透视效果的同时，还产生折叠效果。

图 4-9-17　粘贴图像

图 4-9-18　图像移到透视平面内

（5）拖动透视平面内的图像，图像可以在透视平面内移动，移动中始终保持透视状态。将图像向右下角移动，露出图像的左上角控制柄，向右下角拖动左上角的控制柄，使图像变小，如图 4-9-19 左图所示。

（6）将图像向左上方移动，再调小图像，直到图像小于透视平面为止，如图 4-9-19 右图所示。然后将图像调整得刚好与透视平面完全一样，如图 4-9-20 所示。

图 4-9-19　调整图像大小和位置

图 4-9-20　最后效果

（7）还可以使用编辑平面工具调整透视平面的大小，但是不能够调整透视平面的形状。单击“确定”按钮，关闭“消失点”对话框，回到图像窗口，即可在背景图像上添加一幅透视折叠图像，如图 4-9-21 所示。

（8）还可以在透视平面内插入其他图像。方法是：将第二幅图像复制到剪贴板内，单击“滤镜”→“消失点”菜单命令，调出“消失点”对话框。按【Ctrl+V】组合键，将剪贴板内的图像粘贴到“消失点”对话框的预览窗口内；再按照上述方法调整图像，如图 4-9-22 所示。

（9）还可以在透视平面内创建矩形选区，如图 4-9-23 所示。可以看到，创建的选区也具有相同的透视效果。此时，可以对选区进行移动、旋转、缩放、填充和变换等操作。

图 4-9-21　背景之上的透视图像

图 4-9-22　插入第 2 幅图像

图 4-9-23　创建矩形选区

如果要用其他位置的图像替代选区内的图像，可以在选项栏内的“移动模式”下拉列表框内选择“目标”选项，将选区移到需要替换图像的位置，然后将“移动模式”下拉列表框内的选项改为“源”，再将鼠标指针移到要用来填充选区的图像处。或者，按住【Ctrl】键，同时将鼠标指针移到要用来填充选区的图像处。注意：选区内的图像与鼠标指针所在处的图像一样，如图 4-9-24 所示。

图 4-9-24　替换选区内图像

如果将选区移出透视平面，也具有上述特点。按【Ctrl+D】组合键，可以取消选区。在上述操作中，如果出现错误操作，可按【Ctrl+Z】组合键，撤销刚进行的操作。

思考与练习 4-9

图 4-9-25　房间图像

1. 为图 4-9-25 所示房间图像的地面和墙壁贴图。

2. 参考【案例 26】“摄影展厅”图像的制作方法，制作一幅“国画展厅”图像。

4.10　综合实训 4——电影《生死时速》海报

实训效果

“电影《生死时速》海报”图像如图 4-10-1 所示。它是在图 4-10-2 所示的“生死时速”图像基础上，添加“生死时速”火焰文字制作而成的。

实训提示

（1）参考【案例 20】“燃烧文字”图像的制作方法，在“生死时速”图像上制作一个“生死时速”火焰文字。

（2）创建“图层 2”。选择工具箱中的画笔工具，在其选项栏内设置喷枪的流量为 30%，笔触为 30，硬度为 0，前景为黑色。在文字周围拖动。

（3）调出“液化”对话框，使用向前变形工具涂抹图像，再配合使用膨胀工具、顺时针旋转扭曲工具、褶皱工具等绘制出逼真的火焰外观。

（4）在“图层 2”上方创建“图层 3”，填充为黑色，再选中“图层 2”，按【Ctrl+I】组合键，将图像颜色反相。将“图层 2”和“图层 3”合并。

图 4-10-1　电影《生死时速》海报

图 4-10-2　“生死时速”图像

（5）单击“图像”→“调整”→“渐变映射”菜单命令，调出“渐变映射”对话框。再调出“渐变编辑器”窗口，利用该窗口设置从黑色到红绿色到黄色再到白色的渐变色。单击“确定”按钮，完成渐变色的设置。

（6）将“图层 3”的图层混合模式改为“滤色”。

实训测评

能力分类	能力	评分
职业能力	滤镜的一般使用方法，安装外部滤镜，智能滤镜	
	“模糊”、“扭曲”、“风格化”、“纹理”滤镜	
	“像素化”、“画笔描边”、“素描”和“锐化”滤镜	
	“杂色”、“其他”、“艺术效果”和“渲染”等滤镜	
	图像液化	
	消失点	
通用能力	自学能力、总结能力、合作能力、创造能力等	
能力综合评价		

第 5 章　绘制与处理图像

【本章提要】本章介绍了画笔、历史记录画笔、渲染、橡皮擦、图章、修复、形状等工具组工具的使用方法和技巧，以及“画笔样式”面板、“画笔”面板等使用方法。

5.1 【案例 27】青竹别墅

案例描述

“青竹别墅”图像如图 5-1-1 所示。它是在图 5-1-2 所示的“别墅”图像内添加图 5-1-3 所示“丽人”图像，再绘制草坪和一片竹林后获得的。

图 5-1-1 “青竹别墅”图像

图 5-1-2 “别墅”图像

图 5-1-3 “丽人”图像

设计过程

1. 在别墅图像内添加丽人和云图图像

（1）打开图 5-1-2 所示的“别墅”图像，再以名称“【案例 27】青竹别墅.psd”保存。

（2）打开图 5-1-3 所示的“丽人”图像，创建选区，将该图像中的人物图像选中。再使用移动工具将人物图像拖动到“青竹别墅”图像窗口内，同时生成一个图层，用来放置丽人图像。将该图层的名称改为“丽人”。

（3）选中“丽人”图层，单击“编辑”→“自由变换”菜单命令，调整人物图像的大小和位置，按【Enter】键确认，效果如图 5-1-1 所示。

（4）使用工具箱中的魔棒工具，在“别墅”图像的白色背景处单击，创建选中白色天空的选区。

（5）打开一幅“云图”图像，单击“选择”→“全部”菜单命令，创建选中全部云图的选区，如图 5-1-4 所示。

图 5-1-4 选中云图

（6）单击“编辑”→“拷贝”菜单命令，将选区内图像拷贝到剪贴板内。选中“青竹别墅”图像，单击“编辑”→“选择性粘贴”→“贴入”菜单命令，将剪贴板内的图像粘贴到选区内，将生成的图层更名为“云图”。单击“编辑”→“自由变换”菜单命令，调整粘贴图像的位置和大小。按【Enter】键确认，效果如图 5-1-1 所示。

2. 制作“竹身”图形

（1）新建一个名称为“竹身”、宽为 100 像素、高为 400 像素、模式为 RGB 颜色、背景为透明的图像。使用工具箱中的矩形选框工具创建一个矩形选区。

（2）选择工具箱内的渐变工具，设置“线性渐变”，调出“渐变编辑器”窗口。利用该窗口设置从绿色到浅绿色再到深绿色渐变色，如图 5-1-5 所示。单击“确定”按钮，完成渐变色的设置。再在选区内由上往下拖动，绘制出一节竹子。

（3）使用椭圆选框工具创建一个椭圆选区。使用线性渐变填充椭圆选区，绘制出一个竹节，再复制一份，将两个竹节移到一节竹身上，如图 5-1-6 所示。

（4）选择竹子所在图层，单击“编辑”→“自由变换”命令，调整竹子的大小和旋转角度，调整竹子的位置，按【Enter】键确认，效果如图 5-1-7 所示。

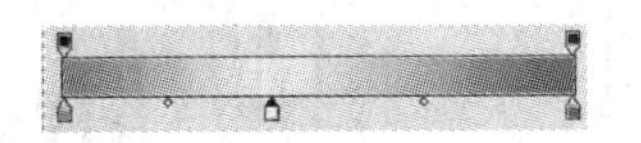

图 5-1-5 设置渐变色

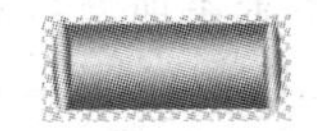

图 5-1-6 竹节和一节竹身图形

图 5-1-7 调整竹子

（5）复制多份图 5-1-6 所示的图像，调整它们的大小，然后将它们连接在一起。单击“图层”→“合并可见图层”菜单命令，制作出一根竹子，如图 5-1-8 所示。

（6）单击“图像”→“裁切”菜单命令，打开“裁切”对话框，采用默认设置，单击“确定”按钮，完成图像的修剪工作。

3. 制作“竹叶”图形

（1）新建一个名称为“竹叶”、宽 100 像素、高 100 像素、背景透明的图像。使用工具箱中的多边形套索工具创建一个三角形选区，如图 5-1-9 所示。

（2）使用工具箱内的渐变工具，设置“角度渐变”，渐变色为绿色到浅绿色再到深绿色。在选区内按图 5-1-9 所示的箭头方向拖动，用设置好的渐变色填充三角形选区，如图 5-1-10 所示。按【Ctrl+D】组合键，取消选区。

（3）选择工具箱内的橡皮擦工具，单击其选项栏内的按钮，调出“画笔”面板，设置笔触直径为 9 像素，擦除多余的部分，绘制出竹叶，效果如图 5-1-11 所示。

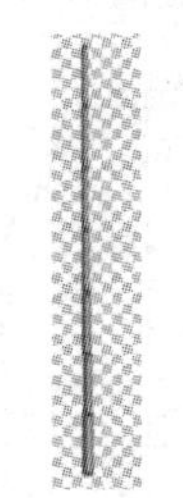

图 5-1-8 一根竹子

图 5-1-9 三角形选区

图 5-1-10 填充选区

图 5-1-11 竹叶

（4）单击“图像”→“裁切”菜单命令，调出“裁切”对话框，单击“确定”按钮。

4. 制作“竹林”图形

（1）新建一个名称为“青竹”、宽 400 像素、高 400 像素、背景透明的图像。选中“竹身”图像，按【Ctrl+A】组合键，全选“竹身”图形。按【Ctrl+C】组合键，将选中的图形复制到剪贴板中。

（2）选中“青竹”图像，按【Ctrl+V】组合键，将剪贴板中的竹身图像粘贴到“青竹”图像中，同时“图层”面板内会自动创建“图层 1”，在该图层中放置粘贴的竹身图像。采用相同的方法，将“竹叶”图像中的竹叶图像复制到“青竹”图像中，同时“图层”面板内会自动创建“图层 2”，在“图层 2”中放置竹叶图像。

（3）使用自由变换的方法，调整竹身与竹叶大小，再复制多份竹叶图像，并将它们和竹身拼成一根完整的竹子图像，如图 5-1-12 所示。将该图像保存为“单根青竹.jpg”图像，以备后面生成画笔时使用。

（4）选中“图层”面板中所有与竹子图像有关的图层，单击“图层”→“合并图层”菜单命令，将竹子和竹叶所在图层合并为“图层 1”。

（5）将制作好的竹子复制多份，再使用自由变换的方法，将复制的竹子拼成竹林，如图 5-1-13 所示。以名称“青竹.psd”保存。

图 5-1-12　竹子　图 5-1-13　多根竹子

5. 制作草地

（1）选中“青竹别墅”图像。选择工具箱中的画笔工具，单击“窗口”→“画笔”菜单命令，调出“画笔”面板。

（2）选中“画笔”面板中的“画笔笔尖形状”选项，再选中“草”笔触，将笔触的“直径”调整为 30 px，“间距”调整为 30%，如图 5-1-14 所示。选中“形状动态”复选框，右侧切换到相应的控制面板，设置各参数值，如图 5-1-15 所示。

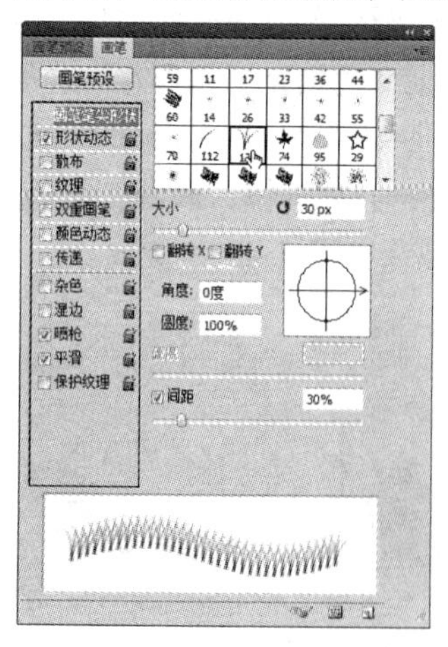

图 5-1-14　“画笔”面板设置

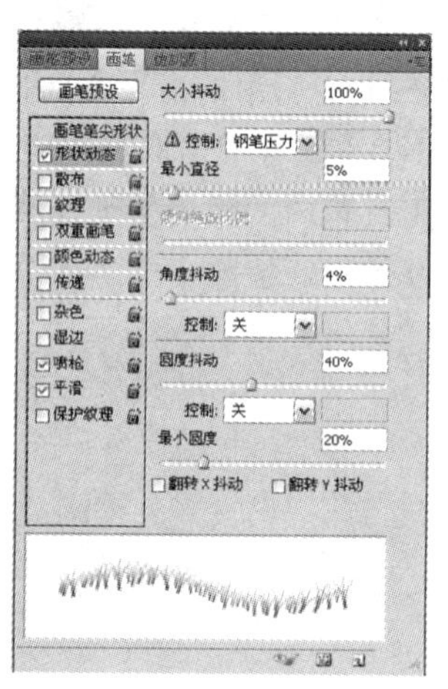

图 5-1-15　“画笔”面板设置

（3）在“背景”图层上方新建“图层 1”，将该图层的名称改为“小草”。

（4）将前景色设置为绿色，使用画笔工具在底部绘制一些绿色小草图案。设置前景色为黄色，使用画笔工具在底部绘制一些黄色小草图案。再设置前景色为深绿色，在底部绘制一些深绿色小草图案，如图 5-1-16 所示。

图 5-1-16　小草图案

（5）将“小草”图层复制两份，调整复制的小草图像的位置，然后将复制的图层合并，合并后的图层名称改为“小草”，效果如图 5-1-1 所示。

6. 使用画笔绘制背景竹子图像

（1）打开前面保存的“单根青竹.jpg”图像。双击“图层”面板中的“背景”图层，调出“新建图层”对话框，单击该对话框中的“确定”按钮，将背景图层转换为名称是“图层 0”的常规图层，其目的是可以删除图像的白色背景，使图像背景透明。

（2）选择工具箱内的魔棒工具，单击图像的白色背景，创建选区。按删除键，删除白色背景，使竹子图像背景透明。

（3）单击“选择”→“反选”菜单命令，使选区选中单根竹子图像。再单击“编辑”→“定义画笔预设”菜单命令，调出“画笔名称”对话框。在“名称”文本框中输入“单根竹子”，如图 5-1-17 所示。单击“确定”按钮，即可创建一个“单根竹子”画笔。

图 5-1-17　“画笔名称”对话框

（4）在“青竹别墅”图像窗口的“图层”面板内的“小草”图层下方创建一个新图层“图层 1”。将该图层的名称改为“青竹 1”。

（5）设置前景色为绿色，选择画笔工具，在其选项栏内选择“单根竹子”画笔，然后在“青竹 1”图层内绘制一些竹子图案，如图 5-1-1 所示。

（6）选中“青竹.psd”图像，使用移动工具将其中的青竹拖动到“【案例 27】青竹别墅.psd”图像内，调整复制图像的大小和位置。将自动生成的图层名称改为“青竹 2”。

（7）将“青竹 1”图层和“青竹 2”图层合并，合并后的图层更名为“青竹”。

相关知识——画笔工具组

1.“画笔样式”面板的使用

在选中画笔等工具后，单击其选项栏中的“画笔”按钮或右击图像窗口内部，可调出“画笔样式”面板，如图 5-1-18 所示。利用该面板可以设置画笔的形状与大小。单击“画笔样式”面板中的一种画笔样式图案，再按【Enter】键，或双击“画笔样式”面板中的一种画笔样式图案，即可完成画笔样式的设置。单击“画笔样式”面板右上角的菜单按钮，可以调出“画笔样式”面板的菜单，如图 5-1-19 所示。再单击菜单中的命令，可以执行相应的操作，主要是创建新画笔、载入新画笔、存储画笔和替换画笔等。

（1）载入画笔和替换画笔：单击“画笔样式”面板菜单中最下面一栏中的一个菜单命令，可以直接更换画笔。例如，单击“自然画笔”菜单命令，会调出一个 Photoshop 提示对话框，如图 5-1-20 左图所示；单击“追加”按钮，可将新调入的画笔追加到当前画笔的后边；单击“确定”按钮，可以用新调入的画笔替代当前的画笔。

单击“替换画笔”菜单命令，调出“载入”对话框。利用该对话框可以导入扩展名为“.abr”

的画笔文件，即可替换画笔。单击“载入画笔”菜单命令，也会调出“载入”对话框，只是载入的画笔不是替换原来的画笔，而是追加到原画笔的后面。

（2）存储画笔：单击菜单中的“存储画笔”菜单命令，可以调出“存储”对话框。利用该对话框可以将当前“画笔样式”面板内的画笔保存到磁盘中。

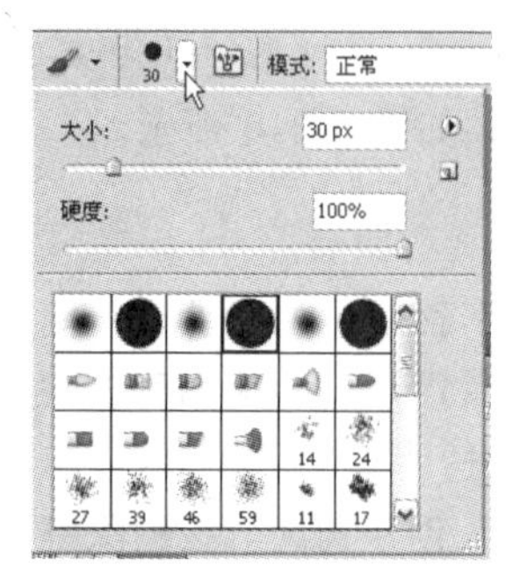

图 5-1-18 “画笔样式”面板

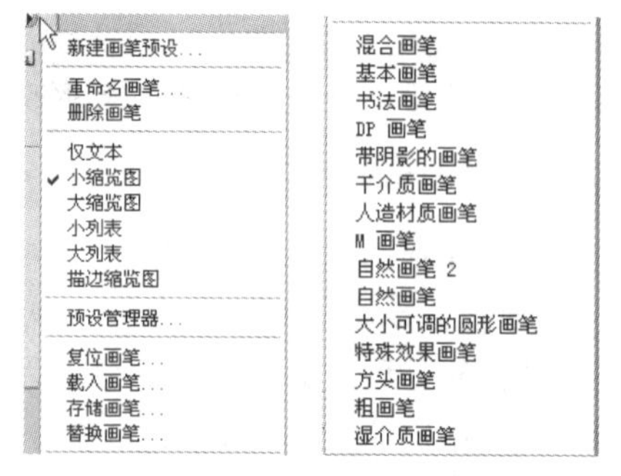

图 5-1-19 “画笔样式”面板菜单

（3）删除画笔：选中“画笔样式”面板内的一个画笔图案，再单击菜单中的“删除画笔”菜单命令，即可将选中的画笔从“画笔样式”面板中删除。

（4）复位画笔：单击菜单中的“复位画笔”菜单命令，会调出一个提示对话框，如图 5-1-20 右图所示。单击“确定”按钮，即可使“画笔样式”面板内的画笔复位成系统默认的画笔。单击“追加”按钮，即可将系统默认的画笔追加到“画笔样式”面板内当前画笔的后面。

（5）重命名画笔：选中“画笔样式”面板内的一个画笔图案，再单击菜单中的“重命名画笔”菜单命令，调出“画笔名称”对话框，如图 5-1-21 所示。在“名称”文本框内输入画笔的新名称，再单击“确定”按钮，即可给选定的画笔重命名。

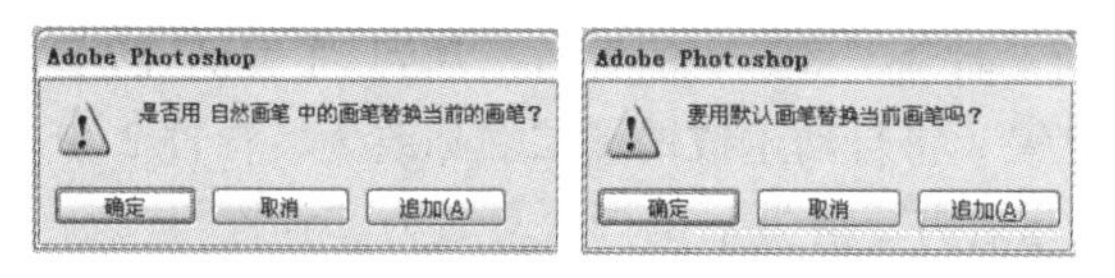

图 5-1-20 Photoshop 提示对话框

图 5-1-21 “画笔名称”对话框

（6）改变“画笔样式”面板的显示方式：“画笔样式”面板的显示方式有 6 种，前面给出的均是“小缩览图”显示方式。单击菜单中的“纯文本”、“小缩览图”、“大缩览图”、“小列表”、“大列表”和“描边缩览图”菜单命令，可以在各种显示方式之间切换。

2. 使用画笔组工具绘图

使用画笔组工具中的工具绘图的方法基本一样，只是使用画笔工具绘制的线条可以比较柔和；使用铅笔工具绘制的线条硬，像用铅笔绘图一样；使用喷枪工具绘制的线条像喷图一样；使用颜色替换工具绘图只是替换颜色。绘图的一些要领如下：

（1）设置好颜色（前景色）和画笔类型等后，单击图像窗口内部，可以绘制一个点。

（2）在画布中拖动，可以绘制曲线。

（3）按住【Shift】键，同时拖动，可绘制水平或垂直线。

（4）单击直线起点，再按住【Shift】键，单击直线终点，可以绘制直线。

（5）按住【Shift】键，单击多边形的各个顶点，可以绘制折线或多边形。

（6）按住【Alt】键，可将画图工具切换到吸管工具。也适用于本节介绍的其他工具。

（7）按住【Ctrl】键，可将画图工具切换到移动工具。也适用于本节介绍的其他工具。

（8）如果已经创建了选区，则只可以在选区内绘制图像。

3. 画笔工具选项栏

画笔工具组内有画笔、铅笔、颜色替换和混合器画笔 4 个工具。画笔工具选项栏如图 5-1-22 所示，铅笔工具选项栏如图 5-1-23 所示，颜色替换工具选项栏如图 5-1-24 所示。混合器画笔工具选项栏如图 5-1-25 所示。使用画笔和铅笔工具绘图的颜色均为前景色。在使用铅笔工具时，选项栏内会增加“自动抹除”复选框，如果选中该复选框，当鼠标指针中心点所在位置的颜色与前景色相同时，则用背景色绘图；当鼠标指针中心点所在位置的颜色与前景色不相同时，则用前景色绘图。如果未选中该复选框，则总是用前景色绘图。

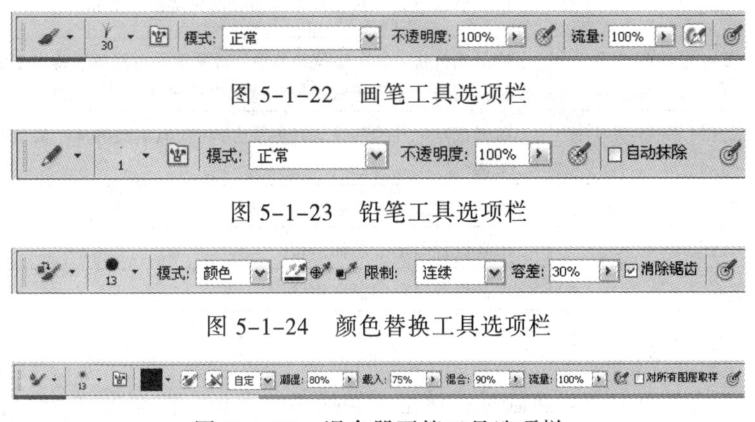

图 5-1-22　画笔工具选项栏

图 5-1-23　铅笔工具选项栏

图 5-1-24　颜色替换工具选项栏

图 5-1-25　混合器画笔工具选项栏

选项栏内文本框的数值调整方法（例如，“不透明度”文本框）可以在文本框内输入数值或拖动“不透明度”文字；也可以单击文本框右边的按钮，调出一个滑块，拖动滑块来改变数值，如图 5-1-26 所示。4 个选项栏中部分选项的作用如表 5-1-1 所示。

图 5-1-26　“不透明度”文本框

表 5-1-1　画笔工具组内 4 个工具选项栏内部分选项的作用

序号	名　　称	作　　用
1	“模式”下拉列表框	用来设置绘画模式
2	“不透明度”文本框	它决定了绘制图像的不透明程度，其值越大，透明度越小
3	“流量”文本框	它决定了绘制图像的笔墨流动速度，其值越大，绘制图像的颜色越深
4	“切换画笔面板”按钮	单击该按钮，可以调出“画笔”面板，利用该面板可以设置画笔笔触的大小和形状等
5	“启用喷枪模式”按钮	按下该按钮后，画笔会变为喷枪，可以喷出色彩
6	“取样”栏	用来设置鼠标拖动时的取样模式，它有 3 个按钮： （1）“取样连续”按钮：在拖动时，连续对颜色取样； （2）“一次”按钮：只在第一次单击时对颜色取样并替换，以后拖动不再替换颜色； （3）“背景色板”按钮：取样的颜色为原背景色，只替换与背景色一样的颜色

续表

序号	名　　称	作　　　　用
7	“限制”下拉列表框	其内有“连续”、“不连续”和“查找边缘”3个选项，选择“连续”选项，表示替换与鼠标指针处颜色相近的颜色；选择“不连续”选项，表示替换出现在任何位置的样本颜色；选择“查找边缘”选项，表示替换包含样本颜色的连续区域，同时能更好地保留形状边缘的锐化程度
8	“容差”文本框	该数值越大，在拖动涂抹图像时选择相同区域内的颜色越多
9	“消除锯齿”复选框	使用颜色替换工具时选中它后，涂抹替换颜色时可使边缘过渡平滑
10	“当前画笔载入”下拉列表框	它有3个选项，用来载入画笔、清理画笔和只载入纯色，载入纯色时，它和涂抹的颜色混合，混合效果由“混合”等数值框内的数据决定
11	“每次描边后载入画笔”按钮	按下该按钮，每次涂抹绘图后，对画笔进行更新
12	“每次描边后清理画笔”按钮	按下该按钮，每次涂抹绘图后，对画笔进行清理，相当于实际用绘图笔绘画时，绘完一笔后将绘图笔在清水中清洗
13	“预设混合画笔组合”下拉列表框	用来选择一种预先设置好的混合画笔。其右边的4个数值框内的数值会随之变化
14	“潮湿”数值框	用来设置从画布拾取的油彩量
15	“载入”数值框	用来设置画笔上的油彩量
16	“混合”数值框	用来设置颜色的混合比例

4. 创建新画笔

（1）使用“画笔”面板创建新画笔：单击“切换画笔面板”按钮或者单击“窗口”→“画笔”菜单命令，调出“画笔”面板，如图 5-1-14 所示。利用该面板可以设计各种各样的画笔。单击该面板底部的“创建新画笔”按钮，可调出“画笔名称”对话框，在“名称”文本框中输入画笔名称，单击“确定”按钮，可将刚设计的画笔加载到“画笔样式”面板中。

（2）利用图像创建新画笔：创建一个选区，选中要作为画笔的图像，然后单击“编辑”→“定义画笔预设”菜单命令，调出“画笔名称”对话框，在其文本框内输入画笔名称，再单击“确定”按钮，即完成了创建图像新画笔的工作，“画笔样式”面板的最后会增加新的画笔图案。定义画笔的选区可以是任何形状的，甚至没有选区。

思考与练习 5-1

1. 在图 5-1-27 所示的多幅图形中任选绘制其中的 6 幅图形。

图 5-1-27　几幅图形

2. 利用提供的画笔文件，绘制一些采用不同画笔绘制的图形。
3. 制作一幅“封面设计”图像，如图 5-1-28 所示。
4. 绘制一幅“荷塘月色”图像，如图 5-1-29 所示。
5. 绘制一幅“归燕”图像，如图 5-1-30 所示。

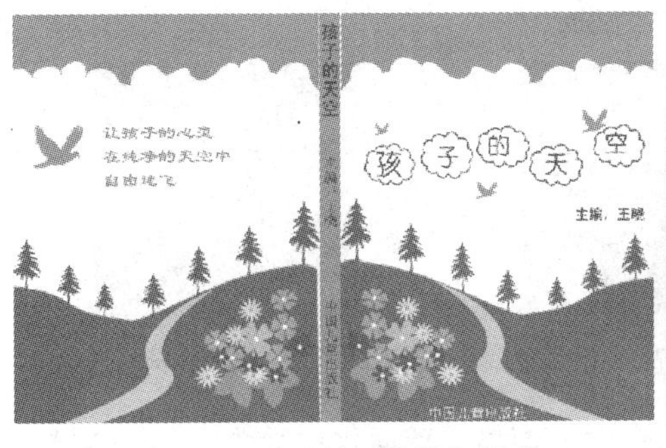

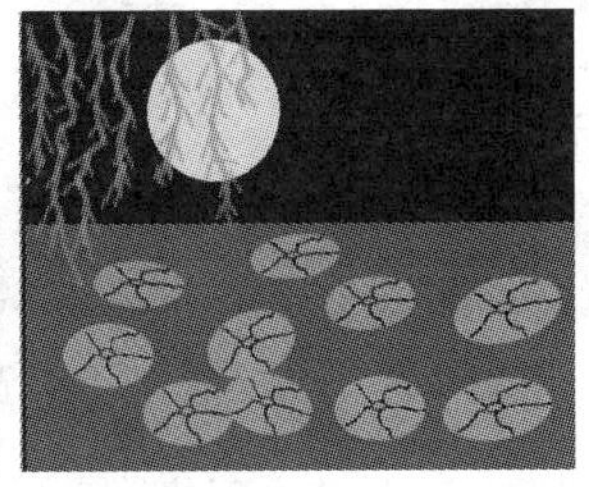

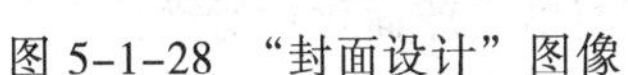
图 5-1-28 “封面设计”图像　　图 5-1-29 “路”图像　　图 5-1-30 “归燕”图像

5.2 【案例 28】牛奶广告

案例描述

“牛奶广告”图像如图 5-2-1 所示，它是一幅宣传绿色环保牛奶的宣传广告。制作该图像主要使用了图 5-2-2 所示的图像，使用了“球面化”滤镜和历史记录画笔等技术。

图 5-2-1 “牛奶广告”图像

图 5-2-2 “草原”图像和“牛奶”图像

设计过程

1. 制作圆形凸透效果

（1）打开“草原”和“牛奶”图像，如图 5-2-2 所示。将“草原”图像以名称“【案例 28】牛奶广告. psd”保存。选中“牛奶”图像窗口，使用工具箱中的移动工具 将“牛奶”图像拖动到“草原”图像中，调整好“牛奶”图像的位置。此时，“【案例 28】牛奶广告”图像的“图层”面板中会增加一个有“牛奶”图像的“图层 1”。

（2）给该图层添加“外发光”（蓝色）图层样式，如图 5-2-3 所示。

（3）将“图层 1”和“背景”图层合并，成为“背景”图层。单击“滤镜”→“模糊”→

“高斯模糊”菜单命令，调出“高斯模糊”对话框，在该对话框中设置模糊半径为 4 像素，单击“确定”按钮，效果如图 5-2-4 所示。

（4）将“背景”图层复制一份，将复制的图层名称改为“透明球”。使用工具箱中的椭圆选框工具，在图像上拖动创建图 5-2-5 所示的圆形选区。将选区反向。选中“透明球”图层，按【Delete】键，将选区内的图像删除。再将选区反向。

图 5-2-3　添加“外发光”图层样式

图 5-2-4　高斯模糊效果

图 5-2-5　创建圆形选区

（5）单击“滤镜”→“扭曲”→“球面化”菜单命令，调出“球面化”对话框，具体设置如图 5-2-6 所示，单击“确定”按钮。再执行一次该命令，效果如图 5-2-7 所示。

（6）单击“选择”→“修改”→“收缩”菜单命令，调出“收缩”对话框，在“收缩”对话框中设置收缩量为 6 像素，单击“确定”按钮。

（7）选择工具箱中的历史记录画笔工具，单击“历史记录”面板内“向下合并”记录左边的方框，使方框内出现历史记录画笔标记，如图 5-2-8 所示。然后，在选区的中间多次单击；再将历史记录画笔的不透明度降低，并在选区的周边单击几次。按【Ctrl+D】组合键，取消选区，效果如图 5-2-9 所示。

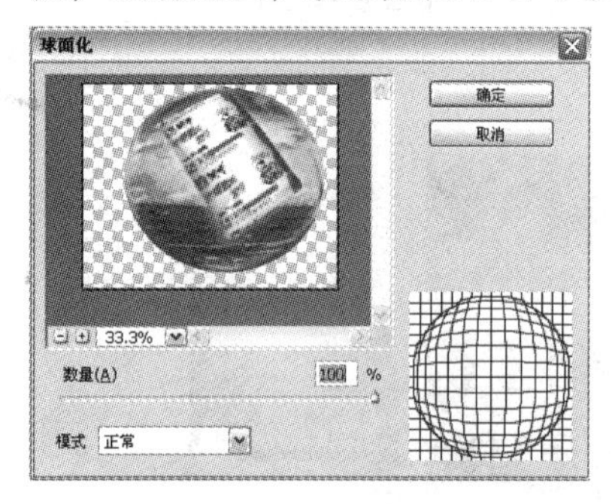

图 5-2-6　“球面”对话框

图 5-2-7　执行两次“球面化”滤镜

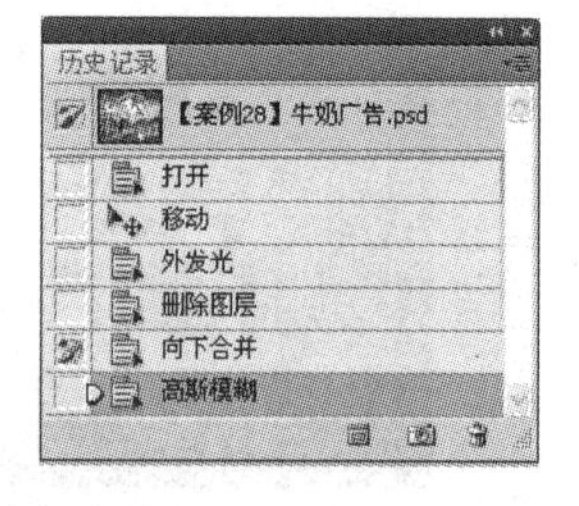

图 5-2-8　“历史记录”面板

（8）选中“透明球”图层，调出“图层样式”对话框，具体设置如图 5-2-10 所示，单击“确定”按钮，为该图层加上“外发光”图层样式，效果如图 5-2-11 所示。

图 5-2-9　历史记录画笔效果

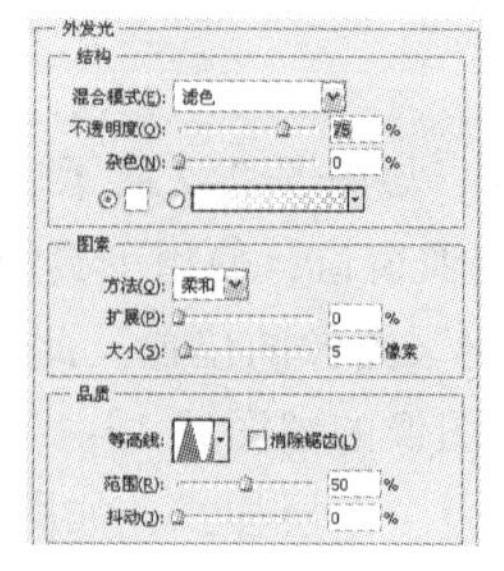

图 5-2-10　“图层样式”对话框设置

图 5-2-11　添加图层样式

2．添加图片和制作文字

（1）打开其余的图像，如图 5-2-12 和图 5-2-13 所示。使用工具箱中的移动工具 ，分别将它们拖动到“【案例 28】牛奶广告”图像中，或者创建选中其中部分图像的选区，再使用移动工具 将选区内的图像拖动到“【案例 28】牛奶广告”图像中。

图 5-2-12　其余的牛奶图像

图 5-2-13　奶牛和牛奶制品图像

（2）调整这些图像的大小和位置。输入广告文字。为文字分别添加“投影”、“外发光”和“渐变叠加”图层样式。最后效果如图 5-2-1 所示。

相关知识——历史记录画笔工具组和渲染工具

1．历史记录画笔工具组

历史记录画笔工具组有历史记录画笔和历史记录艺术画笔两个工具，它们的作用如下：

（1）历史记录画笔工具 ：它应与“历史记录”面板配合使用，可以恢复“历史记录”面板中记录的任何一个过去的状态（参看本案例制作）。该工具的选项栏如图 5-2-14 所示。其中各选项均在前面介绍过。“流量”文本框的值越大，拖动仿制效果越明显。

图 5-2-14　历史记录画笔工具的选项栏

（2）历史记录艺术画笔工具 ：它可以与“历史记录”面板配合使用，恢复“历史记录”面板中记录的任何一个过去的状态；还可以附加特殊的艺术处理效果。其选项栏如图 5-2-15 所示。前面没介绍过的选项的作用如下：

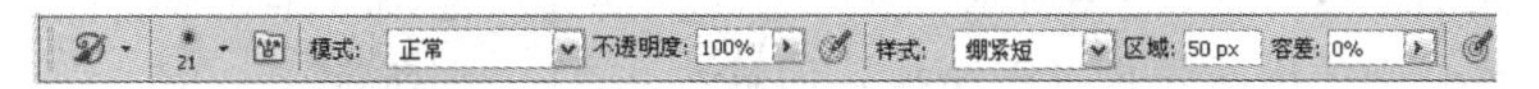

图 5-2-15　历史记录艺术画笔工具的选项栏

◎“样式”下拉列表框：选择不同样式，可以获得不同的恢复效果。例如，打开一幅图像，如图 5-2-16 所示，将它复制到剪贴板内，再新建一个图像，创建一个椭圆选区，将剪贴板内的图像贴入选区内，选择“轻涂”选项后，在贴入图像上拖动恢复的效果如图 5-2-17 所示。

◎“区域”文本框：设置操作时鼠标指针作用的范围。

◎“容差”文本框：该数值的范围是 0%～100%，设置操作时恢复点间的距离。

2. 渲染工具

工具箱内的渲染工具分别放置在两个工具组中，如图 5-2-18 所示。它们的作用如下：

图 5-2-16　图像

图 5-2-17　轻涂效果

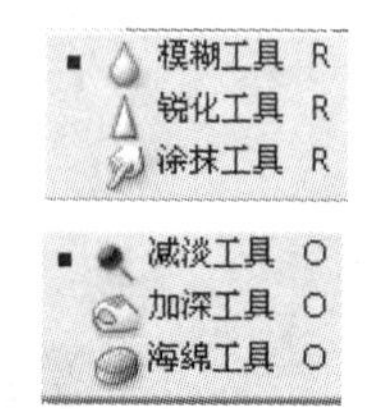

图 5-2-18　两个渲染工具组

（1）模糊工具：用来对图像突出的色彩和锐利的边缘进行柔化，使图像模糊。模糊工具的选项栏如图 5-2-19 所示，其“强度”（也叫压力）文本框是用来调整压力大小的，压力值越大，模糊的作用越大。

图 5-2-19　模糊工具的选项栏

单击工具箱内的“模糊工具”按钮，按照图 5-2-19 所示进行选项栏设置，再用鼠标在图 5-2-16 所示图像的右半部分反复拖动，加工后的图像如图 5-2-20 所示。

图 5-2-20　模糊加工后的图像

（2）锐化工具：它与模糊工具的作用正好相反，用来将图像相邻颜色的反差加大，使图像的边缘更锐利，它的使用方法与模糊工具一样。锐化工具的选项栏如图 5-2-21 所示。选中“保护细节”复选框，可以使涂抹后的图像保护细节；选中“对所有图层取样”复选框，在涂抹时对所有图层的图像取样，否则只对当前图层内的图像取样。对图 5-2-16 所示图像右半部分进行锐化后的效果如图 5-2-22 所示。

图 5-2-21　锐化工具的选项栏

（3）涂抹工具：它可以使图像产生涂抹的效果，对图 5-2-22 所示图像右半部分进行涂抹加工后的效果如图 5-2-23 左图所示。涂抹工具的选项栏如图 5-2-24 所示。如果选中“手指绘画”复选框，则使用前景色进行涂抹，如图 5-2-23 右图所示。

（4）减淡工具：它的作用是使图像的亮度增加。减淡工具的选项栏如图 5-2-25 所示。其中，前面没有介绍的选项的作用如下：

图 5-2-22　锐化图像

图 5-2-23　涂抹图像

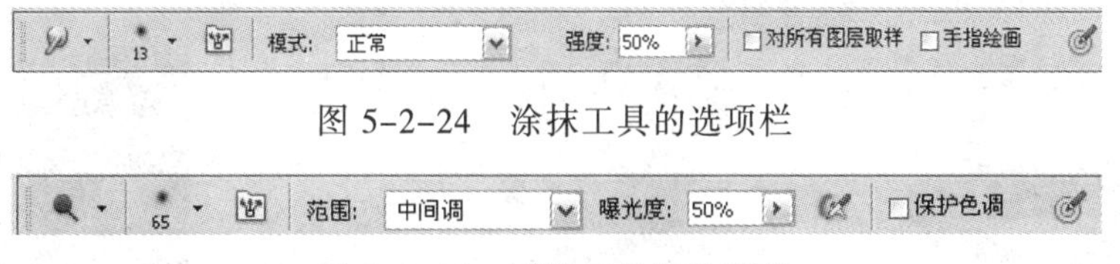

图 5-2-24　涂抹工具的选项栏

图 5-2-25　减淡工具的选项栏

◎“范围”下拉列表框：它有 3 个选项，暗调（对图像的暗色区域进行亮化）、中间调（对图像的中间色调区域进行亮化）、高光（对图像的高亮度区域进行亮化）。

◎“曝光度”文本框：用来设置曝光度大小，取值范围 1%～100%。

按照图 5-2-25 进行设置后，将图 5-2-16 所示图像右半部分减淡后，效果如图 5-2-26 所示。

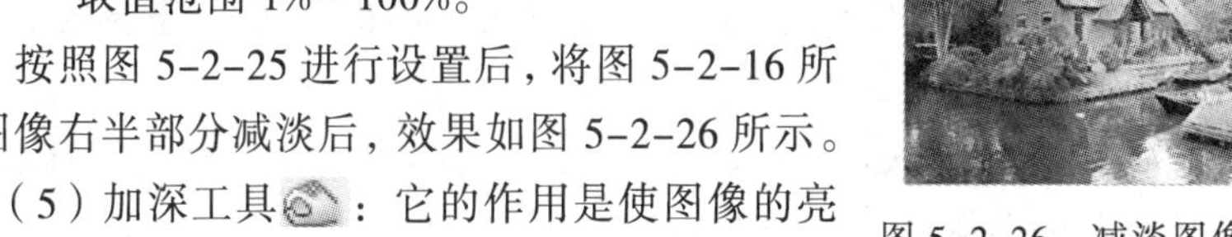

图 5-2-26　减淡图像

图 5-2-27　加深图像

（5）加深工具：它的作用是使图像的亮度减小，将图 5-2-16 所示图像右半部分加深后，效果如图 5-2-27 所示。加深工具的选项栏如图 5-2-28 所示。

图 5-2-28　加深工具的选项栏

（6）海绵工具：它的作用是使图像的色彩饱和度增加或减小。海绵工具选项栏如图 5-2-29 所示。如果选择“模式”下拉列表框中的“降低饱和度”选项，则使图像的色彩饱和度减小；如果选择“模式”下拉列表框中的“饱和”选项，则使图像的色彩饱和度增加。

图 5-2-29　海绵工具的选项栏

思考与练习 5-2

1. 通过实际操作，了解历史记录画笔工具组工具和渲染工具的基本使用方法。

2. 制作一个水滴图形。制作方法提示：首先创建一个水滴状选区，填充浅蓝色；再使用减淡工具将左边减淡，使用加深工具将右边加深；选择减淡工具，设置范围为“高光”，给图形添加水滴的高光效果，产生立体感。

3. 制作一幅家用电器广告图像，背景图像上有 5 个不同颜色的透明球体，其内有不同类型的家用电器，再添加一些与图像内容一致的广告词。

5.3 【案例29】鱼鹰和鱼

案例描述

制作“鱼鹰和鱼”图像，如图5-3-1所示。制作该图像使用了图5-3-2和图5-3-3所示的“鱼和鱼缸”图像和“鱼鹰”图像。

图5-3-1 “鱼鹰和鱼”图像

图5-3-2 “鱼和鱼缸”图像

图5-3-3 “鱼鹰”图像

设计过程

（1）打开“鱼和鱼缸”图像和“鱼鹰”图像。将“鱼和鱼缸”图像以名称“【案例29】鱼鹰和鱼.psd”保存。

（2）选择工具箱中的魔术橡皮擦工具，设置容差为50，擦除“鱼鹰”图像中的蓝色背景。使用橡皮擦工具将未擦除的图像擦除，如图5-3-4所示。

（3）将图5-3-4中的图像复制到图5-3-2所示的“【案例29】鱼鹰和鱼.psd”图像中。调整鱼鹰图像的位置、大小和旋转角度，调整后的图像如图5-3-5所示。

（4）双击“背景”图层，调出“新建图层”对话框，单击“确定”按钮，将“背景”图层转换成名称为“图层0”的常规图层。

（5）单击“图层”→“新建”→“图层”菜单命令，新建“图层2”。设置背景色为白色，选中“图层2”，按【Ctrl+Delete】组合键，将“图层2”填充为白色。将“图层2”拖动到“图层0”的下方。

（6）单击“图层1”左边的眼睛图标，将“图层1”隐藏。选中“图层0”，使用背景橡皮擦工具将该图层内的鱼缸擦除，如图5-3-6所示。

图5-3-4 擦除鱼鹰背景

图5-3-5 调整鱼鹰角度

图5-3-6 擦除鱼缸

（7）单击“历史记录”面板内最后一个“背景色橡皮擦”记录左边的方框，使方框内出现历史记录标记，如图5-3-7所示。

（8）单击“滤镜”→“模糊”→“径向模糊”菜单命令，调出“径向模糊”对话框，在“数量”文本框内输入 10，选中“旋转”和“好”单选按钮，单击“确定”按钮。单击“图层 1”左面的方框，显示“图层 1”。

（9）使用工具箱中的历史记录画笔工具，多次单击“图层 0”中的鱼，最终效果如图 5-3-1 所示。

相关知识——橡皮擦工具组

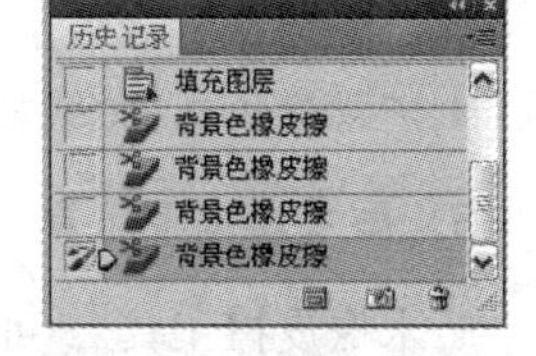

图 5-3-7　“历史记录”面板

橡皮擦工具组中有 3 个橡皮擦工具。它们的作用简介如下：

1. 橡皮擦工具

使用橡皮擦工具擦除图像可以理解为用设置的画笔，使用背景色为绘图色，重新绘图。所以画笔绘图中采用的一些方法在擦除图像时也可使用，例如，按住【Shift】键拖动，可沿水平或垂直方向擦除图像。

选中“抹到历史记录”复选框，则擦除图像时，只能够擦除到历史记录状态。另外，还可以在此状态下，用鼠标拖动，将前面擦除的图像还原（可以不进行历史记录的设置）。单击“历史记录”面板内相应记录左边的方框，使方框内出现历史记录标记，即可设置历史记录。

选中“背景”图层，拖动鼠标，即可擦除“背景”图层中的图像，并用背景色填充擦除的部分，如图 5-3-8（a）所示。如果擦除的不是“背景”图层图像，则擦除的部分变为透明，如图 5-3-8（b）所示。如果图层中有选区，则只能擦除选区内的图像。

（a）

（b）

图 5-3-8　用橡皮擦工具擦除图像的效果

单击工具箱内的“橡皮擦工具”按钮后，其选项栏如图 5-3-9 所示。利用它可以设置橡皮的画笔模式、画笔形状和不透明度等。

图 5-3-9　橡皮擦工具的选项栏

2. 背景橡皮擦工具

背景橡皮擦工具擦除图像的方法与橡皮擦工具擦除图像的方法基本一样，只是擦除“背景”图层的图像时，擦除部分呈透明状，不填充任何颜色。背景橡皮擦工具的选项栏如图 5-3-10 所示。利用它可以设置橡皮的画笔形状、不透明度和动态画笔等。前面没有介绍过的一些选项的作用如下：

图 5-3-10　背景橡皮擦工具的选项栏

（1）“限制”下拉列表框：用来设置画笔擦除当前图层图像时的方式。它有 3 个选项：“不连续”（只擦除当前图层中与取样颜色（成为当前背景色）相似的颜色）、“临近”（擦除当前图层中与取样颜色相邻的颜色）、“查找边缘”（擦除当前图层中包含取样颜色的相邻区域，以显示清晰地擦除区域的边缘）。

（2）“容差”文本框：用来设置系统选择颜色的范围，即颜色取样允许的色彩容差值。该数值的范围是 1%～100%。容差值越大，取样和擦除的区域也越大。

（3）“保护前景色”复选框：选中该复选框后，将保护与前景色匹配的区域。

（4）“取样”栏：用来设置取样模式。它有 3 个按钮：“连续”（在拖动时，取样颜色会随之变化，背景色也随之变化）、“一次”（单击时进行颜色取样，以后拖动不再进行颜色取样）、“背景色板”（取样颜色为原背景色，所以只擦除与背景色一样的颜色）。

3. 魔术橡皮擦工具

魔术橡皮擦工具可以智能擦除图像。单击工具箱内的“魔术橡皮擦工具”按钮后，只要在要擦除的图像处单击，即可擦除单击点和相邻区域内或整个图像中与单击点颜色相近的所有颜色。该工具的选项栏如图 5-3-11 所示。前面没介绍过的选项的作用如下：

（1）“容差”文本框：用来设置系统选择颜色的范围，即颜色取样允许的色彩容差值。该数值的范围是 0～255。容差值越大，取样和擦除的选区也越大。

图 5-3-11 魔术橡皮擦工具的选项栏

（2）“连续”复选框：选中该复选框后，擦除的是整个图像中与鼠标单击点颜色相近的所有颜色，否则擦除的是与单击点相邻的区域。

思考与练习 5-3

1. 通过实际操作，了解橡皮擦工具组工具的基本使用方法。

2. 制作一幅“女人花”图像，如图 5-3-12 所示。它是将图 5-3-13 所示的两幅图像放入不同图层中（“丽人”图像在上），再使用橡皮擦工具擦除“人物”图像的背景后获得的。

图 5-3-12 “女人花”图像

图 5-3-13 “风景”图像和“丽人”图像

3. 制作一幅“花园佳人”图像，如图 5-3-14 所示。它是利用图 5-3-15 所示的“花园”和图 5-1-3 所示的“丽人”图像制作而成的。制作该图像时主要使用了橡皮擦工具。

图 5-3-14 “花园佳人”图像

图 5-3-15 “花园”图像

5.4 【案例 30】修复照片

案例描述

图 5-4-1 是一张照片图像，由于船上人很多，拍摄的人物主体两边有一些其他游人的身影，这些均需要进行加工处理。使用图章工具组和修复工具组内的工具修复后的照片图像如图 5-4-2 所示。

设计过程

（1）打开照片文件，如图 5-4-1 所示，以名称“【案例 30】修复照片.psd”保存。

（2）单击工具箱中的“仿制图章工具”按钮，在其选项栏内设置画笔大小为 50 px，硬度为 100%，不透明度为 100%，流量为 100%，在“样本”下拉列表框内选择“当前图层”选项，不选中“对齐”复选框。

（3）按住【Alt】键，单击右边人物胳膊左边的水纹处，获取修复图像的样本，然后拖动鼠标修复的右边人物胳膊处，清除胳膊。可以多次取样，多次拖动。修复后，可以使用修复画笔工具，再次拖动要修复的位置，使修复的水波纹更自然一些，效果如图 5-4-3 所示。

图 5-4-1 修复前的图像

图 5-4-2 修复后的图像

图 5-4-3 修除右边胳膊

（4）单击工具箱内的修补工具按钮，在其选项栏内选中“源”单选按钮。在左边栏杆和人头处绘制一个比要修复图像稍大一点的选区，如图 5-4-4（a）所示。拖动选区内的图像到其右侧，用右侧的图像替代选区内的图像，如图 5-4-4（b）所示。释放鼠标左键，按【Ctrl+D】组合键，取消选区，完成此处的图像修复工作，如图 5-4-4（c）所示。

（5）按照上述方法，使用仿制图章工具将右边的人头修除，如图 5-4-5 所示。将图像放大，使用吸管工具和画笔工具，修复细节。

（6）选择魔棒工具，按住【Shift】键，单击照片背景的白色天空处，选中所有白色。打开一幅云图图像，全选该图像，将它复制到剪贴板中。选中“修复照片”图像，单击“编辑”→“选择性粘贴”→“贴入”菜单命令，将剪贴板中的云图图像贴入到选区中。

（7）使用工具箱中的移动工具调整粘贴的云图图像的位置。

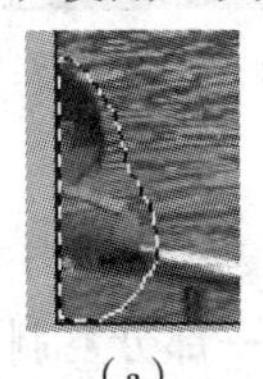

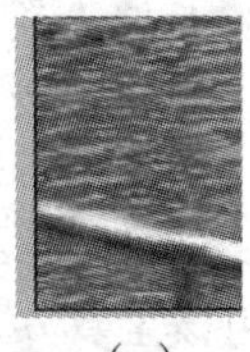

（a）（b）（c）

图 5-4-4 修复左侧栏杆

图 5-4-5 修除人头

相关知识——图章工具组和修复工具组

1. 图章工具组

工具箱内的图章工具组中有仿制图章工具和图案图章工具，它们的作用如下：

（1）仿制图章工具：它可以将图像的一部分复制到同一幅图像或其他图像中。其选项栏如图 5-4-6 所示，复制图像的方法以及选项栏内前面没有介绍过的选项的作用如下：

图 5-4-6 仿制图章工具的选项栏

◎ 打开“风景”和“娃娃”两幅图像，如图 5-4-7 所示。下面将“娃娃”图像的一部分或全部复制到“风景”图像中。注意：打开的两幅图像应具有相同的颜色模式。

◎ 单击工具箱内的“仿制图章工具”按钮，在其选项栏内进行画笔、模式、流量、不透明度等设置。选中“对齐”复选框，目的是复制一幅图像。

◎ 按住【Alt】键，同时单击“娃娃”图像的中间部分（此时鼠标指针变为图章形状），则单击的点即为复制图像的基准点（即采样点）。因为选中了“对齐”复选框，所以系统将以基准点对齐，即使是多次复制图像，也保持相对位置不变。

◎ 选中“风景”图像窗口。在“风景”图像内拖动，即可将“娃娃”图像以基准点为中心复制到“风景”图像中。在拖动鼠标时，采样点处（此处是“娃娃”图像）会有一个十字线随着鼠标的移动而移动，指示出采样点，如图 5-4-8 所示。

图 5-4-7 “风景”图像和“娃娃”图像

图 5-4-8 复制“娃娃”图像

◎ “对齐”复选框：如果选中该复选框，则在复制中多次重新拖动鼠标，也不会重新复制图像，而是继续前面的复制工作，如图 5-4-8 所示。如果未选中该复选框，则在重新拖动鼠标时，取样将复位，重新复制图像，而不是继续前面的复制工作。这样复制后的图像如图 5-4-9 所示。

图 5-4-9 复制多个“娃娃”图像

◎ “样本”下拉列表框：选择进行取样的图层。

◎ “打开以在仿制时忽略调整图层”按钮：按下该按钮后，不可以对调整图层进行操作。在“样本”下拉列表框选择“当前图层”选项时，该按钮无效。

（2）图案图章工具：它与仿制图章工具的功能基本一样，只是它复制的是图案。图案图章工具的选项栏如图 5-4-10 所示。使用该工具将“娃娃”图像的一部分复制到“风景”图像中的方法如下：

图 5-4-10　图案图章工具的选项栏

◎ 在“娃娃”图像中创建一个矩形选区，也可以不创建。单击“编辑”→“定义图案”菜单命令，调出“图案名称”对话框，如图 5-4-11 所示。在“名称”文本框内输入“娃娃”。单击“确定”按钮，即可定义一个名为“娃娃”的图案。

◎ 选中“风景”图像。选择图案图章工具，在其选项栏内设置画笔、模式、流量、不透明度（此处设置为 100%），选中“对齐”复选框，不选择“印象派效果”复选框。在“图案”下拉列表框内选择“娃娃”图案。

图 5-4-11　“图案名称”对话框

◎ 在“风景”图像内拖动，可将“娃娃”图案复制到“风景”图像中。这里选中了“对齐”复选框，在复制中多次重新拖动时，只是继续刚才的复制工作。如果未选中“对齐”复选框，则重新复制图案，而不是继续前面的复制工作。

2. 修复工具组

工具箱内的修复工具组中有 4 个工具，它们和仿制图章工具一样都是用来修补图像的。仿制图章工具只是将采样点附近的像素直接复制到需要的地方。修复工具可以用其他区域或图案中像素的纹理、光照和阴影来修复选中的区域，使修复后的像素不留痕迹地融入图像。修复画笔工具和污点修复画笔工具都可以用来修复图像中的污点和划痕等小瑕疵，它们经常配合使用，污点修复画笔工具更适用于修复有小面积污点的图像。

使用修复工具是一个不断试验和修正的过程。修复工具组中 4 个工具的作用如下：

（1）修复画笔工具：它可以将图像的一部分或一个图案复制到同一幅图像的其他位置或其他图像中，而且可以只复制采样区域像素的纹理到涂抹的作用区域，保留工具作用区域的颜色和亮度值不变，并尽量将作用区域的边缘与周围的像素融合。注意：使用修复画笔工具的时候并不是一个实时过程，只有停止拖动时，Photoshop 才处理信息并完成修复。

修复画笔工具的选项栏如图 5-4-12 所示，其中前面没有介绍的“源”栏的作用如下：

图 5-4-12　修复画笔工具的选项栏

“源”栏有两个单选按钮。选中“取样”单选按钮后，需要先取样，再复制；选中“图案”单选按钮后，不需要取样，复制的是选择的图案，其右边的图案下拉列表框会变为有效，单击其下拉按钮可以调出图案面板，用来选择图案。

在选中“取样”单选按钮后，使用修复画笔工具复制图像的方法和仿制图章工具基本相同，都是先按住【Alt】键，同时用鼠标选择一个采样点，然后在选项栏中选取画笔大小，再通过拖动鼠标在要修补的部分涂抹。图 5-4-13 是使用修复画笔工具将图 5-4-7 所示“娃娃”图像复制到“风景”图像中的效果。

图 5-4-13　修复画笔工具修复效果

（2）污点修复画笔工具：使用该工具可以快速移去图像中的污点和不理想的像素。它的工作方式与修复画笔工具类似，它使用图像或图案中的样本像素进行绘画，并将样本像素的纹理、光照、透明度和阴影与所修复的像素相匹配。与修复画笔工具不同，污点修复画笔工具不要求指定样本点。污点修复画笔工具将自动从所修饰区域的周围取样。具体操作方法是，单击工具箱中的“污点修复画笔工具”按钮，在选项栏中选取一种画笔大小（比要修复的区域稍大的画笔，只需单击一次，即可覆盖整个区域），在“模式”下拉列表框中选取混合模式，在要修复的图像处单击或拖动鼠标。

污点修复画笔工具的选项栏如图 5-4-14 所示，前面未介绍过的选项的作用如下：

图 5-4-14　污点修复画笔工具的选项栏

◎“近似匹配”单选按钮：使用涂抹区域周围的像素来查找要用作修补的图像区域。如果此选项的修复效果不好，可以还原修复，再尝试选择其他两个单选按钮。

◎“创建纹理”单选按钮：使用选区中的所有像素创建一个用于修复该区域的纹理。如果修复效果不令人满意，可以再次在要修复的图像处拖动鼠标。

◎“内容识别”单选按钮：参考涂抹区域周围的像素来修复涂抹区域的图像。

◎“对所有图层取样”复选框：选中该复选框，可从所有可见图层中取样。

（3）修补工具：它可以将图像的一部分复制到同一幅图像的其他位置，而且可以只复制采样区域像素的纹理到鼠标涂抹的作用区域，保留工具作用区域的颜色和亮度值不变，并尽量将作用区域的边缘与周围的像素融合。注意，修补图像时，应尽量选择较小区域，以获得最佳效果。修补工具的选项栏如图 5-4-15 所示，前面未介绍过的选项的作用如下：

图 5-4-15　修补工具的选项栏

◎“修补”栏：该栏有两个单选按钮。选中“源”单选按钮后，则选区中的内容为要修改的内容；选中“目标”单选按钮后，则选区中的内容为要应用的内容。

◎“透明”复选框：选中该复选框后，取样修复的内容具有透明背景。

◎“使用图案”按钮：在创建选区后，该按钮和其右边的图案下拉列表框将变为有效。选择要填充的图案后，单击该按钮，即可将选中的图案填充到选区中。

修补工具的使用方法有些特殊，更像打补丁。首先使用修补工具或其他选区工具在需要修补的地方定义出一个选区，然后选择修补工具，选中选项栏中的“源”单选按钮，再将选区拖动到希望 Photshop 采样的地方。图 5-4-16 的 3 幅图像从左到右分别是定义选区、用修补工具将选区拖动到采样区域和最后结果的图例。

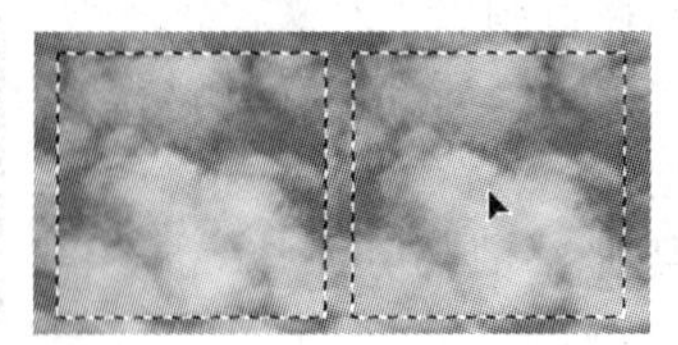
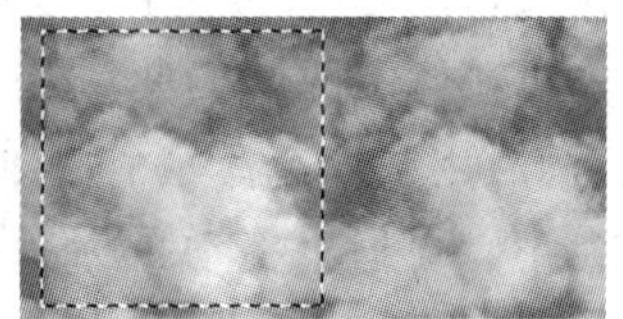

图 5-4-16　修补工具修复图像的过程

如果选中修补工具选项栏中的“目标”单选按钮，则将创建的选区内的图像作为样本，将选区内的样本图像移到需要修补的地方，即可进行修复。图 5-4-17 的两幅图像从左到右分别是定义选区、用修补工具将选区拖动到需要修补的地方的图例。

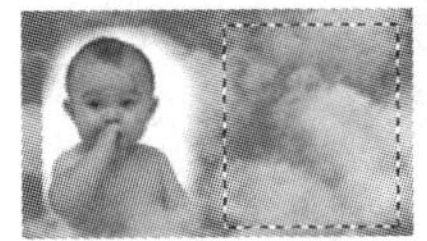
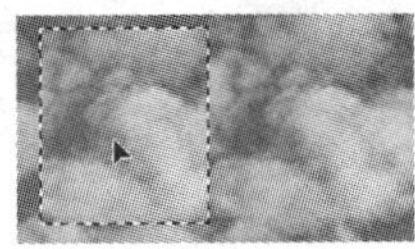

图 5-4-17 修补工具修复图像的过程

（4）红眼工具：使用该工具可以清除用闪光灯拍摄的人物照片中的红眼，也可以清除照片中的白色或绿色反光。具体操作方法是，单击“红眼工具”按钮，再单击图像中的红眼处。其选项栏如图 5-4-18 所示，其中各选项的作用如下：

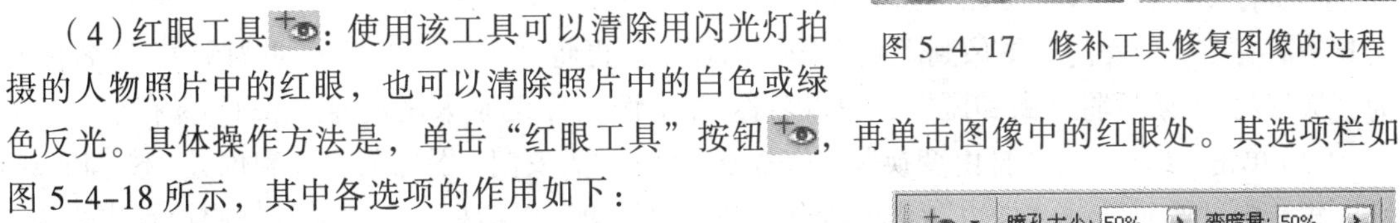

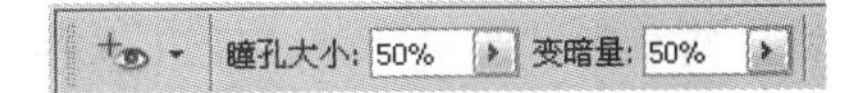

图 5-4-18 红眼工具的选项栏

◎“瞳孔大小”文本框：用来设置瞳孔（眼睛暗色的中心）的大小。

◎“变暗量”文本框：用来设置瞳孔的暗度。

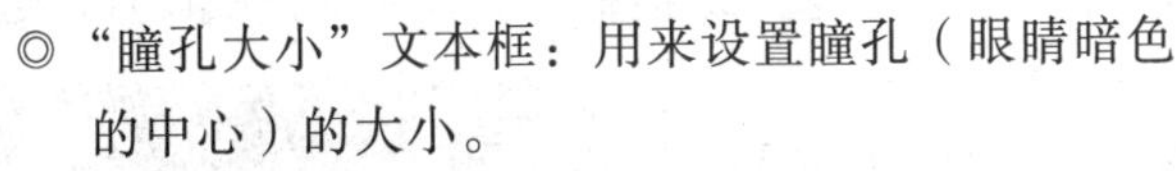

思考与练习 5-4

1. 修复图 5-4-19 所示图像，修复后的图像如图 5-4-20 所示。
2. 在网上下载一幅有红眼的照片图像，使用红眼工具修复该图像。
3. 对图 5-4-21 所示的受损图像进行修复。请用修补工具和仿制图章工具进行修复。

图 5-4-19 “旧画像”图像

图 5-4-20 修复后的图像

图 5-4-21 要修复的图像

5.5 【案例 31】北京人民欢迎您

案例描述

“北京人民欢迎您”图像如图 5-5-1 所示。它是一幅四海旅游公司的宣传画，其背景是“颐和园”图像，如图 5-5-2 所示。图像左边有旅游胜地天安门、故宫、长城、天坛和北海公园等图像，这些图像均有白色外框；图像的左下角有环绕的绿色箭头，表示在北京的愉快旅游。图像中的文字明确指出了旅游胜地的名称等。

图 5-5-1 “北京人民欢迎您”图像

图 5-5-2 “颐和园”图像

设计过程

1. 制作背景

（1）打开“颐和园”图像，如图 5-5-2 所示。打开“天安门”图像，使用工具箱中的移动工具拖动“天安门”图像到“颐和园”图像中。再将“图层”面板中的“图层 1”名称改为“天安门”。然后将“颐和园”图像以名称“【案例 31】北京人民欢迎您.psd”保存。

（2）单击“编辑”→“自由变换”菜单命令，调整“天安门”图像的大小和位置，按【Enter】键。再单击“编辑”→“描边”菜单命令，调出“描边”对话框，在该对话框中设置描边为 3 像素，颜色为白色，单击“确定”按钮进行描边。

（3）按照上述方法，分别将其他图像拖动到“颐和园”图像内不同的位置，在“图层”面板内生成一些图层，对这些图层的名称进行更改，并调整好它们的位置和大小，如图 5-5-3 所示。选中“图层”面板中的“颐和园”图层，使用矩形选框工具创建几个长条形选区，填充为白色，效果如图 5-5-3 所示。

图 5-5-3　添加图像和白色长条

2. 制作箭头图形

（1）创建两条参考线，然后单击工具箱中的“自定形状工具”按钮，单击工具选项栏中的“路径”按钮，在“形状”下拉列表框中选择➡形状，在图像中拖动出图 5-5-4 所示的箭头。“路径”面板内会自动增加一个名称为“工作路径”的路径层。

（2）使用直接选择工具选中箭头图像，向左拖动箭头的控制柄，使箭头变扁一些。按住【Ctrl】键单击“路径”面板中的路径缩览图，将路径转换成选区。然后，将前景色设为淡绿色（R=25，G=123，B=48）。

（3）新建“图层 1”，按【Alt+Delete】组合键，为“图层 1”的选区填充前景色，如图 5-5-5 所示。将“图层 1”复制一个名为“图层 1 副本”的图层。隐藏“图层 1”，选中“图层 1 副本”图层。使用矩形选框工具在图像中拖动一个矩形选区，按【Delete】键，将选区内的图像删除，如图 5-5-6 所示。按【Ctrl+D】组合键，取消选区。

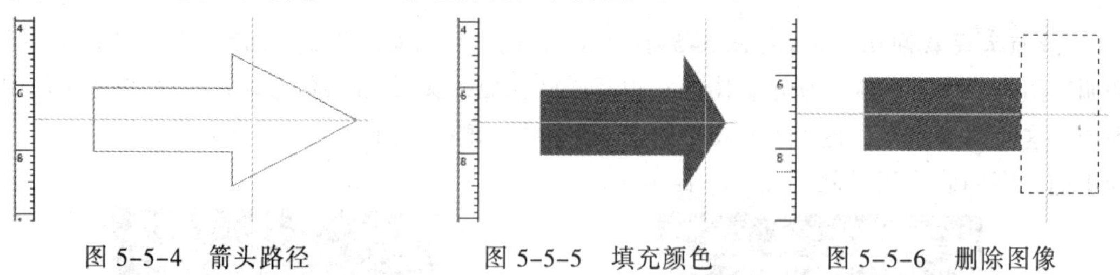

图 5-5-4　箭头路径　　图 5-5-5　填充颜色　　图 5-5-6　删除图像

（4）单击“编辑”→“自由变换”菜单命令，调出控制柄，把图像拉长一点，在其选项栏的 -60.0 度 文本框中，将角度调整为-60°。按【Enter】键确认，效果如图 5-5-7 所示。

（5）显示“图层 1”，调整“图层 1”内的图像为旋转 60°。把图像调整好，如图 5-5-8 所示。选中“图层 1 副本”，按【Ctrl+E】组合键，使该图层和“图层 1”合并。

（6）使用工具箱内的矩形选框工具，在图像中创建一个矩形选区，按【Delete】键，将选区内的图像删除，如图 5-5-9 所示。按【Ctrl+D】组合键，取消选区。选中“图层 1”。

（7）单击“编辑”→“自由变换”菜单命令，进入自由变换调整状态，把中心控制点拖动到图 5-5-10 所示的位置，将角度调整为 120° 120.0 度，按【Enter】键确认。

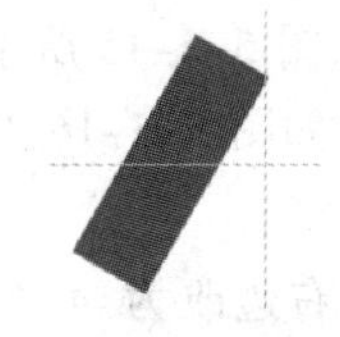
图 5-5-7　调整角度

图 5-5-8　调整图像

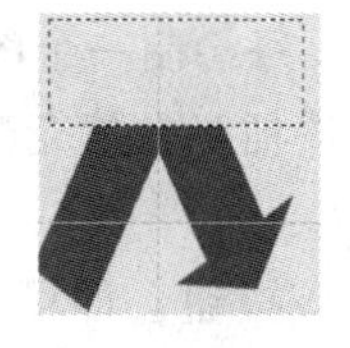
图 5-5-9　删除图像

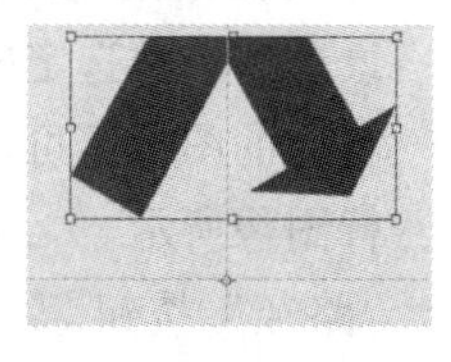
图 5-5-10　调整图像

（8）两次按【Ctrl+Shift+Alt+T】组合键，旋转并复制图像，如图 5-5-11 所示。选中“图层 1 副本 2”图层，按【Ctrl+E】组合键，重复两次，把所有图像合并到“图层 1”中。将“图层 1”更名为“标志”，将不透明度改为 85%，再为其添加“斜面和浮雕”与“投影”图层样式，完成后的图形如图 5-5-12 所示。

（9）使用工具箱中的移动工具将该图像拖动到“北海”图像中，再将该图像所在的图层拖动到所有图层之上，并调整其位置和大小，如图 5-5-13 所示。

图 5-5-11　旋转并复制图像

图 5-5-12　标志

图 5-5-13　拖动到北海图像中

3. 添加文字

（1）按照图 5-5-1 输入广告标语文字到图像中，添加“投影”图层样式。

（2）制作红对勾图像，其方法与制作箭头的方法基本一样，只是在“形状”下拉列表框中选择✔形状，在图像内创建路径，将其转换成选区，再填充红色。由读者自己完成。

相关知识——形状工具组

1. 形状工具组工具共性综述

单击工具箱内的形状工具按钮，调出该工具组内的绘图工具，利用这些工具，可以绘制直线、曲线、矩形、圆角矩形、椭圆、多边形和自定形状、路径和一般图像。不管选中哪个工具，其选项栏左边 3 栏的按钮都一样，如图 5-5-14 所示。单击第二、三栏中不同的按钮，其选项栏会有不同变化。

形状: 样式: 颜色:

图 5-5-14　形状工具的选项栏

（1）形状工具组工具的切换方法：

◎ 单击形状工具组中的形状工具按钮，或按【Shift+U】组合键，自动切换形状工具组中的工具。

◎ 单击图 5-5-14 所示选项栏第三栏中相应的形状工具按钮。

◎ 按住【Alt】键，再单击工具箱中的形状工具按钮。

（2）绘图模式的切换：该选项栏中的栏有 3 个按钮，用来切换绘图模式。

◎ “形状图层”按钮：单击该按钮，进入形状绘图状态，在绘制路径时会自动填充前景色或一种选定的图案。每绘制一个图像就增加一个形状图层，如图 5-5-15 所示。绘制后的图像不可以用油漆桶工具填充颜色和图案。绘制的形状图像如图 5-5-16 中第一行图像所示。

◎ “路径”按钮：单击该按钮，即可进入路径绘制状态，选项栏右边改为 4 个按钮。在此状态下绘制的是路径，图 5-5-16 中第二行图像即所绘的路径。

◎ “填充像素”按钮：单击该按钮，即可进入一般的绘图状态，选项栏右边改为 模式: 正常 不透明度: 100% 消除锯齿。此时绘制的图像颜色由前景色决定，该图像可以用油漆桶工具填充颜色和图案，且不增加图层。图 5-5-16 中第三行图像就是在该状态下绘制的。

（3）栏按钮的作用：

图 5-5-15 “图层”面板

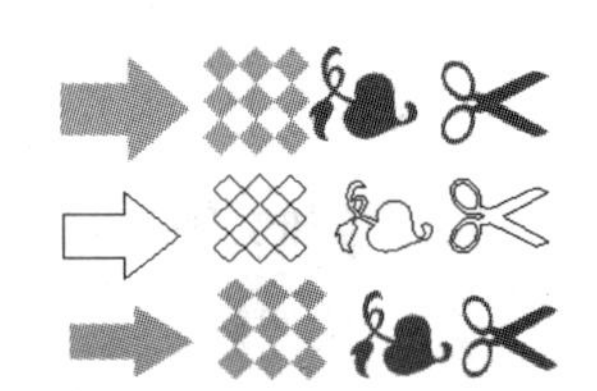

图 5-5-16 绘制的形状、路径和完整像素图像

◎ “创建新的形状图层”按钮：单击该按钮，绘制一个形状图形，如图 5-5-17 所示。此时，会创建一个形状图层。新图形的样式不会影响原图形的样式，如图 5-5-17 所示。

◎ “添加到形状区域”按钮：该按钮只有在已经创建了一个形状图层后才有效。单击该按钮后，绘制的新形状与原形状相加成一个新形状图形，而且新形状图形采用的样式会影响原来形状图形的样式，如图 5-5-18 所示。这种方式不会创建新图层。

在按下“创建新的形状图层”按钮的情况下，按住【Shift】键，拖动出一个新形状图形，也可使创建的新形状图形与原来形状图形相加成一个新的形状图形。

◎ “从形状区域减去”按钮：单击该按钮后，绘制的新形状图形与原来的形状图形相减，将创建的新形状与原来形状重合的部分减去，得到一个新形状图形，如图 5-5-19 左图所示。这种方式不会创建新图层。在按下“创建新的形状图层”按钮的情况下，按住【Alt】键，拖动出一个新形状，也可以将创建的新形状与原来形状重合的部分减去，得到一个新形状图形。

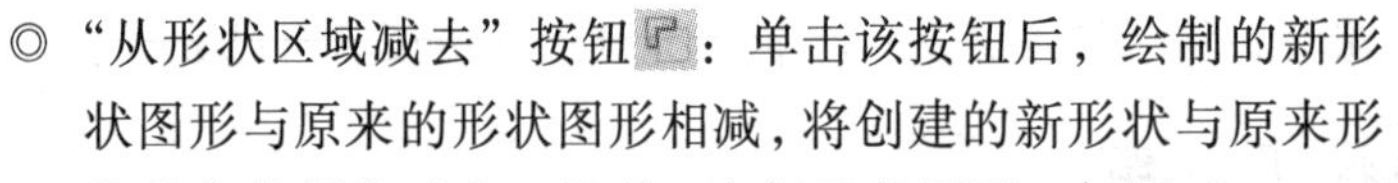

◎ “交叉形状区域”按钮：单击该按钮后，可只保留新形状与原来形状重合的部分，得到一个新形状，而且不会创建新图层。例如，一个矩形形状与一个花状形状重合部分的新形状如图 5-5-19 中图所示。在按下“创建新的形状图层”按钮的情况下，按住【Shift+Alt】组合键，拖动出一个新形状，也可只保留新形状与原来形状重合的部分，得到一个新形状。

◎ “重叠形状区域除外”按钮：单击该按钮后，可清除新形状与原来形状重合的部分，保留不重合部分，得到一个新形状，而且不会创建新图层。例如，创建一个椭圆形状与一个矩形形状不重合部分的新形状，如图 5-5-19 右图所示。

图 5-5-17　新建形状

图 5-5-18　添加形状

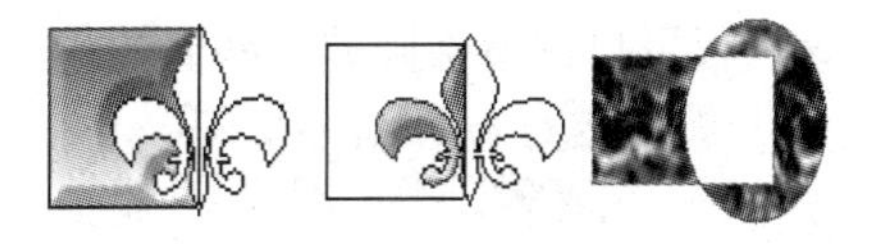
图 5-5-19　形状相减、交叉和重叠外

2．矩形工具

在“创建新的形状图层”模式下，矩形工具的选项栏如图 5-5-20 所示。在“路径”模式和“填充像素”模式下，该选项栏会有上述变化。进行工具属性的设置后，即可在图像窗口内拖动绘出矩形。按住【Shift】键的同时拖动，可以绘制正方形。前面没介绍的选项的作用如下：

图 5-5-20　“创建新的形状图层”模式下的矩形工具选项栏

（1）按钮：在该按钮处于按下状态时，修改样式和颜色会改变当前形状图层内形状图形的属性；在该按钮处于弹起状态时，修改样式和颜色不会改变当前形状图层内形状图形的属性。

（2）“几何选项”按钮：它位于“自定形状工具”按钮的右边。单击该按钮，可调出“矩形选项”面板，如图 5-5-21 所示，用来调整矩形的一些属性。

（3）“设置图层样式”按钮 样式：单击它后，会调出“样式”面板，如图 5-5-22 所示。单击其内一种填充样式图案，即可完成填充样式的设置。

以后绘制的矩形就用设置的样式填充。如果选中“无样式”图标，则使用选项栏中的“颜色”色块 颜色： 内的颜色填充矩形。

（4）“颜色”色块 颜色：：用来设置填充颜色。单击它可调出“拾色器”对话框。

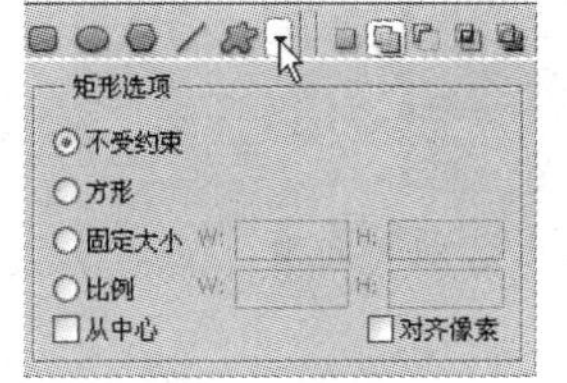

图 5-5-21　“矩形选项”面板

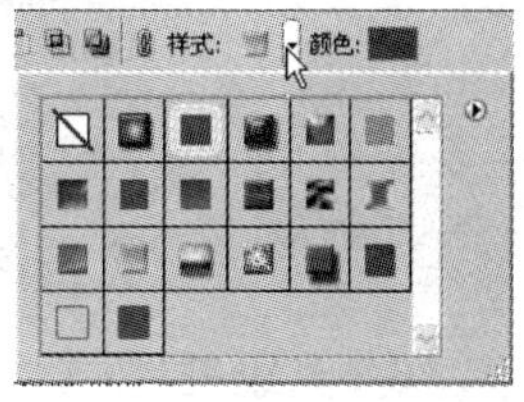

图 5-5-22　“样式”面板

3．圆角矩形工具

单击“圆角矩形工具”按钮后，可以在图像内绘制圆角矩形形状。圆角矩形工具的选项栏如图 5-5-23 所示，其比矩形工具增加了一个“半径”文本框。其他选项与矩形工具一样。

图 5-5-23　圆角矩形工具选项栏

（1）“半径”文本框：该文本框内的数据决定了圆角矩形圆角的半径，单位是像素。

（2）“几何选项”按钮：单击该按钮，会调出“圆角矩形选项”面板，如图 5-5-24 所示。利用该面板可以调整圆角矩形的一些属性。

4．椭圆工具

单击“椭圆工具”按钮后，即可在图像内绘制椭圆或圆形。椭圆工具的使用方法与矩形工具基本一样。单击“几何选项”按钮，会调出“椭圆选项”面板，如图 5-5-25 所示。

利用该面板可以调整椭圆的一些属性。

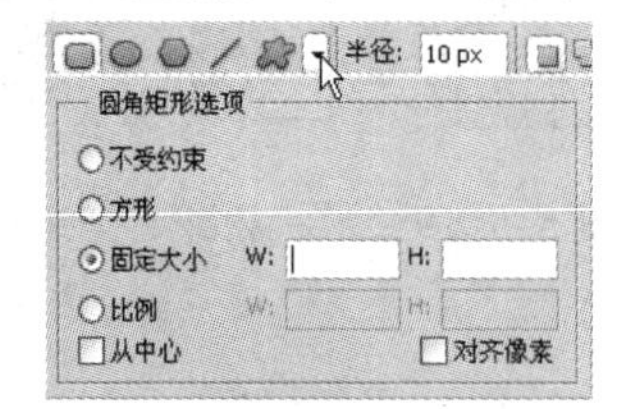

图 5-5-24 “圆角矩形选项”面板

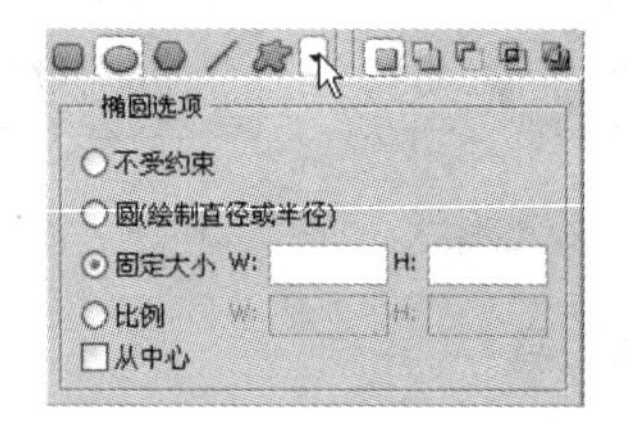

图 5-5-25 “椭圆选项”面板

5. 多边形工具

单击“多边形工具”按钮后，即可在图像内绘制多边形。多边形工具的选项栏如图 5-5-26 所示。它增加了一个“边”文本框。其他与矩形工具的使用方法一样。

图 5-5-26 多边形工具的选项栏

（1）“边”文本框：该文本框内的数据决定了多边形的边数。

（2）“几何选项”按钮：单击该按钮，调出“多边形选项”面板，如图 5-5-27 所示。利用该面板可以调整多边形的一些属性。读者可尝试，绘制图 5-5-28 所示的几种图形。

图 5-5-27 “多边形选项”面板

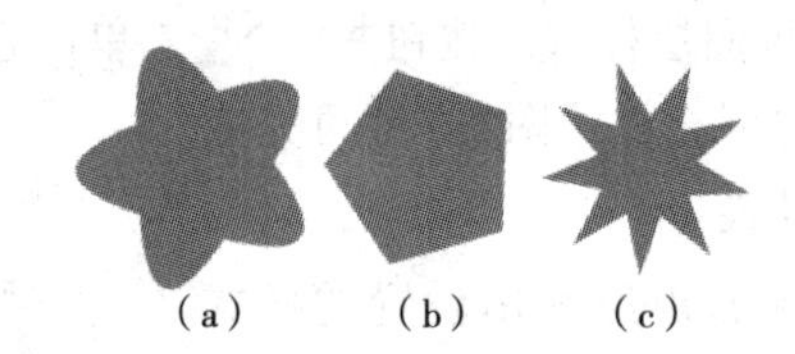

图 5-5-28 几何图形

6. 直线工具

单击“直线工具”按钮，其选项栏如图 5-5-29 所示。它增加了一个“粗细”文本框。其他与矩形工具一样。按住【Shift】键，并拖动鼠标，可绘制 45° 整数倍角度的直线。

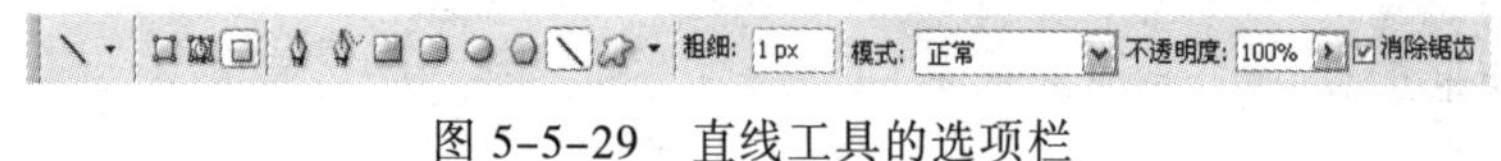

图 5-5-29 直线工具的选项栏

（1）“粗细”文本框：设置直线粗细，输入“px”则表示单位是像素，否则是 cm。

（2）“几何选项”按钮：单击该按钮，会调出“箭头”面板，如图 5-5-30 所示。利用该面板可以调整箭头的一些属性。图 5-5-31 给出了各种带箭头的直线。该面板内各选项的作用如下：

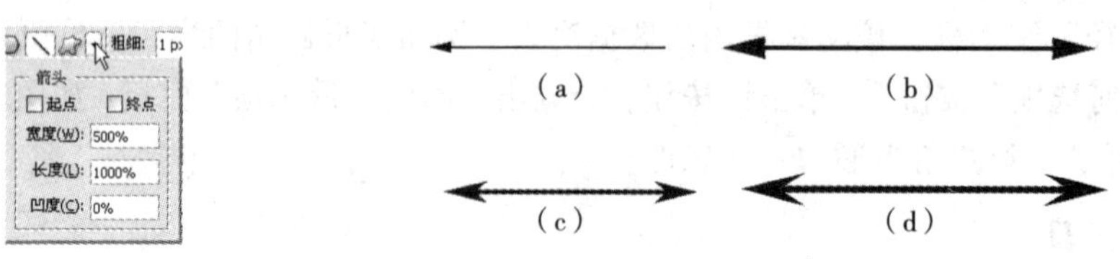

图 5-5-30 “箭头”面板

图 5-5-31 绘制的各种箭头

◎“起点”复选框：选中该复选框，表示直线的起点有箭头。

◎ “终点”复选框：选中该复选框，表示直线的终点有箭头。

◎ “宽度”文本框：设置箭头相对于直线宽度的百分数，取值范围为 10%～1000%。

◎ “长度”文本框：设置箭头相对于直线长度的百分数，取值范围为 10%～5000%。

◎ “凹度”文本框：设置箭头头尾相对于直线长度的百分数，取值范围为+50%～-50%。

7. 自定形状工具

单击“自定形状工具”按钮后，即可在图像内绘制自定义形状。自定形状工具的选项栏如图 5-5-32 所示。它增加了一个“形状”下拉列表框。自定形状工具的使用方法与矩形工具基本一样。

图 5-5-32　自定形状工具选项栏

（1）“形状”下拉列表框：单击下拉按钮，调出“形状”面板，如图 5-5-33 所示。双击面板中的一个形状样式，再拖动鼠标即可绘制选中的形状。

（2）“几何选项”按钮：单击该按钮，会调出“自定形状选项”面板，如图 5-5-34 所示。利用该面板可以调整自定形状图形的一些属性。

（3）用户还可以自己设计新的自定形状样式，其方法如下：

◎ 新建一个图像，用各种自定形状工具，在一个形状图层中绘制各个图形。

◎ 单击“编辑”→“定义自定形状”菜单命令，调出“形状名称”对话框，如图 5-5-35 所示。在“名称”文本框内输入新的名称，再单击“确定”按钮，即可将刚绘制的图形定义为新的自定形状样式，并追加到“形状”面板中形状样式的最后。

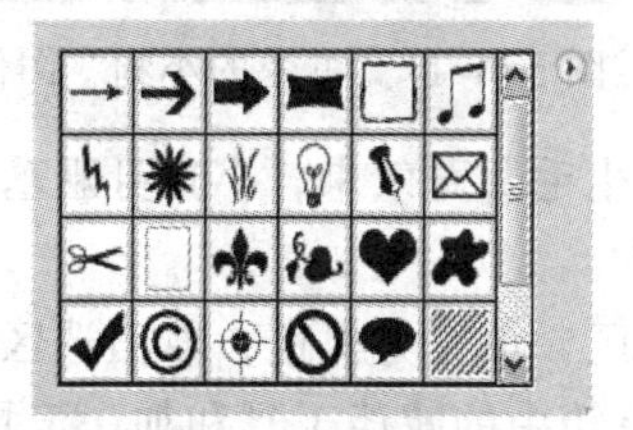

图 5-5-33　“形状”面板

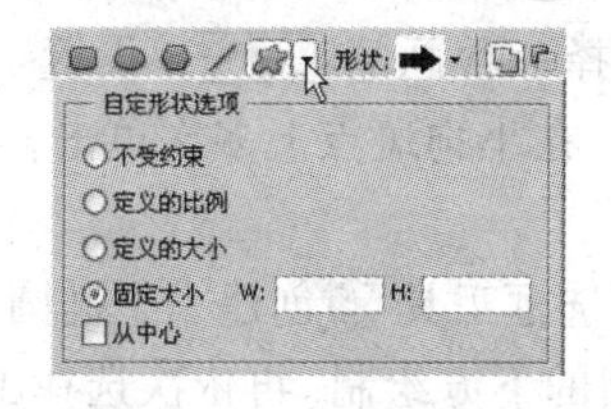

图 5-5-34　“自定形状选项”面板

图 5-5-35　“形状名称”对话框

思考与练习 5-5

1. 绘制一幅“按钮”图像，如图 5-5-36 所示。

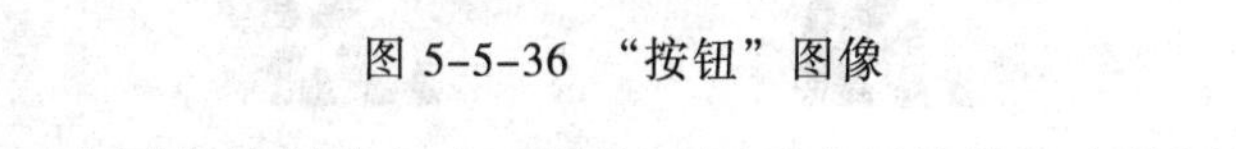

图 5-5-36　“按钮”图像

2. 参考【案例 31】图像的制作方法，制作一幅“中国旅游”宣传图像。
3. 制作一幅“电影胶片”图像，如图 5-5-37 所示。
4. 绘制 4 张扑克牌（红桃 2、黑桃 6、方片 8 和草花 10）图形。
5. 发挥想象力，绘制一幅有树木、花草、蓝天白云和茅草屋的“田园风光”图像。

6. 制作一幅“国人期盼”图像，如图 5-5-38 所示。这是一幅期盼中国足球尽快走出阴影，冲出亚洲的宣传画。

图 5-5-37 “电影胶片”图像

图 5-5-38 “国人期盼”图像

5.6 综合实训 5——可爱的小狗

实训效果

“可爱的小狗”图像如图 5-6-1 所示。该图像中的小狗是使用 Photoshop 的绘图工具绘制成的，可以看到小狗非常可爱，栩栩如生。

图 5-6-1 “可爱的小狗”图像

实训提示

（1）新建背景为透明的图像。新建“图层 1”。使用铅笔工具勾画小狗的大致轮廓，如图 5-6-2 所示。

（2）选择画笔工具，设置画笔颜色为黑色，绘制小狗身上的黑色斑点，再用白色为小狗补色，如图 5-6-3 所示。

（3）在“画笔样式”面板中选择一种画笔，设置画笔颜色为白色，并设置其他属性，在小狗斑点上多次单击，产生毛茸茸效果，小狗身躯基本绘制完成，如图 5-6-4 所示。

（4）新建“图层 2”。使用椭圆选框工具创建一个椭圆选区，填充为黑色，取消选区。将画笔的颜色设置为橘黄色，在椭圆的下方绘制。再依次选择工具箱中的减淡工具和加深工具，涂抹图像，形成眼睛雏形，如图 5-6-5 所示。

（5）使用铅笔工具和画笔工具，将眼眶绘制出来。使用模糊工具，多次单击眼眶边缘，得到更真实的效果，如图 5-6-6 所示。眼睛绘制完毕后，调整其位置和大小，将“图层 2”和“图层 1”合并为一个新的“图层 1”。

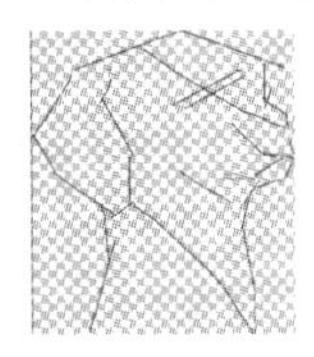

图 5-6-2 勾画小狗轮廓

图 5-6-3 绘制斑点和铺白底

图 5-6-4 绘制绒毛

图 5-6-5 绘制眼睛

（6）继续将另一只眼睛绘制出来，如图 5-6-7 所示。使用铅笔工具将小狗的睫毛绘制出来，再用模糊工具涂抹，效果如图 5-6-8 所示。使用画笔工具、模糊工具、减淡工具和加深工具绘制小狗的鼻子，如图 5-6-9 所示。

图 5-6-6　绘制眼眶

图 5-6-7　绘制另一只眼睛

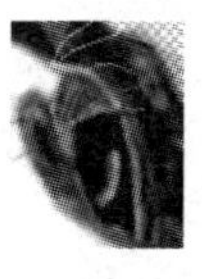
图 5-6-8　绘制睫毛

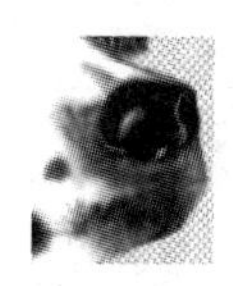
图 5-6-9　绘制鼻子

（7）小狗的雏形已经出来了，再用画笔和模糊工具对小狗的细节部分进行加工，尤其是毛的效果，多次使用模糊工具单击图像需要模糊处，产生更逼真的效果。使用橡皮擦工具将小狗边缘擦除，效果如图 5-6-10 所示。

图 5-6-10　用画笔和模糊工具涂抹

（8）创建选中小狗轮廓的选区，再新建“图层 2”，将“图层 2”拖动到“图层 1”的下面，并填充为白色，然后将两个图层合并。

（9）将小狗图像复制到一幅背景图像中，再添加文字，最终效果如图 5-6-1 所示。

实训测评

能力分类	能　　力	评　分
职业能力	画笔工具组工具的使用方法和技巧	
	历史记录笔工具组和渲染工具组工具的使用方法和技巧	
	橡皮擦工具组工具的使用方法和技巧	
	图章工具组和修复工具组工具的使用方法和技巧	
	形状工具组工具共性综述，形状工具组工具的使用方法和使用技巧	
通用能力	自学能力、总结能力、合作能力、创造能力等	
能力综合评价		

第 6 章　图像色彩调整

【本章提要】本章介绍了图像的色阶、曲线、色彩平衡、亮度/对比度、色相/饱和度、反相、色调、变化、通道混合器、渐变映射等调整，以及图像颜色模式转换等。

6.1 【案例 32】调整曝光不足照片

案例描述

“调整曝光不足照片”图像如图 6-1-1 所示，它色彩鲜艳、明亮，是一幅 RGB 颜色模式的图像。该图像是将图 6-1-2 所示的曝光不足、偏红色的 CMYK 颜色模式图像进行颜色模式转换、曲线和色阶调整后制成的。

图 6-1-1 “调整曝光不足照片”图像

图 6-1-2 曝光不足照片

设计过程

（1）打开图 6-1-2 所示的图像。单击“图像”→“模式”→“RGB 模式”菜单命令，即可将 CMYK 颜色模式的图像转换为 RGB 颜色模式。

（2）单击“图像”→“调整”→“曲线”菜单命令，调出“曲线”对话框，在“通道”下拉列表框中选择“红”选项，拖动调整红色曲线，如图 6-1-3（a）所示。

（3）在“通道”下拉列表框中选择“绿”选项，拖动绿色曲线，如图 6-1-3（b）所示；选择“蓝”选项，微微向上拖动蓝色曲线，如图 6-1-3（c）所示；选择“RGB”选项，拖动 RGB 曲线，如图 6-1-4 所示。单击“确定”按钮，效果如图 6-1-5 所示。

（4）单击“图像”→“调整”→“色阶”菜单命令，调出“色阶”对话框，按照图 6-1-6 所示进行设置，使图像变亮。如果某种颜色不足，可在“通道”下拉列表框内选择相应的基色，再进行调整。单击“确定”按钮，效果如图 6-1-1 所示。

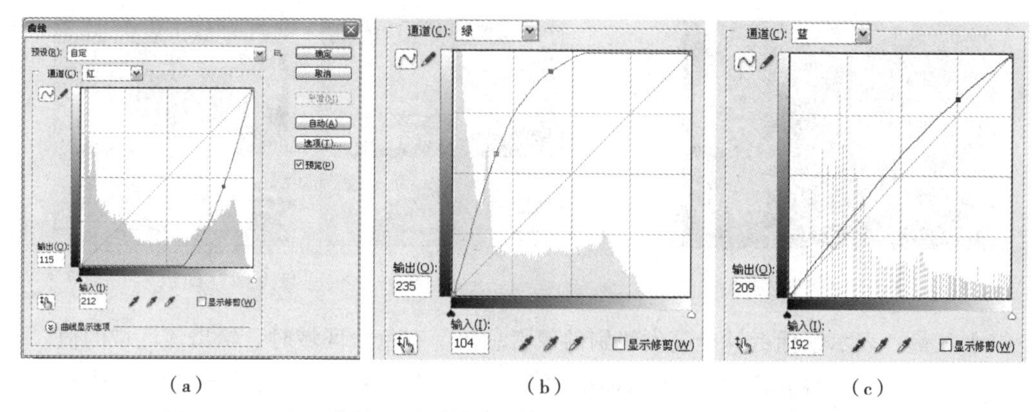

（a）　　　　　　　　（b）　　　　　　　　（c）

图 6-1-3　在“曲线”对话框内调整“红”、“绿”、“蓝”通道的曲线

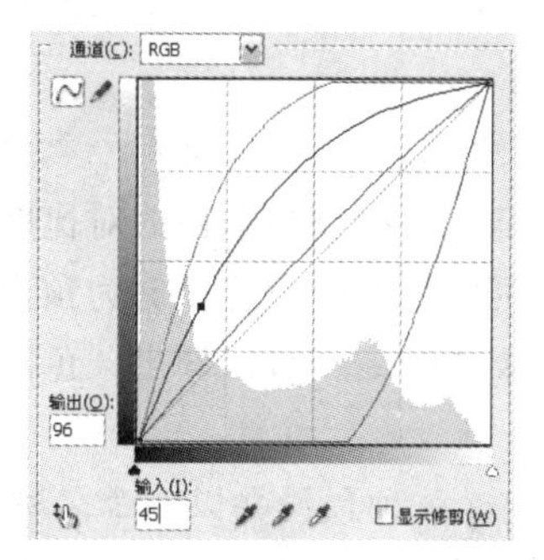

图 6-1-4　“RGB”通道曲线

图 6-1-5　曲线调整效果

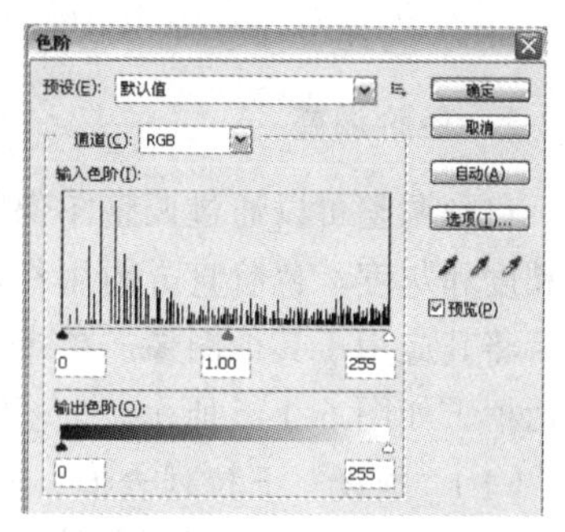

图 6-1-6　“色阶”对话框

相关知识——图像的色阶和曲线调整

1.“色阶”直方图

“色阶”直方图用图形表示图像每个亮度级别的像素数量，及像素在图像中的分布情况。打开如图 6-1-7 所示的图像，单击“窗口”→“直方图”菜单命令，调出“直方图”面板（如果其下方没有数据，可单击面板菜单中的“扩展视图”命令，同时选中“显示统计数据”菜单命令），如图 6-1-8 左图所示。该面板中各选项和数据的含义如下：

（1）直方图图形：这是一个坐标图形，横轴表示色阶，取值范围为 0～255，最左边为 0，最右边为 255。纵轴表示图像中具有该色阶的像素数。当鼠标指针在直方图内移动时，提示信息栏会给出鼠标指针处的色阶值和具有该色阶的像素数等信息。

（2）“通道”下拉列表框：用来选择亮度和颜色通道，以观察不同通道图像的色阶情况。对于不同模式的图像，其选项不一样，但都有“亮度”选项，表示其灰度模式图像。

（3）平均值：表示图像色阶的平均亮度值。

（4）色阶：鼠标指针处的亮度级别。如果用鼠标在直方图内水平拖动，选中一个色阶区域，如图 6-1-8 右图所示，则该项给出的是色阶区域内色阶的范围。

（5）标准偏差：表示亮度值的变化范围。该值越小，则所有像素的亮度越接近平均值。

（6）中间值：表示图像像素亮度值范围的中间值。

（7）像素：整个图像或选区内图像像素的总个数。

图 6-1-7 图像

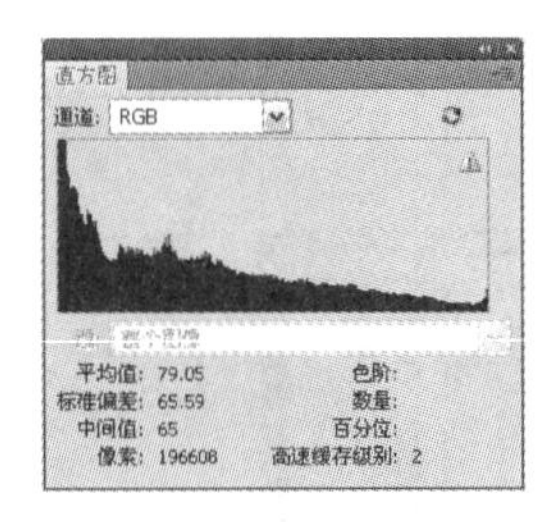

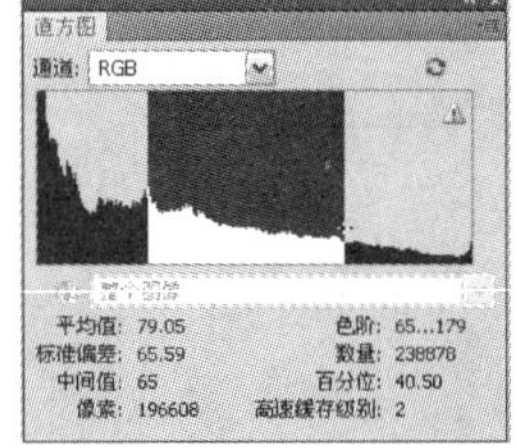

图 6-1-8 “直方图”面板

（8）数量：表示鼠标指针处亮度级别的像素总数。有色阶区域时，给出该区域的值。

（9）百分位（即百分数）：显示鼠标指针处的级别或该级别下的总像素数的百分比。有色阶区域时，给出该区域内像素数占总像素数的百分比。最左侧 0%，最右侧 100%。

（10）高速缓存级别：显示图像高速缓存的设置编号。

2. 色阶调整

色阶调整可以通过调整图像的阴影、中间调和高光的强度级别，平衡调整图像的对比度、饱和度和灰度。色阶直方图用作调整图像基本色调的直观参考。可以将色阶设置存储为预设，然后将其应用于其他图像。单击“图像”→“调整”→“色阶”菜单命令，可以调出“色阶”对话框，如图 6-1-6 所示。“色阶”对话框中各选项的作用如下：

（1）“预设”下拉列表框：其内有一些预设供使用，可以自定义一种预设并以一个名称保存在该下拉列表框中。单击 按钮，可调出其菜单，其内各菜单命令的含义如下：

◎“载入预设”菜单命令：用来载入磁盘中扩展名为“.alv”的设置文件。

◎“存储预设”菜单命令：可将当前的设置存储到磁盘中，文件的扩展名为“.alv”。

◎“删除当前预设”菜单命令：可删除“预设”下拉列表框内选中的自定义预设。

（2）“通道”下拉列表框：用来选择复合通道（如 RGB 通道）和颜色通道（如红、绿、蓝通道）。对于不同模式的图像，下拉列表框中的选项不一样，其色阶情况也不一样。

（3）3 个“输入色阶”文本框：从左到右分别用来设置图像最小、中间和最大色阶值。当色阶值小于最小色阶值时，图像像素为黑色；当色阶值大于最大色阶值时，图像像素为白色。最小色阶值的范围是 0～253，最大色阶值范围是 2～255，中间色阶值范围是 0.10～9.99。最小色阶值和最大色阶值越大，图像越暗；中间色阶值越大，图像越亮。

（4）色阶直方图：它的横坐标上有 3 个滑块 ，分别拖动它们，可以调整最小、中间和最大色阶值。

（5）两个“输出色阶”文本框：左边文本框用来调整图像暗部的色阶值，右边的文本框用来调整图像亮部的色阶值。它们的取值范围都是 0～255，数值越大，图像越亮。

（6）“输出色阶”滑块：用来调整“输出色阶”文本框的数值。

（7）“自动”按钮：单击后，系统把图像中最亮的 0.5%像素调整为白色，把图像中最暗的 0.5%像素调整为黑色。

（8）吸管按钮组 ：从左到右分别为：“设置黑场”、“设置灰场”和“设置白场”。单击后，当鼠标指针移到图像上时，单击可获得单击处像素的色阶数值。

◎“设置黑场”吸管按钮 ：系统将图像像素的色阶数值减去吸管获取的色阶数值，作为调整图像各个像素的色阶数值。这样可以使图像变暗并改变颜色。

◎ “设置灰场”吸管按钮：系统将吸管获取的色阶数值作为调整图像各个像素的色阶数值。这样可以改变图像亮度和颜色。

◎ “设置白场”吸管按钮：系统将图像像素的色阶加上吸管获取的色阶数值，作为调整图像各个像素的色阶数值。这样可以使图像变亮并改变颜色。

3. 曲线调整

“色阶”和“曲线”命令都可以对图像的色彩、亮度和对比度进行综合调整，使图像色彩更协调。前者调整只有 3 项（白场、黑场、灰度系数），曲线调整可以针对图像的整个色调范围内的点（从阴影到高光）。可以使用“曲线”命令对图像中的个别颜色通道进行精确调整，还可以将曲线调整设置存储为预设，然后将其应用于其他图像。

单击“图像”→“调整”→“曲线”菜单命令，即可调出“曲线”对话框，如图 6-1-9 所示（其中的曲线还是一条斜直线，没有调整）。该对话框中各选项的作用如下：

（1）色阶曲线水平轴：表示原来图像的色阶值，即色阶输入值。

（2）色阶曲线垂直轴：表示调整后图像的色阶值，即色阶输出值。

（3）按钮：单击它后，将鼠标指针移到曲线上，当鼠标指针呈十字箭头状或十字线状时拖动，可以调整曲线，改变图像的色阶。单击曲线可生成一个控制点。

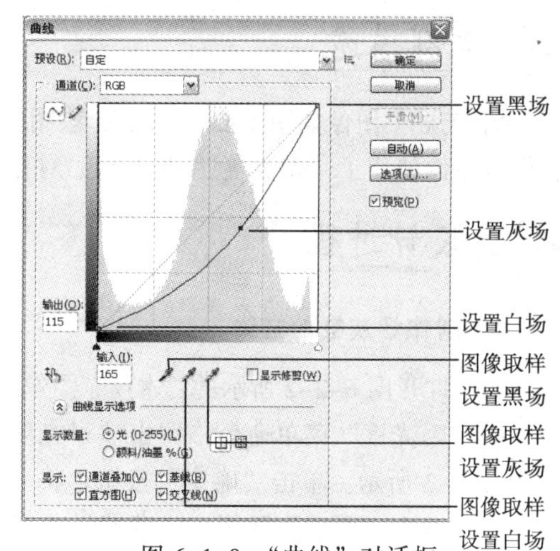

图 6-1-9 “曲线”对话框

选中控制点（空心正方形变为黑色实心正方形），可使“输入”和“输出”文本框出现。调整其数值，可以改变控制点的输入和输出色阶值。

将鼠标指针移开曲线，当鼠标指针呈白色箭头状时单击，可以取消控制点的选取，同时“输入”和“输出”文本框消失，只显示鼠标指针处的输入和输出色阶值。

（4）按钮：单击该按钮后，将鼠标指针移到曲线上，当鼠标指针呈画笔状时，拖动可改变曲线的形状。此时“平滑”按钮变为有效，单击它可使曲线平滑。

（5）按钮：在图像上单击并拖动，可以修改曲线。

（6）“通道”下拉列表框：其内有“红”、“绿”、“蓝”和“RGB”选项，选中前面 3 项中的一项，可以单独调整基色的曲线；选中“RGB”选项，可以调整混合色的曲线。

（7）“自动”按钮：单击该按钮，可以恢复到原始状态。

如果要更改网格线的数量，可按住【Alt】键单击网格。

思考与练习 6-1

1. 对图 6-1-10 所示的照片图像进行调整，使因为逆光拍照造成的阴暗部分变得明亮，使偏黄色和偏暗得到矫正，效果如图 6-1-11 所示。

2．对图 6-1-12 所示的灰蒙蒙、明显曝光不足的照片图像通过曲线、色阶等技术调整后的效果如图 6-1-13 所示。可以看到色彩鲜明，视觉感很强。

图 6-1-10　照片图像

图 6-1-11　调整后的图像

图 6-1-12　曝光不足照片

3．打开一幅图像，观察该图像的颜色模式，再将该图像保存为为灰度模式的图像。

4．打开一幅图像，参看本节“相关知识”介绍，通过操作，了解“色阶”直方图、“色阶”对话框和“曲线”对话框的调出方法，图像色阶和曲线的调整方法，以及对话框内各选项的作用。

图 6-1-13　调整后的照片

6.2 【案例 33】烟灰缸

案例描述

“烟灰缸”图像如图 6-2-1 所示。该图像是在图 6-2-2 所示木纹图像的基础上制作成的。制作该图像使用了“曝光度”和“亮度/对比度”调整等技术。

设计过程

1．制作烟灰缸的缸体

图 6-2-1　“烟灰缸”图像

图 6-2-2　“木纹”图像

（1）打开图 6-2-2 所示的“木纹”图像。单击“图像”→“调整”→“曝光度”菜单命令，调出“曝光度”对话框，具体设置如图 6-2-3 所示。单击“确定”按钮，将“木纹”图像的颜色调浅一些。双击“图层”面板中“背景”图层，调出“新建图层”对话框，单击“确定”按钮，将该图层转换为“图层 0”常规图层。

（2）在“图层 0”上方创建“图层 1”，将该图层拖动到“图层 0”的下方，再将“图层 1”填充为白色，此时的“图层”面板如图 6-2-4 所示。

（3）选中“图层 0”，创建一个烟灰缸大小的椭圆形选区，按【Ctrl+Shift+I】组合键，选区反向。按【Delete】键，删除选区内的图像。按【Ctrl+D】组合键，取消选区，如图 6-2-5 所示。

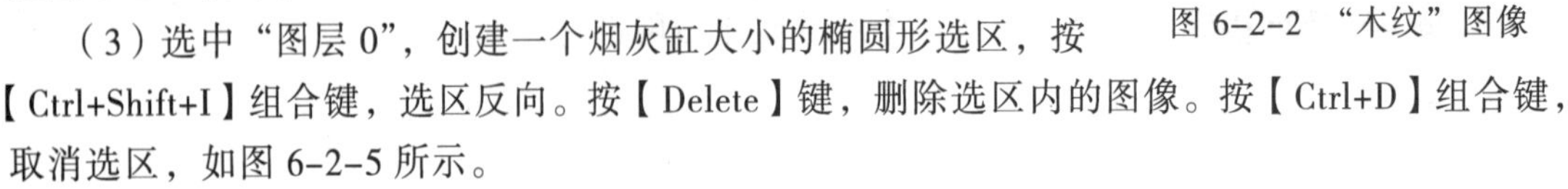

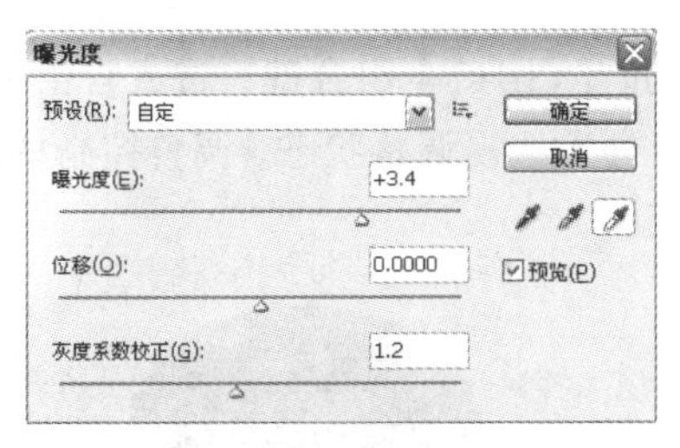

图 6-2-3　“曝光度”对话框

图 6-2-4　“图层”面板

图 6-2-5　图像效果

（4）创建一个稍小一些的椭圆形选区，如图 6-2-6 所示。单击“图层”→“新建”→“通过拷贝的图层”菜单命令，将选区内的图像复制到新的“图层 2”中。按住【Ctrl】键单击“图层 2”缩览图，创建选区，选中复制的图像。选中“图层 2”。

（5）单击“图像”→“调整”→“亮度/对比度”菜单命令，调出“亮度/对比度”对话框，具体设置如图 6-2-7 所示。单击“确定”按钮，效果如图 6-2-8 所示。

（6）将选区稍向下移动一些，单击“图层”→“新建”→“通过拷贝的图层”菜单命令，将选区内的图像复制到新的“图层 3”中。按住【Ctrl】键单击“图层 3”缩览图，创建选区，选中“图层 3”内粘贴的图像。

（7）调出“亮度/对比度”对话框，选中“使用旧版”复选框，设置“亮度”为-200，“对比度”值为 10，单击“确定”按钮。按【Ctrl+D】组合键，取消选区，效果如图 6-2-9 所示。

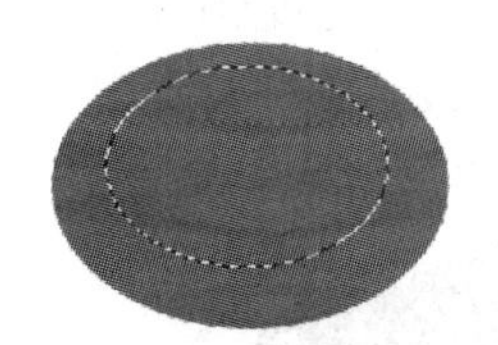

图 6-2-6　椭圆选区

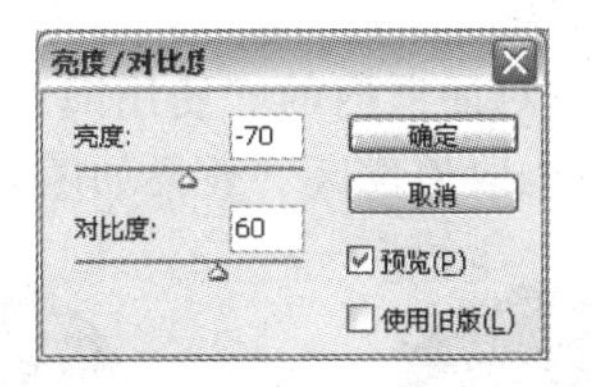

图 6-2-7　“亮度/对比度”对话框

图 6-2-8　调整亮度

图 6-2-9　取消选区

（8）创建“图层 4”。按住【Ctrl】键，单击“图层”面板中的“图层 2”缩览图，创建选中烟灰缸口的轮廓选区。单击“选择”→“修改”→“扩展”菜单命令，调出“扩展选区”对话框，设置扩展量为 4 像素，单击“确定”按钮。

（9）将前景色设置为白色，选中“图层 4”，单击“编辑”→“描边”菜单命令，调出“描边”对话框，具体设置如图 6-2-10 所示，单击“确定”按钮，效果如图 6-2-11 所示。

（10）单击“滤镜”→“模糊”→“高斯模糊”菜单命令，调出“高斯模糊”对话框，设置模糊半径为 2 像素，单击“确定”按钮。

注意：对于杯口或瓶口的高光，可采用先用白色描边，再进行高斯模糊的方法。

2. 制作烟灰缸的烟槽

（1）创建一个矩形选区，如图 6-2-12 所示。创建“图层 5”。单击工具箱中的“渐变工具”按钮，再单击选项栏中的“线性渐变”按钮。调出“渐变编辑器”窗口，设置渐变色，如图 6-2-13 所示。

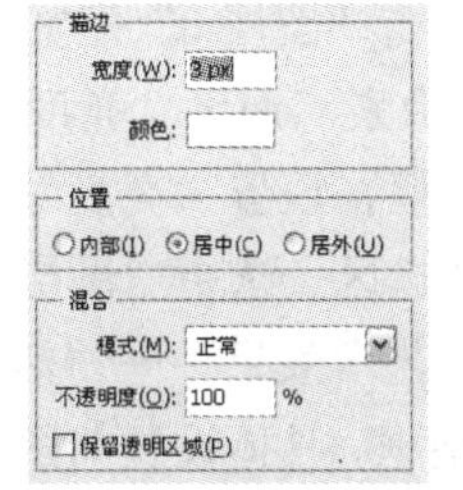

图 6-2-10　“描边”对话框

图 6-2-11　描边后的效果

（2）用鼠标在矩形选区内从上到下拖动，填充渐变色。按【Ctrl+T】组合键，进入自由变换状态，右击调出快捷菜单，单击该菜单中的“透视”命令，进入透视调整状态。调整控制柄，“图层 5”内图像的效果如图 6-2-14 所示，按【Enter】键确认。

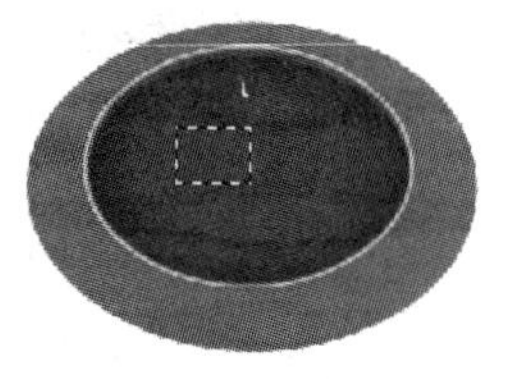

图 6-2-12　创建选区

图 6-2-13　渐变色设置

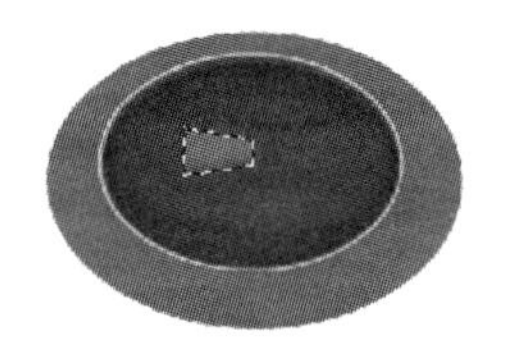

图 6-2-14　渐变色填充和透视

（3）使用工具箱内的橡皮擦工具擦除修改“图层 5”内的图像，使它像烟槽一样。将烟槽图像复制两个，分别调整 3 个烟槽的位置，如图 6-2-15 所示。

3. 调整烟灰缸的明暗和制作阴影

烟灰缸的各部分都有了，但仔细观察，烟灰缸表面还缺少一些立体感，这是由于缺乏明暗变化，下面介绍烟灰缸表面的明暗变化处理。

（1）按住【Ctrl】键，单击“图层 1”缩览图，创建选区，将该图层的图像选中（选中烟灰缸图像），然后将选区向上移动一些，效果如图 6-2-16 所示。

（2）将选区羽化 15 像素，将选区反向，然后单击“图像”→“调整”→“亮度/对比度”菜单命令，调出“亮度/对比度”对话框。选中该对话框内的“使用旧版”复选框，设置“亮度”值为-100，对比度不变，单击“确定”按钮。取消选区，效果如图 6-2-17 所示。

图 6-2-15　3 个烟槽

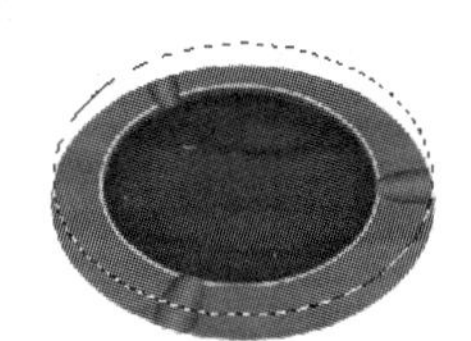

图 6-2-16　创建选区

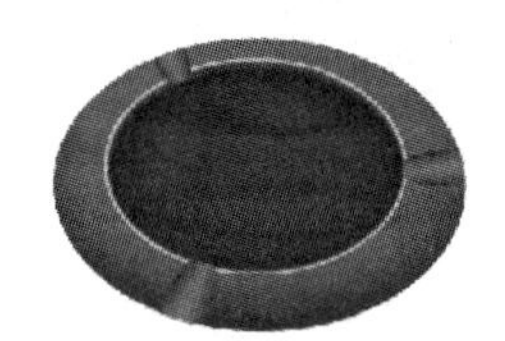

图 6-2-17　调整亮度后的效果

（3）在所有图层的上方新建“图层 6”，将“图层 1”隐藏，按住【Alt】键，单击“图层”面板右上角的“面板菜单”按钮，调出“图层”面板菜单，单击该菜单中的“合并可见图层”菜单命令，在保留原图层的情况下，合并所有可见图层，合并后的图像放置在“图层 6”中。将“图层 1”恢复显示。

（4）按住【Ctrl】键，单击“图层 0”缩览图，创建选中该图层烟灰缸的选区，将选区向下移动一些，将选区羽化 15 像素。调出“亮度/对比度”对话框，选中“使用旧版”复选框，设置“亮度”值为-100，单击“确定”按钮。然后取消选区，选中“图层 6”。

（5）单击“滤镜”→“艺术效果”→“塑料包装”菜单命令，调出“塑料包装”对话框，具体设置如图 6-2-18 所示，单击“确定”按钮，效果如图 6-2-1 所示。

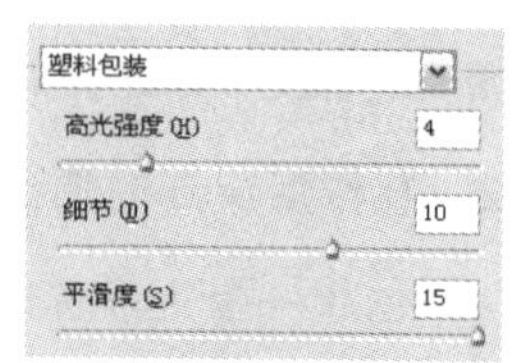

图 6-2-18　“塑料包装”对话框

相关知识——图像亮度/对比度和曝光度等调整

1. “亮度/对比度”调整

单击“图像”→“调整”→“亮度/对比度”菜单命令，即可调出“亮度/对比度”对话框，如图 6-2-7 所示。该对话框中各选项的作用如下：

（1）“亮度”文本框：用来调整图像的亮度，拖动滑块也可以改变亮度值。

（2）“对比度”文本框：用来调整图像的对比度，拖动滑块也可以改变对比度值。

亮度和对比度的数值调整范围都是+100～−100。

2. “曝光度”调整

单击“图像”→“调整”→“曝光度”菜单命令，即可调出“曝光度”对话框，如图 6-2-3 所示。该对话框主要用于调整 HDR 图像的色调，但也可用于 8 位和 16 位图像。该对话框中各选项的作用如下：

（1）“曝光度”文本框：调整色调范围的高光端，对极限阴影的影响很轻微。

（2）“位移”文本框：使阴影和中间调变暗，对高光的影响很轻微。

（3）“灰度系数校正”文本框：使用简单的乘方函数调整图像灰度系数。负值被视为它们的相应正值（也就是说，这些值仍然保持为负，但仍会被调整，就像是正值一样）。

（4）吸管工具：调整图像的亮度值，与影响所有颜色通道的“色阶”吸管工具不同。

◎“设置黑场”吸管工具：单击该按钮后，单击图像内的一点，在图像中取样，设置“位移”数值，以改变黑场，同时将单击点的像素改变为零。

◎“设置白场”吸管工具：单击该按钮后，单击图像内的一点，在图像中取样，设置“曝光度”数值，以改变白场，同时将单击点的像素改变为白色（对 HDR 图像为 1.0）。

◎“设置灰场”吸管工具：单击该按钮后，单击图像内的一点，在图像中取样，设置“曝光度”数值，以改变灰场，将设置曝光度，同时将单击点的值变为中度灰色。

3. “变化”调整

打开一幅鲜花图像，单击“图像”→“调整”→“变化”菜单命令，调出“变化”对话框，如图 6-2-19 所示。利用该对话框，可以直观、方便地调整图像的色彩平衡、亮度、对比度、饱和度等参数。“变化”对话框中各选项的作用如下：

（1）“原稿”和“当前挑选”预览图：“原稿”预览图是被加工图像的原始效果图，“当前挑选”预览图是调整后的图像效果图。两幅图像放在一起，有利于对比。

（2）调色预览图：共有 7 幅，正中间是“当前挑选”预览图，它的四周是不同调色结果的预览图，单击这些图，可以改变“当前挑选”预览图的色彩效果。

（3）调亮度预览图：共有 3 幅，3 幅预览图的中间是“当前挑选”预览图，上下是不同亮度的预览图，单击这些图，可以改变“当前挑选”预览图的亮度效果，除了“原稿”预览图不变外，其他预览图都随之改变。多次单击会有累计效果。

（4）单选按钮组：有 4 个单选按钮，分别是“阴影”（调节图像暗色调）、“中间调”（调节图像中间色调）、“高光”（调节图像亮色调）和“饱和度”（调节图像色彩饱和度）。

选中“饱和度”单选按钮后，“变化”对话框下方的预览图将更换为调整饱和度的 3 幅预览图，如图 6-2-20 所示，利用它们可以调整图像的饱和度。

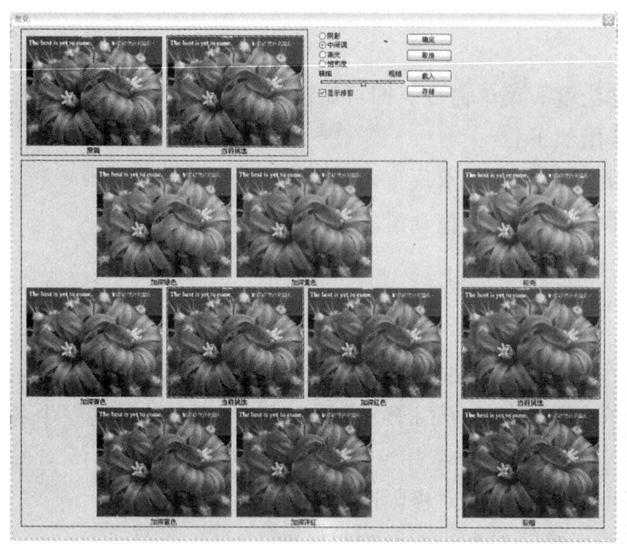

图 6-2-19 “变化”对话框

图 6-2-20 调整饱和度的 3 幅预览图

（5）“精细/粗糙”标尺：用鼠标拖动滑块，可以控制图像调整的幅度。

（6）“显示修剪”复选框：选中该复选框后，会显示图像中颜色的溢出部分，这样可以避免图像调整后出现溢色现象。

4.“去色”和“反相”调整

（1）去色调整：单击“图像”→“调整”→“去色”菜单命令，可使图像变为灰色。

（2）反相调整：单击“图像”→“调整”→“反相”菜单命令，可将图像颜色反相。

5.“黑白”调整

“黑白”调整可以将彩色图像转换为灰度图像，同时保持对各颜色转换方式的完全控制。也可以通过对图像应用色调来为灰度图着色。单击“图像”→“调整”→“黑白”菜单命令，可调出“黑白”对话框，如图 6-2-21 所示。其中各选项的作用如下：

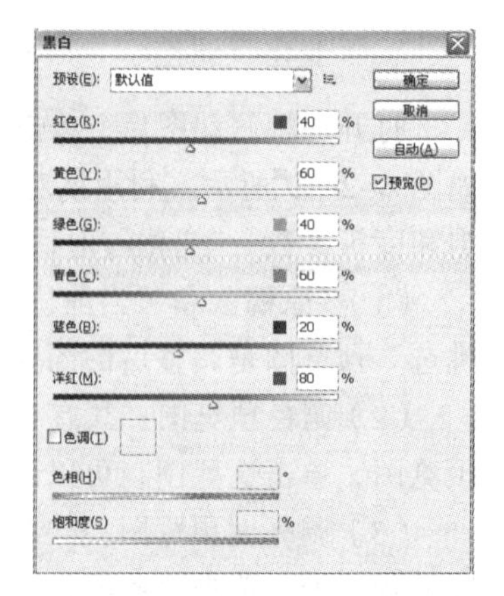

图 6-2-21 “黑白”对话框

（1）“预设”下拉列表框：选择预定义的灰度混合或以前存储的混合。要存储混合，可以执行面板菜单中的“存储预设”菜单命令。

（2）“自动”按钮：单击该按钮，可以根据图像的颜色值设置灰度混合，并使灰度值的分布最大化，通常会产生极佳的效果。

（3）各种颜色文本框：用来调整图像中特定颜色的灰色调。分别拖动滑块，可使图像的原灰色调变暗或变亮。另外，单击并按住图像区域，可以激活相应位置上主要颜色的颜色滑块，然后水平拖动，也可以改变某颜色的数值。

（4）“色调”复选框：选中它后，可以为灰度图像添加一种颜色。单击该复选框右边的色块，可以调出“选择目标颜色”拾色器对话框，用来设置颜色。调整“色相”和“饱和度”文本框的数值，可以改变其色调和饱和度。

6．“阈值”调整

单击“图像”→“调整”→“阈值”菜单命令，调出“阈值”对话框，如图 6-2-22 所示。利用该对话框，可以根据设定的转换临界值（阈值），将彩色图像转换为黑白图像。“阈值”对话框中各选项的作用如下：

（1）“色阶”文本框：用来设置色阶转换的临界值。大于该值的像素颜色将转换为白色，小于该值的像素颜色将转换为黑色。

（2）色阶图下边的滑块：用鼠标拖动滑块可以调整阈值色阶的数值。

打开一幅鲜花图像，按照图 6-2-22 所示进行设置后，效果如图 6-2-23 所示。

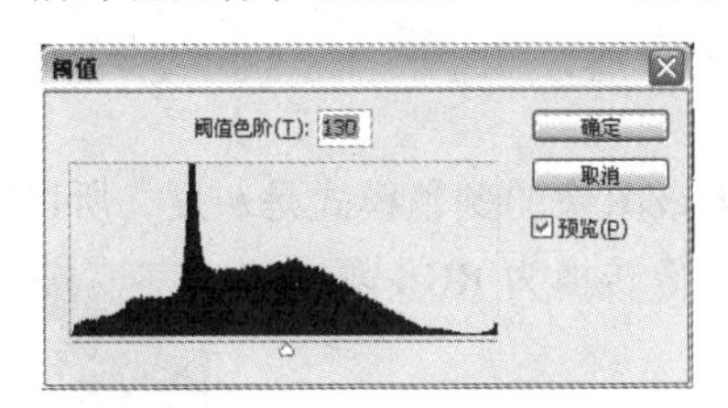

图 6-2-22　“阈值”对话框

图 6-2-23　调整阈值后的图像

思考与练习 6-2

1．利用图 6-2-24 所示的“运动员”和“云图”等图像，制作如图 6-2-25 所示的图像。

图 6-2-24　“运动员”和“云图”图像

图 6-2-25　“奔跑”图像

2．制作一幅“新年快乐”图像，如图 6-2-26 所示。它是在云图图像上制作透视矩形云图，再调整部分图像的亮度使之变暗，修饰后形成立体感；然后制作透视立体文字。

3．制作一幅“结冰文字”图像，如图 6-2-27 所示。

图 6-2-26　“新年快乐”图像

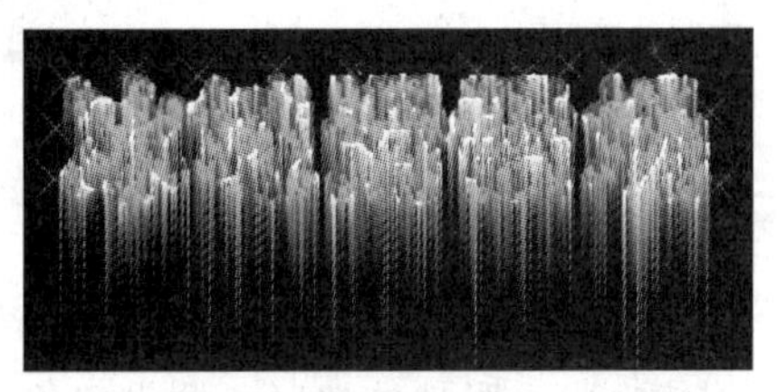

图 6-2-27　“结冰文字”　图像

6.3 【案例 34】照片着色 1

案例描述

“照片着色”图像如图 6-3-1 所示。它是将图 6-3-2 所示的黑白图像进行着色处理后获得的。制作该图像使用了多种创建选区的方法，使用了“色相/饱和度”调整等技术。

图 6-3-1 “照片着色”图像

图 6-3-2 黑白照片图像

设计过程

（1）打开图 6-3-2 所示的黑白照片图像。因为该图像的颜色模式是灰度，所以应单击“图像”→“模式”→“RGB”命令，将灰度模式的图像转换为 RGB 颜色模式的图像。

（2）双击“图层”面板中的“背景”图层，调出“新建图层”对话框，单击“确定”按钮，将“背景”图层转换为一个常规图层。使用多边形套索工具勾画出头发的轮廓选区，再使用选框工具进行选区加减操作，修饰选区，如图 6-3-3 所示。

图 6-3-3 创建头发选区

（3）单击“图像”→“调整”→“色相/饱和度”菜单命令，调出“色相/饱和度”对话框，选中“着色”复选框，设置色相为 40、饱和度为 54、明度为+3，如图 6-3-4 所示。单击“确定”按钮，给选区内的头发图像着棕色。按【Ctrl+D】组合键，取消选区。

（4）创建选中衣服的选区，如图 6-3-5 所示。调出“色相/饱和度”对话框，设置色相为 190、饱和度为 44、明度为-11，单击“确定”按钮。取消选区。

（5）创建选中人皮肤的选区，如图 6-3-6 所示。调出“色相/饱和度”对话框，设置色相为 31、饱和度为 42、明度为+20，单击“确定”按钮。按【Ctrl+D】组合键，取消选区。

图 6-3-4 “色相/饱和度”对话框

图 6-3-5 创建衣服选区

图 6-3-6 创建皮肤选区

（6）创建选中人眼珠的选区，调出“色相/饱和度”对话框，将颜色加深。创建选中人物嘴唇的选区，调出“色相/饱和度”对话框，将嘴唇调成浅红色。

（7）创建选中人物背景的选区，按【Delete】键，删除背景。在“图层 0”的下方新建“图层 1”，填充棕色到黄色再到棕色的线性渐变色，如图 6–3–1 所示。

相关知识——色相/饱和度、色彩平衡等调整

1.“自然饱和度”调整

“自然饱和度”调整可以使在颜色接近最大饱和度时最大限度地减少修剪。该调整增加了与已饱和颜色相比不饱和颜色的饱和度。该调整还可以防止肤色过度饱和，使调整前后变化自然。单击“图像”→“调整”→“自然饱和度”菜单命令，调出“自然饱和度”对话框，如图 6–3–7 所示。该对话框中各选项的作用如下：

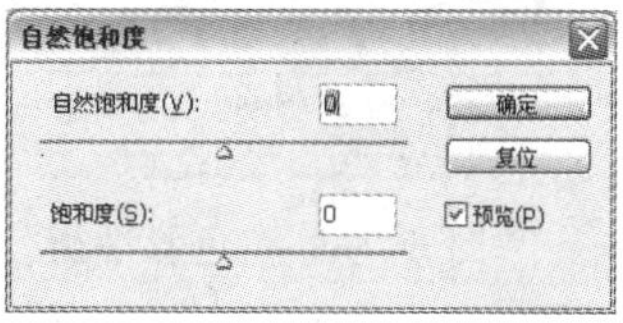

（1）“自然饱和度”文本框：用来增加或减少颜色饱和度，在颜色过度饱和时不修剪。要将更多调整应用于不饱和颜色并在颜色接近完全饱和时避免颜色修剪，可将该数值增加。

图 6–3–7　自然饱和度调整对话框

（2）“饱和度”文本框：用来增加或减少饱和度，要将相同的饱和度调整量用于所有的颜色（不考虑其当前饱和度）。

2.“色相/饱和度”调整

“色相/饱和度”调整可以改变图像颜色、饱和度和明度，使图像色彩饱满。单击“图像”→“调整”→“色相/饱和度”菜单命令，调出“色相/饱和度”对话框，如图 6–3–4 所示。如果未选中“着色”复选框，则“编辑”下拉列表框有效。当该下拉列表框内选择的不是“全图”选项时，对话框下边会发生变化，如图 6–3–8 所示。各选项的作用如下：

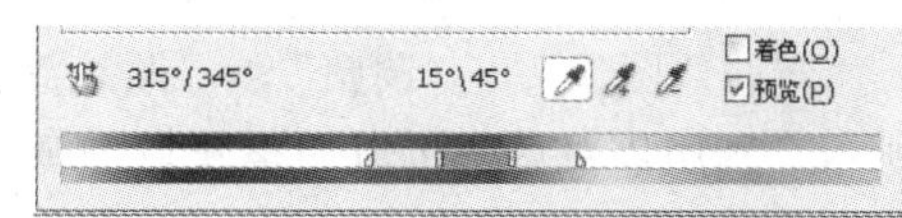

图 6–3–8　“色相/饱和度”对话框

（1）“预设”下拉列表框和按钮：其内一些预设供使用，可以自定义预设。

（2）“色相”、“饱和度”和“明度”滑块及文本框：用来调整它们的数值。

（3）“编辑”下拉列表框：用来选择编辑的对象是“全图”（所有像素），还是某种颜色的像素。选择“全图”选项，可以一次调整所有颜色。

（4）两个彩条和一个控制条：两个彩条用来标示各种颜色，调整时，下方彩条的颜色会随之变化。控制条上有 4 个控制块，用来指示色彩的范围，用鼠标拖动控制条内的 4 个控制块，可以调整色彩的变化范围（左边）和禁止色彩调整的范围（右边）。

（5）3 个吸管按钮：单击按钮后，将鼠标指针移到图像或“颜色”面板中时，单击即可吸取单击处像素的色彩，用来确定编辑的颜色对象。它们的名称与作用如下：

◎“吸管工具”按钮：用吸取的色彩作为色彩的调整范围。

◎“添加到取样”按钮：可在原有色彩范围的基础上增加色彩的调整范围。

◎“从取样中减去”按钮：可在原有色彩范围的基础上减少色彩的调整范围。

（6）“着色”复选框：选中该复选框后，可以使图像变为单色、不同明度的图像。

（7）“图像调整工具”按钮：按下该按钮，单击图像中的颜色，在图像中向左或向右拖动，可以减少或增加包含所单击像素的颜色范围的饱和度；按住【Ctrl】键，并单击图像中的颜色，在图像中向左或向右拖动，可以调整色相值。

3. “色彩平衡”调整

“色彩平衡”调整针对图像整体颜色的平衡效果，可以在图像原基础上添加其他颜色，或增加某种颜色的补色，改变图像的总体颜色混合，纠正图像偏色问题。单击“图像”→“调整”→“色彩平衡”菜单命令，即可调出“色彩平衡”对话框，如图 6-3-9 所示。打开一幅鲜花图像，如图 6-3-10 左图所示，按照图 6-3-9 所示进行调整后的效果如图 6-3-10 所示（不用关闭对话框就可以看到调整效果）。该对话框中各选项的作用如下：

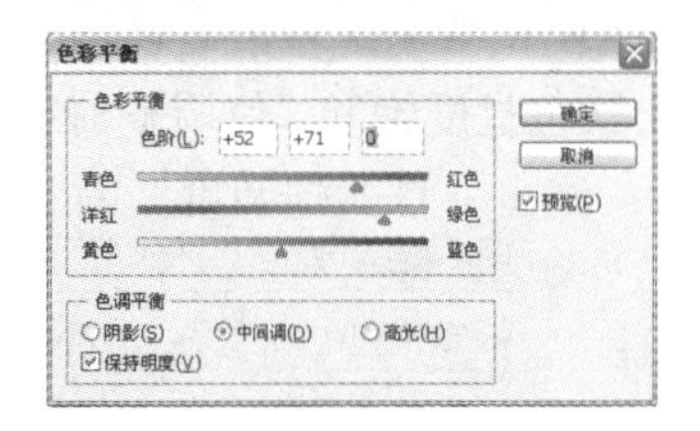

图 6-3-9 “色彩平衡”对话框

图 6-3-10 鲜花图像和“色彩平衡”调整后的效果

（1）3 个“色阶”文本框：分别用来显示 3 个滑块调整时的色阶数据，用户也可以直接输入数值来改变滑块的位置。它们的数值范围是-100～+100。

（2）“色彩平衡”栏内的 3 个滑杆：拖动滑杆上的滑块，可以分别调整从青色到红色、从洋红色到绿色、从黄色到蓝色的色彩平衡。

（3）“色调平衡”栏：用来确定色彩平衡处理的范围。

4. “照片滤镜”调整

单击“图像”→“调整”→“照片滤镜”菜单命令，调出“照片滤镜”对话框，如图 6-3-11 所示。利用该对话框可以调整颜色平衡，模仿在相机镜头前面加彩色滤镜等。

在“照片滤镜”对话框中，选中“滤镜”单选按钮，其右边的“滤镜”下拉列表框变为有效，可以选择一种滤镜预设。选中“颜色”单选按钮，单击该色块，调出“选择滤镜颜色”对话框，即“Adobe 拾色器”，利用该对话框设置一种滤镜颜色，再调整“浓度”文本框内的百分比数据，完成自定滤镜。如果不希望通过添加颜色滤镜使图像变暗，可以选中“保留明度”复选框。“滤镜”下拉列表框中一些预设滤镜的含义如下：

（1）加温滤镜（85 和 LBA）及冷却滤镜（80 和 LBB）：用于调整图像白平衡的颜色转换滤镜。如果图像是使用色温较低的光（微黄色）拍摄的，则冷却滤镜（80）使图像颜色更蓝，以便补偿色温较低的环境光。相反，如果照片是用色温较高的光（微蓝色）拍摄的，则加温滤镜（85）会使图像的颜色更暖。

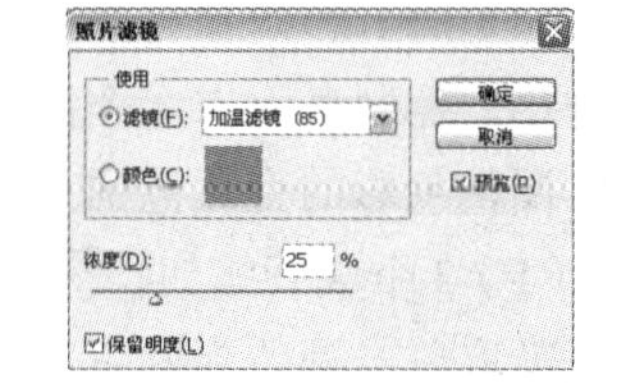

图 6-3-11 “照片滤镜”对话框

（2）加温滤镜（81）和冷却滤镜（82）：使用光平衡滤镜对图像的颜色品质进行细微调整。

（3）个别颜色：根据所选颜色或预设给图像应用色相调整。例如，照片有色痕，则可以选取一种补色来中和色痕；“水下”颜色可以模拟拍摄水中事物时稍带绿色的蓝色色痕。

思考与练习 6-3

1. 对图 6-3-12 所示的黑白照片图像进行修补后着色。

2. 将图 6-3-10 左图所示的鲜花图像或其他彩色图像转换为灰度图像，再进行着色。

3. 制作一幅“天天咖啡屋”图像，如图 6-3-13 所示。该图像是在“咖啡店”图像基础之上绘制霓虹灯文字后制作完成的。制作该图像的方法提示如下：

（1）打开“咖啡店”图像并裁切，将其拖动到新图像中，如图 6-3-14 所示。将新增图层的名称改为“咖啡店”。在“边框”图层内制作荧光框架图形，如图 6-3-13 所示。

图 6-3-12　黑白照片图像

图 6-3-13　“天天咖啡屋”图像

图 6-3-14　“咖啡店”图像

（2）输入白色文字“天天咖啡屋”，将文字图层与黑色“背景”图层合并。

（3）在文字的外围创建一个矩形选区，进行模糊半径为 2 像素的高斯模糊处理，这是为了下面调整曲线，在文字边缘产生一些过渡性灰度，从而在文字上制作出光泽效果。

（4）调出“曲线”对话框，调整曲线，如图 6-3-15 所示，图像如图 6-3-16 所示。

图 6-3-15　“曲线”对话框

（5）单击“渐变工具”按钮，设置线性七彩渐变色，如图 6-3-17 所示。在“渐变模式”下拉列表框中选择“颜色”选项，该模式可以在保护原有图像灰阶的基础上，给图像着色。然后，按住【Shift】键，从左到右水平拖动，给文字着色，效果如图 6-3-18 所示。

（6）选中“背景”图层，将选区内“背景”图层中的图像复制到新“图层 1”中。将“图层 1”移到“咖啡店”图层上方。给“背景”图层填充黑色。

（7）选中“图层 1”，调出“色相/饱和度”对话框，对照荧光文字进行色彩调整，直到满意为止。选中“咖啡店”图层，同样进行“色相/饱和度”调整。

图 6-3-16　调整曲线后的图像

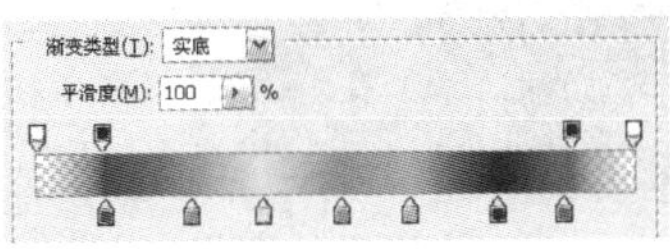

图 6-3-17　渐变色设置

图 6-3-18　渐变填充效果

6.4 【案例 35】给照片添彩

案例描述

制作“给照片添彩”图像，如图 6-4-1 所示。这是修正后的图像，原图像是一幅灰蒙蒙光照不足的照片图像，如图 6-4-2 所示，显然图像的色彩感增强了，主题鲜明了。

设计过程

（1）打开照片图像，如图 6-4-2 所示。为了解决照片缺陷，单击“图像”→“调整”→“曲线”菜单命令，调出“曲线”对话框，在“通道”下拉列表框内选择“RGB”选项，曲线调整如图 6-4-3 所示。单击“确定”按钮，效果如图 6-4-4 所示。

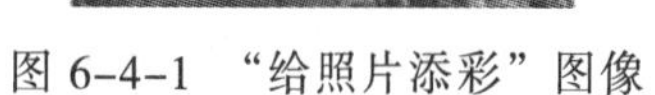

图 6-4-1 “给照片添彩”图像

图 6-4-2 照片图像

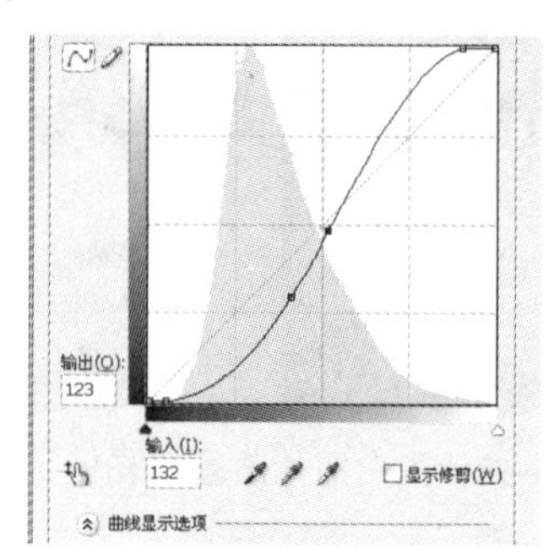

图 6-4-3 “曲线”对话框调整

（2）照片主题不鲜明，分不清是在拍摄瀑布还是在拍摄小溪。使用裁剪工具，拖动裁剪图像，按【Enter】键确认，效果如图 6-4-5 所示。

（3）解决整张照片过于单调的问题。单击“图像”→“调整”→“可选颜色”菜单命令，调出“可选颜色”对话框，在“颜色”下拉列表框中选择“绿色”选项，具体设置如图 6-4-6 所示。

（4）在“颜色”下拉列表框中选择“黄色”选项，从上到下 4 个颜色值分别整为-100%、100%、100%、0%；再在“颜色”下拉列表框中选择“青色”选项，从上到下 4 个分别整为+100%、-40%、-100%、100%。单击“确定”按钮。

图 6-4-4 曲线调整效果

图 6-4-5 裁切后的图像

图 6-4-6 “可选颜色”对话框

相关知识——图像颜色调整和“调整”面板使用

1.“可选颜色”调整

单击“图像”→“调整”→“可选颜色”菜单命令，调出“可选颜色”对话框，如图 6-4-6 所示。利用该对话框可以调整图像中指定颜色的色彩。该对话框中各选项的作用如下：

（1）“颜色”下拉列表框：在其中选择一种颜色，表示下面的调整是针对该颜色的。

（2）“方法”栏：有两个单选按钮，分别是“相对”与“绝对”单选按钮。

◎“相对”单选按钮：选中后，改变后的数值按青色、洋红、黄色和黑色（CMYK）总数的百分比计算。例如，像素占黄色的百分比为30%，如果改变了20%，则改变的百分数为30%×20%=9%，改变后，像素占有黄色的百分数为30%+30%×20%=39%。

◎“绝对”单选按钮：选中后，改变后的数值按绝对值调整。例如，像素占有黄色的百分比为30%，如果改变20%，则改变的百分数为20%，像素占有黄色的百分数为30%+20%=50%。

2.“匹配颜色”调整

单击“图像”→“调整”→“匹配颜色”菜单命令，调出“匹配颜色”对话框，如图6-4-7所示。同时，鼠标指针将变成吸管状。利用该对话框可以将一幅图像（源图像）中的颜色与另一幅图像（目标图像）中的颜色相匹配；可以匹配多幅图像、多个图层或者多个选区的颜色；可以匹配同一幅图像中不同图层之间的颜色；还可以通过更改亮度和色彩范围以及中和色痕来调整图像颜色。它仅适用于RGB模式。使用吸管工具可以在“信息”面板中查看像素的颜色值。在使不同图像的颜色保持一致时，该对话框非常有用。

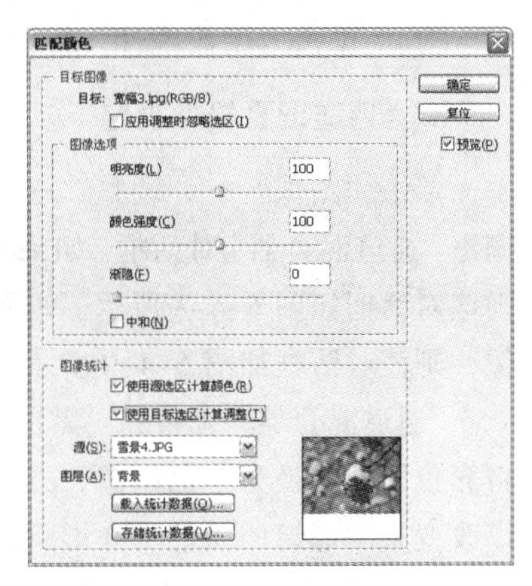

图6-4-7 “匹配颜色”对话框

“匹配颜色”对话框中各选项的作用，以及匹配颜色的方法如下：

（1）如果是在两幅图像之间进行颜色匹配，则打开两幅图像，选中要替换颜色的图像的相应图层（该图层内的图像是目标图像）。如果要替换目标图像中的某一区域内的颜色，则需要创建选中该区域的选区。如果使用源图像某一区域内的图像进行颜色匹配，则应在源图像内创建选区，选中该区域内的图像。

（2）单击“图像”→“调整”→“匹配颜色”菜单命令，调出“匹配颜色”对话框。如果要替换目标图像中选区内的图像颜色，则取消选择“应用调整时忽略选区”复选框，在“源”下拉列表框内选中源图像。

（3）如果要使用源选区内的图像匹配颜色，则应选中“使用源选区计算颜色”复选框；如果要使用目标选区内的图像匹配颜色，则选中“使用目标选区计算调整”复选框。

（4）当不希望参考另一幅图像来计算色彩调整时，可以在“源”下拉列表框内选择“无”选项。在选择“无”选项时，目标图像和源图像相同。

（5）在“图层”下拉列表框内选择相应的图层。如果要匹配源图像中所有图层的颜色，则还可以在“图层”下拉列表框内选择“合并的”选项。

（6）如果要将调整应用于整个目标图像，应选中“目标图像”栏内的“应用调整时忽略选区”复选框，则可以忽略目标图像中的选区，并将调整应用于整个目标图像。

（7）如果在源图像中建立了选区，但不想使用选区中的颜色来计算调整，应取消选择“图像统计”栏内的“使用源选区计算颜色”复选框。

（8）如果在目标图像中建立了选区，并且想要使用选区中的颜色来计算调整，应选中“使用目标选区计算调整”复选框。

（9）如果要去除目标图像中的色痕，应该选中“中和”复选框。

（10）要调整目标图像的亮度，应该改变“明亮度”文本框内的数值。“明亮度”的最大值是 200，最小值是 1，默认值是 100。

（11）要调整目标图像的色彩饱和度，应该改变“颜色强度”文本框内的数值。“颜色强度”的最大值为 200，最小值为 1（生成灰度图像），默认值为 100。

（12）要控制应用于图像的调整量，应该调整“渐隐”文本框内的数值。

（13）单击“图像统计”栏内的“存储统计数据”按钮，可以命名并存储设置。

（14）单击“图像统计”栏内的“载入统计数据”按钮，可以载入存储的设置文件。

3.“通道混合器”调整

单击“图像”→“调整”→“通道混合器”菜单命令，调出“通道混合器”对话框。如果当前图像是 RGB 模式图像，则该对话框如图 6-4-8 所示。如果当前图像是 CMYK 模式图像，则该对话框如图 6-4-9 所示。

图 6-4-8 RGB 图像对应的“通道混合器”对话框

“通道混合器”调整和“黑白”调整的功能相似，也可以将彩色图像转换为单色图像，并允许调整颜色通道输入，可以改变某一通道的颜色，并影响各通道混合后的颜色效果。“通道混合器”对话框中各选项的作用如下：

（1）“输出通道”下拉列表框：用来选择要改变颜色的通道。

（2）“常数”滑块与文本框：用来改变选定通道的不透明度，其调整范围是-200～+200。

（3）“单色”复选框：选中它后，可以将彩色图像变为灰色图像。这时“输出通道”下拉列表框中只有“灰色”选项。

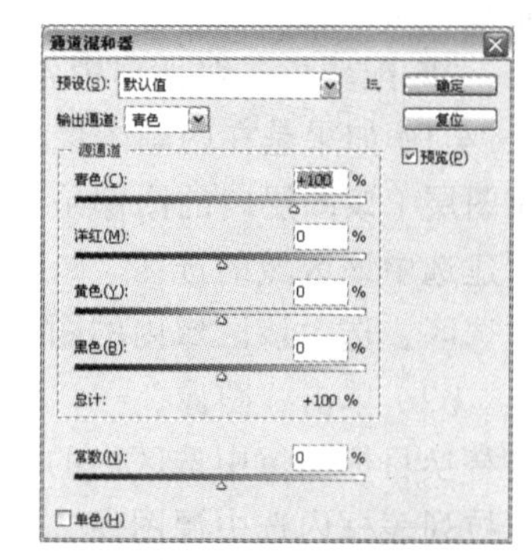

图 6-4-9 CMYK 图像对应的“通道混合器”对话框

4.“阴影/高光”调整

“阴影/高光”调整适用于校正由于强逆光而形成剪影的照片，以及由于太接近相机闪光灯而有些发白的焦点，也可使阴影区域变亮。它不是简单地使图像变亮或变暗，而是基于阴影或高光区域的周围像素（局部相邻像素）增亮或变暗。其默认值适用于修复具有逆光问题的图像。单击“图像”→“调整”→“阴影/高光”菜单命令，即可调出“阴影/高光”对话框，如图 6-4-10 所示。图 6-4-11 所示图像按照图 6-4-10 所示进行调整后的效果如图 6-4-12 所示。“阴影/高光”对话框中主要选项的作用如下：

（1）“显示更多选项”复选框：选中后，展开该对话框，如图 6-4-10 所示。取消选择该复选框时，只可以设置“阴影”和“高光”栏内的“数量”文本框数据。为了更精细地进行调整，可选中该复选框。

（2）“数量”文本框：用来调整光照校正量。其值越大，为阴影提供的增亮程度或者为高光提供的变暗程度越大。

（3）“存储为默认值”按钮：单击该按钮，可以将设置存储为默认值。

注意：要增大图像（曝光良好的除外）中的阴影细节，请尝试将阴影“数量”和阴影“色调宽度”的值设置在 0%～25%范围内。存储当前设置，并使它们成为“阴影/高光”对话框的默认设置。要还原原来的默认设置，可按住【Shift】键，同时单击该按钮。

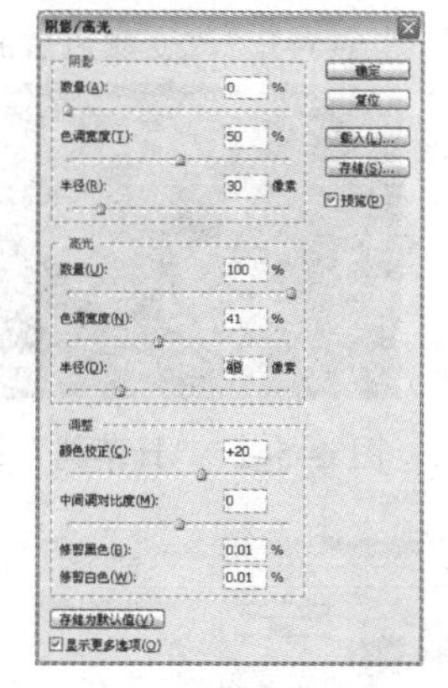

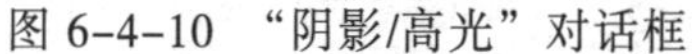
图 6-4-10 “阴影/高光”对话框

图 6-4-11 原图像
图 6-4-12 阴影/高光调整效果

（4）“色调宽度”文本框：调整阴影或高光中色调的修改范围。较小的值可以限制只对较暗区域进行阴影校正的调整，并只对较亮区域进行“高光”校正的调整。较大的值会增大将进一步调整为中间调的色调范围。例如，如果阴影色调宽度滑块位于 100%处，则对阴影的影响最大，对中间调会有部分影响，但最亮的高光不会受到影响。

（5）“半径”文本框：控制每个像素周围的局部相邻像素的大小。相邻像素用于确定像素是在阴影还是在高光中。最好调整的同时观察效果来确定。

（6）“修剪黑色”和“修剪白色”文本框：指定图像中会将多少阴影和高光剪切到新的极端阴影（色阶为 0）和高光（色阶为 255）颜色。值越大，生成的图像对比度越大。

思考与练习 6-4

1. 打开图 6-3-10 所示的鲜花图像，创建选中绿色的选区，分别通过“匹配颜色”、“通道混合器”调整使选区内的图像更绿、更亮。

2. 图 6-4-13 所示彩色图像中的彩球是蓝色到淡蓝色的渐变色，小鹿的颜色是棕色，眼睛是黑色。将该图像中的彩球颜色改为红色到棕色的渐变色，小鹿的颜色改为绿色，眼睛改为红色，如图 6-4-14 所示。

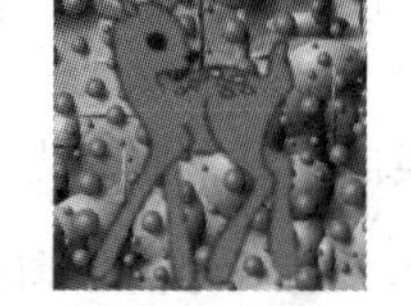
图 6-4-13 原图像

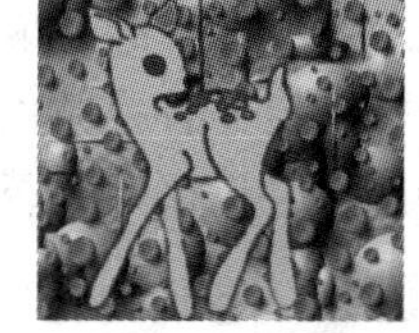
图 6-4-14 替换颜色

6.5 【案例 36】图像改变颜色

案例描述

图 6-5-1 所示的图像是在图 6-5-2 所示“日落树”图像的基础上进行色调均化处理和替换

颜色后的效果。“日落树”图像的背景色很暗，树枝是黑色的。

图 6-5-1　改变颜色后的图像

图 6-5-2　“日落树”图像

设计过程

（1）打开“日落树”图像，如图 6-5-2 所示。单击“图像”→“调整”→“色调均化”命令，对图像进行色调均化处理。处理后的图像背景变亮，如图 6-5-3 所示。

（2）单击“图像”→“调整”→“替换颜色”命令，调出“替换颜色”对话框。单击该对话框中的“吸管工具”按钮，再单击图像中黑色的树枝。然后单击该对话框中的“添加到取样”按钮，再单击图像中其他黑色的树枝。

（3）按照图 6-5-4 所示进行调整。单击“确定”按钮，即可将树枝颜色调整为绿色。

图 6-5-3　图像背景更亮

图 6-5-4　“替换颜色”对话框

相关知识

1.“替换颜色”调整

单击“图像”→“调整”→“替换颜色”菜单命令，调出“替换颜色”对话框。“替换颜色”对话框中的“颜色容差”滑块与文本框用来调整选区内颜色的容差范围；单击图像中的颜色，确定要替换颜色的对象；调整“颜色容差”滑块，以确定颜色的容差；调整色相、饱和度和明度，以确定要替换的颜色，此处为蓝色。

2.“色调均化”和“色调分离”调整

（1）“色调均化”调整：单击“图像”→“调整”→“色调均化”菜单命令，可将图像的色调均化，重新分布图像像素的亮度值，更均匀地呈现所有范围的亮度级，使最亮的值呈白色，最暗的值呈黑色，中间值均匀分布在整个灰度中。当图像显得较暗时，可进行色调均化调整，以产生较亮的图像。配合使用“直方图”面板，可看到亮度的前后对比。

（2）“色调分离”调整：单击“图像”→“调整”→“色调分离”菜单命令，即可调出“色调分离”对话框，如图 6-5-5 所示。利用该对话框，可以按“色阶”文本框设置的色阶值，将彩色图像的色调分离。色阶值越大，图像越接近原图。

3. “渐变映射”调整

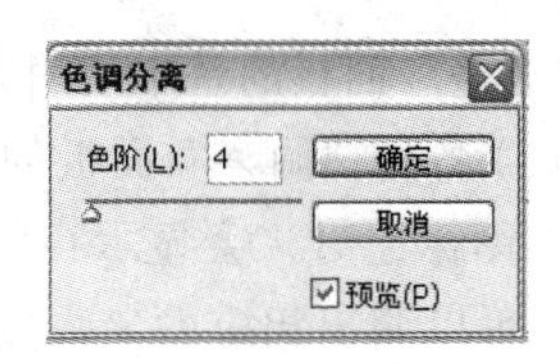

图 6-5-5　“色调分离”对话框

单击“图像”→“调整”→“渐变映射”菜单命令，调出“渐变映射”对话框，如图 6-5-6 所示。利用它可以用各种渐变色来调整图像颜色。该对话框中各选项的作用如下：

（1）“灰度映射所用的渐变”下拉列表框：用来选择渐变色的类型。

（2）“渐变选项”栏：有两个复选框，选中“仿色”复选框后，将用与“灰度映射所用的渐变”下拉列表框内选择的渐变颜色相仿的渐变色进行渐变映射，一般影响不大；选中“反向”复选框，可将渐变色反向。

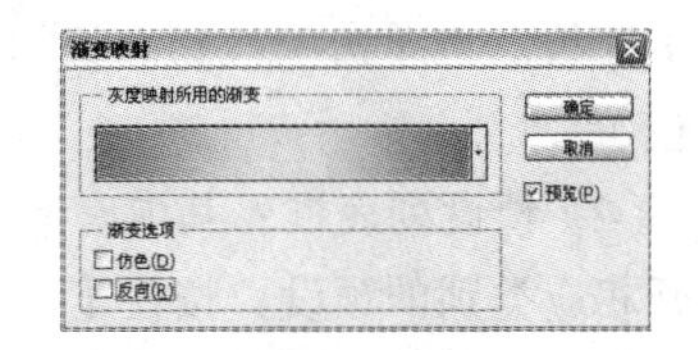

图 6-5-6　“渐变映射”对话框

图 6-3-10 左图所示鲜花图像经渐变映射调整（渐变色为棕色到黄色再到棕色）后的效果如图 6-5-7 所示。

图 6-5-7　经渐变映射调整后的图像

4. “调整”面板的使用

“调整”面板集中了“调整”菜单内的大部分图像调整命令，可以方便地进行各种图像调整之间的切换，而且这种调整会自动在“图层”面板内要调整图层上方添加一个“调整”图层，可以不破坏原图像，还有利于修改调整参数。另外，“调整”面板还提供了大量的预设，方便图像的各种调整。

单击“窗口”→“调整”菜单命令，可以调出“调整”面板，如图 6-5-8 所示。单击“图层”→“新建调整图层”菜单命令，调出其子菜单，该菜单内有 15 种调整命令，单击其中的任意一个菜单命令，均可以调出“新建图层”对话框，单击该对话框中的“确定”按钮，即可调出相应的“调整”面板。例如，单击“图层”→“新建调整图层”→“照片滤镜”菜单命令，调出“新建图层”对话框。在该对话框内的“名称”文本框内可以输入新建调整图层的名称，在“颜色”下拉列表框内选择新建调整图层的颜色，在“模式”下拉列表框内选择图层混合模式，还可以调整不透明度。

然后，单击该对话框中的“确定”按钮，调出“调整”（照片滤镜）面板，如图 6-5-9 所示。可以看出，“调整”（照片滤镜）面板内的选项与图 6-3-11 所示“照片滤镜”对话框内的选项基本相同。此时，“图层”面板内会自动生成一个“照片滤镜 1”调整图层，而且与其下面的图层组成图层剪贴组，“背景”图层成为基底图层，它是“照片滤镜 1”调整图层的蒙版，如图 6-5-10 所示。以后的调整不会破坏“背景”图层内的图像。

图 6-5-8　“调整”面板

图 6-5-9　“调整”（照片滤镜）面板

图 6-5-10　“图层”面板

“调整”面板的基本使用方法简介如下：

（1）各种“调整”面板的切换：“调整”面板的上方有15个不同的图标（将鼠标指针移到这些图标上时，会显示相应的名称），单击这些图标，或者单击“调整”面板菜单中的命令，都可以调出相应的“调整”面板，例如，单击图标，可以调出图6-5-9所示的“调整”（照片滤镜）面板。单击这些面板内的按钮，可以回到图6-5-8所示的“调整”（添加调整）面板。再单击按钮，又可以回到刚才使用的“调整”面板（例如“调整”（照片滤镜）面板）。

（2）预设列表框：其内有应用于常规图像校正的一系列调整预设选项。单击按钮，可以展开相应类别的预设；按住【Alt】键的同时单击此按钮，可展开所有类别的预设。

单击预设选项，可以将选中的预设应用于“调整”图层和相关的图像，同时调出相应的“调整”面板。如果将调整设置存储为预设，则它会被添加到预设列表框中。

（3）按钮的作用：除了上边介绍过的和按钮，其他按钮的作用如下：

◎“展开视图”按钮：单击该按钮，可以将面板切换到展开视图，该按钮变为“标准视图”按钮；单击“标准视图”按钮，可以将面板切换到标准视图，该按钮变为“展开视图”按钮。

◎ 或按钮：表示此状态是“新调整影响下面的所有图层”，单击该按钮可以使调整剪切到图层，该按钮变为或按钮，表示此状态是“新调整剪切到此图层”；单击或按钮可以使新调整影响下面的所有图层，该按钮变为或按钮。可以在建立和取消剪贴蒙版之间切换。

◎“切换图层可见性”按钮：单击该按钮，可以隐藏调整图层；单击按钮，可以显示调整图层。

◎“查看上一状态”按钮：单击该按钮，可以将调整切换到上一状态。

◎“复位”按钮：单击该按钮，可以恢复到默认设置。

◎“删除此调整图层”按钮：单击该按钮，可以删除调整图层。

思考与练习 6-5

1. 使用“调整”面板，制作【案例35】“给照片添彩”图像。

2. 制作一幅木刻图像，如图6-5-11所示。该图像是将图6-5-12所示图像改变颜色和加工后获得的。制作该图像主要使用色调均化、反相和阈值等图像调整技术。

3. 制作一幅“晶莹剔透”玻璃文字图像，如图6-5-13所示。

图 6-5-11　木刻图像

图 6-5-12　原图像

图 6-5-13　“晶莹剔透”玻璃文字图像

6.6　综合实训 6——冰城滑雪场

实训效果

“冰城滑雪场”图像如图 6-6-1 所示，这是一幅滑雪场宣传画。制作该图像主要使用图 6-6-2 所示的“雪山”与“滑雪 1”图像，以及其他几幅“滑雪”图像。制作该图像需要使用“反相”和“曲线”调整，以及“添加杂色”“晶格化”“高斯模糊”等滤镜。

图 6-6-1　“冰城滑雪场”图像

图 6-6-2　“雪山”和“滑雪 1”图像

实训提示

1. 制作背景图像

（1）新建宽 900 像素、高 600 像素、白色背景、名称为“冰城滑雪场”的图像，打开“雪山”和“滑雪 1”图像。将“滑雪 1”图像移到“冰城滑雪场”图像内且与左边对齐。

（2）选中“图层”面板内存放“滑雪 1”图像的“图层 1”，创建选中蓝天部分和右边白色背景的选区。将“雪山”图像复制到剪贴板中。将剪贴板中的图像贴入“冰城滑雪场”图像选区内，调整贴入图像的位置。按【Ctrl+D】组合键，取消选区，如图 6-6-3 所示。

图 6-6-3　选区内贴入图像

（3）将贴入图像的“图层 2”合并到“图层 1”。选中该图层，单击“图像”→“调整”→“色调均化”菜单命令。单击“图像”→“调整”→“色阶”菜单命令，“色阶”对话框设置如图 6-6-4 所示，单击“确定”按钮，使图像变亮。

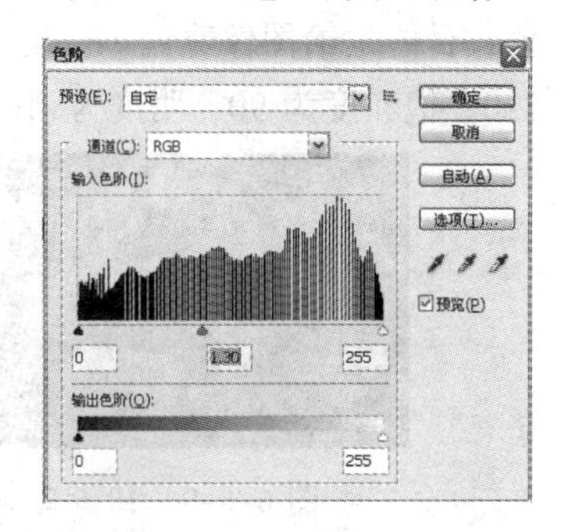

图 6-6-4　“色阶”对话框

（4）进行模糊半径为 5 像素的“高斯模糊”处理。打开 5 幅滑雪图像，使用移动工具，依次将它们拖动到“冰城滑雪场”图像中，调整它们的大小和位置，如图 6-6-1 所示。在图像窗口内左下角输入 4 行黄色、隶书文字。选中第 4 行文字所在图层，将该图层复制一份。分别给这两个图层添加“样式”面板内的不同图层样式，效果如图 6-6-1 所示。

2. 制作“冰城滑雪场”结冰文字

（1）新建宽 700 像素、高 400 像素、灰色模式、白色背景的“结冰字”图像。在图像中间输入“华文琥珀”字体、

120 点的“冰城滑雪场”黑色文字。创建选中该图层文字的选区，再将文字图层与“背景”图层合并。将选区反向。

（2）调出“晶格化”滤镜对话框，在“单元格大小”文本框中输入 10，选中“高斯分布”单选按钮，单击“确定”按钮。再将选区反向，效果如图 6-6-5 所示。使用“晶格化”滤镜的目的是修饰文字笔画的边缘，使之不平滑。

（3）调出“添加杂色”滤镜对话框，选中“高斯分布”单选按钮，数量设置为 70，单击“确定”按钮。调出“高斯模糊”对话框，设置模糊半径为 2，单击“确定”按钮，效果如图 6-6-6 所示。

图 6-6-5 “晶格化”滤镜处理效果 　　图 6-6-6 添加杂色和高斯模糊后的效果

（4）调出“曲线”对话框，曲线调整如图 6-6-7 所示，单击“确定”按钮。取消选区。单击“图像”→“调整”→“反相”菜单命令，图像反相效果如图 6-6-8 所示。

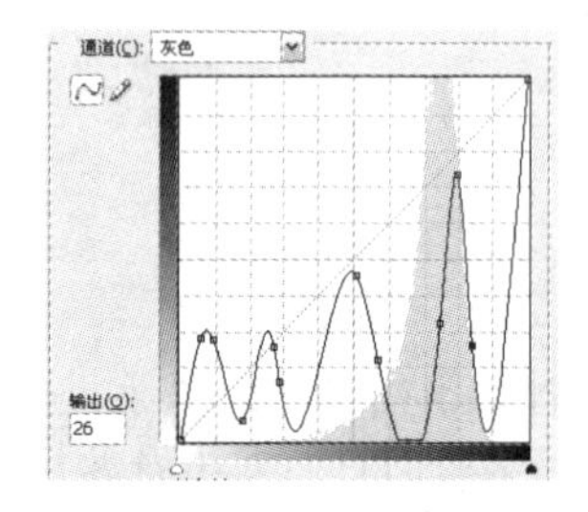

图 6-6-7 曲线调整

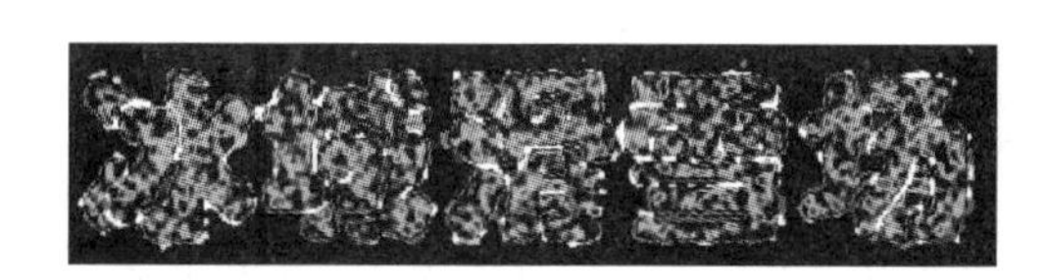

图 6-6-8 调整曲线和反相后的效果

（5）将图像顺时针旋转 90°，调出“风”对话框，选中“风”和“从右”单选按钮，单击“确定”按钮。再单击“滤镜”→“风”菜单命令，重复操作两遍，产生刮风效果。将图像逆时针旋转 90°，产生初步文字结冰的效果，如图 6-6-9 所示。

（6）添加“图层 1”，选中该图层。选择画笔工具，载入“混合画笔”画笔库，选中“交叉排线 4”笔触，将前景色设置为白色，然后在图像中添加几个反光亮点。将“图层 1”与“背景”图层合并。

（7）单击“图像”→“模式”→“RGB 颜色”菜单命令，将图像模式由灰度改为 RGB 颜色，目的是给图像着色）。调出“色相 / 饱和度”对话框，选中“着色”复选框，设置色相为 220、饱和度为 90、明度为+16，单击“确定”按钮，效果如图 6-6-10 所示。

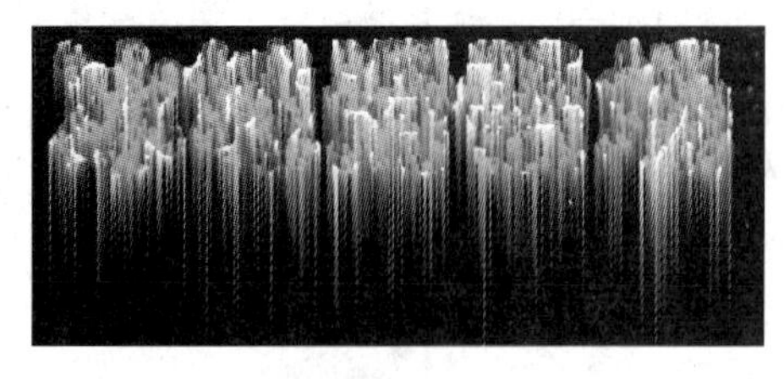

图 6-6-9 初步文字结冰效果

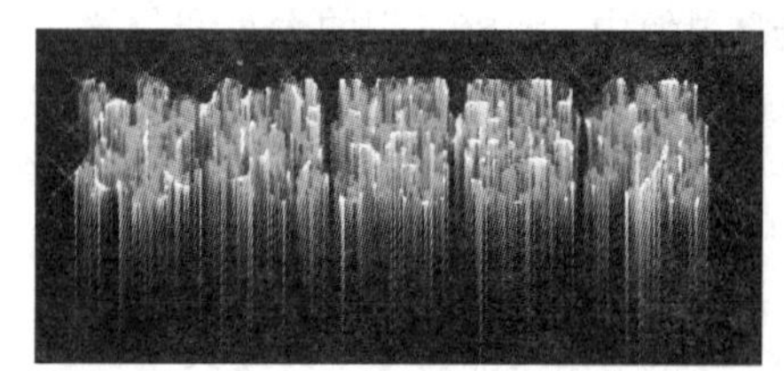

图 6-6-10 结冰字图像效果

（8）使用移动工具，将“结冰字”图像中“背景”图层内的“冰城滑雪场”结冰文字

拖动到“冰城滑雪场”图像右上角处。自动生成“图层 5”，选中该图层，将其混合模式设置为“浅色”，效果如图 6-6-1 所示。

实训测评

能力分类	能力	评分
职业能力	图像的色阶和曲线等调整	
	图像的亮度/对比度、曝光度、变化、反相等调整	
	色相/饱和度、色彩平衡、照片滤镜等调整	
	图像可选颜色、匹配颜色、通道混合器等调整	
	图像的替换颜色、色调均化等调整，“调整”面板的使用	
通用能力	自学能力、总结能力、合作能力、创造能力等	
能力综合评价		

第 7 章　应 用 文 本

【本章提要】本章介绍了文字工具组中横排文字工具、直排文字工具、横排文字蒙版工具和直排文字蒙版工具的使用方法，文字工具选项栏的设置，文字变形方法，通过“字符”面板设置文字格式和通过“段落”面板设置段落格式的方法，以及段落文字和点文字的相互转换的方法等。

7.1 【案例 37】风景如画

案例描述

该案例是制作两种不同的凸起透明文字，如图 7-1-1 和图 7-1-2 所示的“风景如画 1”和“风景如画 2”图像。这两种文字都好像是从图像（见图 7-1-3）中凸出来一样，文字内的图像与文字外的图像是连续的。“风景如画 2”图像中的凸起透明文字还呈透视状。

图 7-1-1 “风景如画 1”图像

图 7-1-2 “风景如画 2”图像

图 7-1-3 “风景”图像

设计过程

1. 制作“风景如画 1”图像

（1）打开“风景”图像，裁切图像，如图 7-1-3 所示。单击工具箱中的“横排文字蒙版工具”按钮，在选项栏内设置字体为“华文琥珀”，大小为 100 点。

（2）单击图像，输入“风景如画”文字，如图 7-1-4 所示。然后按【Ctrl+Enter】组合键，转换为文字选区，拖动文字选区，将它移到图像的中间，如图 7-1-5 所示。

（3）复制“背景”图层生成“背景副本”图层。选中“背景副本”图层，单击“选择”→“反向”菜单命令，选中文字外的区域。按【Delete】键，删除“背景副本”图层选区以外的图像。

（4）单击“选择”→“反向”菜单命令，创建选中文字的选区。

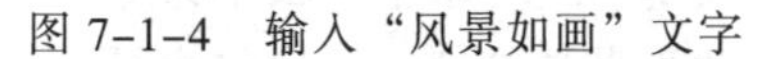

图 7-1-4　输入“风景如画”文字　　　　图 7-1-5　“风景如画”文字选区

（5）单击“图层”面板内的 fx 按钮，调出其菜单，单击该菜单中的“斜面和浮雕”命令，调出“图层样式”对话框，读者自行设置（阴影颜色为红色）。单击“确定”按钮，完成立体文字制作。按【Ctrl+D】组合键，取消选区，如图 7-1-1 所示。

2. 制作“风景如画 2”图像

（1）打开“风景”图像，裁切图像，如图 7-1-3 所示。单击“横排文字工具”按钮 T，在选项栏内设置字体为“华文琥珀”，大小为 100 点，颜色为黑色。然后输入“风景如画”文字。

图 7-1-6　文字透视调整

（2）选中“风景如画”文字图层，单击“图层”→“栅格化”→“文字”菜单命令，将文字图层转换为常规图层。单击“编辑”→“变换”→“透视”菜单命令，调整文字呈透视状，如图 7-1-6 所示。

（3）按【Enter】键。按住【Ctrl】键，单击“风景如画”图层缩览图，创建选中文字的选区。

（4）删除“风景如画”图层。以后的操作与前面的（3）～（5）操作步骤一样。

相关知识——文字工具组工具和图层栅格化

1. 横排和直排文字工具

单击工具箱内的“横排文字工具”按钮 T，此时的选项栏如图 7-1-7 所示。单击工具箱内的“直排文字工具”按钮 IT，此时的选项栏与图 7-1-7 所示基本相同。

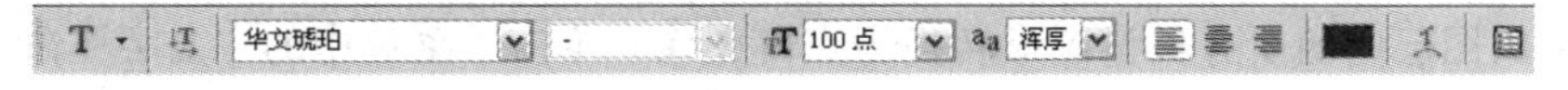

图 7-1-7　横排文字工具的选项栏

在选择文字工具后，单击画布，即可在当前图层的上方创建一个新的文字图层。同时，单击处会出现一个竖线光标（或横线光标），表示可以输入文字（这时输入的文字叫点文字）。使用横排文字工具输入横排文字，使用直排文字工具输入直排文字。在输入文字时按住【Ctrl】键可以切换到移动状态，拖动可以移动文字。另外，也可以使用剪贴板粘贴文字。

单击画布后，选项栏右边增加了两个按钮：✔（提交所有当前编辑）和 ⊘（取消所有当前编辑）。单击 ✔ 按钮，可保留输入的文字。单击 ⊘ 按钮，可取消输入的文字。

2. 横排和直排文字蒙版工具

单击工具箱内的“横向文字蒙版工具”按钮 T 或“直排文字蒙版工具”按钮 IT，此时的选项栏与图 7-1-7 所示基本相同。再单击画布，即可在当前图层上方加入一个红色的蒙版。同时，画布内单击处会出现一个竖线或横线光标，表示可以输入文字。输入文字的图像窗口如图 7-1-4 所示。单击其他工具，文字转换为文字选区，如图 7-1-5 所示。

3. 文字工具的选项栏

（1）“更改文本方向”按钮：单击“图层”→“文字”→“水平”菜单命令，可以将垂直文字改为水平文字；单击“图层”→“文字”→“垂直”菜单命令，可以将水平文字改为垂直文字。单击“切换文本取向”按钮，可以将文字在水平和垂直排列之间切换。

（2）“设置字体系列”下拉列表框 Myriad：用来设置字体。

（3）“设置字体样式”下拉列表框 Roman：用来设置字形。字形有：常规（Regular）、加粗（Bold）和斜体（Italic）等。要注意，不是所有字体都具有这些字形。

（4）“设置字体大小”下拉列表框 30点：用来设置字体大小。可以选择下拉列表框提供的数据，也可以直接输入数据。单位有毫米（mm）、像素（px）和点（pt）。

（5）“设置消除锯齿的方法”下拉列表框 aa 锐化：用来设置是否消除文字的锯齿边缘，以及采用什么方式消除文字的锯齿边缘。它有 5 个选项：“无”（不消除锯齿，对于很小的文字，消除锯齿后会使文字模糊）、“锐化”（使文字边缘锐化）、“明晰”（消除锯齿，使文字边缘清晰）、“强”（稍过渡的消除锯齿）和“平滑”（产生平滑的效果）。

（6）设置文字排列：设置文字在一行中居左、居中或居右对齐。

（7）设置文字排列：设置文字在一列中居上、居中或居下对齐。

（8）“设置文本颜色”按钮：单击它可调出“拾色器”对话框，用来设置文字颜色。

（9）“创建文字变形”按钮：单击它，可以调出“变形文字”对话框。

（10）“显示字符和段落面板”按钮：单击它可以调出“字符”和“段落”面板。

4. 图层栅格化

图像窗口内如果有矢量图形（如文字等），可以将它们转换成点阵图像，称为图层栅格化。图层栅格化的方法如下：

（1）选中需要进行栅格化处理的一个或多个图层（如文字图层等）。

（2）单击“图层”→“栅格化”菜单命令，调出其子菜单。单击子菜单中的“图层”命令，即可将选中的图层内的所有矢量图形转换为点阵图像。单击子菜单中的“文字”命令，即可将选中的图层内的文字转换为点阵图像。子菜单中还有其他一些菜单命令，针对不同情况，可以执行不同的菜单命令。

如果将文字图层转换为点阵图像，则文字图层会自动变为普通图层。

思考与练习 7-1

1. 制作一幅“冲向宇宙”图像，如图 7-1-8 所示。
2. 制作一幅“自然”图像，如图 7-1-9 所示，它是一幅由风景图像填充后的立体文字。
3. 制作一幅“投影文字”图像，如图 7-1-10 所示。
4. 制作一幅“阴影文字”图像，如图 7-1-11 所示。
5. 制作一幅“图像文字”图像，如图 7-1-12 所示，它是带阴影的立体图像文字。
6. 制作一幅“中华文明”图像，如图 7-1-13 所示。提示：参考思考与练习 2-8 第 3 题提示。

图 7-1-8 “冲向宇宙”图像

图 7-1-9 “自然”图像

图 7-1-10 “投影文字”图像

图 7-1-11 “阴影文字”图像　图 7-1-12 “图像文字”图像

图 7-1-13 “中华文明”图像

7.2 【案例 38】名花海报

案例描述

“名花海报”图像如图 7-2-1 所示。它是一幅宣传世界名花的海报，其中颗粒状蓝色背景上有带阴影的红色立体文字“世界名花海报”、段落文字和羽化的图像。制作该图像需要使用图 7-2-2 所示的 4 幅图像。

图 7-2-1 “名花海报”图像

设计过程

1. 制作背景图像

（1）新建宽 900 像素、高 400 像素、背景为浅蓝色的图像文档，以名称“【案例 38】名花海报.psd”保存。打开 4 幅名花图像，如图 7-2-2 所示。分别调整它们高为 30 像素，宽度适当。

（2）选中“名花海报.psd”图像的“背景”图层，单击“滤镜”→“纹理”→“纹理化”菜单命令，调出“纹理化”对话框，在该对话框的“纹理”下拉列表框内选择“砂岩”选项，在“凸现”文本框内输入 5，如图 7-2-3 所示。单击“确定”按钮，给“背景”图层添加纹理。

（3）选中“菊花”图像，按【Ctrl+A】组合键，创建选中整幅图像的选区，按【Ctrl+C】组合键，将整幅“菊花”图像复制到剪贴板中。

（4）选中“【案例 38】名花海报.psd”图像，在“图层”面板内新建“图层 1”，选中该图层，选择椭圆选框工具，在其选项栏中设置羽化半径为 30 像素，在画布的左上角创建一个椭圆选区。再单击“编辑”→“选择性粘贴”→“贴入”菜单命令，将剪切板中的菊花图像粘贴到该选区内。按【Ctrl+D】组合键，取消选区，如图 7-2-1 所示。

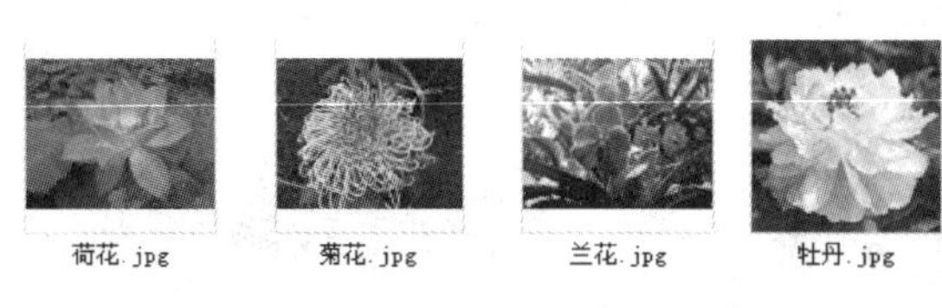

图 7-2-2　4 幅世界名花图像

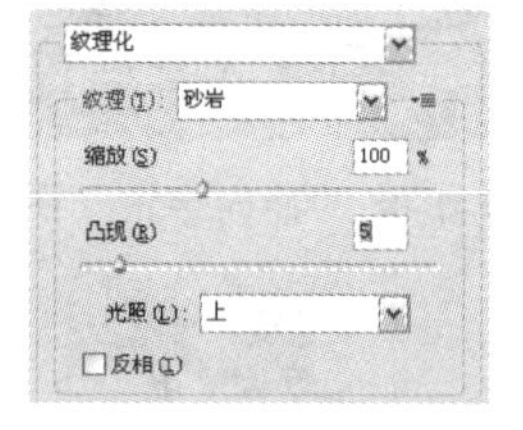

图 7-2-3　纹理化设置

（5）按照上述方法，再在“【案例 38】名花海报.psd”图像内添加其他羽化的世界名花图像，如图 7-2-1 所示。

2. 制作立体文字图像

（1）选择工具箱中的横排文字工具 T，在其选项栏内的“设置字体系列”下拉列表框中选择“华文楷体”字体，在“设置字体大小”下拉列表框中选择“48 点”选项，单击“设置文字颜色”色块，设置文字颜色为红色。

（2）在画布内输入文字“世界名花海报”。此时，自动生成一个“世界名花海报”文本图层。拖动选中文字，单击“窗口”→“字符”菜单命令，调出“字符”面板。在该面板内的 AV 下拉列表框内选择 200，将文字间距调大，效果如图 7-2-4 所示。

世界名花海报

图 7-2-4　输入文字“世界名花海报”

（3）使用移动工具拖动文字，使它移到图像上方的中间处。

（4）单击“图层”面板内的“添加图层样式”按钮 fx，调出其菜单，单击该菜单内的“斜面和浮雕”命令，调出“图层样式”对话框。设置“样式”为“浮雕效果”，深度为 160%，大小为 6 像素，软化 3 像素，角度为 120 度，高度为 30 度，如图 7-2-5 所示。

（5）选中“投影”复选框，设置距离为 15 像素、扩展为 5%、大小为 8 像素、不透明度为 90%、角度为 120 度、投影色为黄色、混合模式为强光，如图 7-2-6 所示。

（6）单击“确定”按钮，即可完成带有黄色阴影的立体文字的制作，如图 7-2-1 所示。

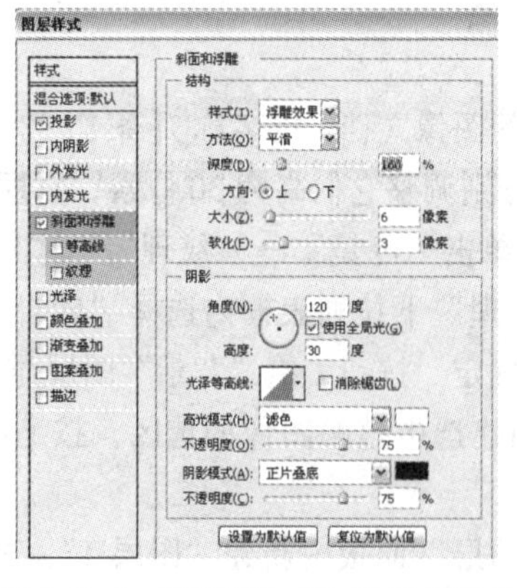

图 7-2-5　“图层样式”对话框设置

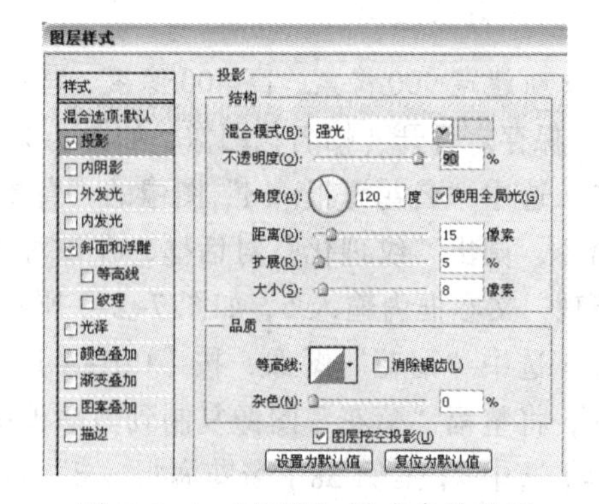

图 7-2-6　“投影”样式参数设置

（7）选择横排文字工具 T，单击选项栏内的“创建文字变形”按钮，调出“文字变形”

对话框，在“样式”下拉列表框选择“扇形”选项，再调整弯曲大小，如图 7-2-7 所示。然后单击“确定”按钮，完成文字变形。再调整变形文字的位置，如图 7-2-1 所示。

（8）使用横排文字工具 T 在图像窗口中间处拖动出一个矩形区域，在该区域内输入颜色为红色、宋体、大小为 14 点、加粗的文字，如图 7-2-1 示。调出“段落”面板，保留各文本框内数值为 0。

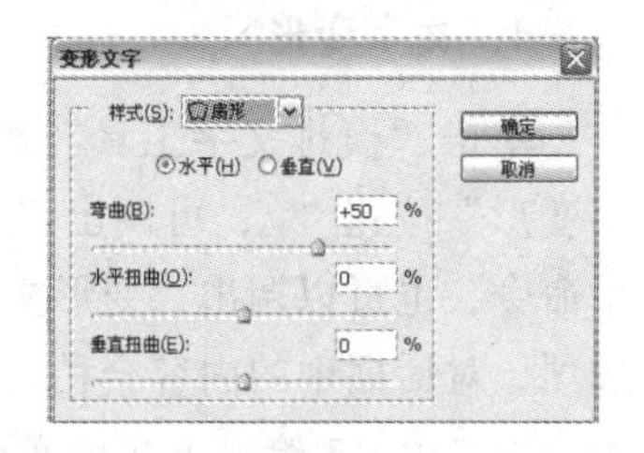

图 7-2-7 “变形文字”对话框

（9）如果段落文本框没有将输入的所有文字显示出来，可将文字大小改小一些，使输入的文字全部显示出来。单击工具箱中的其他工具，完成段落文字的输入。

相关知识——段落文字、点文字与文字变形

1. 输入和调整段落文字

（1）单击工具箱内的“横排文字工具”按钮 T，再在其选项栏内进行设置。

（2）在图像窗口内拖动，创建一个虚线矩形框（叫文字框），它四边有 8 个控制柄⊏，虚线矩形框内有一个中心标记⟡，如图 7-2-8 所示。在文字框内输入文字或粘贴文字（该文字叫段落文字），如图 7-2-9 所示。按住【Ctrl】键拖动，可以移动文字框和其中的文字。

（3）将鼠标指针移到文字框边上的控制柄处，当鼠标指针呈直线双箭头状时拖动，可以改变文字框的大小，同时也调整了文字框内每行文字的多少和文字行数。如果文字框右下角有⊞控制柄，则表示除了文字框内显示的文字外，还有其他文字，如图 7-2-10 所示。

图 7-2-8　文字框

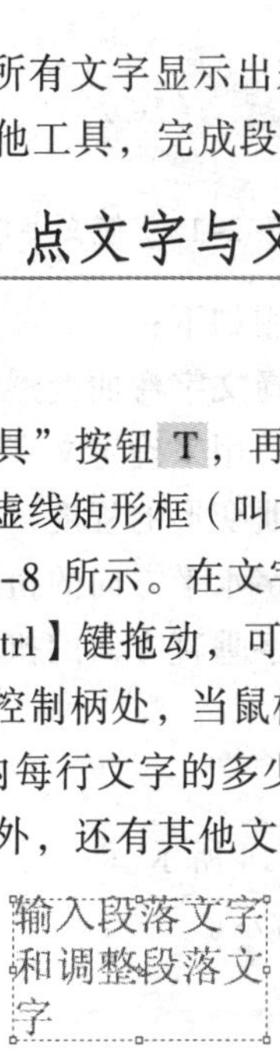

输入段落文字
和调整段落文
字

图 7-2-9　段落文字

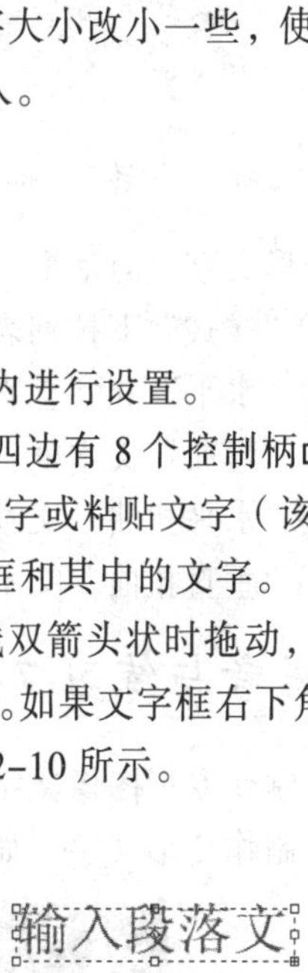

输入段落文

图 7-2-10　还有其他文字

（4）将鼠标指针移到文字框控制柄□外侧，当鼠标指针呈曲线双箭头状时拖动，可以围绕中心标记⟡旋转文字框，如图 7-2-11 所示。拖动中心标记⟡，可改变它的位置。

（5）按住【Shift+Ctrl】组合键，拖动文字框四边控制柄，可使文字框倾斜，如图 7-2-12 所示。

（6）单击工具箱内的其他工具，即可完成段落文字输入。按【Esc】键可取消段落文字的输入。

2. 改变文字的方向

单击“图层”→“文字”→“水平”（或“垂直”）菜单命令，或单击选项栏内的 按钮，可以将垂直文字改为水平文字（或将水平文字改为垂直文字）。

3. 点文字与段落文字的相互转化

（1）段落文字转换为点文字：当文字是段落文字时，选中“图层”面板中的该文字图层，单击“图层”→“文字”→“转换为点文本”菜单命令，可将段落文字转换为点文字。

（2）点文字转换为段落文字：当文字是点文字时，选中“图层”面板中的该文字图层，单击“图层”→“文字”→“转换为段落文本”菜单命令，可将点文字转换为段落文字。

4. 文字变形

单击“横排文字工具”按钮 T，单击画布或拖动以选中文字，单击选项栏中的“创建文字变形”按钮，可调出“变形文字”对话框。单击“图层”→“文字”→“文字变形”菜单命令，也可以调出“变形文字”对话框。在该对话框内的“样式”下拉列表框中选择不同的选项，对话框中的内容会稍有不同。例如，选择“扇形”样式选项后，该对话框如图 7-2-7 所示。图 7-2-13 给出了几种变形文字。

图 7-2-11　旋转文字框

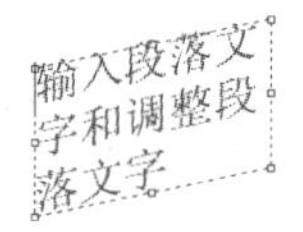

图 7-2-12　使文字框倾斜

图 7-2-13　变形的文字

“变形文字”对话框内各选项的作用如下：

（1）“样式”下拉列表框：用来选择文字弯曲变形的样式。

（2）“水平”和“垂直”单选按钮：用来确定文字弯曲变形的方向。

（3）“弯曲”文本框：调整文字弯曲变形的程度，可用鼠标拖动滑块来调整。

（4）“水平扭曲”文本框：调整文字水平方向的扭曲程度，可用鼠标拖动滑块来调整。

（5）“垂直扭曲”文本框：调整文字垂直方向的扭曲程度，可用鼠标拖动滑块来调整。

思考与练习 7-2

1. 制作变形图像文字，如图 7-2-14 所示。
2. 制作变形文字，如图 7-2-15 所示。

图 7-2-14　“变形图像文字”图像

图 7-2-15　“变形文字”图像

3. 制作一幅“王者归来”图像，如图 7-2-16 所示。它是一幅电影海报。它以“王者归来”图像（见图 7-2-17）为背景，制作金色纹理立体文字“王者归来”和扇形阴影文字“经典大片 非凡巨献”，表达了王者的辉煌气势。该图像的制作方法提示如下：

（1）新建一个宽 1 024 像素、高 800 像素、分辨率为 72 像素/英寸，模式为 RGB 颜色、名称为“王者归来”的图像。打开“王者归来.psd”图像，将其拖动至新图像中。

图 7-2-16　“王者归来”电影海报效果图

图 7-2-17　“王者归来”图像

（2）设置字体为“黑体”、颜色为黄色（R=250，G=150，B=15），字号为 200 点，输入“王者归来”文字；字号改为 200 点，输入“THE LORD OF THE RINGS”文字。调出“图层样式”对话框，设置“投影”、“斜面和浮雕”与“光泽”样式，效果如图 7-2-1 所示。

（3）设置字体为“黑体”、字体大小为 100 点、颜色为黄色（R=250，G=150，B=15），在画布上方输入文字“经典大片 非凡巨献”。调出“图层样式”对话框，设置“投影”、“外发光”和“内发光”样式，采用默认设置，效果如图 7-2-18 所示。

经典大片 非凡巨献

图 7-2-18　图层样式效果

（4）单击选项栏内的“创建文字变形”按钮，调出“文字变形”对话框，在“样式”下拉列表框内选择“扇形”选项，设置弯曲 50%，单击“确定”按钮，效果如图 7-2-16 所示。

7.3 【案例 39】绿色世界

案例描述

“绿色世界”图像如图 7-3-1 所示，墨绿色文字沿圆形路径外环绕排列，红色阴影立体文字沿圆形路径内环绕排列。制作该图像使用了图 7-3-2 所示的“风景”和“花草”图像。路径可以用钢笔工具或形状工具来创建。如果在路径上输入横排文字，可以使文字与路径的切线（即基线）垂直；如果在路径上输入直排文字，可以使文字方向与路径的切线平行。如果移动路径或更改路径的形状，文字将会随着路径位置和形状的改变而自动改变。

图 7-3-1　“绿色世界”图像

图 7-3-2　“风景”和“花草”图像

设计过程

1. 制作背景图像

（1）打开“风景”图像，调整宽 400 像素、高 400 像素，如图 7-3-2 左图所示，以名称“【案例 39】绿色世界.psd”保存。打开“花草”图像，如图 7-3-2 右图所示。

（2）创建选中全部“花草”图像的选区，按【Ctrl+C】组合键，将选区内的图像复制到剪贴板中。在“【案例 39】绿色世界”图像内创建一个圆形选区，单击“编辑”→“选择性粘贴”→“贴入”菜单命令，将剪贴板内图像贴入选区，自动增加“图层 1”，放置贴入的图像。

（3）使用移动工具拖动调整选区内贴入图像的位置。再隐藏“背景”图层。

（4）单击“椭圆工具”按钮，单击其选项栏内的“路径”按钮和“添加到路径区域”按钮。按住【Shift】键，在画布中拖动出一个比圆形“花草”图像大一点的圆形路径，如

图 7-3-3 所示。此时，“路径”面板内会增加一个“工作路径”层。

（5）设置前景色为蓝色，显示“背景”图层，选中该图层。选择画笔工具，在其选项栏内设置画笔直径为 5 像素。切换到“路径”面板，单击面板菜单中的“描边路径”命令，调出“描边路径”对话框，选择用画笔工具描边，再单击“确定”按钮，即可给圆形路径描 5 像素的蓝色边，效果如图 7-3-4 所示。

（6）在“背景”图层上方新增“图层 2”，填充白色，隐藏“图层 1”和“背景”图层。这些操作的目的是使后面输入文字时背景为白色，容易看清楚。

2. 制作环绕文字

（1）选择横排文字工具 T，调出“字符”面板，具体设置如图 7-3-5 所示。

图 7-3-3　圆形路径

图 7-3-4　描边路径

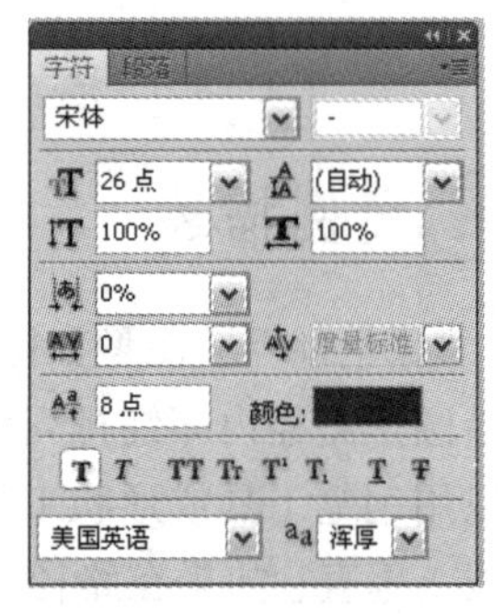

图 7-3-5 “字符”面板设置

（2）移动鼠标指针到圆形路径上，当鼠标指针变为文字工具的基线指示符时单击，路径上会出现一个插入点。输入“大家行动起来，为绿化地球保护生态环境而努力”文字，如图 7-3-6 所示。此时，“图层”面板内会增加相应的文字图层。

（3）选择路径选择工具或直接选择工具，再将鼠标指针移到环绕文字上，鼠标指针会变为带箭头的 I 型光标或。此时拖动鼠标可以调整环绕文字。

（4）当鼠标指针变为或形状时，沿着路径逆时针（或顺时针）拖动圆形路径上的标记（环绕文字的起始标记），可改变文字的起始位置，使文字沿着圆形路径移动。如果拖动圆形路径上的环绕文字的终止标记，可以调整环绕文字的终止位置，如图 7-3-7 所示。

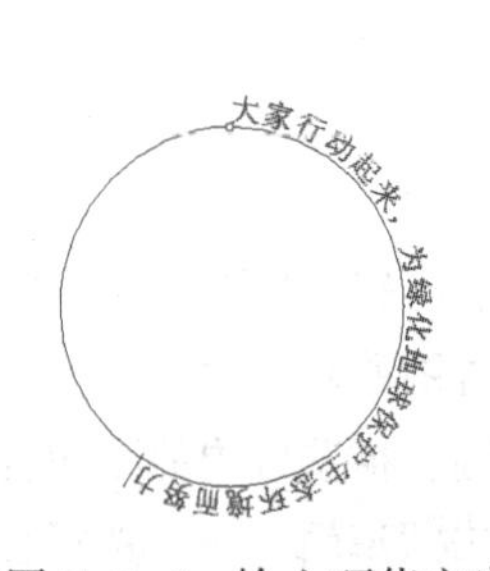

图 7-3-6　输入环绕文字

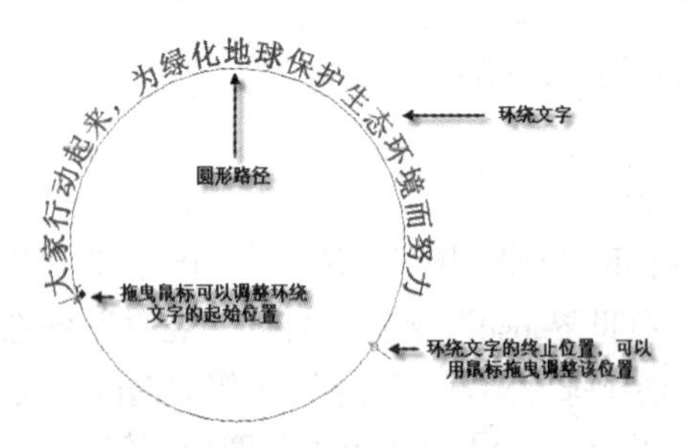

图 7-3-7　调整环绕文字

注意：调整环绕文字的最终效果如图 7-3-7 所示。拖动环绕文字时要小心，避免跨越到路径的另一侧，否则会将文字翻转到路径的另一侧。

（5）切换到“路径”面板。此时，“路径”面板内除了“工作路径”层外，还增加了一个“大家行动起来，为绿化地球保护生态环境而努力 文字路径”层。选中“工作路径”层。

（6）切换到“图层”面板。选择横排文字工具 T，设置字体为“华文行楷”，大小为 40 点，加粗，颜色为红色，浑厚。输入“绿色世界”文字，如图 7-3-8 示。

（7）选择路径选择工具或直接选择工具，将鼠标指针移到“绿色世界”环绕文字上，当鼠标指针变为状时，沿着路径逆时针拖动圆形路径上的终止标记，改变文字的终止位置，使文字沿着圆形路径移动。将鼠标指针移到环绕文字的起始标记处，当鼠标指针变为状时，拖动调整环绕文字的起始位置。

（8）向圆形路径内部拖动鼠标，使文字翻转到路径的内侧，如图 7-3-9 所示。此时“图层”面板内增加一个“绿色世界”文字图层，“路径”面板内有相应的“绿色世界 文字路径”层。

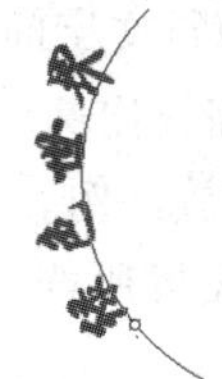

图 7-3-8 环绕文字

图 7-3-9 环绕文字翻转

（9）选中“图层”面板内的“绿色世界”文字图层，调出“字符”面板，在该面板内的“设置基线偏移”文本框中输入 20，按【Enter】键后，“绿色世界”环绕文字将会上移 20 点。

（10）选中“图层”面板内的“大家行动起来，为绿化地球保护生态环境而努力”文字图层，在“字符”面板内的“设置基线偏移”文本框中输入 8，按【Enter】键后，“大家行动起来，为绿化地球保护生态环境而努力”环绕文字将会上移 8 点。

（11）将“图层 1”显示出来，选中“绿色世界”文字图层，单击“图层”面板内的“添加图层样式”按钮，调出其菜单，单击该菜单中的“斜面和浮雕”命令，调出“图层样式”对话框。利用该对话框给“绿色世界”文字添加立体浮雕和投影效果，使“绿色世界”文字成为带阴影的立体文字，如图 7-3-1 所示。

（12）选中“图层”面板内的“背景”图层，显示“背景”图层。调出“路径”面板，单击“删除路径”按钮，将“工作路径”层删除。删除填充白色的“图层 2”图层。

相关知识——“字符”面板和“段落”面板

1.“字符”面板

单击文字工具选项栏中的“显示字符和段落面板”按钮，可调出“字符”和“段落”面板。“字符”面板如图 7-3-10 所示，它用来定义字符的属性。单击“字符”面板右上角的按钮，调出“字符”面板菜单，如图 7-3-11 所示，可以改变文本方向，设置文字字形（许多字体没有粗体和斜体字形），加下画线和删除线等。“字符”面板中主要选项的作用如下：

（1）“设置字体系列”下拉列表框 宋体：用来选择字体。

（2）“设置字体样式”下拉列表框 Roman：用来设置字形，有常规（Regular）、加粗（Bold）、斜体（Italic）和加粗斜体（Bold Italic）等。

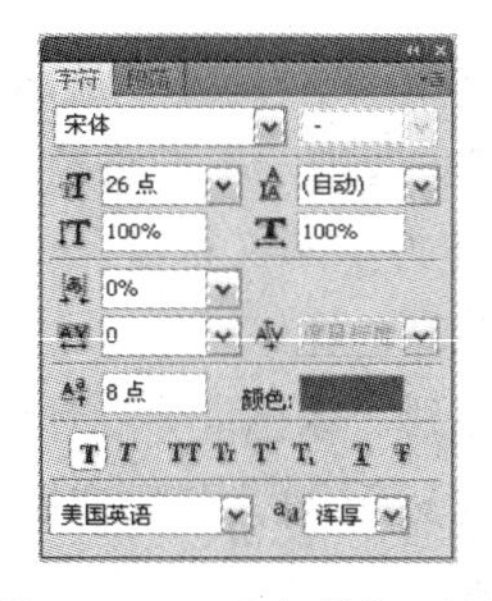

图 7-3-10 “字符”面板

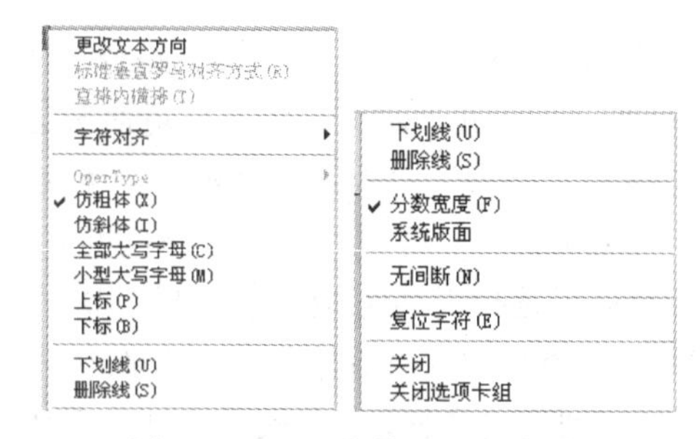

图 7-3-11 “字符”面板菜单

（3）“设置字体大小”下拉列表框：用来设置字体大小。可以选择下拉列表框内提供的大小数据，也可以直接在文本框内输入数据和单位。

（4）“设置行距”下拉列表框：用来设置行间距，即两行文字间的距离。

（5）“垂直缩放”文本框：用来设置文字垂直方向的缩放比例。

（6）“水平缩放”文本框：用来设置文字水平方向的缩放比例。

（7）“设置所选字符的比例间距”下拉列表框：用来设置所选字符的比例间距。百分数越大，选中字符的字间距越小。

（8）“设置所选字符的字距调整”下拉列表框：用来设置所选字符的字间距。正值使选中字符的字间距加大，负值使选中字符的字间距减小。

（9）“设置两个字符间的字距微调”文本框：用来设置两个字间的微调量。单击两个字之间，然后修改该下拉列表框内的数值，即可改变两个字的间距。正值加大，负值减小。

（10）“设置基线偏移”文本框：用来设置基线的偏移量。正值使选中的字符上移，形成上标；负值使选中的字符下移，形成下标。

（11）“设置文本颜色”图标：用来设置文字的颜色。单击它可以调出“拾色器”对话框，用来设置所选字符的颜色。

（12）按钮组：从左到右分别为“仿粗体”“仿斜体”“全部大写字母”“小型大写字母”“上标”“下标”“下画线”“删除线”按钮。

（13）下拉列表框：用来选择不同国家的文字。对所选字符进行有关连字符和拼写规律的设置。

（14）“设置消除锯齿的方法”下拉列表框：用来设置是否消除文字的边缘锯齿，以及采用什么方式消除文字的边缘锯齿。它有 5 个选项，分别是“无”、“锐利”、“犀利”、“浑厚”和“平滑”，表示消除文字边缘锯齿的力度，以及使文字边缘的变化呈现不同的效果。

2.“段落”面板

“段落”面板如图 7-3-12 所示，它用来定义文字的段落属性。单击“段落”面板右上角的面板菜单按钮，调出“段落”面板菜单，如图 7-3-13 所示。利用“段落”面板菜单可以设置顶到顶行距、顶到底行距、对齐等。“段落”面板中各选项的作用如下：

（1）按钮组：设置文字在文字输入框内的排列方法。

（2）文本框：设置段落文字左缩进量，以点为单位。

（3）文本框：设置段落文字右缩进量，以点为单位。

（4）文本框：设置段落文字首行缩进量，以点为单位。

图 7-3-12　“段落”面板

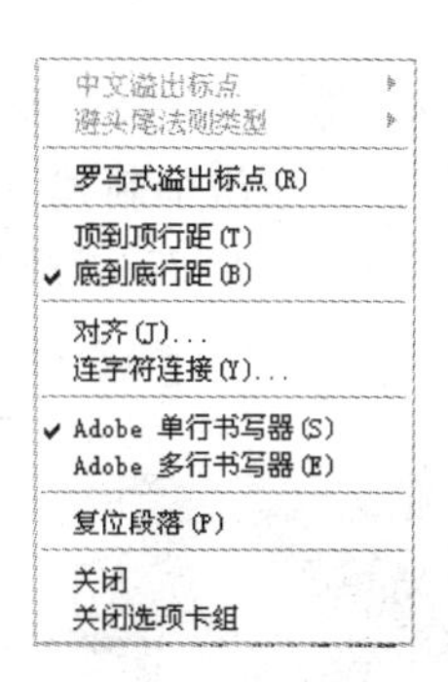

图 7-3-13　“段落”面板菜单

（5）0 点文本框：设置段落文字段前间距量，以点为单位。

（6）0 点文本框：设置段落文字段后间距量，以点为单位。

（7）“避头尾法则设置”下拉列表框：用来选取换行集。

（8）“间距组合设置”下拉列表框：用来选择内部字符集。

（9）连字复选框：选中该复选框后，可在英文单词换行时自动在行尾加入连字符“-”。

思考与练习 7-3

1. 制作一幅“北京旅游海报”图像，如图 7-3-14 所示。
2. 制作一幅“维生素与您相伴”图像，如图 7-3-15 所示。它是一幅宣传健康的海报。

图 7-3-14　“北京旅游海报”图像

图 7-3-15　“维生素与您相伴”图像

7.4　综合实训 7——春风戏杨柳

实训效果

“春风戏杨柳”图像如图 7-4-1 所示。该图像是一幅台历图像，给出了 2012 年 10 月的台历。台历有一个立体外边框（见图 7-4-2），其左侧的图像上是一把扇子，扇面和它的背景图像是同一幅春风戏杨柳图像，图像和文字完美搭配，突出了日历的主题。

实训提示

（1）新建宽 800 像素、高 520 像素的图像，在“图层”面板中创建名为“台历”和“文字”

的图层组。以名称“综合实训 7—春风戏杨柳.psd”保存图像文件。

（2）在“台历”图层组中新建一个“外边框”图层，创建一个矩形选区，给矩形选区描白色边后取消选区。添加“斜面和浮雕”图层样式，效果如图 7-4-2 所示。

图 7-4-1 “春风戏杨柳”效果图

图 7-4-2 外边框

（3）在“外边框”图层上方新建一个“圆孔”图层，设置前景色为灰色，创建一个椭圆选区，填充灰色，给椭圆描 1 像素的黑边后取消选区。在“圆孔”图层上方新建“线绳”图层，在小圆的上方绘制一个椭圆，给椭圆描 4 像素棕色边，再给“线绳”图层添加“投影”图层样式，取消选区，效果如图 7-4-3 所示。使用橡皮擦工具擦去多余的部分，如图 7-4-4 所示。将“线绳”和“圆孔”图层合并到“圆孔”图层。复制多个“圆孔”图像，将它们等距离排列，效果如图 7-4-1 所示。

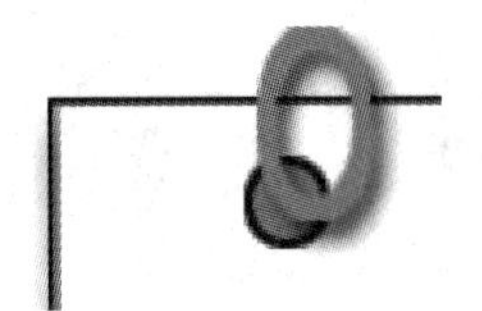

图 7-4-3 投影效果

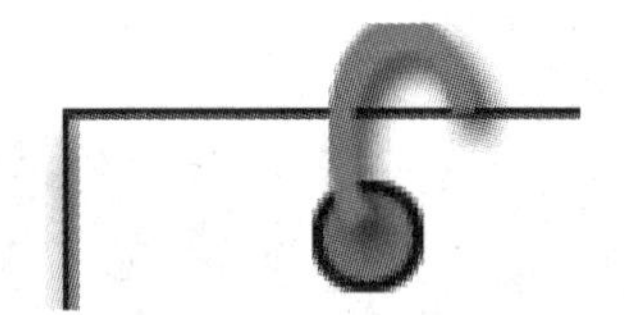

图 7-4-4 擦除多余内容

（4）新建“内边框”图层，创建一个矩形选区，给矩形选区描 3 像素的棕色边后取消选区。设置前景色为棕黄色，选择画笔工具，在其选项栏中设置画笔样式为“尖角 3 像素”，按住【Shift】键，在内边框内绘制一条直线，如图 7-4-1 所示。

（5）打开“扇子.psd”图像（它的所有图层均在“扇子”图层组内，该图像的制作方法将在第 8 章介绍）。将“图层”面板内的“扇子”图层组拖动至“综合实训 7—春风戏杨柳.psd”图像中。使用移动工具调整“图层”面板内“扇子”图层组位于“台历”图层组上方，调整“扇子”图像的位置和大小。

（6）选择横排文字工具，在选项栏内设置字颜色为墨绿色，字体为“华文行楷”，大小为 48 点，输入文字“春风戏杨柳”。给它添加“斜面和浮雕”图层样式。再输入图 7-4-1 所示的日历文字。

（7）选中“台历”图层组内的“内边框”图层。打开“杨柳”图像，调整该图像的大小和亮度，使图像变亮一些（调整图像的曲线）。再将该图像拖动到“综合实训 7—春风戏杨柳.psd”图像中，调整复制的背景图像的位置和大小。

实训测评

能力分类	能　力	评　分
职业能力	横排和直排文字工具的使用方法，横排和直排文字蒙版工具的使用方法，文字工具选项栏的使用方法	
	图层栅格化的方法和作用	
	输入和调整段落文字与点文字的方法，点文字与段落文字相互转换的方法	
	改变文字方向的方法，文字变形的方法	
	“字符”面板和“段落”面板的使用方法	
	制作路径环绕文字的方法	
通用能力	自学能力、总结能力、合作能力、创造能力等	
能力综合评价		

第 8 章 路径与动作

【本章提要】本章主要介绍了路径与动作。路径是由具有多个锚点的矢量线（即贝塞尔曲线）构成的图形。形状是较规则的路径。使用钢笔和形状工具，可以创建各种形状的路径。路径没有锁定在背景图像像素上，很容易编辑修改。它可以与图像一起输出，也可以单独输出。动作是一系列操作（即命令）的集合。将一系列操作依次组合成一个动作，当执行该动作时，就依次执行组成动作的一系列操作。动作可以使操作自动化，提高工作效率。

8.1 【案例 40】手写立体文字

案例描述

“手写立体文字”图像如图 8-1-1 所示。制作该图像使用了创建和编辑路径、路径描边等技术。

设计过程

（1）新建宽度为 400 像素、高度为 300 像素、模式为 RGB 颜色、背景为白色的图像。

（2）在“图层”面板内新建“图层 1”，选中“图层 1”，使用工具箱内的自由钢笔工具，在图像内拖动书写“yes”路径，如图 8-1-2 所示。

（3）使用工具箱内的直接选择工具或添加锚点工具选中路径，如图 8-1-2 所示，然后调节路径中的各锚点，如图 8-1-3 所示（还没有绘制圆形图形）。

（4）选择画笔工具，选择一个 50 像素的圆形、无柔化的画笔，再在“yes”路径的起始处单击一下，绘制一个圆形图形，如图 8-1-3 所示。

图 8-1-1 “手写立体文字”图像　图 8-1-2 选中“yes”路径

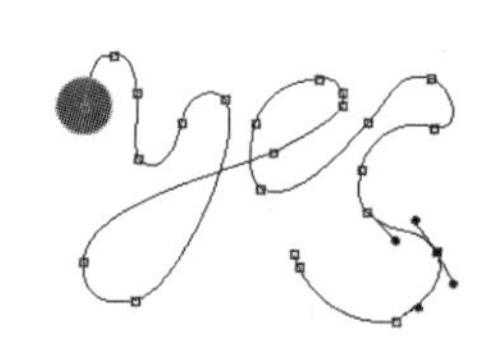

图 8-1-3 调节路径锚点

（5）使用魔棒工具单击圆形，创建选中圆形的选区，如图 8-1-4 左图所示。

（6）选择渐变工具，在选项栏中选择“角度渐变”填充方式，选择“橙，黄，橙渐变”

色。由圆形中心向边缘拖动，给选区填充渐变色，如图 8-1-4 右图所示。再取消选区。

（7）单击“涂抹工具”按钮，在其选项栏内选中刚用过的画笔，设置“强度”为 100%。单击“路径”面板菜单中的“描边路径”命令，调出“描边路径”对话框，选择“涂抹工具”，再单击“确定”按钮，给路径涂抹描边渐变色，如图 8-1-5 所示。

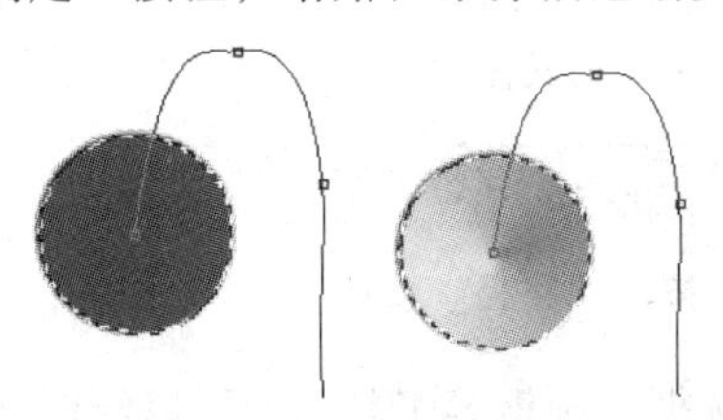

图 8-1-4　创建选区并填充渐变

图 8-1-5　路径涂抹描边渐变色

注意：“yes”路径的起始点必须与正圆的圆心对齐，否则一定要使用工具箱中的直接选择工具进行调整。

（8）单击“路径”面板菜单中的“删除路径”命令，删除路径。

相关知识——创建和编辑路径的工具

1. 什么是路径

路径是由贝塞尔曲线和形状构成的图形，使用钢笔工具可以创建贝塞尔曲线，使用形状工具可以创建较规则的形状路径。贝塞尔曲线是一种以三角函数为基础的曲线，它的两个端点叫锚点。多条贝塞尔曲线可以连在一起，构成路径，如图 8-1-6 所示。路径没有锁定在背景图像像素上，很容易编辑修改。它可以与图像一起输出，也可以单独输出。

贝塞尔曲线的每一个锚点都有一个或两个控制柄，它是一条直线，直线的方向与曲线锚点处的切线方向一致，控制柄直线两端的端点叫控制点，如图 8-1-7 所示。拖动控制柄的控制点，可以很方便地调整贝塞尔曲线的形状（方向和曲率）。

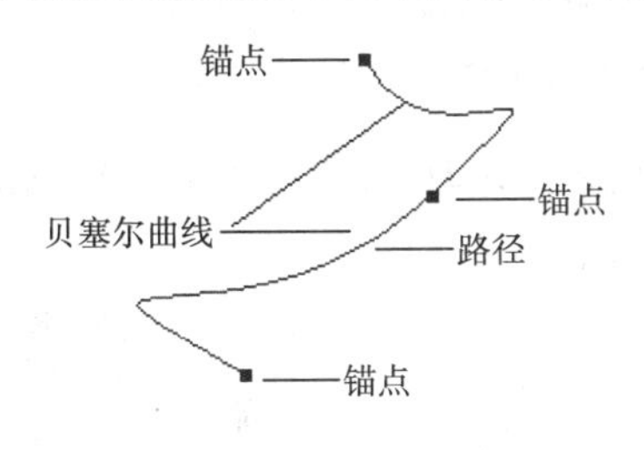

图 8-1-6　贝塞尔曲线和路径

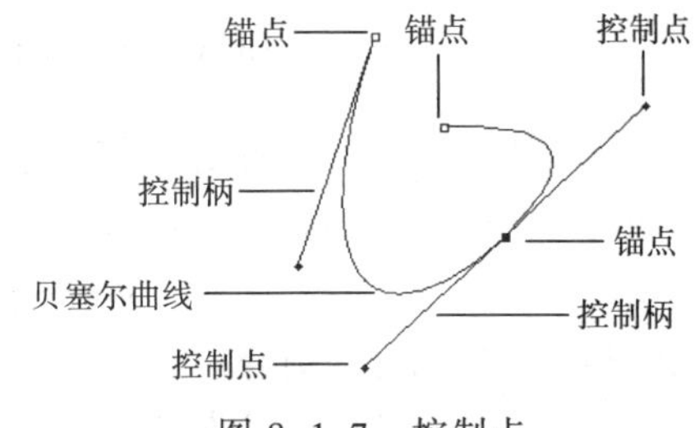

图 8-1-7　控制点

路径可以是一个点、一条直线或曲线，它通常是指有起点和终点的一条直线或曲线。创建路径后，可以使用工具箱内的一些工具来创建路径，可以对路径的形状、位置和大小进行编辑修改，还可以将路径和选区进行相互转换，描边路径，给路径围成的区域填充内容等。

2. 钢笔工具

工具箱中的钢笔工具用来绘制直线和曲线路径。在单击“钢笔工具”按钮后，其选项栏如图 8-1-8 所示（按下“形状图层”按钮时）或图 8-1-9 所示的选项栏（按下“路径”

按钮时）。钢笔工具的选项栏与形状工具组内矩形工具等绘图工具的选项栏基本一样，只是增加了“自动添加/删除”复选框，共同选项的作用可参看第 5.5 节的有关内容，其他选项的作用简介如下：

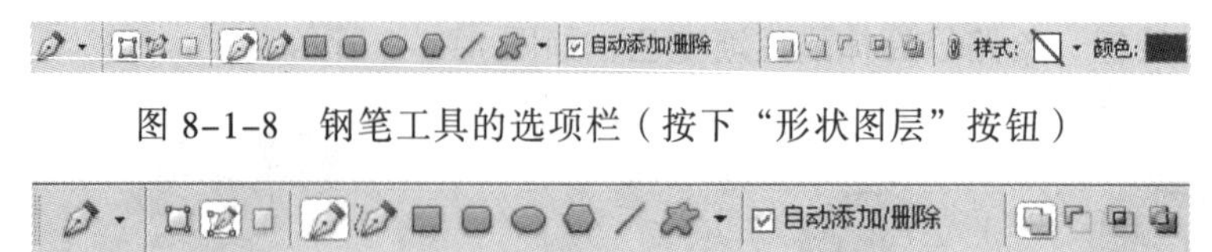

图 8-1-8　钢笔工具的选项栏（按下“形状图层”按钮）

图 8-1-9　钢笔工具的选项栏（按下“路径”按钮）

（1）“自动添加/删除”复选框：如果选中该复选框，则钢笔工具不但可以绘制路径，还可以在原路径上删除或增加锚点。当鼠标指针移到路径线上时，鼠标指针会在原指针的右下方增加一个“+”号，单击路径线，即可在单击处增加一个锚点。当鼠标指针移到路径的锚点上时，鼠标指针右下方会增加一个“-”号，单击锚点后，即可删除该锚点。

（2）“几何选项”按钮：它位于按钮的右边。单击它可以调出“钢笔选项”面板，如图 8-1-10 所示。其内有一个“橡皮带”复选框，如果选中该复选框，则在钢笔工具创建一个锚点后，会随着鼠标指针的移动，在上一个锚点与鼠标指针之间产生一条直线，像拉长了一根橡皮筋似的。

图 8-1-10　“钢笔选项”面板

3. 自由钢笔工具

自由钢笔工具用于绘制任意形状曲线路径。其选项栏如图 8-1-11 所示（按下按钮时）或图 8-1-12 所示的选项栏（按下按钮时）。两个选项栏内增加的选项的作用和自由钢笔工具的使用方法如下：

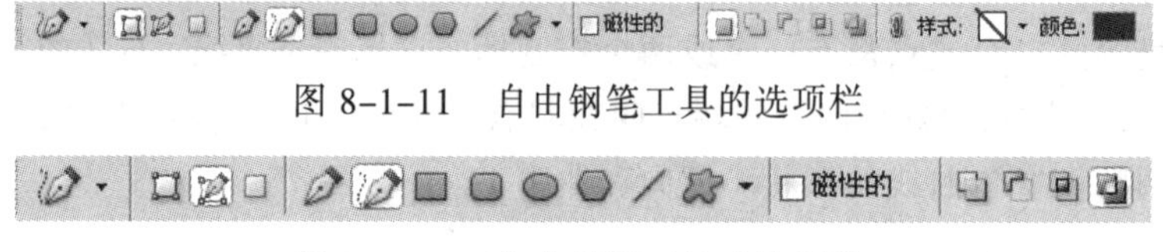

图 8-1-11　自由钢笔工具的选项栏

图 8-1-12　自由钢笔工具的选项栏

（1）“磁性的”复选框：如果选中该复选框，则自由钢笔工具就变为磁性钢笔工具，鼠标指针会变为形状。它的磁性特点与磁性套索工具基本一样，在使用磁性钢笔工具绘图时，系统会自动将鼠标指针移动的路径定位在图像的边缘。

（2）“几何选项”按钮：它位于“自定形状工具”按钮的右边。单击它可以调出“自由钢笔选项”面板，如图 8-1-13 所示。该面板内各选项的作用如下：

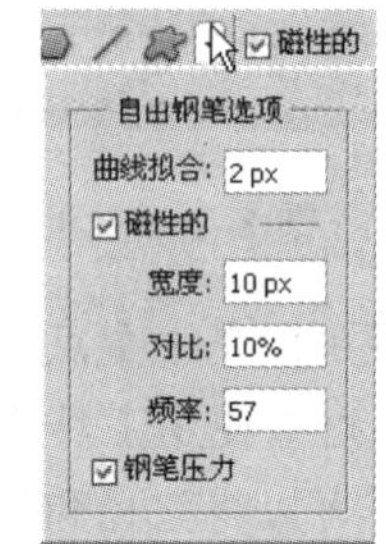

图 8-1-13　“自由钢笔选项”面板

◎ “曲线拟合”文本框：用于输入控制自由钢笔创建路径的锚点个数。该数值越大，锚点的个数就越少，曲线就越简单。其取值范围是 0.5～10 px。

◎ “磁性的”复选框：作用同选项栏中的该项。该栏内的“宽度”文本框、“对比”文本框和“频率”文本框分别用来调整磁性钢笔工具的相关参数。

◎“宽度”文本框：用来设置系统的检测范围。

◎“对比”文本框：用来设置系统检测图像边缘的灵敏度，该数值越大，则图像边缘与背景的反差越大。

◎“频率”文本框：用来设置锚点的速率，该数越大，则锚点越多。

◎“钢笔压力”复选框：在安装光笔后，该复选框有效，选中后，可以使用光笔压力。

4. 钢笔工具组中的其他工具

（1）添加锚点工具：单击“添加锚点工具”按钮，当鼠标指针移到路径线上时，鼠标指针的右下方会增加一个“+”号，在路径线上单击要添加锚点的位置，即可在此处增加一个锚点。

（2）删除锚点工具：选择删除锚点工具，当鼠标指针移到路径线上的锚点或控制点处时，原指针的右下方会增加一个“-”号，单击锚点，即可将该锚点删除。

（3）转换点工具：选择转换点工具，当鼠标指针移到路径线上的锚点处时，鼠标指针由原指针形状变为形状，拖动直线锚点即可使这段曲线变得平滑。

使用转换点工具拖动直线锚点，可以显示出该锚点的控制柄，将直线锚点转换为曲线锚点。用鼠标拖动控制柄两端的控制点，可以改变路径的形状。使用转换点工具单击曲线锚点，可以将曲线锚点转换为直线锚点。

5. 路径选择工具

使用路径选择工具，可以显示路径锚点、改变路径的位置和形状。

（1）改变路径的位置：单击“路径选择工具”按钮，将鼠标指针移到图像窗口内，此时鼠标指针呈状。单击路径线或拖动鼠标围住一部分路径，即可将路径中的所有锚点（实心黑色正方形）显示出来，同时选中整个路径，如图 8-1-14 所示。再拖动路径，可整体移动路径。单击路径线以外的任意一点，即可隐藏路径上的锚点。

（2）改变路径的形状：单击“编辑”→“变换路径”菜单命令，调出其子菜单，如图 8-1-15 所示，再单击子菜单中的某个命令，即可进行路径的相应调整（缩放、旋转、斜切、扭曲、透视和变形）。调整方法与选区的调整方法一样。例如，单击“编辑”→“变换路径”→“旋转”菜单命令，再拖动鼠标，即可旋转路径。此时的路径如图 8-1-16 所示。

单击“编辑”→“自由变换路径”菜单命令，选中的路径进入自由变换状态，变换路径后，按【Enter】键确认。

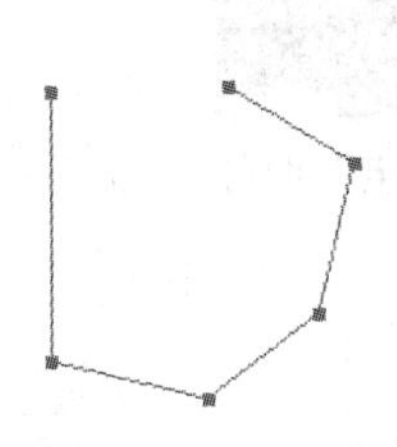

图 8-1-14　锚点

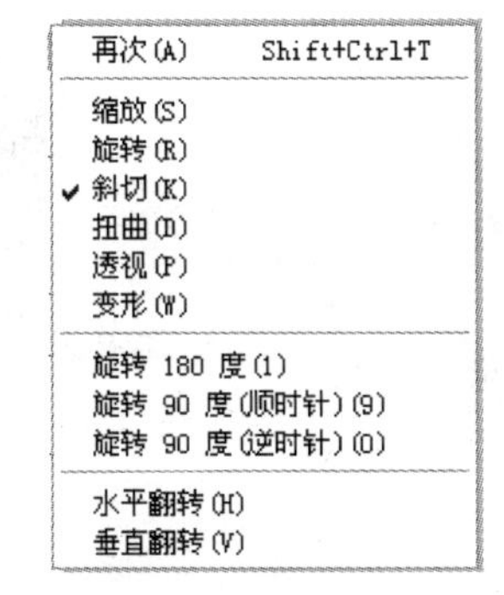

图 8-1-15　“变换路径”子菜单

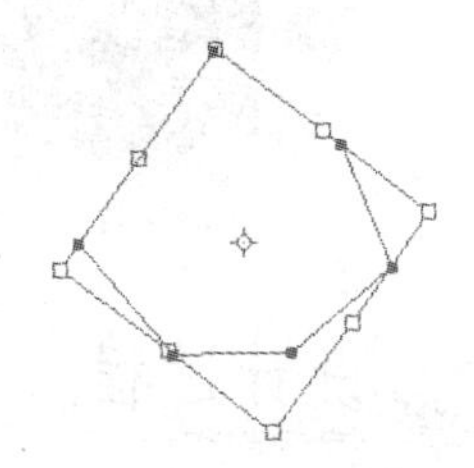

图 8-1-16　旋转路径

6. 直接选择工具

使用直接选择工，可以显示路径锚点、改变路径的形状和大小。单击“直接选择工具”按钮，将鼠标指针移到图像窗口内，此时鼠标指针呈状。拖动鼠标围住一部分路径，即可将路径中的所有锚点显示出来，围住的路径上的所有锚点为实心黑色小正方形，没有围住的路径上的锚点为空心小正方形，如图 8-1-17 所示。

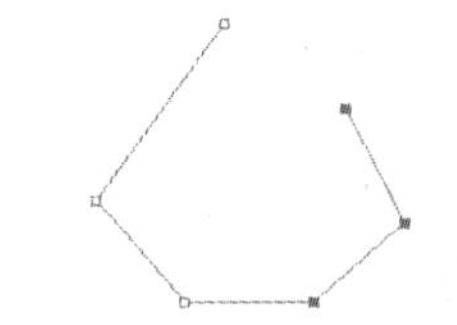

图 8-1-17　实心与空心锚点

拖动锚点，即可改变锚点在路径上的位置和形状。拖动曲线锚点或曲线锚点控制柄两端的控制点，可改变路径的曲线形状，如图 8-1-18 所示。拖动直线锚点，可改变路径的直线形状。单击路径线以外的任意一点，即可隐藏路径上的锚点。

按住【Shift】键，同时拖动鼠标，可以在 45° 的整数倍方向上移动控制点或锚点。

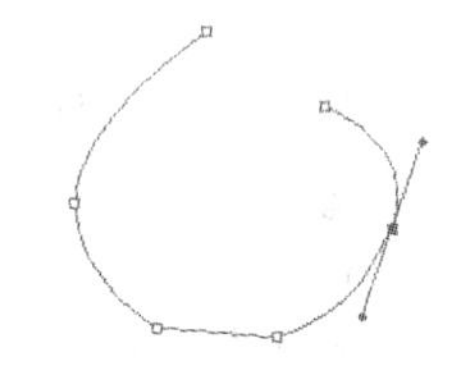

图 8-1-18　路径的曲线形状

思考与练习 8-1

1. 使用创建路径的方法，绘制一幅小鸟图像和一幅仙鹤图像，如图 8-1-19 所示。
2. 参考本案例，制作一个手写立体汉字“龙”图像，如图 8-1-20 所示。

图 8-1-19　小鸟图像和仙鹤图像

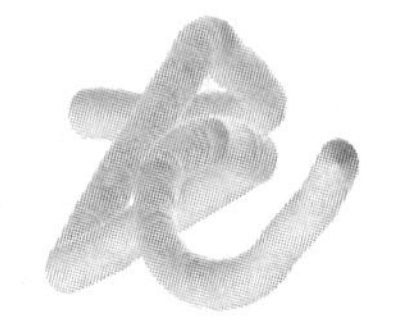

图 8-1-20　立体汉字“龙”图像

8.2 【案例 41】照片框架

案例描述

“照片框架”图像如图 8-2-1 所示。它是给一幅“宝宝”图像（见图 8-2-2）添加艺术像框后获得的。

图 8-2-1 “照片框架”图像

图 8-2-2 “宝宝”图像

设计过程

（1）打开一幅名为“宝宝”的图像文件，如图 8-2-2 所示。裁切和调整该图像的大小，使它宽 400 像素、高 340 像素。

（2）创建一个圆形选区，单击“选择”→“反向”菜单命令，将选区反向，如图 8-2-3 所示。单击“滤镜”→“纹理”→“纹理化”菜单命令，调出“纹理化”对话框，具体设置如图 8-2-4 所示。单击“确定”按钮，对选区内的图像进行砖形纹理处理。按【Ctrl+D】组合键，取消选区，效果如图 8-2-1 所示（还没有框架图像）。

图 8-2-3　创建选区

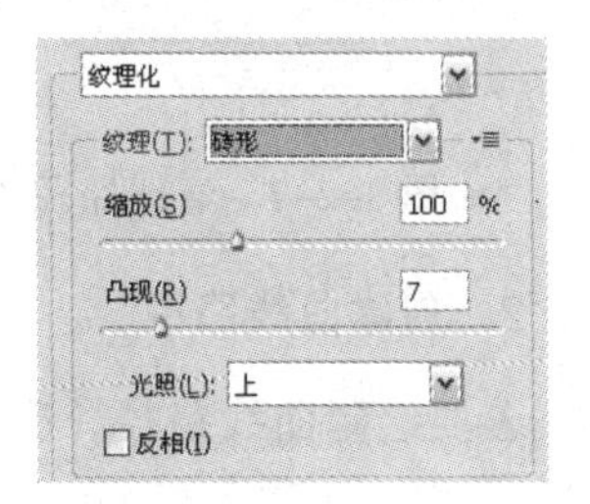

图 8-2-4　“纹理化”对话框设置

（3）隐藏“背景”图层。选择椭圆工具，在选项栏内单击“路径”按钮，在图像中绘制出一个圆形路径。再单击选项栏内的“钢笔工具”按钮，沿着刚绘制的圆形路径外侧勾画出一个相框形状的路径，如图 8-2-5 所示。此时，在“路径”面板中自动生成名为“工作路径”的路径层，其内是刚创建的相框路径。

（4）双击“路径”面板内的“工作路径”层，调出“存储路径”对话框，单击“确定”按钮，将“工作路径”层转换为“路径 1”层。

（5）单击“路径”面板中的“将路径作为选区载入”按钮，将路径转换为选区。在“背景”图层上方创建“图层 1”，选中该图层，给选区填充一种颜色。调出“样式”面板，单击“蓝色玻璃（按钮）”样式图标，为“图层 1”应用样式，如图 8-2-6 所示。按【Ctrl+D】组合键，取消选区。显示“背景”图层。

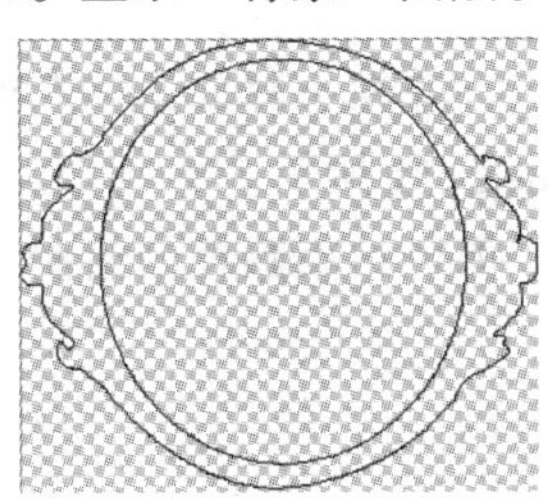
图 8-2-5　绘制路径

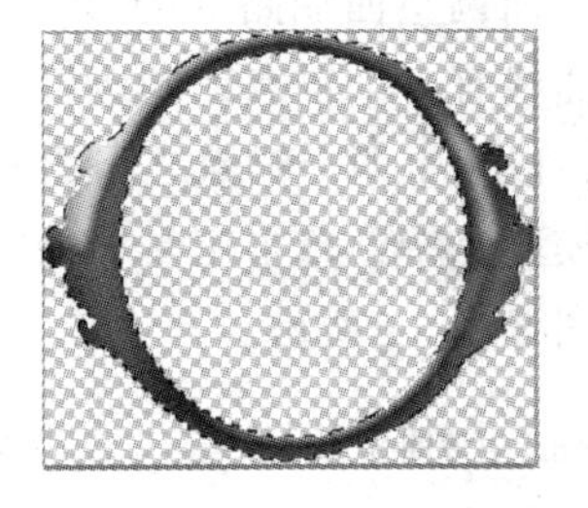
图 8-2-6　应用图层样式

相关知识——创建和编辑路径

1. 创建直线、折线与多边形路径

若要绘制直线、折线或多边形，应先单击“钢笔工具”按钮，再将鼠标指针移到图像窗口内，此时鼠标指针的右下方增加一个“×”号，表示单击后产生的是起始锚点。单击创建起始锚点后，在鼠标指针的右下方增加一个“/”号，表示单击将产生一条直线路径。在绘制路径时，如果按住【Shift】键，同时在图像窗口内拖动，可以保证曲线路径控制柄的方向是 45°整数倍方向。

（1）绘制直线路径：单击直线路径的起点，释放鼠标左键后再单击直线路径的终点，即可绘制一条直线路径，如图 8-2-7 所示。

（2）绘制折线路径：单击折线路径起点，再单击折线路径的下一个转折点，不断依次单击各转折点，最后双击折线路径的终点，即可绘制一条折线路径，如图 8-2-8 所示。

（3）绘制多边形路径：单击多边形路径的起点，再单击多边形路径的下一个转折点，不断依次单击各转折点，最后将鼠标指针移到多边形路径的起点处，此时鼠标指针的右下方增加一个“。”号，单击该起点即可绘制一条多边形路径，如图 8-2-9 所示。

在绘制完路径后，单击工具箱内的任何一个按钮，即可结束路径的绘制。

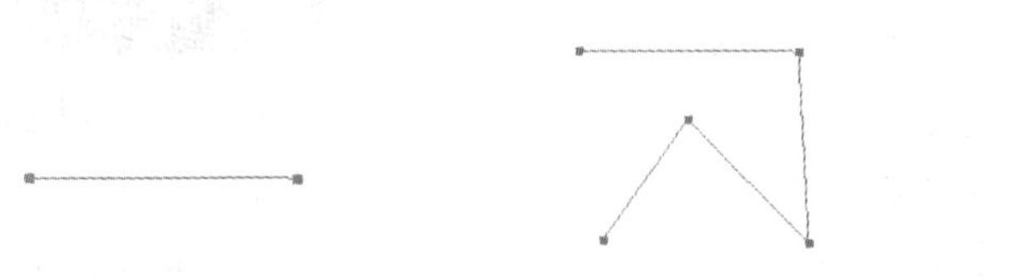

图 8-2-7　直线路径　　图 8-2-8　折线路径　　图 8-2-9　多边形路径

2. 创建曲线路径

若要绘制曲线路径，应先单击“钢笔工具”按钮。绘制曲线路径通常可采用如下两种方法：

（1）先绘直线再定切线。操作方法如下：

◎ 单击工具箱内的“钢笔工具”按钮。

◎ 单击曲线路径起点，释放鼠标左键；再单击下一个锚点，则两个锚点之间会产生一条线段。在不释放鼠标左键的情况下拖动鼠标，会出现两个控制点和两个控制柄，如图 8-2-10 所示。控制柄线条是曲线路径的切线。拖动鼠标改变控制柄的位置和方向，从而调整曲线路径的形状。

◎ 如果曲线有多个锚点，则应依次单击下一个锚点，并在不释放鼠标左键的情况下拖动鼠标，以产生两个锚点之间的曲线路径，如图 8-2-11 所示。

◎ 曲线绘制完毕，单击工具箱的内任意一个按钮，即可结束路径的绘制。绘制完毕的曲线如图 8-2-12 所示。

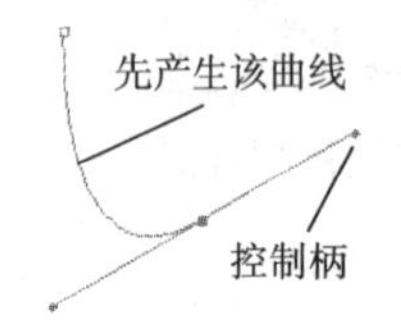

图 8-2-10　控制柄线条

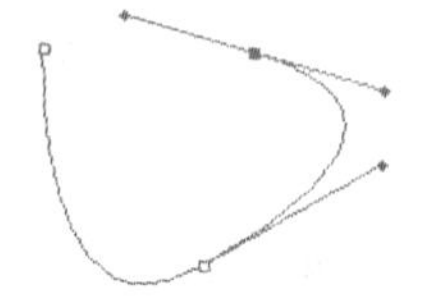

图 8-2-11　曲线路径

图 8-2-12　绘制的曲线

（2）先定切线再绘曲线。操作方法如下：

◎ 单击工具箱内的“钢笔工具”按钮。

◎ 单击曲线路径起点，不释放鼠标左键，拖动以形成方向合适的控制柄，然后释放鼠标左键，此时会产生一条控制柄。再单击下一个锚点，则该锚点与起始锚点之间会产生一条曲线路径，如图 8-2-13 所示。单击下一个锚点处，即可产生第二条曲线路径，按住鼠标左键不放拖动，即可产生第三个锚点的控制柄，拖动鼠标可调整曲线路径的形状，如图 8-2-14 所示。释放鼠标左键，即可绘制一条曲线，如图 8-2-15 所示。

◎ 如果曲线路径有多个锚点，则应依次单击下一个锚点，并在不释放鼠标左键的情况下拖动鼠标，以调整两个锚点之间曲线路径的形状。

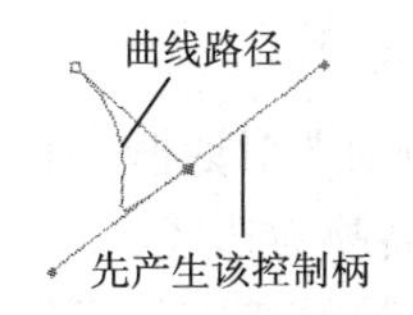

图 8-2-13　曲线路径

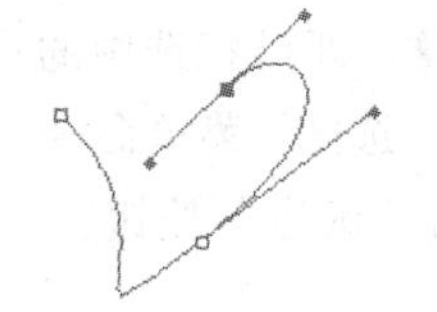
图 8-2-14　调整曲线路径

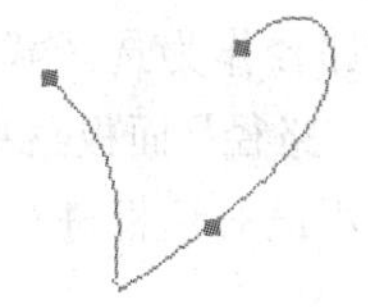
图 8-2-15　绘制的曲线

3. 创建路径层

（1）创建一个空路径层。有如下两种方法：

◎ 单击“路径”面板中的“创建新路径”按钮，即可在当前路径层上方创建一个新的路径层，该路径层是空的，即没有任何路径存在，以后可以在该路径层绘制路径。

◎ 单击“路径”面板菜单中的“新建路径”命令，调出“新建路径”对话框，如图 8-2-16 所示。在“名称”文本框内输入路径层名称，单击“确定”按钮，即可在当前路径层下方创建一个新的路径层。

（2）利用文字工具创建路径层的方法如下：

◎ 单击文字工具按钮T，在图像窗口内输入文字“北京”，如图 8-2-17 所示。文字不能够使用仿粗体样式。

◎ 单击“图层”→“文字”→“创建工作路径”菜单命令，即可将文字的轮廓线转换为路径。使用路径选择工具选择对象，将路径的锚点显示出来，如图 8-2-18 所示。单击“图层”→“文字”→“转换为形状”菜单命令，可将文字轮廓转换为形状路径。

图 8-2-16　“新建路径”对话框

图 8-2-17　“北京”文字

图 8-2-18　路径的锚点

4. 删除与复制路径

（1）用按键删除锚点和路径：按【Delete】键或【Backspace】键，可以删除选中的锚点。选中的锚点呈实心小正方形状。如果锚点都呈空心小正方形状，则删除的是最后绘制的一段路径。如果锚点都呈实心小正方形状，则删除整个路径。

（2）用“路径”面板删除路径：选中“路径”面板中要删除的路径，如图 8-2-19 所示。将它拖动到“删除当前路径”按钮上，即可删除选中的路径。

单击“路径”面板菜单中的“删除路径”菜单命令，也可以删除选中的路径。

（3）复制路径：单击“路径选择工具”按钮或“直接选择工具”按钮，拖动围住一部分路径或单击路径线（只适用于路径选择工具），将路径中的所有锚点（实心小正方形）显示出来，表示选中整个路径。然后按住【Alt】键同时拖动路径，可复制一个路径。

（4）复制路径层：选中“路径”面板中要复制的路径层，单击“路径”面板菜单中的“复制路径”命令，调出“复制路径”对话框，如图 8-2-20 所示。在“名称”文本框内输入新路径层名称，单击“确定”按钮，即可在当前路径层上方创建一个复制的路径层。

5. 路径与选区的相互转换

（1）路径转换为选区：选中“路径”面板中要转换为选区的路径，然后单击“路径”面板中的“将路径作为选区载入”按钮，即可将选中的路径转换为选区。

单击“路径”面板菜单中的“建立选区”菜单命令，调出“建立选区”对话框，如图 8-2-21 所示。利用该对话框进行设置后单击“确定”按钮，也可以将路径转换为选区。

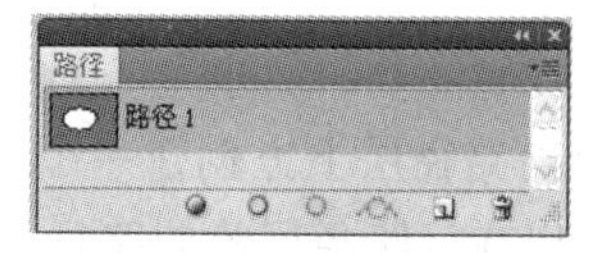

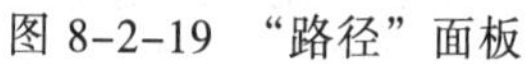
图 8-2-19 “路径”面板

图 8-2-20 “复制路径”对话框

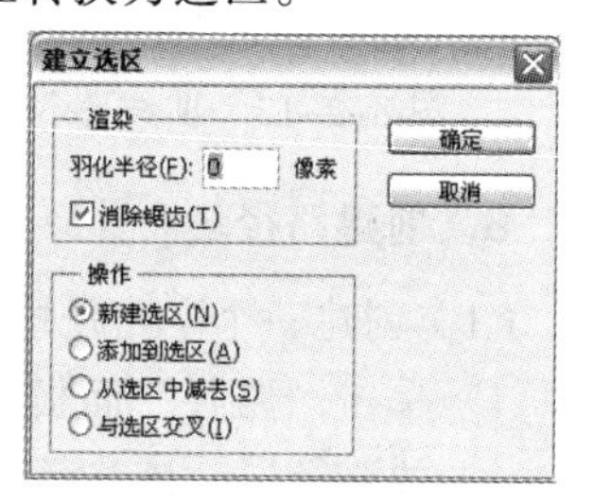

图 8-2-21 “建立选区”对话框

（2）选区转换为路径：创建选区，单击“路径”面板菜单中的“建立工作路径”菜单命令，调出“建立工作路径”对话框，如图 8-2-22 所示。利用该对话框进行容差设置，再单击“确定”按钮，即可将选区转换为路径。单击“路径”面板中的“从选区生成工作路径”按钮，可以在不改变容差的情况下，将选区转换为路径。

6. 填充与描边路径

（1）填充路径的方法如下：

◎ 设置前景色。选中“路径”面板中要填充的路径层。选中“图层”面板中的普通图层。

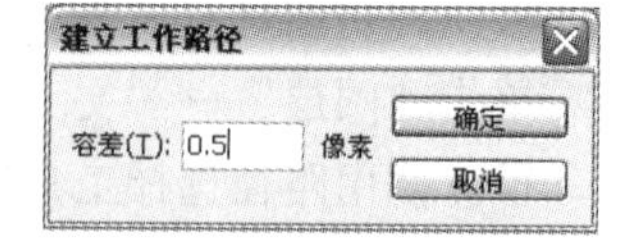

图 8-2-22 “建立工作路径”对话框

◎ 单击“路径”面板中的“用前景色填充路径”按钮，即可用前景色填充路径。

◎ 单击“路径”面板菜单中的“填充路径”菜单命令，调出“填充路径”对话框。利用该对话框具体设置填充方式。按照图 8-2-23 所示进行设置，再单击“确定”按钮，即可完成填充，填充后的效果图如图 8-2-24 所示。

（2）路径描边的方法如下：

◎ 设置前景色，并选中“路径”面板中要描边的路径。

◎ 设置画笔形状。设置画笔工具或图案图章工具等绘图工具（默认是画笔工具）。

◎ 单击“路径”面板菜单中的“描边路径”菜单命令，调出“描边路径”对话框，如图 8-2-25 所示。在“工具”下拉列表框内选择一种绘图工具，选中“模拟压力”复选框后可以在使用画笔时模拟压力笔的效果，单击“确定”按钮。

图 8-2-23 “填充路径”对话框

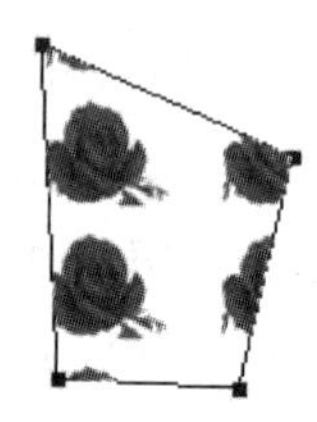
图 8-2-24 路径填充

图 8-2-25 “描边路径”对话框

◎ 单击“路径”面板中的“用前景色描边路径”按钮 ，用前景色和设置的画笔形状给路径描边。

图 8-2-26 是选择的路径，图 8-2-27 是用画笔工具描边后的图像，图 8-2-28 是用图案图章工具 描边后的图像。

图 8-2-26　选择的路径

图 8-2-27　描边后的图像一

图 8-2-28　描边后的图像二

思考与练习 8-2

1. 创建一个路径，将图 8-2-29 所示图像中的飞鹰选取出来，再转换为选区，将选区内的图像复制到另一幅图像，制作“傲雪飞鹰”图像，如图 8-2-30 所示。

2. 使用创建路径的方法，绘制一幅小鸟图像和一幅仙鹤图像，如图 8-2-31 所示。

图 8-2-29　“鹰”图像和路径

图 8-2-30　“傲雪飞鹰”图像

图 8-2-31　小鸟图像和仙鹤图像

3. 制作一幅“毛刺文字”图像，如图 8-2-32 所示。该图像的制作方法提示如下：

（1）新建背景为白色的图像。输入字体为“隶书”、大小为 160 点、颜色为红色的文字“毛刺文字”。将文字移到图像中间处。创建选中文字的选区。

（2）调出“建立工作路径”对话框，具体设置如图 8-2-22 所示，单击“确定”按钮，将文字选区转换为路径。删除“毛刺文字”文字图层，创建一个普通图层“图层 1”并选中。

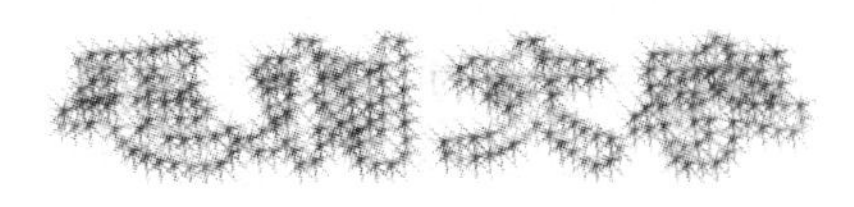

图 8-2-32　“毛刺文字”图像

（3）选择画笔工具 ，调出“画笔样式”面板。单击“画笔样式”面板菜单中的“混合画笔”命令，在“画笔样式”面板内原画笔样式后面载入新画笔样式。选中“画笔样式”面板中的一个星星画笔图标 ✶，调整其大小为 50 px。设置前景色为红色，背景色为蓝色。

（4）调出“画笔”面板，选中“画笔笔尖形状”选项，具体设置如图 8-2-33 左图所示。为了使沿路径描边的颜色是由前景色到背景色的渐变色，选中“颜色动态”复选框，再按照图 8-2-33 右图所示进行设置。

（5）单击该面板底部的“创建新画笔”按钮 ，调出“画笔名称”对话框。在“名称”文本框中输入画笔名称“毛刺 1”，再单击“确定”按钮，将刚设计的画笔加载到“画笔样式”面板中。

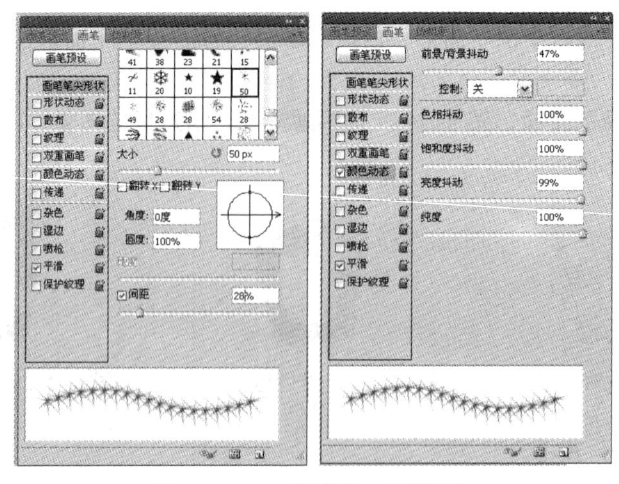

图 8-2-33 “画笔”面板设置

（6）调出“描边路径”对话框，选择用画笔描边，再单击“确定”按钮，即可用前景色到背景色的渐变色描边路径。单击“路径”面板菜单中的“删除当前路径”菜单命令，即可完成毛刺文字的制作。

8.3 【案例 42】网页导航栏按钮

案例描述

“网页导航栏按钮”案例是制作一组共 3 幅图像，如图 8-3-1 所示，这是给网页导航栏制作的一组具有相同特点、不同文字的按钮。制作这些图像使用了动作技术。

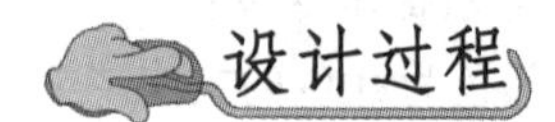

设计过程

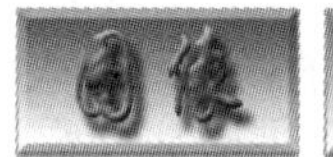

图 8-3-1 “网页导航栏按钮”图像

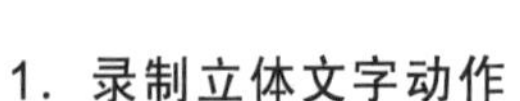

1. 录制立体文字动作

（1）新建宽为 200 像素、高为 100 像素、模式为 RGB 颜色、背景为白色的图像。

（2）单击“动作”面板菜单中的“新建组”菜单命令，调出“新建组”对话框，在该对话框内的“名称”文本框中输入组的名称“导航栏按钮”，如图 8-3-2 所示。再单击“确定”按钮，即可在“动作”面板内创建一个“导航栏按钮”新组，如图 8-3-3 所示。

图 8-3-2 “新建组”对话框

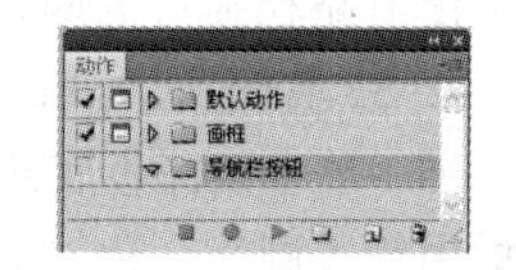

图 8-3-3 “动作”面板

（3）选择横排文字工具 T，单击画布，在其选项栏内设置字体为“华文行楷”、大小为 60 点、颜色为红色，输入文字“图像”。使用移动工具，调整文字的位置，如图 8-3-4 所示。再将“图层”面板中的文本图层名称改为“按钮名字”。

（4）单击“动作”面板菜单中的“新建动作”菜单命令，调出“新建动作”对话框，如图 8-3-5 所示。该对话框内各选项的作用和设置如下：

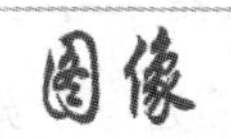

图 8-3-4 “图像”文字

图 8-3-5 “新建动作”对话框

◎“名称”文本框：用来输入动作的名称，此处输入“按钮 1”。

◎“组”下拉列表框：用来选择动作文件夹，此处选择“导航栏按钮”选项。

◎“功能键”下拉列表框：用来设置动作的快捷键（即功能键）。该下拉列表框内有“无”、“F2”到“F12”共 12 个选项，选中“F2”到“F12”中一个选项后，“Shift”和“Control”复选框变为有效。如果不选择“Shift”和“Control”复选框，则快捷键由“功能键”下拉列表框中的按键名称决定（如【F6】）；如果选择“Shift”复选框，则快捷键为【Shift+F6】；如果选择“Control”复选框，则快捷键为【Ctrl+F6】；如果选择“Shift”和“Control”复选框，则快捷键为【Shift+Ctrl+F6】。此处选择“无”选项。

◎“颜色”下拉列表框：用来设置按钮在“动作”面板中的显示颜色。此处，选择“橙色”选项。

（5）设置完成后，单击“新建动作”对话框内的“记录”按钮，即可开始录制操作。也可以单击“动作”面板菜单中的“开始记录”按钮，开始录制操作，采用这种方法，动作名称等只能使用默认设置。

（6）对文字进行操作，操作步骤如下：

◎ 在“字符”面板内的“设置所选字符的字距调整”文本框中输入 200，按【Enter】键。

◎ 双击“图层”面板中的“背景”图层，调出“新建图层”对话框，单击该对话框内的“确定”按钮，将“背景”图层转换为常规图层“图层 0”。

◎ 单击“样式”面板中的“雕刻天空（文字）”图标，给“图层 0”中的白色图像添加“雕刻天空（文字）”图层样式，效果如图 8-3-6 所示。

◎ 选中“按钮名称”文字图层，单击“样式”面板中的“日落天空（文字）”图标，给“按钮名字”文字图层添加“日落天空（文字）”样式，效果如图 8-3-1 左图所示。

（7）单击“动作”面板中的“停止播放/记录”按钮，使录制工作暂停。此时，“动作”面板如图 8-3-7 所示。

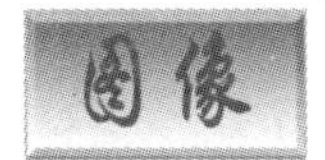

图 8-3-6 添加“雕刻天空（文字）”样式

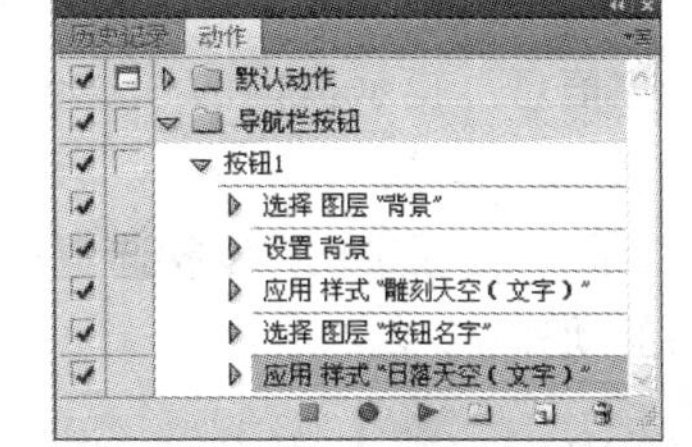

图 8-3-7 “动作”面板

不是所有操作都可以进行录制，例如：使用绘画工具绘制图像、色彩调整、视图切换、工具选项设置等都不能够进行录制，但可以在执行动作的过程中进行这些操作。可以录制的操作有：创建选区、单色填充、渐变填充、移动图像、输入文字、剪裁图像、绘制直线，以及各种面板的使用等。

2. 使用录制的“按钮 1”动作

（1）新建一个宽为 200 像素、高为 100 像素、模式为 RGB 颜色、背景为白色的图像。

（2）选择横排文字工具T，单击画布，输入属性与“图像”一样的文字“动画”，如图 8-3-8 所示。再将“图层”面板中的文本图层的名称改为“按钮名字”。

（3）选中“动作”面板中的动作名称“按钮 1”。单击“动作”面板中的“播放选定的动作”按钮▶，依次执行一系列动作，直到完成，效果如图 8-3-1 中图所示。

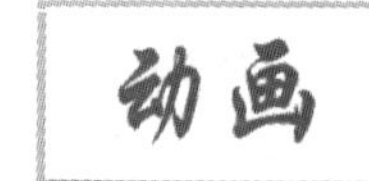

图 8-3-8 “动画”文字

（4）按照上述方法制作“视频”按钮，如图 8-3-1 右图所示。

3. 添加“停止”动作

如果在执行动作前，不将文字图层的名称改为“按钮名字”，则执行“按钮 1”动作组的动作后，一旦执行到“选择图层‘按钮名字’”动作就会出现问题，因为找不到“按钮名字”图层，为此可以采用下述方法来解决，使执行到“停止”动作时停止，并调出一个“信息”提示框，单击“停止”按钮后，再选中文字图层，单击“动作”面板内“停止”动作的下一个动作名称，然后，单击“播放选定的动作”按钮▶。

（1）选中“动作”面板中要删除的动作“选择图层‘按钮名字’”，单击“动作”面板内的“删除”按钮🗑，此时系统将调出一个提示框。单击“确定”按钮，删除选中的动作。

（2）单击“动作”面板菜单中的“插入停止”命令，调出“记录停止”对话框，在该对话框内的“信息”文本框中输入提示文字，如图 8-3-9 所示。然后单击“确定”按钮，即可在“动作”面板内添加一条动作，如图 8-3-10 所示。

图 8-3-9 “记录停止”对话框

（3）新建一个宽为 200 像素、高为 100 像素、模式为 RGB 颜色、背景为白色的图像。

（4）选择横排文字工具T，单击画布，输入文字“动画”，如图 8-3-8 所示。

（5）选中“动作”面板中的动作名称“按钮 1”。单击“动作”面板中的“播放选定的动作”按钮▶，依次执行一系列动作，直到弹出一个“信息”提示框。

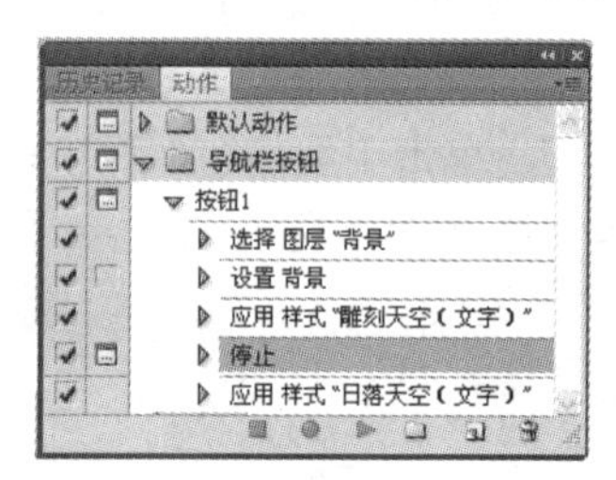

图 8-3-10 修改后的“动作”面板

（6）单击“信息”提示框内的“停止”按钮，再选中“图层”面板中的文字图层。

（7）单击“动作”面板中的“播放选定的动作”按钮▶，即可执行下面的动作。

相关知识——“动作”面板和使用动作

1.“动作”面板

动作是一系列操作（即命令）的集合。动作的记录、播放、编辑、删除、存储、载入等操作都可以通过“动作”面板和“动作”面板菜单来实现。“动作”面板如图 8-3-11 所示。下面对“动作”面板进行初步的介绍。

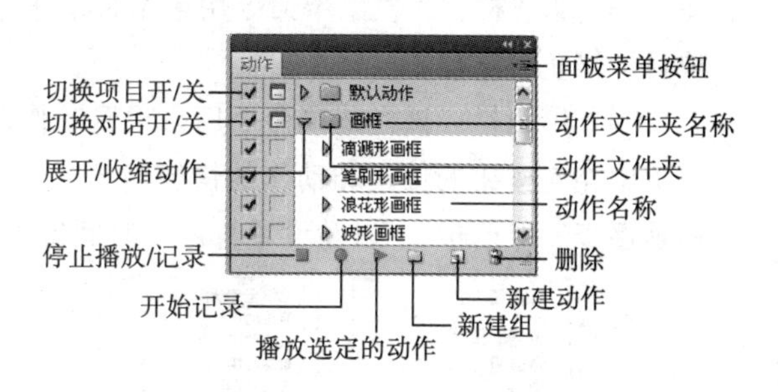

图 8-3-11　“动作”面板

（1）切换项目开/关：如果没有显示标记，则表示该动作文件夹内的所有动作都不能执行，或表示该动作不能执行，或该操作不能执行。如果显示黑色标记，表示该动作文件夹内的所有动作和所有操作都可以执行。如果该按钮显示红色标记，表示该动作文件夹内的部分动作或该动作下的部分操作可以执行。

（2）切换对话开/关：当它显示黑色标记时，表示在执行动作的过程中，会调出对话框并暂停，等用户单击“确定”按钮后才可以继续执行。当该按钮没有显示标记时，表示在执行动作的过程中，不调出对话框就暂停。当该按钮显示红色标记时，表示动作文件夹中只有部分动作会在执行过程中调出对话框并暂停。

（3）“展开动作”按钮：单击动作文件夹左边的“展开动作”按钮，可以将该动作文件夹中所有的动作展开，此时，“展开动作”按钮变为形状。再单击按钮，又可以将展开的动作收缩。单击动作名称左边的展开按钮，即可展开组成该动作的所有操作名称，此时展开按钮会变为形状。单击按钮，可收回动作的所有操作名称。同样，每项操作的下边还有操作和选项设置，也可以通过单击按钮展开，单击按钮收回。

（4）“停止播放/记录”按钮：单击它可以使录制工作暂停。

（5）“开始记录”按钮：单击它可以开始录制一个新的动作。

（6）“播放选定的动作”按钮：单击它可以执行当前的动作或操作。

（7）“新建组”按钮：组是存储动作的文件夹，单击该按钮，可以创建一个新的组，它的右边给出了动作文件夹名称。

（8）“新建动作”按钮：单击它可新建一个动作，并存放在当前动作文件夹内。

（9）“删除”按钮：单击它可以删除当前的动作文件夹、动作或操作等。

2.“动作”面板菜单

单击“动作”面板中的面板菜单按钮，可以调出“动作”面板菜单，如图 8-3-12 所示。由图可以看出，“动作”面板菜单分为 7 栏。各栏菜单命令的作用简介如下：

（1）第一栏：单击“按钮模式”菜单命令后，会将“动作”面板内的各个动作以按钮模式显示，即在“动作”面板内给出以动作名称标注的一些按钮（称为动作按钮），如图 8-3-13 所示。单击其中的一个按钮，即可执行相应的动作。

在此模式下，“动作”面板内没有下边一行按钮，“动作”面板菜单中第一、二、三栏的菜单命令会变为无效，因此不能进行动作的复制、删除、修改、录制和存储等操作。

（2）第二栏：该栏菜单命令用来创建动作文件夹（也叫序列）和动作，删除和复制动作文件夹、动作、操作或操作选项，还可以执行播放动作或操作。

（3）第三栏：该栏菜单命令用来编辑动作，录制（也叫记录）动作和再次录制，插入菜单项目、停止和路径。

（4）第四栏：该栏菜单命令用来设置动作选项（即设置动作的名称、按钮模式下“动作”面板中相应按钮的颜色和动作的快捷键等）、回放选项（即设置执行动作的方式，是一次性的还是逐步（即单步），以及设置暂停的时间等）。

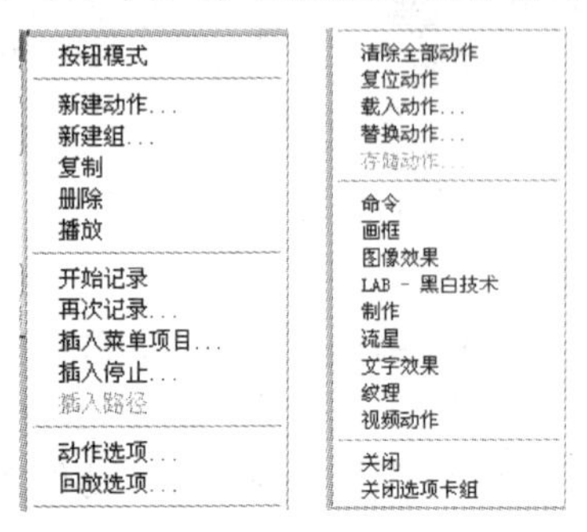

图 8-3-12 “动作”面板菜单

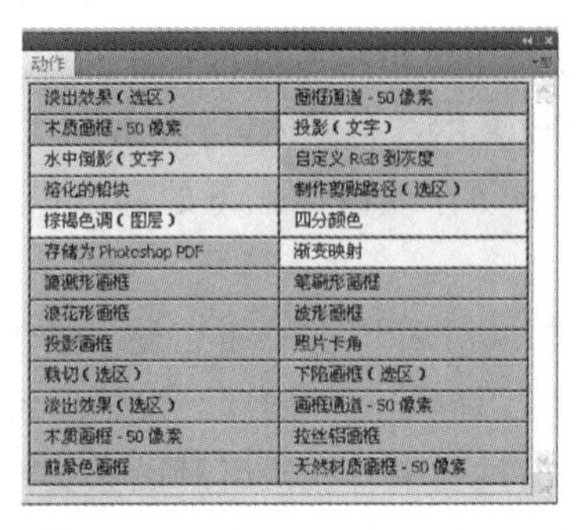

图 8-3-13 “动作”（按钮模式）面板

（5）第五栏：该栏菜单命令用来删除全部动作，复位、载入、替换或存储动作。

（6）第六栏：该栏显示的是 Photoshop 中已经存储的动作文件夹文件的名称。单击其中的命令可以将相应的动作文件夹添加到“动作”面板中。

（7）第七栏：用来关闭“动作”面板或“动作”面板所在的面板组。

3. 使用一个动作的两种方法

（1）单击“动作”面板中的“播放选定的动作”按钮 ▶，即可执行当前的动作。

（2）单击“动作”面板菜单中的“播放”命令，即可执行当前的动作。

例如，新建一个图像窗口，在窗口内输入“华文琥珀”字体、100 点（px）大小的黑色文字。选中“动作”面板中的“动作 1”动作，再单击“动作”面板中的“播放选定的动作”按钮 ▶，即可对文字进行同样的加工，加工的效果如图 8-3-14 所示。

4. 使用多个动作

只要选中多个动作，单击“动作”面板中的“播放选定的动作”按钮 ▶ 或单击“动作”面板菜单中的“播放”命令，即可依次执行选中的多个动作。选中多个动作的方法如下：

（1）按住【Ctrl】键的同时单击动作，可以选中不连续的多个动作。按住【Shift】键的同时单击动作，可以选中多个不连续的动作。

（2）按住【Shift】键的同时单击动作文件夹，可以选中连续的多个动作文件夹。按住 Ctrl 键的同时单击动作文件夹，可以选中多个还连续的动作文件夹。选中了动作文件夹，也就选中了动作文件夹中的所有动作。

例如，单击“动作”面板菜单中的“画框”命令，调出“画框”动作。针对图 8-2-14 所示的图像，选中图 8-3-15 所示的多个动作，单击“动作”面板中的“播放选定的动作”按钮 ▶ 后，图像的加工效果如图 8-3-16 所示。

图 8-3-14　加工后的“ABC”效果

图 8-3-15　“动作”面板

图 8-3-16　加工后的效果

思考与练习 8-3

1. 制作图 8-3-17 所示的一组具有相同特点的立体文字。

图 8-3-17　一组相同特点的立体文字

2. 制作一组相同特点、不同颜色和大小的框架图像和按钮图像。

8.4 【案例 43】珠串

案例描述

“珠串”图像如图 8-4-1 所示。

图 8-4-1 “珠串”图像

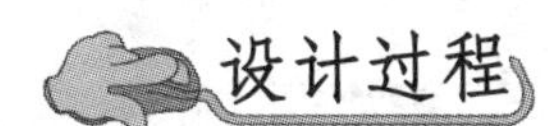

设计过程

1. 制作基本图像

（1）新建宽 1 000 像素、高 1 000 像素、背景为白色的图像。新建“图层 1”，绘制一个蓝色彩球，如图 8-4-2 所示。调整该图形的位置。

（2）6 次复制“图层 1”，得到 6 个复制的图层，将各图层内的蓝色彩球图形是一字线排开。选中左起第二个彩球，按【Ctrl+T】组合键，进入自由变换状态，在选项栏中的“W”和“H”文本框内输入 85%，将图像等比例调小，按【Enter】键确认。

（3）按照上述方法，依次调整其他蓝色彩球图形的大小和位置，如图 8-4-3 所示。

（4）将“图层 1”及其所有的副本图层合并，将合并后的图层命名为“图层 1”。

图 8-4-2　彩球

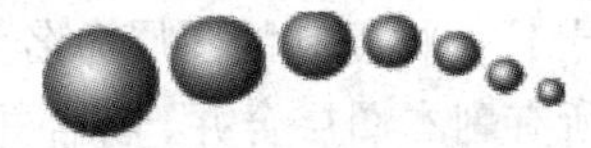

图 8-4-3　变换并复制

2. 制作和使用动作

（1）单击“动作”面板内的“新建组”按钮，调出“新建组”对话框，在“名称”文本框内输入“彩珠串”，再单击“确定”按钮，在该面板内创建一个“彩珠串”新组。

（2）单击“创建新动作”按钮，调出“新建动作”对话框，在“名称”文本框内输入“动作 1”，单击“记录”按钮，创建一个动作，进入动作录制状态。

（3）按【Ctrl+Alt+T】组合键，进入自由变换并复制状态，按住【Alt+Shift】组合键，将控制框的中心点置于图 8-4-4 所示的位置。

（4）在其选项栏内的文本框中输入 45，设置逆时针旋转 45°，按【Enter】键确认。单击“动作”面板中的“停止播放/记录”按钮，“动作”面板如图 8-4-5 所示。

（5）连续单击“播放选定动作”按钮，直至得到图 8-4-6 所示的效果。

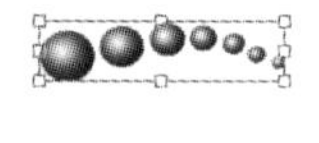

图 8-4-4　设置旋转中心点

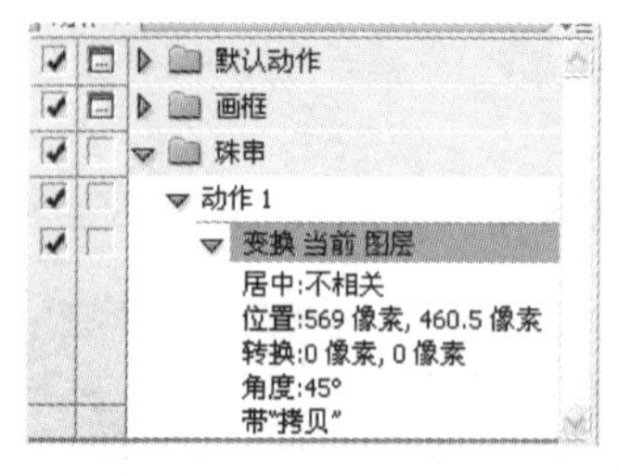

图 8-4-5　“动作”面板

图 8-4-6　连续应用动作后的效果

（6）将“图层 1”及其所有副本图层合并，将合并后的图层命名为“图层 1”。选中“背景”图层，按【Ctrl+R】组合键，显示标尺，再分别在水平和垂直方向上添加图 8-4-7 所示的辅助线。使用移动工具将彩珠串图像移到图 8-4-8 所示的位置。

（7）在“动作”面板中新建一个“动作 2”动作，下面开始录制动作。

（8）按【Ctrl+Alt+T】组合键，进入自由变换并复制状态，按住【Alt+Shift】组合键，将控制框的中心点移到图 8-4-9 所示的位置。在其选项栏内的文本框中输入 30，设置逆时针旋转 30°，按【Enter】键确认。

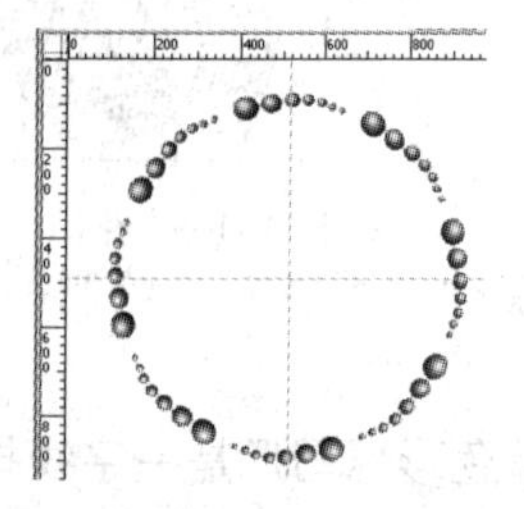

图 8-4-7　添加辅助线

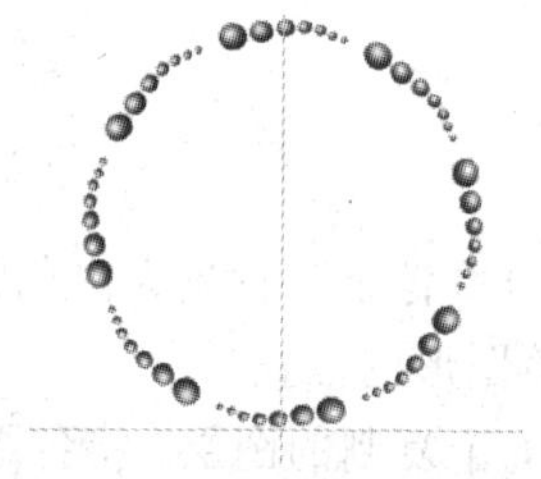

图 8-4-8　调整图像位置

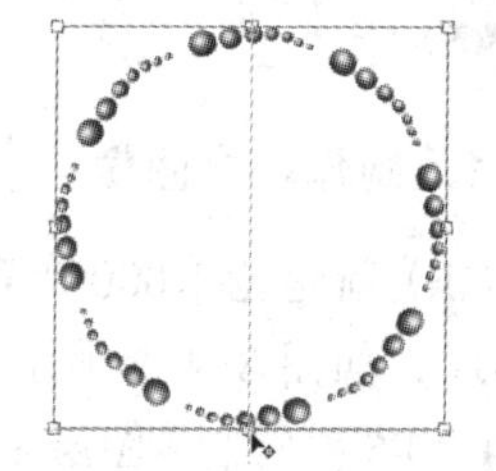

图 8-4-9　设置旋转中心点

（9）单击“动作”面板中的“停止播放/记录”按钮，此时的“动作”面板如图 8-4-10 所示。连续单击“播放选定的动作”按钮，直至得到图 8-4-11 所示的效果。

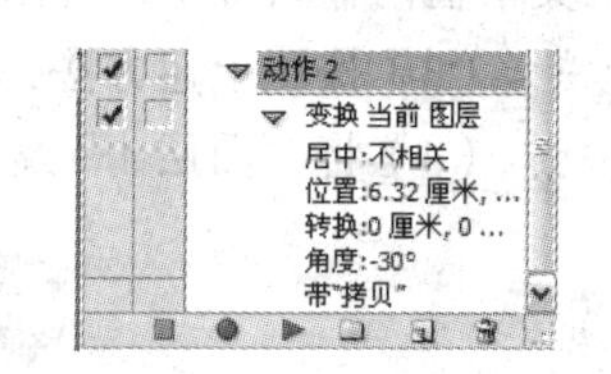

图 8-4-10　“动作”面板

（10）复制“图层 1”，将复制的图层命名为“图层 2”，将“图层 2”及“图层 1”的所有副本图层合并，将合并后的图层命名为“图层 2”。将“图层 2”隐藏。使用移动工具将“图层 1”的图像置于画布右上角，如图 8-4-12 所示。

（11）单击“动作”面板中的“播放选定的动作”按钮，得到图 8-4-13 所示的效果。将“图层 1”及其副本图层合并到“图层 1”。

（12）将“图层 2”显示出来，同时选中“图层 1”和“图层 2”。按【Ctrl+T】组合键，进入自由变换状态，在其选项栏内的“W”和“H”文本框内输入 90%，将图像等比例调小，按【Enter】键确认。

图 8-4-11　应用动作后效果

图 8-4-12　摆放图像位置

图 8-4-13　变换并复制图像

（13）分别调整“图层 1”和“图层 2”内图形的位置，效果如图 8-4-1 所示。

相关知识——动作

1. 设置回放

单击“动作”面板菜单中的“回放选项”菜单命令，即可调出“回放选项”对话框，如图 8-4-14 所示。“回放选项”对话框中各选项的作用如下：

（1）“加速”单选按钮：选中该单选按钮后，动作执行的速度最快。

（2）“逐步”单选按钮：选中该单选按钮后，将在“动作”面板中以蓝色显示当前执行的操作命令。

（3）“暂停”单选按钮：选中该单选按钮后，每执行一个操作就暂停设置的时间，由其右边文本框内输入的数值决定。文本框中的数值范围为 1～60，单位为秒。

（4）“为语音注释而暂停”复选框：选中后，可以暂停声音注释。

2. 存储和载入动作

（1）动作的载入：单击“动作”面板菜单中的“载入动作”命令，调出“载入”对话框，默认选择“C:\Program Files\Adobe\Adobe Photoshop CS5\Presets\Actions”文件夹，如图 8-4-15 所示，选中其内的文件名称，如 Image Effects.atn，单击“载入”按钮，可将该动作载入“动作”面板中。

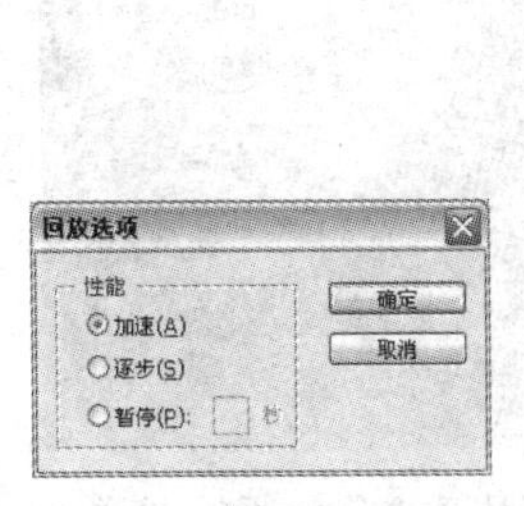

图 8-4-14　“回放选项”对话框

图 8-4-15　“载入”对话框

另外，也可以直接单击“动作”面板菜单中第 6 栏中的动作名称，直接载入动作。

（2）动作的存储：选中“动作”面板中要存储动作的文件夹名称，单击“动作”面板菜单的“存储动作”命令，调出“存储”对话框，默认选择“C:\Program Files\Adobe\Adobe Photoshop CS5\Presets\Actions”文件夹。输入文件的名称，再单击“存储”按钮，即可将选中的动作存储到磁盘中。“存储”对话框与“载入”对话框基本一样。

在低版本 Photoshop 中创建的动作可以在 Photoshop CS5 中使用，在 Photoshop CS5 中创建的动作不可以在低版本 Photoshop 中使用。

3. 替换和删除动作

（1）动作的替换：单击“动作”面板菜单中的“替换动作”命令，调出“载入”对话框，如图 8-4-15 所示。选中“载入”对话框中的文件名称，再单击“载入”按钮，即可将选中的动作文件内的动作载入“动作”面板，并取代原来所有动作。

（2）动作的删除：选中“动作”面板中要删除的动作，单击“动作”面板菜单中的“删除”命令或单击“删除”按钮，此时系统将调出一个提示框。单击提示框内的“确定”按钮，即可删除选中的动作。

4. 复位动作

单击“动作”面板菜单的“复位动作”命令，调出提示框。单击提示框中的“追加”按钮，可将“默认动作”动作追加到“动作”面板中原有动作的后面，如图 8-4-16 所示。

单击提示框中的“确定”按钮，即可用“默认动作”动作替代“动作”面板中原有的所有动作，如图 8-4-17 所示。

图 8-4-16 “动作”面板

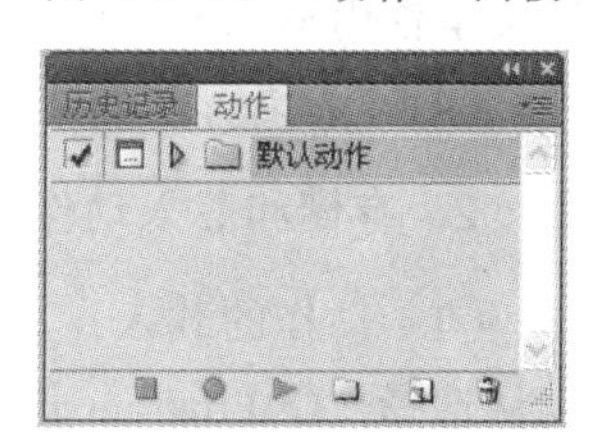

图 8-4-17 “动作”面板

思考与练习 8-4

1. 制作一幅“松树”图像，如图 8-4-18 所示。制作该图像的方法参考提示文档。

2. 制作一幅“疯狂快乐电影海报”图像，如图 8-4-19 所示。该海报以美丽的城市夜景为背景，展现了夜晚的繁华景象，“猫和老鼠”图像突出了电影故事的主题，绘制的蓝光让整个画面更加生动，从而起到宣传电影的作用。

图 8-4-18 “松树”图像

图 8-4-19 “疯狂快乐电影海报”图像

8.5　综合实训 8——折扇

实训效果

“折扇”图像如图 8-5-1 所示。

图 8-5-1　“折扇”图像

实训提示

1．制作扇柄

（1）设置宽为 500 像素、高为 500 像素、模式为 RGB 颜色、背景为白色的图像。创建一条水平参考线和一条垂直参考线。然后，以名称“综合实训 7—折扇.psd”保存。

（2）在“图层”面板中创建一个名为“折扇”的图层组。在“折扇”图层组中新建一个“扇柄右”图层。

（3）使用钢笔工具，以参考线为基准，勾画出一个扇柄形状的路径，如图 8-5-2 所示。设置前景色为红棕色（C=64，M=99，Y=90，K=60），单击“路径”面板中的“用前景色填充路径”按钮，为扇柄形状的路径填充颜色，如图 8-5-3 所示。隐藏该路径。

（4）选中“扇柄右”图层，添加“斜面和浮雕”图层样式，效果如图 8-5-4 所示。

（5）单击“编辑”→“变换”→“旋转”菜单命令，扇柄四周出现控制框，按住【Alt】键，将中心点移到两条参考线交点的位置，旋转 70°，按【Enter】键确认，如图 8-5-5 所示。

图 8-5-2　路径　　图 8-5-3　填充路径　　图 8-5-4　立体效果

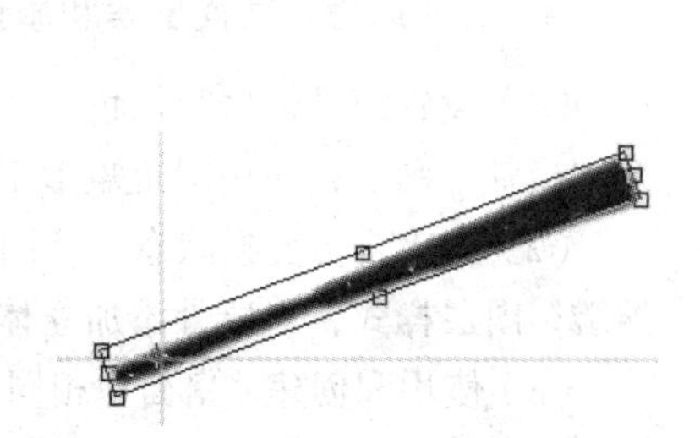

图 8-5-5　将扇柄旋转 70°

（6）在“扇柄右”图层下面复制一个名称为“扇柄左”的图层，选中该图层内的图像，进入“旋转”变换状态，将中心点移到两条参考线交点的位置，旋转-70°。

2．制作扇面

（1）新建“扇面”图层，使用钢笔工具，以参考线为基准，勾画出两个对称的扇面折页路径，如图 8-5-6 所示。设置前景色为浅灰色（C=18，M=14，Y=21，K=0），单击“路径”面板中的“用前景色填充路径”按钮，为左侧的扇面折页路径填充浅灰色，如图 8-5-7 所示。

（2）设置前景色为浅灰色（C=28，M=19，Y=23，K=0）。使用路径选择工具，选中右侧的扇面折页路径，为其填充颜色。再单击“路径”面板的空白处，隐藏该路径。为左右两侧的路径填充深浅不同的颜色，可以更好地表现折扇的折页效果。

（3）将“扇面”图层内的图像旋转-70°，按【Enter】键确认，将扇面向左旋转 70°。

（4）新建名为“扇子”的动作，该动作的操作依次如下。“动作”面板如图 8-5-8 所示。

◎ 复制“扇面”图层得到“扇面副本”图层。

◎ 将“扇面副本”图层内的图像旋转 5°，按【Enter】键确认。

图 8-5-6　扇面折页路径　　图 8-5-7　填充颜色

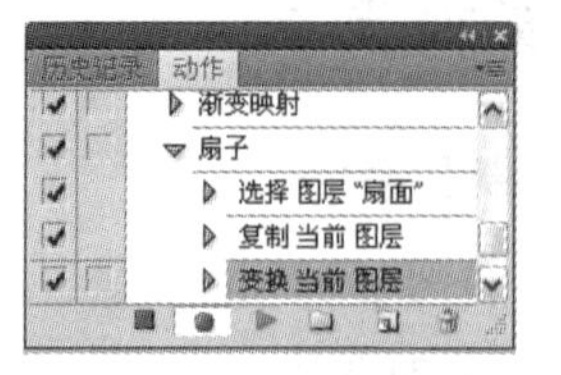

图 8-5-8　“动作”面板

（5）停止记录。在“动作”面板中选中“扇子”动作，再单击 26 次“播放选定的动作”按钮，执行刚录制的动作，此时的图像如图 8-5-9 所示。

（6）将所有的与扇面图像内容有关的图层合并为一个名为“扇面”的图层。复制“扇面”图层得到“扇面副本”图层，将扇面略微缩小一些。

（7）调出“亮度/对比度”对话框，设置亮度为 15、对比度为 5。单击“确定”按钮，将“扇面副本”图层中的图像调亮，制作出扇子的边缘效果。将“扇面副本”图层和“扇面”图层合并为一个图层。扇面制作完成。

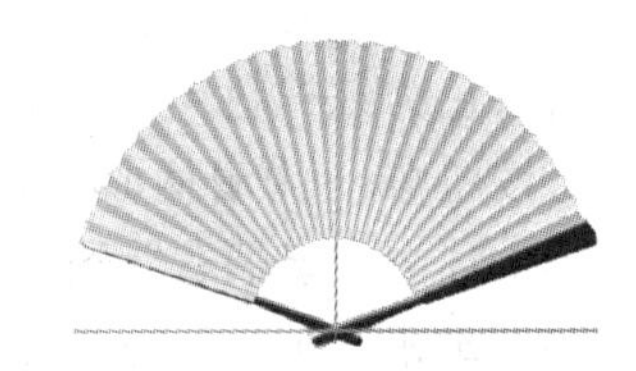

图 8-5-9　执行动作后的图像效果

3. 制作扇骨、扇面图案和扇坠

（1）设置前景色为深棕色（C=56，M=78，Y=100，K=34）。在“扇柄左”图层上方创建一个“扇骨”图层，使用圆角矩形工具在图像中创建一个半径为 2 px 的圆角矩形。

（2）进入自由变换状态，将圆角矩形的顶部略微缩小。选中“扇骨”图层，添加“斜面和浮雕”图层样式，给扇骨添加立体效果。

（3）使用和创建“扇面”相同的方法，创建一个新动作，其旋转角度为 10°，其他和扇面的制作方法完全相同，效果如图 8-5-10 所示。

（4）将所有与扇骨有关的图层合并到“扇骨”图层。

（5）打开一幅“杨柳”图像文件，如图 8-5-11 所示。将整个“杨柳”图像复制到剪贴板中。创建一个选中扇面图像的选区，将剪贴板中的“杨柳”图像贴入选区内，调整贴入图像的大小与位置，效果如图 8-5-12 所示。此时，“图层”面板中自动生成“图层 1”，将该图层的名称改为“图像”。

（6）调出“亮度/对比度”对话框，设置亮度为 17、对比度为 35，将扇面图像效果加强。选中“图像”图层，设置其混合模式为“正片叠底”，使“图像”图层和“扇面”图层的图像效果融合，产生真实的扇面效果，如图 8-5-1 所示。

（7）在“图像”图层上方创建一个“扇轴”图层，在扇柄的交叉处创建一个椭圆选区，并为其填充浅棕色。取消选区。再添加“斜面和浮雕”图层样式，为“扇轴”添加立体效果。

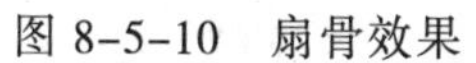
图 8-5-10　扇骨效果

图 8-5-11　“杨柳”图像

图 8-5-12　粘贴入选区

（8）打开一幅名为“扇坠”的图像文件，作为扇子的装饰。将“扇坠”图像拖动到“折扇”图像中，调整它的位置，如图 8-5-1 所示。

实训测评

能力分类	能　　力	评　分
职业能力	使用钢笔工具组工具与“路径”面板创建和编辑路径	
	绘制直线、折线、多边形和曲线路径	
	路径与选区的相互转换，填充路径与路径描边	
	使用“动作”面板，录制动作和使用动作	
通用能力	自学能力、总结能力、合作能力、创造能力等	
能力综合评价		

第 9 章 通道与蒙版

【本章提要】本章主要介绍通道的基本概念和“通道”面板的特点，使用“通道”面板的方法，将通道转换为选区、存储选区和载入选区的方法，创建和应用快速蒙版和蒙版的方法，以及应用“应用图像”和“计算”菜单命令进行图像处理的方法。

9.1 【案例 44】木刻熊猫

案例描述

“木刻熊猫”图像如图 9-1-1 所示。可以看到，木板上刻有一幅熊猫图像，打在它们上的平行光线的颜色为黄色，中间点光源的颜色为红色，突显出木刻图像的立体感。

设计过程

（1）打开一幅“木纹”图像和一幅“熊猫”图像（宽 600 像素、高 400 像素），如图 9-1-2 所示。将“木纹”图像裁切为宽 600 像素、高 400 像素，以名称“【案例 44】木刻熊猫.psd”保存。

（2）选中“熊猫”图像，创建选中该图像中间区域的矩形选区，单击“编辑”→“拷贝”菜单命令，将选区内的图像复制到剪贴板中。

（3）选中“【案例 44】木刻熊猫.psd”图像。单击“通道”面板中的“创建新通道”按钮，创建一个名称“Alpha 1”的通道。选中“Alpha 1”通道，隐藏其他通道。

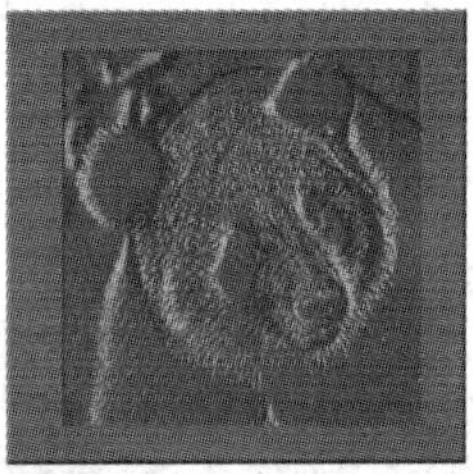

图 9-1-1 “木刻熊猫”图像

（4）单击“编辑”→“粘贴”菜单命令，将剪贴板中的图像粘贴到“Alpha 1”通道中，单击“编辑”→“自由变换”菜单命令，调整图像的大小和位置，按【Enter】键确认，效果如图 9-1-3 所示。然后，取消选择“通道”面板内的“Alpha 1”通道，选中“RGB”通道。

（5）选中“图层”面板中的“背景”图层。此时，图像窗口内还只有木纹图像。双击“图层”面板中的“背景”图层，调出“新建图层”对话框，单击“确定”按钮，将“背景”图层转换为常规图层“图层 0”。选中“图层 0”。

（6）单击“滤镜”→“渲染”→“光照效果”菜单命令，调出“光照效果”对话框。单击“光照类型”栏内的色块，调出“拾色器”对话框，利用该对话框设置光源的颜色为棕黄色。

在“光照类型”下拉列表框中选择“平行光”选项；拖动“强度”滑块，使其数值为100；在“纹理通道”下拉列表内选择“Alpha 1”选项；调整“高度”滑块，使其数值为94；设置材料颜色为白色，数值为54，如图9-1-4所示。

图9-1-2　“木纹”图像和“熊猫”图像　　图9-1-3　“Alpha 1”通道中的图像

（7）拖动“光照效果”对话框左边显示框内的控制柄中心控制点，调整光源的位置和照射的范围，如图9-1-4所示。拖动灯泡图标到显示框内，可以再设置一个光源。要删除光源，可拖动光源到按钮上。单击“确定”按钮，获得图9-1-5所示的效果。

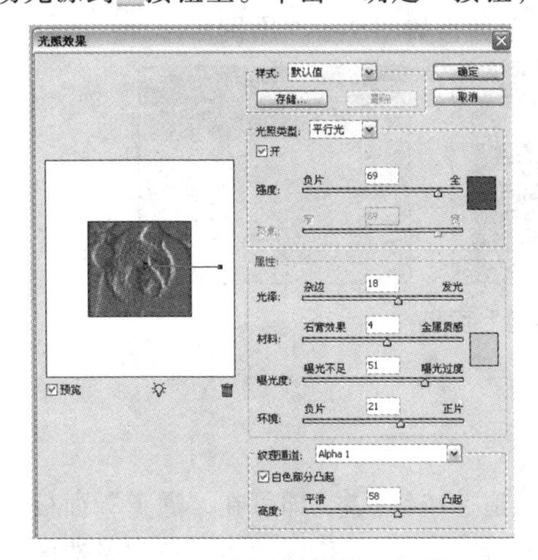

图9-1-4　“光照效果”对话框

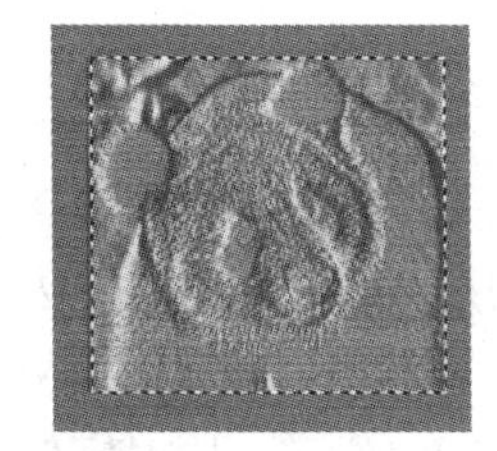

图9-1-5　光照效果

（8）单击“图像”→“调整”→“色相/饱和度”菜单命令，

（9）单击“选择”→“反选”菜单命令，将选区反选，再调出“色相/饱和度”对话框，可以利用该对话框调整木刻熊猫四周木纹的颜色。按【Ctrl+D】组合键，取消选区。

（10）调出“曲线”对话框，可以提调整整幅图像的对比度和亮度。

相关知识——“通道”面板和创建Alpha通道

1．通道的基本概念和“通道”面板

通道用来存储图像的颜色信息、选区和蒙版。通道主要有颜色通道、Alpha通道和专色通道。Alpha通道用来存储选区和蒙版，可以在该通道中绘制、粘贴和处理图像，图像只是灰度图像。要将Alpha通道中的图像应用到图像中，可以有许多方法，例如可以在“光照效果”滤镜中使用。一幅图像最多可以有24个通道，通道越多，图像文件越大。

在打开一幅图像或绘制一幅图像时就产生了颜色通道。图像的颜色模式决定了颜色通道的类型和个数。

（1）RGB 模式有 4 个通道：RGB 通道（称为 RGB 复合通道，一般它不属于颜色通道）、红通道、绿通道、蓝通道。“通道”面板如图 9-1-6 所示。

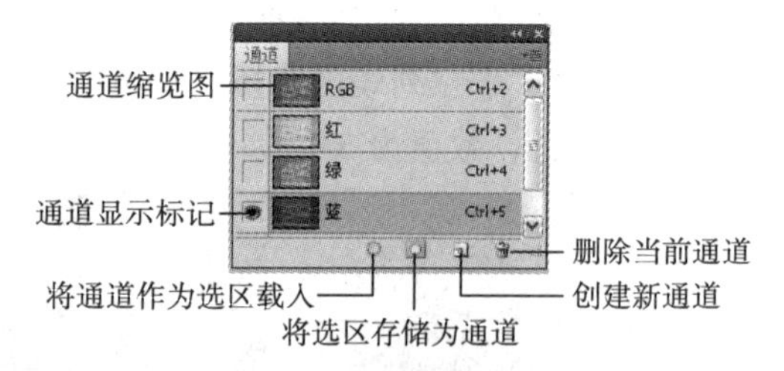

图 9-1-6　RGB 模式图像的“通道”面板

红通道保留图像的红基色信息，绿通道保留图像的绿基色信息，蓝通道保留图像的蓝基色信息，RGB 通道保留图像三基色的混合色信息。每一个通道用一个或两个字节来存储颜色信息。

（2）灰度模式只有一个灰色通道。“通道”面板如图 9-1-7 左图所示。

（3）CMYK 模式有 5 个通道：CMYK 通道（称为 CMYK 复合通道，一般它不属于颜色通道）、青色通道、洋红通道、黄色通道、黑色通道。“通道”面板如图 9-1-7 中图所示。

（4）Lab 模式有 4 个通道：Lab 通道，称为 Lab 复合通道，一般它不属于颜色通道；明亮通道，存储图像亮度情况的信息；a 通道，存储颜色（绿色与红色之间的颜色）信息；b 通道，存储颜色（蓝色与黄色之间的颜色）信息。“通道”面板如图 9-1-7 右图所示。

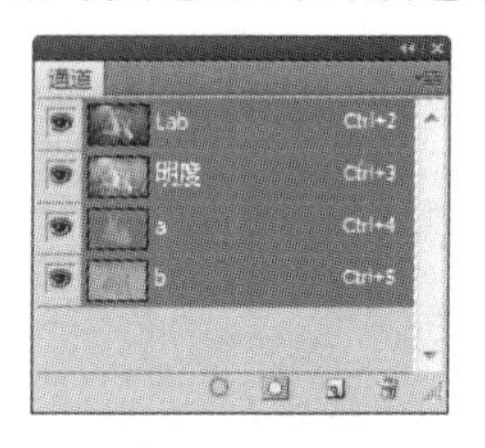

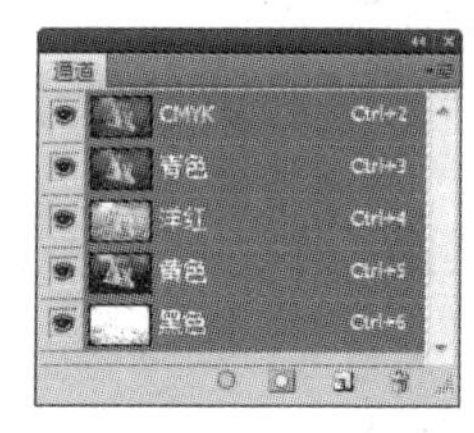

图 9-1-7　“通道”面板

2. 创建 Alpha 通道

创建 Alpha 通道的方法如下：

（1）单击“通道”面板中的“将选区存储为通道”按钮，即可在“通道”面板中产生一个 Alpha 通道，同时存储选区（一个椭圆选区），如图 9-1-8 所示，该通道内是选区中的图像（灰色）。单击 Alpha 通道左边的图标，使图标出现，图像窗口中会显示 Alpha 通道的图像，如图 9-1-9 所示。白色对应选区，黑色对应选区外的区域。

（2）单击“通道”面板菜单中的“新建通道”命令，调出“新建通道”对话框，如图 9-1-10 所示。Alpha 通道的名称自动定为 Alpha 1、Alpha 2……。利用该对话框进行设置后，单击“确定”按钮，即可创建一个 Alpha 通道。

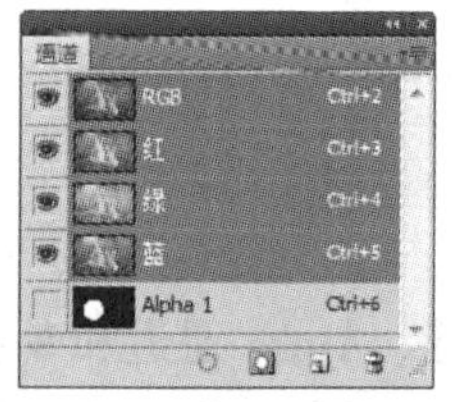

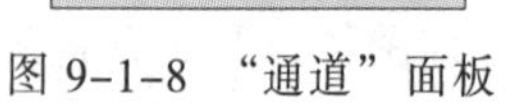
图 9-1-8　“通道”面板

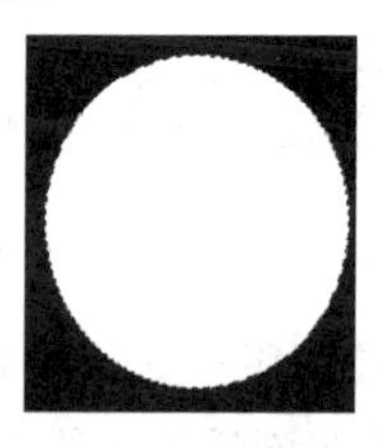
图 9-1-9　Alpha 通道的图像

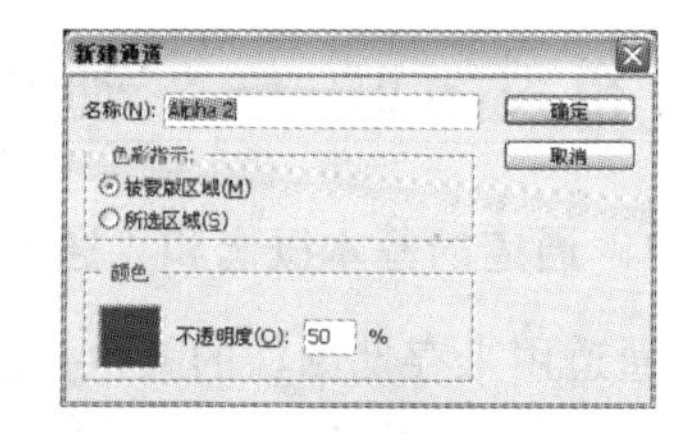
图 9-1-10　“新建通道”对话框

“新建通道”对话框中各选项的作用如下：

◎“名称”文本框：用来输入通道的名称。

◎“被蒙版区域”单选按钮：选中该单选按钮，在新建的 Alpha 通道中，有颜色的区域代表蒙版区，没有颜色的区域代表非蒙版区。

◎“所选区域”单选按钮：选中该单选按钮，在新建的 Alpha 通道中，有颜色的区域代表非蒙版区，没有颜色的区域代表蒙版区。它与“被蒙版区域”单选按钮的作用正好相反。

◎“颜色”栏：可在“不透明度”文本框内输入通道的不透明度数值。单击颜色块，可以调出“拾色器”对话框，利用该对话框可以设置蒙版的颜色。

（3）单击“选择”→“存储选区”菜单命令，也可以创建通道。这种方法将在下面介绍。

3. 了解专色通道

专色通道属于颜色通道的一种，它使用的颜色不是 RGB 或 CMYK 颜色，而是用户指定的特殊的混合油墨颜色（专色）。专色通道可以使用专色去替代图像颜色，还可以和颜色通道合并，将专色分解到颜色通道中。专色有两个作用：一是扩展四色印刷效果，产生高质量的印刷品；二是为了一些特殊印刷的需要。打印时，每一个专色通道都可以单独打印。

思考与练习 9-1

1. 制作一幅“木刻别墅”图像，如图 9-1-11 所示。可以看到，木板上刻有别墅图像，有黄色平行光线，呈现出木刻立体感。它是利用图 9-1-12 所示的“别墅”图像制作而成的。

2. 制作一幅“台灯灯光”图像，如图 9-1-13 所示。图中的两个台灯的光线分别为白色和绿色。该图像是在图 9-1-14 所示图像的基础之上加工而成的。

图 9-1-11　“木刻别墅”图像

图 9-1-12　“别墅”图像

图 9-1-13　“台灯灯光”图像

图 9-1-14　“台灯”图像

9.2 【案例 45】梦幻别墅

案例描述

“梦幻别墅”图像如图 9-2-1 所示。

图 9-2-1　“梦幻别墅”图像

设计过程

（1）设置图像宽为 400 像素、高为 300 像素、模式为 RGB 颜色、背景为黑色，然后以名称“【案例 45】梦幻别墅.psd”保存。

（2）设置前景色为白色，选择工具箱中的画笔工具，调整画笔的大小，单击画布中的任意处，绘制一些柔边的、不同大小和形状的黑色图形，如图 9-2-2 所示。在同一处单击多次，可以使图形颜色更白。

（3）在“通道”面板选中“红”通道，如图 9-2-3 所示。再单击“滤镜”→“扭曲”→“极坐标”菜单命令，调出“极坐标”对话框，选中“平面坐标极到坐标”单选按钮，单击“确定”按钮，得到图 9-2-4 所示的效果。

图 9-2-2 绘制图形

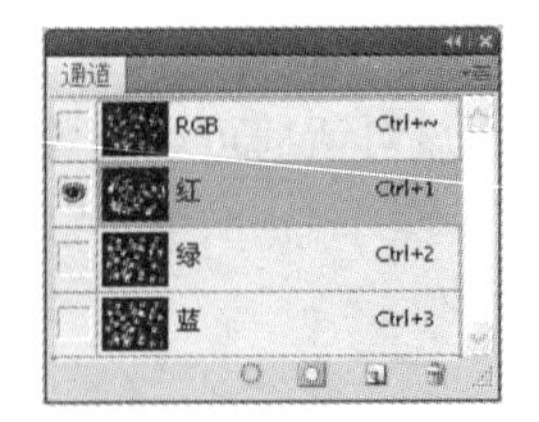

图 9-2-3 “通道”面板

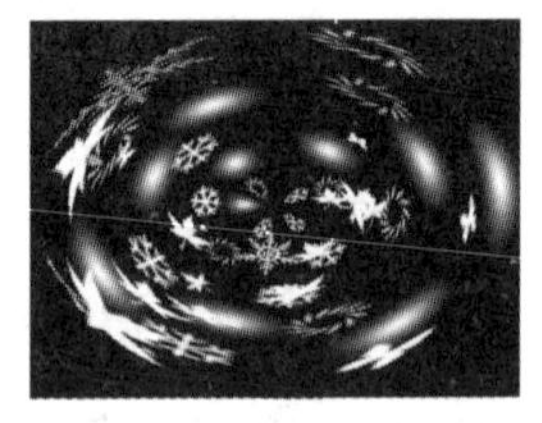

图 9-2-4 “极坐标”滤镜效果

（4）选中“绿”通道，如图 9-2-5 所示。单击“滤镜”→“扭曲”→“切变”菜单命令，“切变”对话框设置如图 9-2-6 所示，单击“确定”按钮，效果如图 9-2-7 所示。

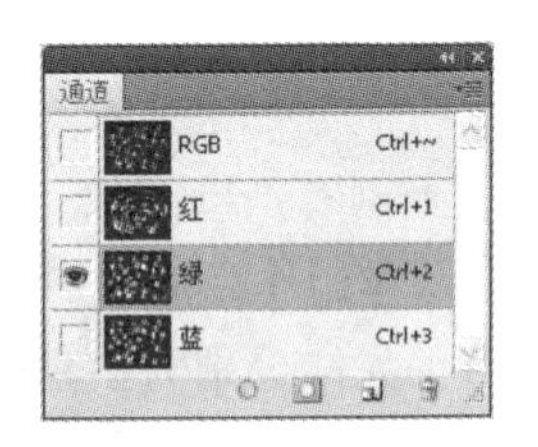

图 9-2-5 “通道”面板

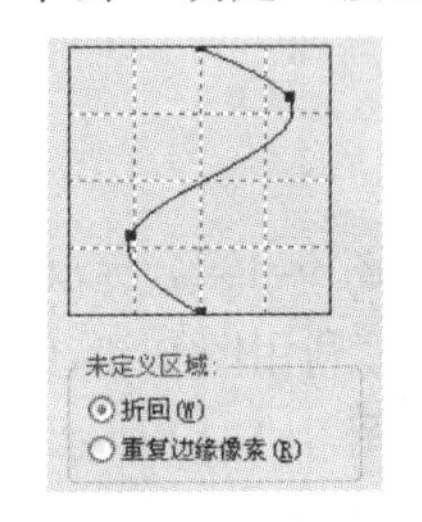

图 9-2-6 “切变”滤镜设置

图 9-2-7 “切变”滤镜效果

（5）选中“蓝”通道，如图 9-2-8 所示。选择工具箱中的涂抹工具，在其选项栏内设置画笔为 50 像素的圆形画笔，选中“对所有图层取样”复选框，“强度”设置为 50%。然后在图像中涂抹，改变的是图像中蓝色图像的内容。

（6）单击“滤镜”→“扭曲”→“旋转扭曲”菜单命令，调出“旋转扭曲”对话框。设置旋转角度为 200°，再单击“确定”按钮。此时，改变的还是图像中蓝色图像的内容，图像效果如图 9-2-9 所示。

（7）选中“通道”面板中的“RGB”通道，同时也选中了其他通道，将所有通道恢复显示，效果如图 9-2-10 所示。此时可以对所有通道进行加工处理。

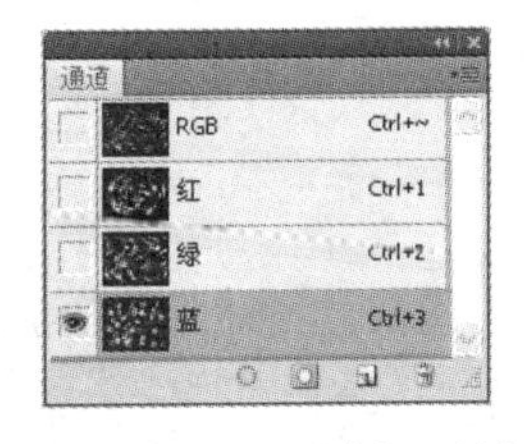

图 9-2-8 “通道”面板

图 9-2-9 涂抹和“旋转扭曲”滤镜效果

图 9-2-10 加工后的图像

（8）单击“滤镜”→“模糊”→“高斯模糊”菜单命令，调出“高斯模糊”对话框。设置模糊半径为 3.0 像素，单击“确定”按钮。

（9）双击“图层”面板中的“背景”图层，调出“新建图层”对话框，单击“确定”按钮，将“背景”图层转换为常规图层“图层 0”。选中“图层 0”，单击“滤镜”→“渲染”→“镜头光晕”菜单命令，调出“镜头光晕”对话框。设置亮度为 136%、镜头类型为“50-300 毫米变焦”如图 9-2-11 所示，拖动图像框内的亮点到右上角。单击“确定”按钮。按照这种方法再创建一个“电影镜头”镜头光晕和一个“105 毫米聚焦”镜头光晕。

（10）打开一幅“别墅”图像，将该图像调整为宽 400 像素、高 300 像素，将该图像拖动到“【案例 45】梦幻别墅.psd”内。调整复制图像的位置，使它在画布中居中。

（11）选中存放别墅图像的“图层 1”，在“混合模式”下拉列表框内选择“柔光”选项，图像效果如图 9-2-12 所示。

（12）双击“图层”面板中的“图层 1”，调出“图层样式”对话框，按照图 9-2-13 所示进行设置，调整“图层 1”和“背景”图层的混合效果。最后效果如图 9-2-1 所示。

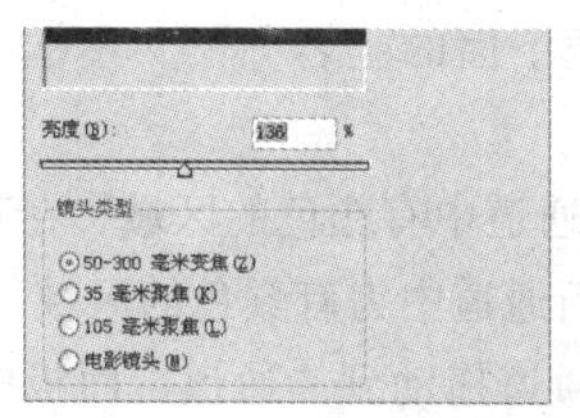

图 9-2-11　“镜头光晕”对话框

图 9-2-12　画面效果

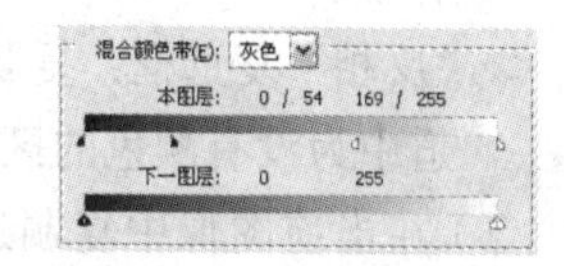

图 9-2-13　“图层样式”对话框设置

相关知识——通道基本操作

1. 选中与取消选中通道

一般在对通道进行操作时，需要首先选中通道。选中的通道会以灰色显示。

（1）选中一个通道：单击“通道”面板中要选中的通道的缩览图或其名称。

（2）选中多个通道：在选中一个通道后，按住【Shift】键，同时单击“通道”面板中要选中的通道的缩览图或其名称。

（3）选中所有颜色通道：选中“通道”面板中的复合通道（CMYK 通道或 RGB 通道），即可选中所有颜色通道。

取消通道的选中：单击“通道”面板中未选中的通道，即可取消其他通道的选中状态。按住【Shift】键，同时单击“通道”面板中选中的通道，即可取消该通道的选中状态。

2. 显示/隐藏和删除通道

在图像加工中，常需要将一些通道隐藏起来，而让另一些通道显示出来。其操作方法与显示和隐藏图层的方法很相似。不可以将全部通道隐藏。

（1）显示/隐藏通道：单击“通道”面板中要显示的通道左边的图标，使其内出现眼睛图标，即可将该通道显示出来。单击通道左边的图标，使其内的眼睛图标消失，即可将该通道隐藏起来。

（2）删除通道：选中“通道”面板内的一个通道，单击“删除当前通道”按钮，调出一个提示框，单击“是”按钮，即可删除选中通道。将要删除的通道拖动到“通道”面板中的“删除当前通道”按钮上，再释放鼠标左键，也可以删除选中的通道。

3. 复制通道的 3 种方法

（1）复制通道的一般方法：选中“通道”面板中的一个通道（如 Alpha 1 通道），再单击“通道”面板菜单中的“复制通道”命令，调出“复制通道”对话框，如图 9-2-14 所示。利用它进行设置后，单击“确定”按钮，即可将选中的通道复制到指定的图像文件或新建的图像文件中。其内各选项的作用如下：

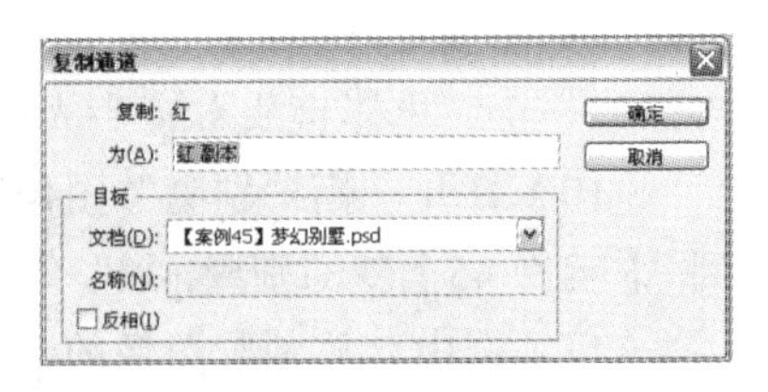

图 9-2-14 “复制通道”对话框

◎“为”文本框：输入复制的新通道的名称。

◎“文档”下拉列表框：其内有打开的图像文件名称，用来选择目标图像。

◎“名称”文本框：用来输入将新建的图像文件的名称。当在“文档”下拉列表框中选择“新建”选项（将新建图像文件）时，“文档”下拉列表框下面的“名称”文本框变为有效。

◎“反相”复选框：复制的新通道与原通道是反相的，即原来通道中有颜色的区域，在新通道中为没有颜色的区域；原来通道中没有颜色的区域，在新通道中为有颜色的区域。

（2）在当前图像中复制通道的简便方法：用鼠标将要复制的通道拖动到“通道”面板中的“创建新通道”按钮上，再释放鼠标左键，即可复制选中的通道。

（3）将通道复制到其他图像中的简便方法：拖动通道到其他图像窗口中。

4. 分离通道

分离通道是将图像中的所有通道分离成多个独立的图像。一个通道对应一幅图像。新图像的名称由系统自动给出，其形式为“原文件名-通道名称缩写”。分离后，原始图像将自动关闭。对分离的图像进行加工，不会影响原始图像。在进行分离通道的操作以前，一定要将图像中的所有图层合并到“背景”图层中，否则“通道”面板菜单中的“分离通道”菜单命令是无效的。分离通道的方法如下。

（1）如果图像有多个图层，则应单击“图层”→“拼合图像”菜单命令，将所有图层合并到“背景”图层中。

（2）单击“通道”面板菜单中的“分离通道”命令。

5. 合并通道

合并通道是将分离的各个独立的通道图像再合并为一幅图像。在对一幅图像进行分离通道操作后，可以对各个通道图像进行编辑修改，再将它们合并为一幅图像，这样可以获得一些特殊的加工效果。合并通道的操作方法如下：

（1）单击“通道”面板菜单中的“合并通道”命令，调出“合并通道”对话框，如图 9-2-15 所示。

（2）在“合并通道”对话框内的“模式”下拉列表框内选择一种模式。如果某种模式呈灰色，表示不可选。选择“多通道”模式可以合并所有通道，包括 Alpha 通道，但合并后的图像是灰色的；选择其他模式后，不能合并 Alpha 通道。

（3）在“合并通道”对话框内的“通道”文本框中输入要合并的通道个数。在选择 RGB 模式或 Lab 模式后，通道的最大个数为 3；在选择 CMYK 模式后，通道的最大个数为 4；在选择多通道模式后，通道数为颜色通道的个数。通道图像的次序是分离通道前的通道次序。

（4）在选择 RGB 模式和 3 个通道后，单击“合并通道”对话框内的“确定”按钮，即可调出“合并 RGB 通道”对话框，如图 9-2-16 所示。在选择 Lab 模式和 3 个通道后，单击“合并通道”对话框内的“确定”按钮，即可调出“合并 Lab 通道”对话框。在选择 CMYK 模式和 4 个通道后，单击“合并通道”对话框内的“确定”按钮，即可调出“合并 CMYK 通道”对话框。利用这些对话框可以选择各种通道对应的图像，通常采用默认设置。单击“确定”按钮，即可完成合并通道工作。

如果选择了多通道模式，则单击“合并通道”对话框内的“确定”按钮后，会调出“合并多通道”对话框，如图 9-2-17 所示。在该对话框的“图像”下拉列表框内选择对应通道 1 的图像文件后，单击“下一步”按钮，又会调出下一个“合并多通道”对话框，再设置对应通道 2 的图像文件。如此继续，直到给所有通道均设置了对应的图像文件为止。

图 9-2-15　“合并通道”对话框

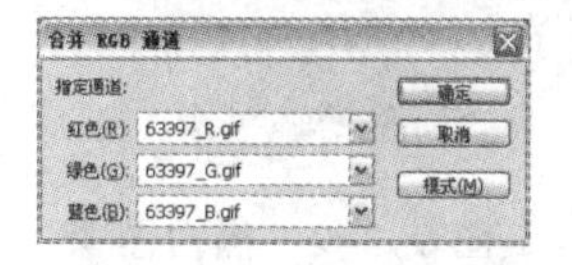

图 9-2-16　“合并 RGB 通道”对话框

图 9-2-17　“合并多通道”对话框

思考与练习 9-2

1. 参考本案例的制作方法，通过对不同通道进行不同的加工，制作一幅“幻影”图像。

2. 制作一幅“色彩飞扬”图像，如图 9-2-18 所示。可以看到一个小女孩手握一个光球，漂浮彩云中。

提示：首先给白色背景的图像填充灰色到透明白色的线性渐变色，再绘制一些黑点，如图 9-2-19 所示。再将“红”通道内的图像使用“极坐标”滤镜加工，将“绿”通道内的图像使用“切变”滤镜加工，将“蓝”通道内的图像使用“旋转扭曲”滤镜加工。最后添加图 9-2-20 所示的“女孩”图像并使用“镜头光晕”滤镜加工。

图 9-2-18　“色彩飞扬”图像

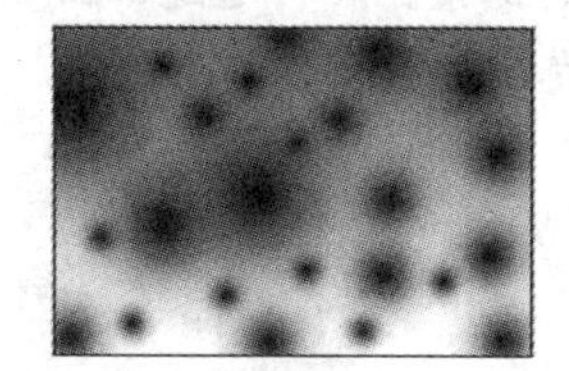
图 9-2-19　绘制一些黑点

图 9-2-20　“女孩”图像

9.3　【案例 46】照片着色 2

案例描述

“照片着色 2”图像如图 9-3-1 所示。它是将图 9-3-2 所示的黑白照片图像进行着色处理后获得的。

设计过程

1. 创建选区

（1）打开图 9-3-2 所示的图像。单击“图像”→“模式”→“RGB 颜色”菜单命令，将灰度模式的黑白图像转换为 RGB 模式，再以名称“【实例 46】照片着色.psd”保存。

（2）使用磁性套索工具勾画出人物轮廓的选区，如图 9-3-3 所示。在“通道”面板中，单击“将选区存储为通道”按钮，将人物的轮廓选区保存为一个名为“Alpha 1”的通道。按【Ctrl+D】组合键，取消人物的选区。

图 9-3-1 “照片着色 2”图像

图 9-3-2 黑白图像

图 9-3-3 创建人物轮廓选区

注意：以后还要多次用到这一选区，所以需要将其保存为一个 Alpha 通道。

（3）使用磁性套索工具勾画出人物头发的大致选区，如图 9-3-4 所示。单击“选择”→“色彩范围”菜单命令，调出“色彩范围”对话框，在“选择”下拉列表框中选择“取样颜色”选项，将“颜色容差”设置为 140，单击按钮，在该对话框的预览图中单击头发，选中与单击处颜色相近的像素，单击“确定”按钮，选区如图 9-3-5 所示。

（4）单击“通道”面板中的“将选区存储为通道”按钮，将人物的头发选区保存为一个名为“Alpha 2”的通道。按【Ctrl+D】组合键，取消头发的选区。

注意：头发选区的建立是本例的难点，使用一般的选框、套索工具显然无法准确地选择发梢等部位。在本例中，先按头发的轮廓建立一个选区，然后通过“色彩范围”对话框在现有选区范围内选择与头发颜色相近的像素。在“通道”面板中单击“Alpha 2”通道，可以看到该通道很准确地选择了人物的头发，如图 9-3-6 所示。

图 9-3-4 头发轮廓的大致选区

图 9-3-5 头发轮廓选区

图 9-3-6 “Alpha 2”通道

（5）使用磁性套索工具勾画出人物的衣服选区，如图 9-3-7 所示。

（6）单击“选择”→“载入选区”菜单命令，调出“载入选区”对话框，具体设置如图 9-3-8 所示。单击“确定”按钮，效果如图 9-3-9 所示。

注意：衣服最难选择的部分是人物右胸处被发梢部分覆盖的位置，很难使用一般的选框、套索工具准确地选择，本例采用的方法是先创建选区将发梢部分也选中，然后减去保存为“Alpha 2”通道的头发选区即可。

（7）单击“通道”面板中的“将选区存储为通道”按钮，将人物的衣服选区保存为一个名为“Alpha 3”的通道。按【Ctrl+D】组合键，取消衣服的选区。

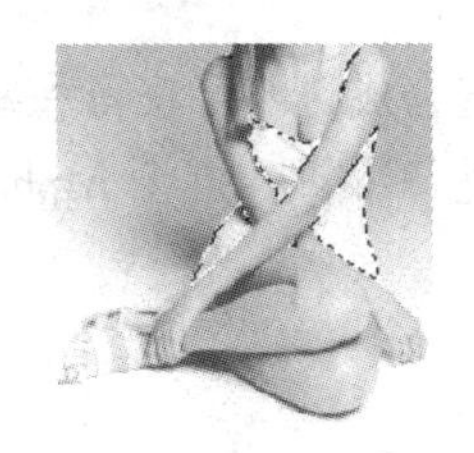

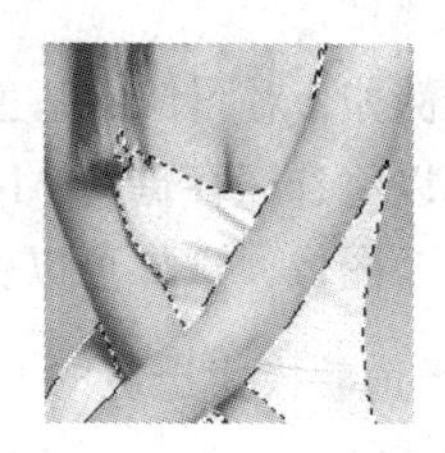

图 9-3-7　创建衣服选区　图 9-3-8　“载入选区”对话框设置　图 9-3-9　衣服精确选区

2. 给照片着色

（1）给头发着色：按住【Ctrl】键，单击“通道”面板中的“Alpha 2”通道以载入头发选区，如图 9-3-5 所示。单击“图像”→“调整”→“色相/饱和度”菜单命令，调出“色相/饱和度”对话框，选中“着色”复选框，设置色相为 28、饱和度为 40、明度为 5，单击“确定”按钮，给头发着褐色。按【Ctrl+D】组合键，取消选区。

（2）给衣服着色：按住【Ctrl】键，单击“通道”面板中的“Alpha 3”通道以载入衣服选区，如图 9-3-9 所示。单击“图像”→“调整”→“色相/饱和度”菜单命令，调出“色相/饱和度”对话框，选中“着色”复选框，设置色相为 0、饱和度为 75、明度为-35，单击“确定”按钮，给衣服着红色。再按【Ctrl+D】组合键，取消选区。

（3）给皮肤着色。按住【Ctrl】键，单击“通道”面板中的“Alpha 1”通道来载入人物轮廓选区，如图 9-3-3 所示。

（4）单击“选择”→“载入选区”菜单命令，调出“载入选区”对话框，具体设置如图 9-3-10 所示。单击“确定”按钮，从人物轮廓选区内减去衣服选区。再调出“载入选区”对话框，在“通道”下拉列表框中选中“Alpha 2”通道，选中“从选区减去”单选按钮，单击“确定”按钮，从选区内减去头发选区，得到皮肤选区，如图 9-3-11 所示。

（5）调出“色相/饱和度”对话框，选中“着色”复选框，设置色相为 26、饱和度为 36、明度为 6，单击“确定”按钮，给皮肤着浅棕色。按【Ctrl+D】组合键，取消选区。

（6）给背景着色，按住【Ctrl】键，单击“通道”面板中的“Alpha 1”通道，载入人物轮廓选区。再按【Ctrl+Shift+I】组合键，将选区反转，选中背景区域，如图 9-3-12 所示。

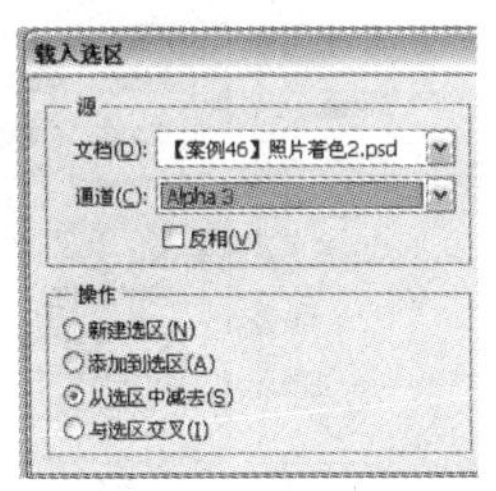

图 9-3-10　“载入选区”对话框设置　　图 9-3-11　皮肤选区　　图 9-3-12　创建背景选区

（7）单击“图像”→“调整”→“变化”菜单命令，调出“变化”对话框，在该对话框中可调整背景的颜色，这由读者选择喜欢的颜色来调整。最后着色的效果如图 9-3-1 所示。

相关知识——通道和选区的相互转换

利用通道可以从另外一个方面来调整图像的色彩和创建选区，使制作一些复杂效果变得简单快捷。例如，对图像的基色通道进行编辑加工，再将各基色通道合成，即可获得一些特殊效果。还可以将选区存储为 Alpha 通道，然后对 Alpha 通道的图像进行编辑，再将 Alpha 通道作为选区载入图像，这样可以获得复杂的选区。

1. 通道转换为选区的 5 种方法

（1）按住【Ctrl】键，同时单击“通道”面板中相应的 Alpha 通道的缩览图或名称。

（2）按住【Ctrl+Alt】组合键，同时按通道编号数字键。通道编号从上到下（不含第一个通道）。

（3）选中“通道”面板中的 Alpha 通道，单击“将通道作为选区载入”按钮 。

（4）将“通道”面板中的 Alpha 通道拖动到“将通道作为选区载入”按钮 上。

（5）单击“选择”→“载入选区”菜单命令，也可以将通道转换为选区。

2. 存储选区

存储选区就是将选区存储为“通道”面板中的 Alpha 通道。这在前面已经介绍过了。此处重点介绍单击“选择”→“存储选区”菜单命令后的操作方法。

为了了解存储选区的方法，打开一幅“别墅”图像。进入“通道”面板，创建一个名称为“Alpha1”的 Alpha 通道，其内绘制两个白色的矩形，如图 9-3-13 左图所示。选中所有通道。再进入“图层”面板，在图像窗口内创建一个椭圆选区，如图 9-3-13 右图所示。

单击“选择”→“存储选区”菜单命令，调出“存储选区”对话框，如图 9-3-14 左图所示。如果选择了“通道”下拉列表框中的 Alpha 通道，则该对话框中“操作”栏内的所有单选按钮均变为有效，而“名称”文本框变为无效，如图 9-3-14 右图所示。进行设置后，单击“确定”按钮，即可将选区存储，建立相应的通道。其内各选项的作用如下：

（1）“文档”下拉列表框：该下拉列表框用来选择将选区存储在哪一个图像中。下拉列表框的选项有当前图像文档（例如“别墅”图像文档）、已经打开的与当前图像文档大小一样的图像文档（例如“云图”图像文档）和“新建”选项。如果选择“新建”选项，则将创建一个新的图像文档来存储选区。

图 9-3-13 “Alpha 1”通道的图像和椭圆选区

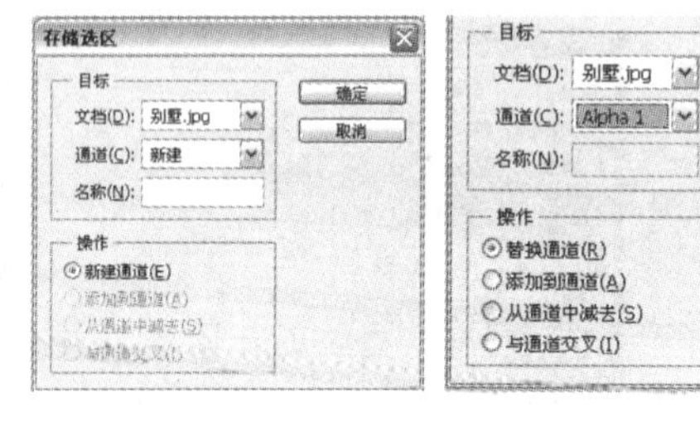

图 9-3-14 “存储选区”对话框

（2）“通道”下拉列表框：用来选择在“文档”下拉列表框选定的图像文件中的 Alpha 通道名称和“新建”选项。用来决定选区存储到哪个 Alpha 通道中。如果选择“新建”选项，则创建一个新的通道来存储选区，“名称”文本框变为有效。

（3）“名称”文本框：用来输入新 Alpha 通道的名称。

（4）“新建通道”单选按钮：如果在“通道”下拉列表框中选择“新建”选项，则该单选按钮唯一出现。它用来说明选区存储在新 Alpha 通道中。

（5）“替换通道”单选按钮：如果未在“通道”下拉列表框中选择“新建”选项，则该单选按钮和以下 3 个单选按钮有效。选择该单选按钮和其他 3 个单选按钮中的任意一个，都可以确定存储选区的通道是“通道”下拉列表框中已选择的“Alpha1”选项。

如果在“通道”下拉列表框中选择了“Alpha 1”通道，“Alpha 1”通道内的图像如图 9-3-13 左图所示，而选区的形状如图 9-3-13 右图所示。选择“替换通道”单选按钮后，原“Alpha 1”通道内的图像会被选区和选区内填充白色的图像替换，如图 9-3-15（a）所示。

（6）“添加到通道”单选按钮：“通道”下拉列表框中选择的 Alpha 通道（即 Alpha 1 通道）的图像添加了新的选区。此时 Alpha 通道的图像如图 9-3-15（b）所示。

（7）“从通道中减去”单选按钮：“通道”下拉列表框中选择的 Alpha 通道的图像是减去选区内图像后的图像。此时 Alpha 通道的图像如图 9-3-15（c）所示。

（8）“与通道交叉”单选按钮：“通道”下拉列表框中选择的 Alpha 通道的图像是原 Alpha 通道与当前选区重叠区域的图像。此时 Alpha 通道的图像如图 9-3-15（d）所示。

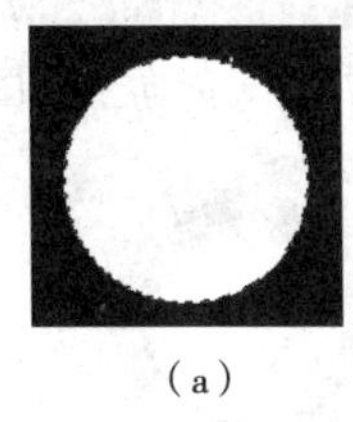
（a）

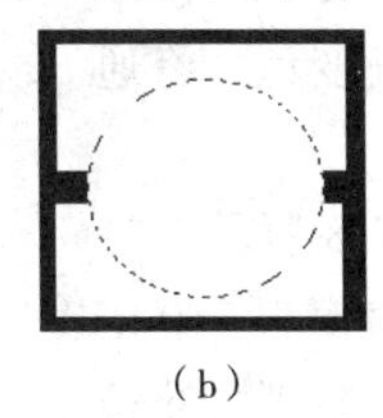
（b）

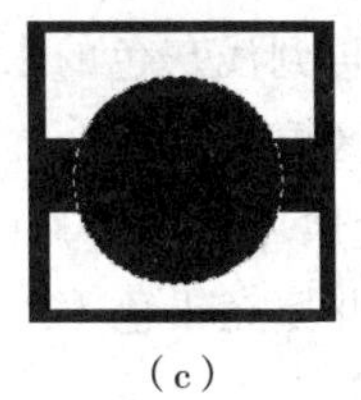
（c）

（d）

图 9-3-15　Alpha 通道的图像

3．载入选区

载入选区是将 Alpha 通道存储的选区加载到图像中，是存储选区的逆过程。单击“选择”→“载入选区”菜单命令，调出“载入选区”对话框，如图 9-3-16 所示。如果当前图像中已经创建了选区，则该对话框中“操作”栏内的所有单选按钮均有效，否则只有“新选区”单选按钮有效。设置后单击“确定”按钮，可将选定的通道内的图像转换为选区，并加载到指定的图像中。“载入选区”对话框中各选项的作用如下：

图 9-3-16　“载入选区”对话框

（1）“文档”和“通道”下拉列表框：它们与“存储选区”对话框内相应选项的作用基本一样，只是这里用来设置要转换为选区的通道图像所在的图像文档和 Alpha 通道。因此，“文档”和“通道”下拉列表框中没有“新建”选项，而且没有“名称”文本框。如果打开的图像中的当前图层不是“背景”图层，则“载入选区”对话框内的“通道”下拉列表框中会有表示当前图层的“透明”选项。如果选择该选项，则将选中图层中的图像或文字非透明部分作为载入选区。

（2）“载入选区”对话框内其他选项的作用：

◎“反相”复选框：取消选择它则载入到当前图像的选区，否则载入选区以外的部分。

◎“新建选区”单选按钮：选中它后，载入到当前图像的选区是指定的 Alpha 通道中的选区。它替代了当前图像中原来的选区。

◎“添加到选区”单选按钮：选中它后，载入到当前图像的选区是所选通道中的选区添加到当前图像原选区所形成的选区。

◎“从选区中减去”单选按钮：选中它后，载入到当前图像的选区是当前图像选区减去从通道转换来的选区后形成的选区。

◎“与选区交叉”单选按钮：选中它后，载入到当前图像的选区是当前图像原选区与从通道转换来的选区相交部分形成的选区。

思考与练习 9-3

1. 制作一幅“天天向上”图像，如图 9-3-17 所示。在向日葵图像上有“好好学习 天天向上”变形文字，文字从左到中间再向右透明度逐渐变化。

提示：在一幅“向日葵”图像内创建变形的“好好学习 天天向上”文字选区，转换为一个“Alpha 1”通道，在通道内给文字填充浅灰色到深灰色再到浅灰色的水平线性渐变色，将通道转换为选区，最后给选区填充红色。

图 9-3-17 “天天向上”图像

2. 制作一幅“银色金属环”图像，如图 9-3-18 所示。

提示：创建圆环选区并填充银色（R、G、B 值都为 210），将选区转换为“Alpha 1”通道，将通道进行“高斯模糊”滤镜处理，回到“图层”面板，进行“光照效果”滤镜处理，进行“曲线”调整，添加“投影”图层样式。

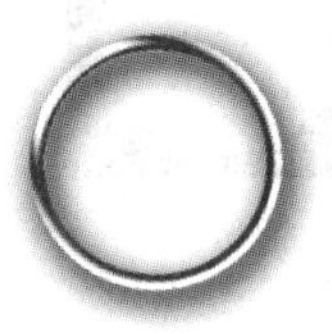

图 9-3-18 “银色金属环”图像

9.4 【案例 47】我想祖国

案例描述

“我想祖国”图像如图 9-4-1 所示。图像中的留学生身在国外，常常思念着祖国，长城、天坛、奥运、救灾……可以看出他对祖国的思念之情。该图像利用图 9-4-2 所示“外国建筑”图像、图 9-4-3 所示的“留学生”等图像制作而成。制作该案例的基本方法是，在图像中创建一个选区，将选区转换为速蒙蒙版，对快速蒙版进行加工处理，然后将快速蒙版转化为选区，从而获得特殊的选区。

图 9-4-1 “我想祖国”图像

图 9-4-2 “外国建筑”图像

图 9-4-3 “留学生”图像

设计过程

（1）打开图 9-4-2 所示的“外国建筑”图像，再打开图 9-4-3、图 9-4-4 和图 9-4-5 所示的 6 幅图像。将这 6 幅图像分别调整为宽 300 像素，高度按原比例变化。

（2）将图 9-4-2 所示的“外国建筑”图像以名称“【案例 47】我想祖国.psd”保存。选中“留学生”图像，在其内创建选区选中人物头像。使用移动工具将选区内的图像拖动到“【案例 47】我想祖国”图像的左下角。同时，“图层”面板内生成“图层 1”，选中该图层。

图 9-4-4　“长城”、“天坛”、“颐和园”图像和“救灾”图像

（3）调整该图层内人物头像的大小和位置。单击“编辑”→“变换”→“水平翻转”菜单命令，将人物头像水平翻转。

（4）选中“长城”图像，在该图像中创建一个椭圆选区。单击工具箱下方的“以快速蒙版模式编辑”按钮，在图像中创建一个快速蒙版，如图 9-4-6 所示。

图 9-4-5　“体育”图像

（5）单击“滤镜”→“扭曲”→“波纹”菜单命令，调出“波纹”对话框。设置数量为 350，大小为“大”，单击“确定”按钮，即可使图像的蒙版边缘变形，如图 9-4-7 所示。

（6）单击工具箱下方的“以标准模式编辑”按钮，将蒙版转换为选区。将选区内的图像复制到剪贴板中，再粘贴到“【案例 47】我想祖国”图像中。

（7）使用工具箱中的涂抹工具和模糊工具，微微涂抹粘贴图像的边缘。再适当调整该图像的大小，最后效果如图 9-4-8 所示。

图 9-4-6　加入快速蒙版　　图 9-4-7　“波纹”滤镜效果　　图 9-4-8　粘贴的图像

（8）选中“救灾”图像。在该图像中创建一个羽化 30 像素的椭圆选区。单击“选择”→“在快速蒙版模式下编辑”菜单命令，在图像中创建快速蒙版。再进行“纹波”滤镜处理，使用涂抹工具修改蒙版，效果如图 9-4-9 所示。

（9）依次选中图 9-4-8、图 9-4-9 所示的图像，单击“选择”→“在快速蒙版模式下编辑”菜单命令，取消该菜单命令的选中状态，将蒙版转换为选区，再依次将选区内的图像复制到“我想祖国”图像中。使用移动工具将选区内的图像拖动到“【案例 47】我想祖国”图像内的中间处，调整图像的大小和位置，如图 9-4-10 所示。然后使用涂抹工具和模糊工具，微微涂抹粘贴图像的边缘，适当调整它的大小。

图 9-4-9　加入快速蒙版　图 9-4-10　复制的图像

（10）参考上述方法，将其他 3 幅图像进行加工处理，最后的效果如图 9-4-1 所示。

相关知识——快速蒙版

1. 选区和快速蒙版相互转换

使用快速蒙版可以创建特殊的选区。在图像中创建一个选区，将选区转换为快速蒙版（一个临时的蒙版），对蒙版进行加工处理。几乎所有加工图像的手段均可以用于对蒙版进行加工处理。修改好蒙版后，回到标准模式下，可将快速蒙版转换为选区，获得特殊的选区。默认状态下，快速蒙版呈半透明红色，与掏空了选区的红色胶片相似，遮盖在非选区图像的上面。蒙版是半透明的，可以通过蒙版观察到下方的图像。

单击工具箱内的“以快速蒙版模式编辑”按钮 或单击“选择”→“在快速蒙版模式下编辑”菜单命令（使菜单命令左边出现选中标记），可以建立快速蒙版。

单击工具箱下方的“以标准模式编辑”按钮 ，或单击“选择”→“在快速蒙版模式下编辑”菜单命令（使菜单命令左边的选中标记取消），可以将蒙版转换为选区。

2. “快速蒙版选项”对话框

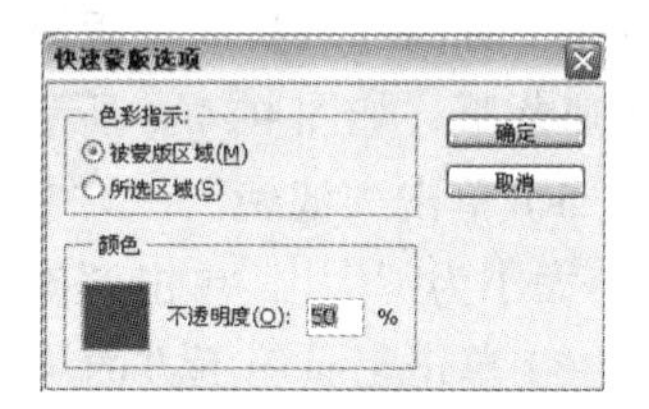

图 9-4-11 “快速蒙版选项”对话框

双击工具箱内的“以快速蒙版模式编辑”按钮 ，调出“快速蒙版选项”对话框，如图 9-4-11 所示。

“快速蒙版选项”对话框内各选项的作用如下：

（1）“被蒙版区域”单选按钮：选中该单选按钮后，蒙版区域（即非选区）有颜色，非蒙版区域（即选区）没有颜色，如图 9-4-12 左图所示。“通道”面板如图 9-4-12 右图所示。

（2）“所选区域”单选按钮：选中该单选按钮后，蒙版区域（即选区）有颜色，非蒙版区域选区（即非选区）没有颜色，如图 9-4-13 左图所示。“通道”面板如图 9-4-13 右图所示。

（3）“颜色”栏：可在“不透明度”文本框内输入通道的不透明度数据。单击色块，可调出“拾色器”对话框，用来设置蒙版颜色。默认设置是不透明度为 50%的红色。

在建立快速蒙版后，“通道”面板如图 9-4-12 右图或图 9-4-13 右图所示。可以看出“通道”面板中增加了一个“快速蒙版”通道，其内是与选区相对应的灰度图像。

图 9-4-12 非选区有颜色和“通道”面板

图 9-4-13 选区有颜色和“通道”面板

3. 编辑快速蒙版

编辑快速蒙版的目的是获得特殊效果的选区。将快速蒙版转换为选区后，“通道”面板中的“快速蒙版”通道会自动取消。选中“通道”面板中的“快速蒙版”通道，可以使用各种工具和滤镜对快速蒙版进行编辑修改，改变快速蒙版的大小与形状，也就调整了选区的大小与形状。在用画笔和橡皮擦等工具修改快速蒙版时，遵从以下规则：

（1）针对图 9-4-12 左图所示状态，有颜色区域越大，蒙版越大，选区越小。针对图 9-4-13 左图所示状态，有颜色区域越大，蒙版越大，选区越大。

（2）如果前景色为白色，并在有颜色区域绘图，会减少有颜色区域。如果前景色为黑色，并在无颜色区域绘图，会增加有颜色区域。

（3）如果前景色为白色，并在无颜色区域擦除，会增加有颜色区域。如果背景色为黑色，并在有颜色区域擦除，会减少有颜色区域。

（4）如果前景色为灰色，则在绘图时会创建半透明的蒙版和选区。如果背景色为灰色，则在擦除时会创建半透明的蒙版和选区。灰色越淡，透明度越高。

思考与练习 9-4

1. 制作一幅“梦想”图像，如图 9-4-14 所示。可以看到，青年的理想飘浮在蓝天中。

2. 制作一幅“只要你想”图像，如图 9-4-15 所示。其左边显示的是半幅算盘图像，右边展示的是计算机键盘图像，两幅图像之间是撕裂的拼接，说明计算工具划时代的变化。制作该图像使用了快速蒙版技术。

图 9-4-14　“梦想”图像

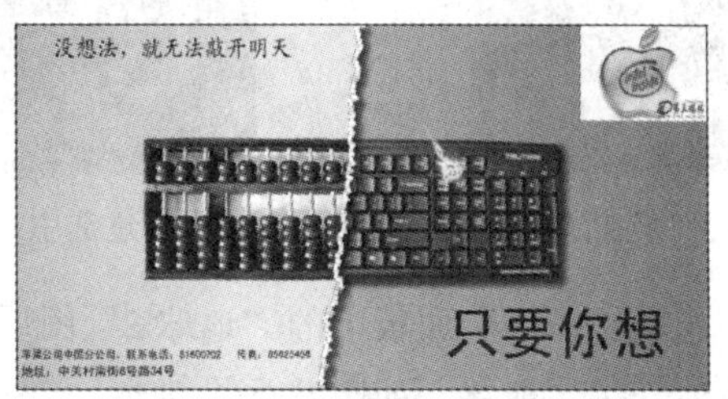

图 9-4-15　“只要你想”图像

9.5 【案例 48】探索宇宙

案例描述

“探索宇宙”图像如图 9-5-1 所示。一个火箭从分开的地球中冲向宇宙。这幅图像象征了人类在宇宙航天事业上不断发展，突飞猛进。该图像是利用图 9-5-2 所示的 3 幅图像制作而成的。

图 9-5-1　“探索宇宙”图像

图 9-5-2　“地球”、“火箭”和“星球”图像

设计过程

1. 创建分成两半的地球

（1）设置图像宽 500 像素、高 600 像素、模式为 RGB 颜色、背景为黑色，然后以名称“【案

例 48】探索宇宙.psd”保存。打开图 9-5-2 所示的“地球”和“火箭”图像。

（2）选中“地球”图像，创建选区，选中地球。使用移动工具，将选区内的图像拖动到“探索宇宙”图像内的中间偏下处，“图层”面板内自动生成“图层 1”。将“图层 1”名称改为“地球 1”。调整地球图像的大小和位置，如图 9-5-3 所示。

（3）使用多边形套索工具创建一个多边形选区，选中左半边的地球图像，如图 9-5-4 所示。单击“图层”→“新建”→“通过剪切的图层”菜单命令，将选中的地球剪切到新的图层。此时“图层”面板中增加了“图层 1”，其内是剪切出来的半个地球图像。将“图层 1”的名称改为“地球 2”。

（4）选中“图层”面板中的“地球 1”图层。单击“编辑”→“变换”→“旋转”菜单命令，用鼠标拖动中心点标记到图 9-5-5 所示位置，再将鼠标指针移到右上角的控制柄处，拖动鼠标，旋转半个地球，然后按【Enter】键，完成半个地球的旋转。

图 9-5-3 复制地球图像

图 9-5-4 创建选中部分地球的选区

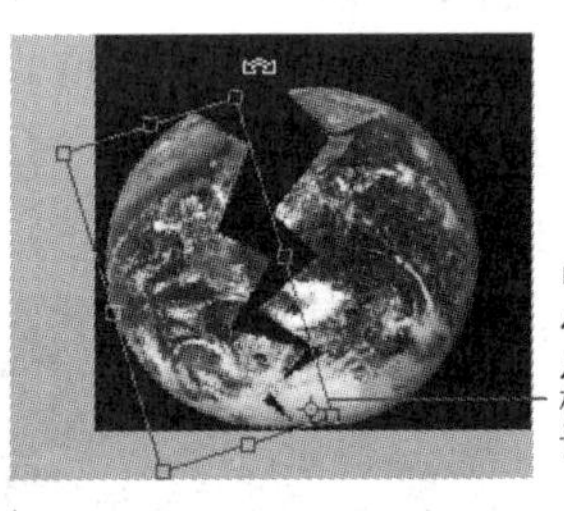

图 9-5-5 旋转半个地球

（5）选中“图层”面板中的“地球 2”图层。单击“编辑”→“变换”→“旋转”菜单命令，旋转另外半个地球，如图 9-5-6 所示。

（6）使用移动工具将“火箭”图像拖动到“探索宇宙”图像中。此时的“图层”面板中增加了“图层 1”，其内是复制的火箭图像。将该图层的名称改为“火箭”，将它移到所有图层上方。接着调整“火箭”图像的大小和位置，将画布完全遮挡住。

2. 创建火箭从两半地球中飞出

（1）选中“图层”面板中的“火箭”图层，单击“图层”面板中的“添加图层蒙版”按钮，给“火箭”图层添加一个蒙版。此时的“图层”面板如图 9-5-7 左图所示。

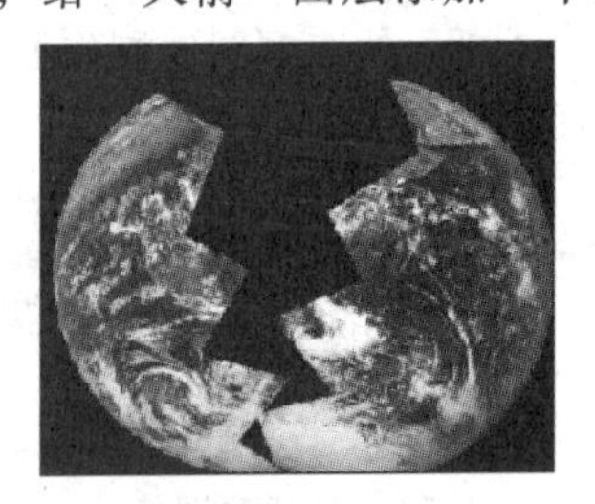

图 9-5-6 旋转另外半个地球

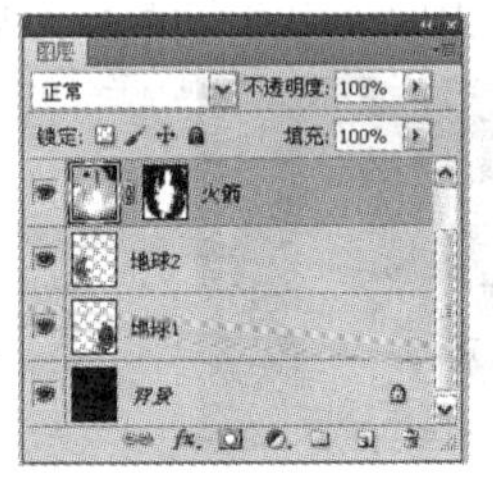

图 9-5-7 “图层”面板

（2）设置前景色为黑色。选中“火箭”图层，选择画笔工具，按下其选项栏中的“启动喷枪模式”按钮，设置画笔为柔化 120 像素。在画布中对应地球的位置慢慢拖动，使外围地球图像显示出来。“图层”面板如图 9-5-7 右图所示。设置前景色为白色，使用画笔工具在画布中对应地球外部的位置慢慢拖动，恢复“火箭”图像。

（3）设置前景色为白色，画笔为柔化 60 像素。使用橡皮擦工具擦除没有完全显示的地球图像，使外围地球完全显示出来。设置前景色为黑色，使用橡皮擦工具擦除地球位置，使外围地球图像显示出来。

（4）打开图 9-5-2 右图所示的“星球”图像。创建选区选中星球图像。

（5）使用移动工具，拖动选区内的星球图像到“探索宇宙”图像的右上角处，调整星球图像的大小和位置，最终效果如图 9-5-1 所示。

相关知识——蒙版

1. 了解蒙版

蒙版也叫图层蒙版，其作用是保护图像的某一个区域，使用户的操作只能对该区域之外的图像进行。从这一点来说，蒙版和选区的作用正好相反。选区的创建是临时的，一旦创建新选区后，原来的选区便自动消失，而蒙版可以是永久的。

选区、蒙版和通道是密切相关的。创建选区后，实际上也就创建了一个蒙版。将选区和蒙版存储起来，即生成了相应的 Alpha 通道。它们之间相对应，还可以相互转换。

蒙版与快速蒙版有相同与不同之处。快速蒙版主要目的是建立特殊的选区，所以它是临时的，一旦由快速蒙版模式切换到标准模式，快速蒙版转换为选区，而图像中的快速蒙版和“通道”面板中的“快速蒙版”通道会立即消失。创建快速蒙版时，对图像的图层没有要求。蒙版一旦创建，同时在“图层”面板中建立蒙版图层（进入快速蒙版模式时不会建立蒙版图层）和在“通道”面板中建立“蒙版”通道，只要不删除它们，它们会永久保留。在创建蒙版时，不能创建背景图层、填充图层和调整图层的蒙版。蒙版不用转换成选区，就可以保护蒙版遮盖的图像不受操作的影响。

2. 创建蒙版

（1）使用“图层”面板中的“添加图层蒙版”按钮来创建蒙版。

◎ 在要加蒙版的图层中创建一个选区，并选中该图层。

◎ 单击“图层”面板中的“添加图层蒙版”按钮，即可在选中的图层上创建一个蒙版，选区外的区域是蒙版，选区包围的区域是蒙版中掏空的部分。此时的“图层”面板如图 9-5-8 所示，“通道”面板如图 9-5-9 所示。“图层”面板中的是蒙版的缩览图，黑色是蒙版，白色是蒙版中掏空的部分。

◎ 单击图 9-5-9 所示“通道”面板中“图层 1 蒙版”通道左边的处，使眼睛图标出现，图像中的蒙版也会随之显示出来。

如果在创建蒙版以前，图像中没有创建选区，则按照上述方法创建的蒙版是一个空白蒙版，此时“通道”面板中的“图层 1 蒙版”通道为：图层 1蒙版 Ctrl+\。

（2）使用菜单命令创建蒙版。在要加蒙版的该图层中创建选区，并选中该图层。单击“图层”→“图层蒙版”菜单命令，调出其子菜单，如图 9-5-10 所示。单击其中一个子菜单命令，即可创建蒙版。各子菜单命令的作用如下：

◎ 显示全部：创建一个空白的全白蒙版。

◎ 隐藏全部：创建一个没有掏空的全黑蒙版。

◎ 显示选区：根据选区创建蒙版。选区外的区域是蒙版，选区包围的区域是蒙版中掏空的部分。只有在添加图层蒙版前已经创建了选区，此菜单命令才有效。

◎ 隐藏选区：将选区反向后再根据选区创建蒙版。选区包围的区域是蒙版，选区外的区域是蒙版中掏空的部分。只有在添加图层蒙版前已经创建了选区，此菜单命令才有效。

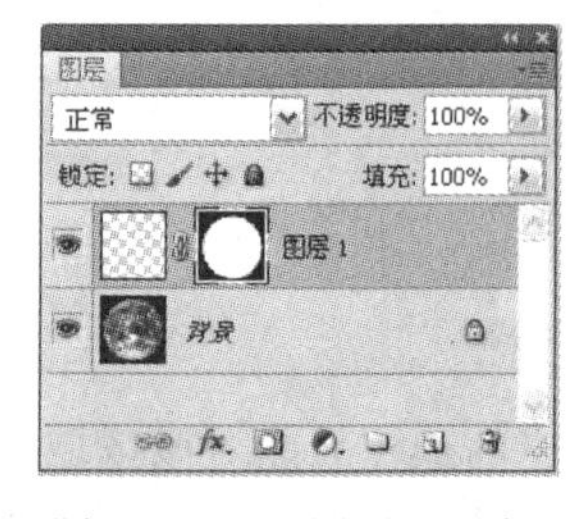

图 9-5-8 “图层”面板

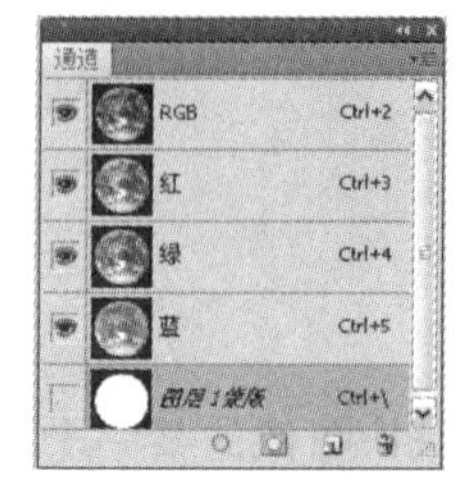

图 9-5-9 “通道”面板

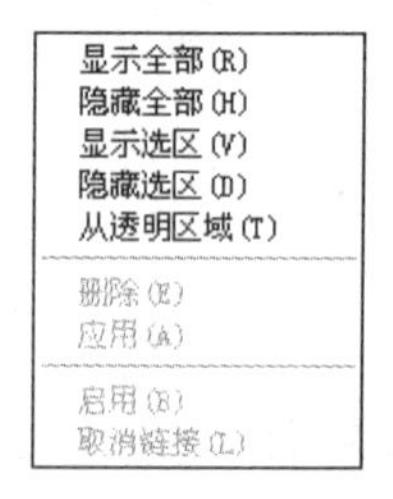

图 9-5-10 子菜单

3. 使用蒙版和设置蒙版的颜色

（1）使用蒙版：在创建蒙版后，要使用蒙版，应先使所有通道左边的眼睛图标都出现，并选中“通道”面板中的蒙版通道，以后即可进行其他操作，这些操作都是在蒙版的掏空区域内进行，对蒙版遮罩的图像没有影响。

（2）设置蒙版的颜色和不透明度：双击“通道”面板中的蒙版通道或“图层”面板中的蒙版所在图层的缩览图，即可调出“图层蒙版显示选项”对话框，如图 9-5-11 所示。利用该对话框可以设置蒙版的颜色和不透明度。

图 9-5-11 “图层蒙版显示选项”对话框

4. 蒙版基本操作

（1）显示图层蒙版：单击“通道”面板中蒙版通道左边的处，使眼睛图标出现，同时图像中的蒙版也会随之显示。如果要使图像窗口只显示蒙版，可单击“RGB”通道左边的处，隐藏“通道”面板中的其他通道（使这些通道的眼睛图标消失），只显示“图层 1 蒙版”通道。此时的画布只显示蒙版，如图 9-5-12 所示。

图 9-5-12 蒙版

（2）删除图层蒙版：删除蒙版，但不删除蒙版所在的图层。选中“图层”面板中的蒙版图层，单击“图层”→“图层蒙版”→“删除”菜单命令，删除蒙版，同时取消蒙版效果。单击“图层”→“图层蒙版”→“应用”菜单命令，也可删除蒙版，但保留蒙版效果。

（3）停用图层蒙版：右击“图层”面板中蒙版图层的缩览图，调出快捷菜单，单击该菜单中的“停用图层蒙版”命令，即可禁止使用蒙版，但没有删除蒙版。此时“图层”面板中蒙版图层内的缩览图上增加了一个红色的叉号。

（4）启用图层蒙版：右击“图层”面板中禁止使用的蒙版图层的缩览图，调出快捷菜单，单击该菜单中的“启用图层蒙版”命令，即可启用蒙版。此时“图层”面板中蒙版图层内缩览图中的红色叉号自动取消。

创建蒙版后，可以像加工图像那样来加工蒙版。可以对蒙版进行移动、变形、复制、绘制、擦除、填充、液化和应用滤镜等操作。

5. 根据蒙版创建选区

右击“图层”面板中蒙版图层的缩览图，调出快捷菜单，如图 9-5-13 所示。可以看出，菜单中许多菜单命令前面已经介绍过了。为了验证该菜单中第三栏内菜单命令的作用，在图像中创建一个选区，如图 9-5-14 所示。

（1）将蒙版转换为选区：按住【Ctrl】键，单击“图层”面板中蒙版图层的缩览图，此时，图像中原有的所有选区消失，将蒙版转换为选区，如图 9-5-15 所示。

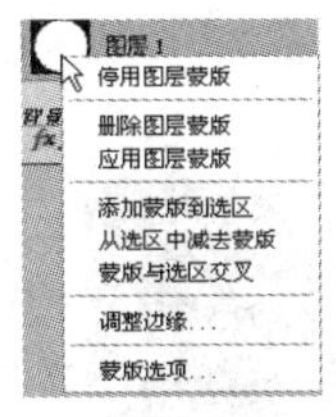

图 9-5-13　快捷菜单

图 9-5-14　创建一个选区

图 9-5-15　将蒙版转换为选区

（2）添加蒙版到选区：将从蒙版转换的选区与图像中原有的选区合并，如图 9-5-16 所示。

（3）从选区中减去蒙版：从图像原有选区中减去从蒙版转换的选区，如图 9-5-17 所示。

（4）蒙版与选区交叉：从蒙版转换的选区和原选区相交叉部分为最终选区，如图 9-5-18 所示。

图 9-5-16　添加蒙版到选区

图 9-5-17　从选区中减去蒙版

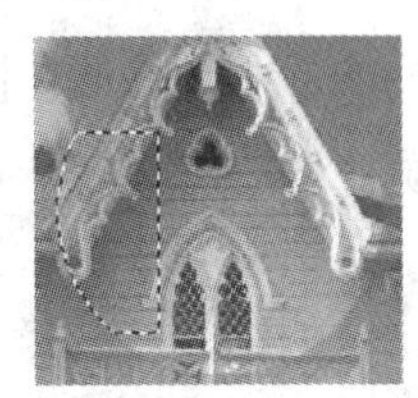
图 9-5-18　蒙版与选区交叉

思考与练习 9-5

1. 制作一幅“中国崛起”图像，如图 9-5-19 所示。它是在“天坛”、“长城”和“建筑”3 幅图像的基础之上利用蒙版技术制作的。

2. 制作一幅“云中气球”图像，如图 9-5-20 所示。可以看到一些不同形状和不同颜色的热气球在云中升起。制作该图像是在图 9-5-21 所示的“气球”图像和“云图”图像的基础上利用蒙版技术制作的。

图 9-5-19　“中国崛起”图像

图 9-5-20　“云中气球”图像　　图 9-5-21　“气球”图像

9.6 【案例 49】湖中春柳

案例描述

制作的“湖中春柳”图像如图 9-6-1 所示。它是利用图 9-6-2 所示的“春柳”图像和图 9-6-3 所示的“木纹”图像制作而成的。

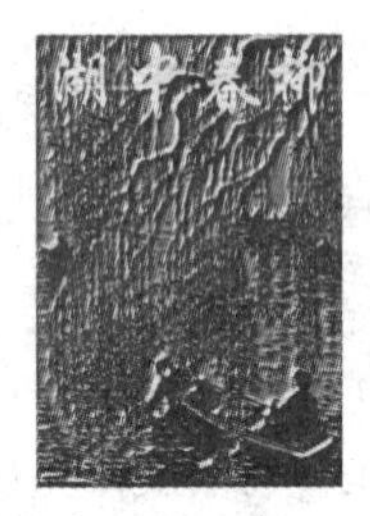

图 9-6-1 “湖中春柳”图像

图 9-6-2 “春柳”图像

图 9-6-3 “木纹”图像

设计过程

1. Alpha 通道设计

（1）打开“春柳”图像，其宽为 340 像素，高为 480 像素。打开“木纹”图像，调整该图像的宽也为 340 像素，高为 480 像素，再以名称“【案例 49】湖中春柳.psd”保存。

（2）选中“春柳”图像，单击“选择”→“全部”菜单命令，创建选区将整幅图像选中。再单击“编辑”→“拷贝”菜单命令，将选区内的图像复制到剪贴板内。

（3）选中“【案例 49】湖中春柳”图像，单击“通道”面板中的“创建新通道”按钮，新建一个名为“Alpha 1”的通道。按【Ctrl+V】组合键，将剪贴板内的“春柳”图像粘贴到“Alpha 1”通道中。调整该图像的位置，将整个画布完全覆盖，再按【Ctrl+D】组合键，取消选区。

（4）将“Alpha 1”通道拖动到“创建新通道”按钮上，创建一个名为“Alpha 1 副本”的通道，并选中“Alpha 1 副本”通道，如图 9-6-4 所示。

（5）单击“滤镜”→“模糊”→“高斯模糊”菜单命令，调出“高斯模糊”对话框，设置模糊半径为 2.0 像素，单击“确定”按钮，对“Alpha 1 副本”通道内的图像进行高斯模糊处理。

（6）单击“滤镜”→“风格化”→“浮雕效果”菜单命令，调出“浮雕效果”对话框。按照图 9-6-5 所示进行设置。单击“确定”按钮，对“Alpha 1 副本”通道内的图像进行浮雕处理，效果如图 9-6-6 所示。

（7）选中“通道”面板内的“Alpha 1”通道，使用工具箱内的横排文字工具 T，输入字体为“华文行楷”、白色、100 点的文字“湖中春柳”，同时创建选中文字的选区。单击“编辑”→“拷贝”菜单命令，将文字选区内的文字“湖中春柳”复制到剪贴板内。

（8）选中“通道”面板内的“Alpha 1 副本”通道，单击“编辑”→“选择性粘贴”→“原位粘贴”菜单命令，将剪贴板内的文字“湖中春柳”原位粘贴到“Alpha 1 副本”通道中。按【Ctrl+D】组合键，取消选区，效果如图 9-6-7 所示。

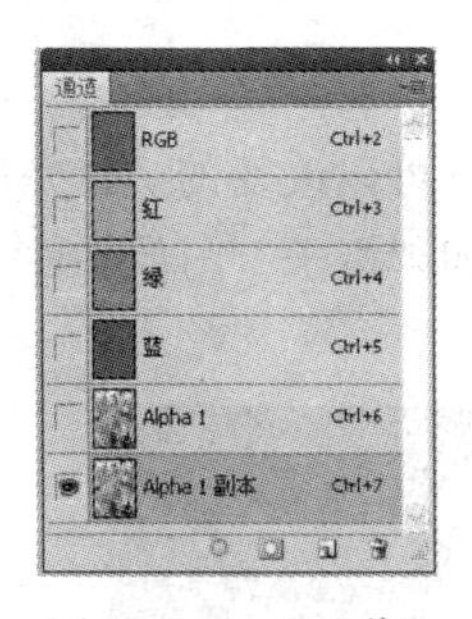

图 9-6-4 “通道”面板

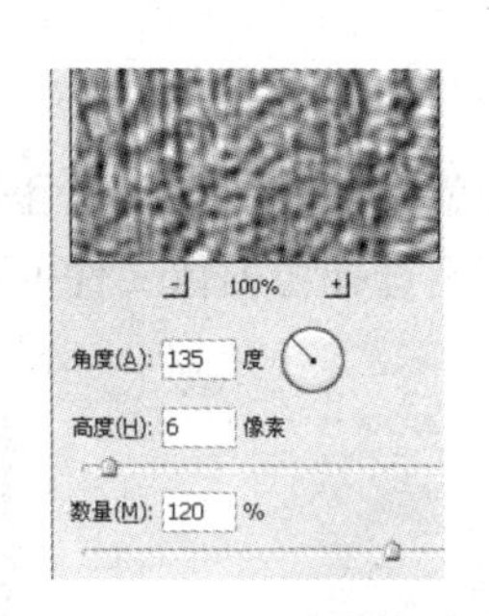

图 9-6-5 “浮雕效果”对话框设置

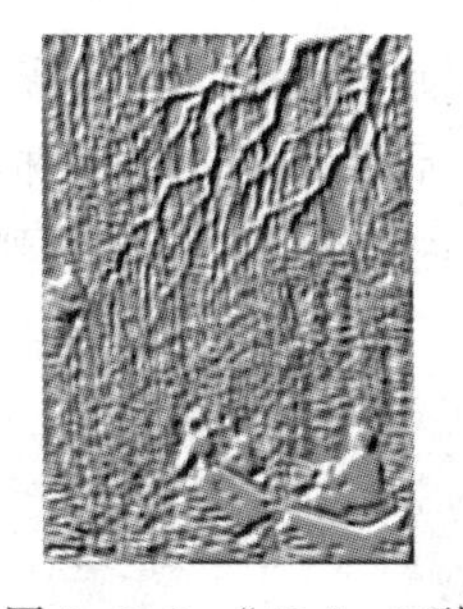

图 9-6-6 “Alpha 1 副本”通道图像浮雕效果

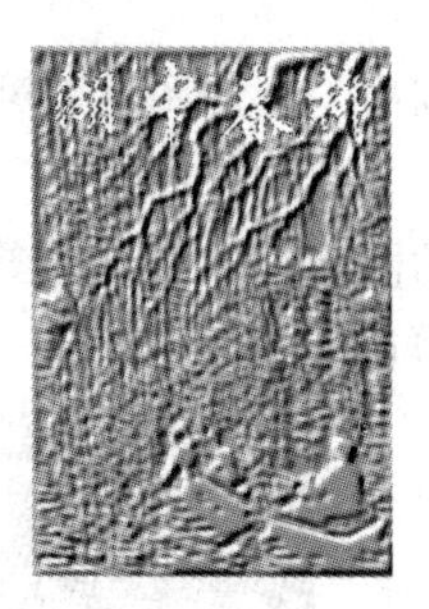

图 9-6-7 “Alpha 1 副本”通道图像

2. 应用“计算”和“应用图像”菜单命令

（1）单击“图像”→“计算”菜单命令，调出“计算”对话框，在源 1“通道”下拉列表框内选择“Alpha 1”选项。在源 2“通道”下拉列表框内选择“Alpha 1 副本”选项，在“混合”下拉列表框内选择“颜色加深”选项，如图 9-6-8 所示。

（2）单击“计算”对话框内的“确定”按钮。此时，“通道”面板内会增加一个“Alpha 2”通道，其内的图像如图 9-6-9 所示。

（3）单击“通道”面板内的“RGB”通道。单击“图层”面板标签，回到“图层”面板。

（4）选中“背景”图层。单击“图像”→“应用图像”菜单命令，调出“应用图像”对话框，具体设置如图 9-6-10 所示。单击“确定”按钮。最后效果如图 9-6-1 所示。

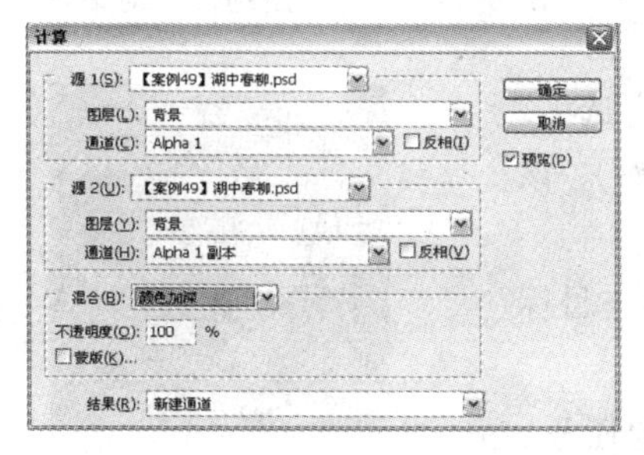

图 9-6-8 “计算”对话框

图 9-6-9 画布内图像

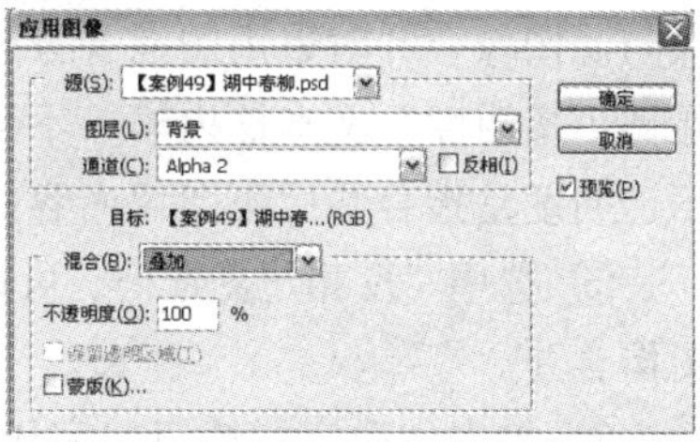

图 9-6-10 “应用图像”对话框设置

在“混合”下拉列表框内选择不同的选项，可以获得不同的效果。

相关知识——图像计算和应用

1. 使用“应用图像”菜单命令

使用“图像”→“应用图像”菜单命令可以将 3 幅图像的图层和通道内的图像以某种方式合并。通常多用于图层的合并。为了介绍图层及通道内图像的合并方法，准备 3 幅图像。第一幅是“风景.jpg”图像，如图 9-6-11 所示；第二幅是“橙子.psd”图像（该图像背景是透明的），如图 9-6-12 所示；第三幅图像是“彩鱼.jpg”图像，如图 9-6-13 所示。要求 3 幅图像的尺寸必须一样大。

（1）图层合并。具体操作步骤如下：

① 单击选中“风景”图像，使其成为当前图像。单击“图像”→“应用图像”菜单命令，

调出“应用图像”对话框，如图 9-6-14 所示。

由“应用图像”对话框可以看出，目标图像就是当前图像，而且是不可以改变的。合并后的图像存放在目标图像内。在“源”下拉列表框内选择源图像文件（例如“橙子”图像文件），与目标图像合并。

图 9-6-11 “风景”图像

图 9-6-12 “橙子”图像

图 9-6-13 “彩鱼”图像

② 在“图层”下拉列表框内选择源图像的图层。如果源图像有多个图层，可选择“合并图层”选项，即选择所有图层。此处选中“背景”选项，即选中“橙子”图像的“背景”图层。

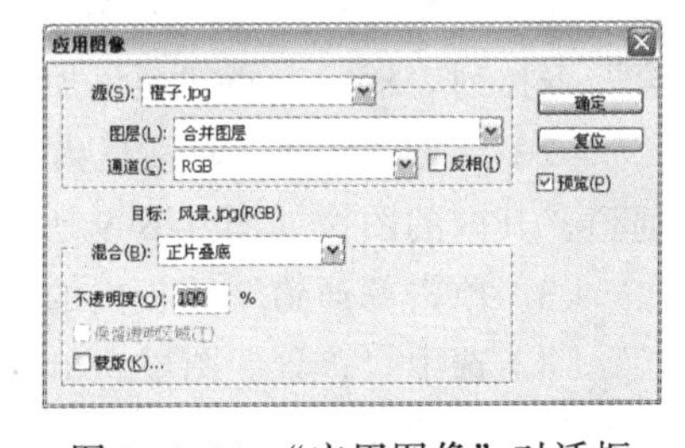

图 9-6-14 “应用图像”对话框

③ 在“通道”下拉列表框内选择相应的通道，一般选择 RGB 选项，即选择合并的复合通道（对于不同模式的图像，复合通道名称是不一样的）。此处选择 RGB 选项。

④ 在“混合”下拉列表框内选择一个选项，即目标图像与源图像合并时采用的混合方式。此处选择“正片叠底”选项。在“不透明度”文本框内输入不透明度数值（默认值 100%）。该不透明度是指合并后源图像内容的不透明度。

⑤ 选中“反相”复选框，可以使源图像颜色反相后再与目标图像合并。

⑥ 单击“确定”按钮，完成图层和通道内图像合并的任务。合并后的图像如图 9-6-15 所示。

图 9-6-15 合并后的图像

（2）加入蒙版。选中“蒙版”复选框，展开“应用图像”对话框，如图 9-6-16 所示。新增各选项的作用如下：

◎“蒙版”下拉列表框：用来选择作为蒙版的图像，默认为目标图像。

◎“图层”下拉列表框：用来选择作为蒙版的图层，默认为“背景”选项。

◎“通道”下拉列表框：用来选择作为蒙版的通道，默认为“灰色”选项。

◎“反相”复选框：选中它则蒙版内容反转，黑变白，白变黑，浅灰色变深灰色。

如果在“蒙版”下拉列表框中选择“彩鱼”图像，在“混合”下拉列表框中选择“正常”选项，选中蒙版的“反相”复选框，则合并后的图像如图 9-6-17 所示。

2. 使用“计算”菜单命令

使用“图像”→“计算”菜单命令可以将两个通道图像以某种方式合并，合并后的图像保存在新建通道内。为方便，在介绍这种方法时仍然使用图 9-6-11、图 9-6-12 和图 9-6-13 所示的 3 幅图像。通道图像合并的操作步骤如下：

（1）选中“风景”图像，使其成为目标图像。合并后的图像存放在目标图像内。

（2）单击“图像”→“计算”菜单命令，调出“计算”对话框，如图 9-6-18 所示。

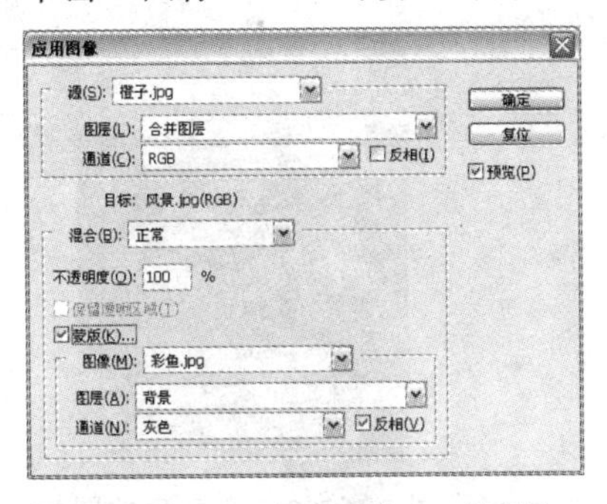

图 9-6-16 “应用图像”对话框

图 9-6-17 合并后的图像

（3）图 9-6-18 所示的对话框中有两个源图像，每个源图像都有图像、“图层”和“通道” 3 个下拉列表框，还有一个“反相”复选框。它们的作用与图 9-6-16 所示的“应用图像”对话框中相应选项的作用一样。“计算”菜单命令的功能是将指定的源 1 图像通道和源 2 图像通道合并，生成的图像存放在目标图像的通道或新建的通道中。

（4）“结果”下拉列表框：用来选择生成图像存放的位置，它的 3 个选项的作用如下：

◎“新建通道”选项：合并后生成的图像存放在目标图像的新通道中。

◎“新建文档”选项：合并后生成的图像存放在新的图像文件中，此处选择该选项。

◎“选区”选项：合并后生成的图像转换为选区，载入目标图像中。

此处，源 1 图像为“风景”图像，源 2 图像为“橙子”图像。其他设置如图 9-6-18 所示。单击“确定”按钮，生成一个有合并通道图像的新文档，图像如图 9-6-19 所示。该图像的“通道”面板如图 9-6-20 所示。

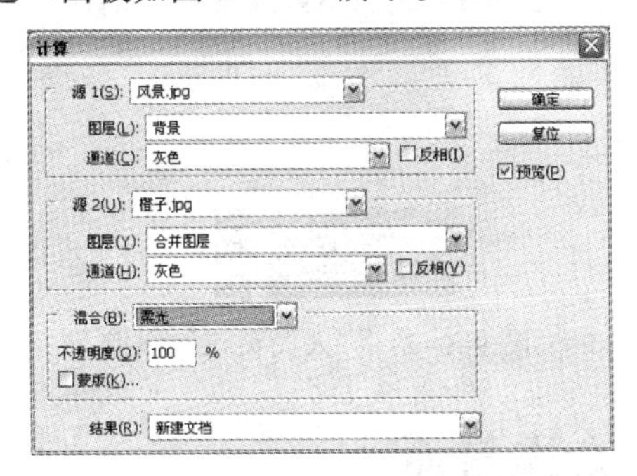

图 9-6-18 “计算”对话框

图 9-6-19 新文档中的图像

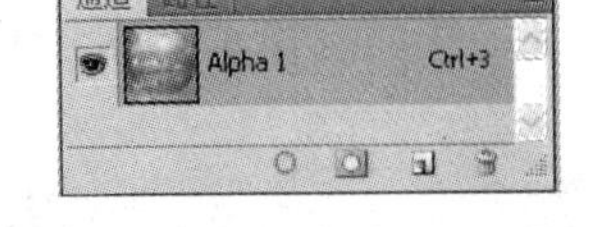

图 9-6-20 “通道”面板

若选中“计算”对话框内的“蒙版”复选框，展开“计算”对话框，在“蒙版”下拉列表框中选择“彩鱼”图像作为蒙版，选中“反相”复选框，如图 9-6-21 所示。合并后的图像如图 9-6-22 所示。

“应用图像”和“计算”对话框中均有“混合”下拉列表框，该下拉列表框用于设置两个图像的图层或通道中的图像合并采用何种方式。选择不同的混合模式，可以产生不同的混合效果。它们的实质是进行两个图像对应像素的计算。

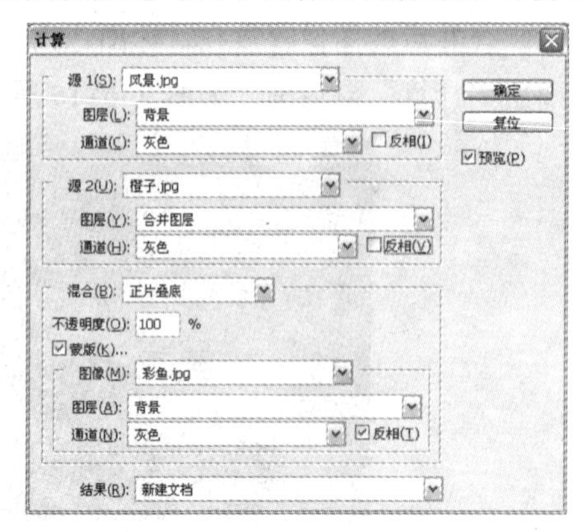

图 9-6-21 “计算”对话框

图 9-6-22 合并后的图像

思考与练习 9-6

1. 制作一幅“木刻娃娃”图像，如图 9-6-23 所示。它使用了图 9-6-24 所示的“娃娃”图像。

2. 制作一幅“霓虹灯文字”图像，如图 9-6-25 所示。

图 9-6-23 “木刻娃娃”图像　图 9-6-24 “娃娃”图像　图 9-6-25 “霓虹灯文字”图像

3. 制作一幅“凹凸文字”图像，如图 9-6-26 所示。

4. 制作一幅“人民英雄”图像，如图 9-6-27 所示。

图 9-6-26 “凹凸文字”图像

图 9-6-27 “人民英雄”图像

9.7 综合实训 9——杂志封面

实训效果

“杂志封面”图像如图 9-7-1 所示。本实训通过合成“海浪”和“海潮”图像（见图 9-7-2），表现了人类在大自然面前的临危不惧，暗示了人们要勇敢。在此基础上将它制作成一幅“探险”杂志的封面。

图 9-7-1　“杂志封面”图像

图 9-7-2　“海浪”和“海潮”图像

实训提示

（1）打开图 9-7-2 所示的“海浪”和“海潮”图像。把“海浪”图像复制并粘贴到“海潮”图像中，调整图像的大小和位置，效果如图 9-7-3 所示。

（2）选中“图层 1”（“海浪”图像所在图层），单击“图层”面板中的“添加图层蒙版”按钮，为“图层 1”添加蒙版。选择渐变工具，设置线性渐变色为黑色到灰色再到白色，如图 9-7-4 所示。

（3）在“图层 1”的蒙版中从上到下绘制渐变，图像效果如图 9-7-5 所示。此时的图层蒙版如图 9-7-6 所示。

图 9-7-3　调整效果　图 9-7-4　渐变色设置

图 9-7-5　绘制渐变效果

图 9-7-6　图层蒙版状态

（4）设置前景色为黑色，选择画笔工具，调出“画笔”面板，设置画笔为，在海潮与海浪图像相交处涂抹。此时“图层”面板中蒙版图层内的图像如图 9-7-7 所示。

注意：涂抹的动作以单击为主，尽量不要拖动，以免出现不自然的混合效果。

（5）新建“图层 2”，设置前景色为浅蓝色（十六进制数为 5f7ea2），再按【F5】键，打开“画笔”面板。选择笔触为 27 圆形，进行涂抹，效果如图 9-7-8 所示。设置“图层 2”的不透明度为 30%，混合模式为“颜色加深”。

（6）打开一幅“冲浪者”图像，如图 9-7-9 所示。使用移动工具将该图像拖动到“海潮”图像中，并调整好“冲浪者”图像的大小和位置，如图 9-7-10 所示。

（7）使用“钢笔工具”沿人物和画板的边缘绘制路径。按【Ctrl+Enter】组合键，将当前路径转换为选区，单击“添加图层蒙版”按钮，为“图层 5”添加图层蒙版。

图 9-7-7　蒙版图像

图 9-7-8　涂抹效果

图 9-7-9　“冲浪者”图像

图 9-7-10　图像大小和位置

（8）选择画笔工具，设置画笔为。选中“图层 3”的蒙版缩览图，分别以黑色和白色进行涂抹，效果如图 9-7-11 所示。以名称“冲浪.psd”保存。

（9）新建宽 560 像素、高 750 像素、模式为 RGB 颜色、背景为白色的图像。将前景色设置为深紫色，给“背景”图层填充前景色。然后以“综合实训 9—杂志封面.psd”保存。

（10）创建选区，将“冲浪.psd”图像全部选中，单击“编辑”→“合并拷贝”菜单命令，将其复制到剪贴板内，再粘贴到“综合实训 9—杂志封面”图像中，调整大小和位置，如图 9-7-12 所示。

图 9-7-11　添加蒙版效果

图 9-7-12　合并调整效果

（11）创建一个椭圆形选区，将所选的区域反选，再进行半径为 10 像素的羽化。调出“亮度/对比度”对话框，将亮度设置为-60，单击“确定”按钮。按【Ctrl+D】组合键，取消选区。

（12）按住【Ctrl】键，单击“图层 1”缩览图，创建选中该图层图像的选区。调出“描边”对话框，给图像选区描 4 像素白色边。新建“图层 2”，给图像选区描 4 像素黄色边。将“图层 2”中的边框拉宽一点，再将“图层 2”拖动到“图层 1”的下方，最后添加文字和其他图像，效果如图 9-7-1 所示。

实训测评

能力分类	能　　力	评　分
职业能力	“通道”面板的使用方法	
	创建 Alpha 通道	
	通道基本操作，分离通道和合并通道	
	通道和选区的相互转换，存储选区，载入选区	
	创建和编辑快速蒙版，将快速蒙版转换为选区	
	创建蒙版，蒙版基本操作，根据蒙版创建选区	
	使用“应用图像”命令，应用“计算”命令	
通用能力	自学能力、总结能力、合作能力、创造能力等	
能力综合评价		

第 10 章　3D 模型和动画

【本章提要】本章主要介绍创建和导入 3D 模型方法，3D 图层的特点，调整 3D 的方法，以及“3D”面板的设置方法，使用“动画”面板制作动画的方法等。安装了 OpenGL 的计算机系统可以加速处理大型或复杂图像（如 3D 模型），创建和编辑 3D 模型的性能也极大提高，显示 3D 轴、地面和光源。OpenGL 是一种软件和硬件标准，需要计算机安装支持 OpenGL 标准的视频适配器，还需要在 Photoshop CS5 中单击“编辑”→“首选项”→“性能”菜单命令，调出“首选项”对话框，选中“启用 OpenGL 绘图”复选框。

10.1 【案例 50】透视风景胶片

案例描述

“透视风景胶片”图像如图 10-1-1 所示。可以看到，一幅风景图像上，有一组具有透视效果的胶片图像和一幅具有透视效果的风景图像。

图 10-1-1 “透视风景胶片”图像

设计过程

1. 制作胶片

（1）新建宽为 1 000 像素、高为 300 像素、背景为白色的图像。创建 5 条参考线。在“背景”图层上方创建“图层 1”。再以名称“【案例 50】透视风景胶片.psd”保存。

（2）选中“图层 1”，使用矩形选框工具创建一个正方形选区，填充黑色，如图 10-1-2 所示。单击“选择”→“变换选区”菜单命令，调整正方形选区是原来的 2 倍，如图 10-1-3 所示。按【Enter】键，完成选区调整。

（3）单击“编辑”→“定义图案”菜单命令，调出“图案名称”对话框，在“名称”文本框内输入“黑白相间”，如图 10-1-4 所示。单击“确定”按钮，完成图案定义。

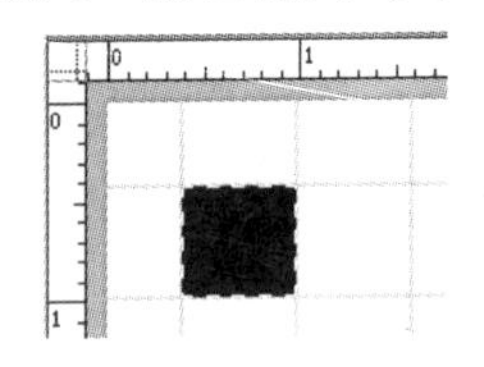

图 10-1-2 矩形选区填充黑色

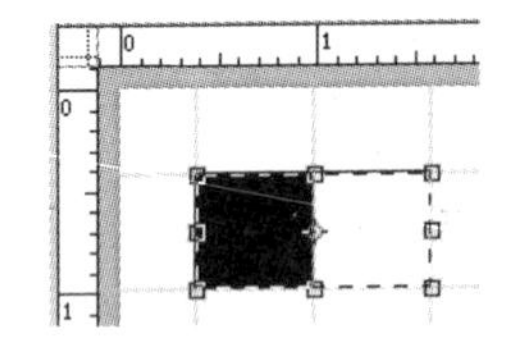

图 10-1-3 调整选区

图 10-1-4 “图案名称”对话框

（4）回到新建状态，创建高度与原选区高度相同、宽度接近 1 000 像素的矩形选区，填充“黑白相间”图案，如图 10-1-5 所示。按【Ctrl+D】组合键，取消选区。

图 10-1-5 矩形选区内填充“黑白相间”图案

（5）在“图层”面板内，将“图层 1”拖动到“创建新图层”按钮上，复制“图层 1”，得到“图层 1 副本”图层。选中“图层 1 副本”图层，使用工具箱内的移动工具，将该图层内的图形垂直移到画布的下方。

（6）选中“背景”图层，填充黑色，形成胶片图形，如图 10-1-6 所示。将“图层 1”、“图层 1 副本”和“背景”图层合并到“背景”图层。

（7）打开 5 幅风景图像，将其中 4 幅图像分别拖动到“【案例 50】透视风景胶片.psd”图像中，调整复制图像的大小和位置，效果如图 10-1-7 所示。

（8）将“图层”面板内的所有图层合并到“背景”图层。

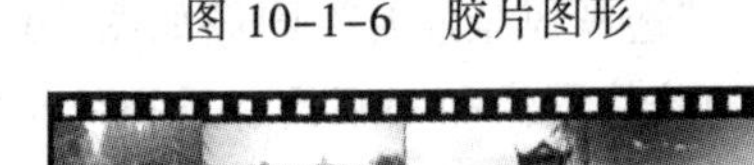

图 10-1-6 胶片图形

图 10-1-7 添加 4 幅图像

2. 制作透视效果

（1）单击“3D”→“从图层新建明信片”菜单命令，将“背景”2D 图层转换为名称仍为“背景”的 3D 图层。

（2）单击“图像”→“画布大小”菜单命令，调出“画布大小”对话框，单击“定位”栏内的按钮，设置“高度”为 500 像素，单击“确定”按钮，将画布高度调整为 500 像素。

在进行上述操作时可能会弹出图 10-1-8 所示的对话框，单击“确定”按钮即可。

（3）使用工具箱 3D 对象工具组内的 3D 对象旋转工具旋转“背景”3D 图层内的图像，再使用 3D 对象平移工具平移“背景”3D 图层内的图像，使用 3D 对象比例工具缩放“背景”3D 图层内的图像，效果如图 10-1-9 所示。

（4）将第五幅图像拖动到“【案例 50】透视风景胶片.psd”图像中，调整该图像的大小和位置，效果如图 10-1-10 所示。同时，“图层”面板内“背景”3D 图层上方新增一个“图层 1”2D 图层，保存新复制的图像。

（5）选中“图层 1”2D 图层，单击“3D”→“从图层新建明信片”菜单命令，将“图层 1”转换为 3D 图层。然后，旋转“图层 1”3D 图层内的图像，再平移和缩放“图层 1”3D 图层内的图像，效果如图 10-1-11 所示。此时的“图层”面板如图 10-1-12 所示。

图 10-1-8　提示对话框

图 10-1-9　调整 3D 图层的图像

图 10-1-10　复制图像

（6）使用工具箱内的裁剪工具，对图 10-1-11 所示的图像进行裁切，删除右边的空白部分。然后，打开一幅风景图像，将该图像拖动复制到“【案例 50】透视风景胶片.psd”图像中。同时“图层”面板内生成“图层 2”。将“图层 2”移到“图层”面板中所有图层的最下边，调整图像的大小和位置，效果如图 10-1-1 所示。

图 10-1-11　调整“图层 1”3D 图层内的图像

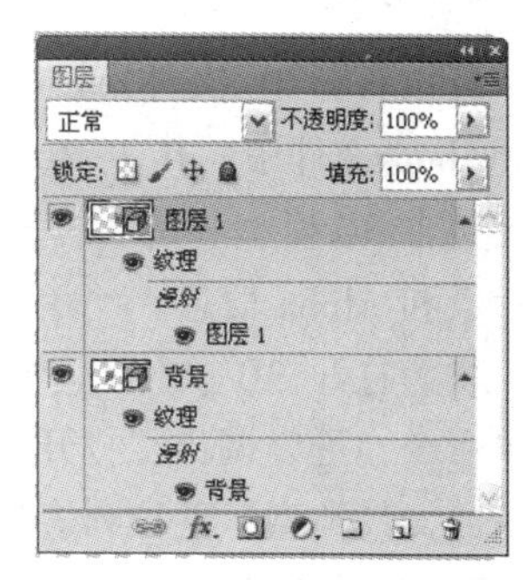

图 10-1-12　“图层”面板

相关知识——创建和调整 3D 模型

1. 创建 3D 模型

（1）创建 3D 形状对象：打开 2D 图像并选择要转换为 3D 形状的图层，再单击“3D”→“从图层新建形状”菜单命令，调出其子菜单，再单击该菜单内的一个形状名称命令，即可将 2D 图层图像作为材料应用于新创建的 3D 对象，成为 3D 对象的“漫射”纹理。新创建的 3D 对象可以是圆环、球面和帽子等单一网格对象，也可以是锥形、立方体、圆柱体、易拉罐或酒瓶等多网格对象。部分 3D 形状对象如图 10-1-13 所示。

图 10-1-13　创建的几种 3D 形状对象

（2）创建 3D 明信片：可以将 2D 图层（或多图层）转换为 3D 明信片，即具有 3D 属性的平面。如果 2D 图像的图层是文本图层，则会保留所有透明度。打开一幅 2D 图像并选择要转换为明信片的图层，再单击“3D”→“从图层新建明信片”菜单命令，可以将“图层”面板中的 2D 图层转换为 3D 图层，2D 图层图像作为材料应用于明信片两面，成为 3D 明信片对象的“漫射”纹理。3D 图层保留了原始 2D 图像的尺寸。

（3）创建 3D 网格：可以将 2D 图像的灰度信息转换为深度映射，从而将明度值转换为深度不一的表面，创建凸出的 3D 网格。较亮的值生成表面上凸起的区域，较暗的值生成凹下的区域。对于 RGB 图像，绿色通道会被用于生成深度映射。

打开 2D 图像并选中一个或多个要转换为 3D 网格的图层，然后单击“3D”→“从灰度新建网格”菜单命令，调出其子菜单。单击该菜单中的一项命令，即可创建 3D 网格。该子菜单中有 4 个命令，分别可以创建平面、双面平面、圆柱体和球体效果。

例如，打开一幅“飞鹰”2D 图像，如图 10-1-14 所示。选中要转换为明信片的“背景”图层，单击“3D”→“从灰度新建网格”→“平面”菜单命令，即可将“背景”图层转换为明信片的 3D 图层，效果如图 10-1-15 所示。

2. 导入 3D 模型

可以打开 3D 文件，或将 3D 文件添加到打开的 Photoshop 文件中，作为 3D 图层添加。生成的 3D 图层包含 3D 模型和透明背景，不保留原 3D 文件中的背景和 Alpha 信息。

图 10-1-14 “飞鹰”2D 图像

图 10-1-15 从灰度新建网格（平面）效果

（1）打开 3D 文件：单击“文件”→“打开”菜单命令，可以调出“打开”对话框，在该对话框内的“文件类型”下拉列表框中选择文件类型，再选中要打开的文件，单击“打开”按钮，即可打开 3D 文件。Photoshop CS5 可以打开 U3D、3DS、OBJ、Collada（DAE）或 Google Earth4（KMZ）格式文件。

（2）将 3D 文件作为 3D 图层添加：在已有 Photoshop 文件打开时，单击“3D”→“从 3D 文件新建图层”菜单命令，调出“打开”对话框，选择要打开的 3D 文件，单击“打开”按钮，即可打开 3D 文件，将该 3D 文件作为图层添加到当前文档中。

3. 3D 图层

在导入或创建 3D 模型后，都会在“图层”面板内产生包含 3D 模型的 3D 图层。例如，图 10-1-16 所示是一个贴图的圆锥体，它的“图层”面板如图 10-1-17 所示。

3D 图层的特点是，其缩略图右下角有一个图标，3D 图层内包含纹理贴图信息。从图 10-1-17 可以看到，其纹理是“漫射”类型，纹理有“彩鱼”和“宽幅 8”两幅图像。将鼠标指针移到贴图名称上并停留 3 秒左右时间，可以显示该贴图图像及其大小等信息。例如，将鼠标指针移到“彩鱼”文字上，会显示图 10-1-18 所示画面。

单击“纹理”文字左边的图标，使它消失，可使 3D 模型不具有贴图效果；再单击此处，使图标出现，可使 3D 模型重新具有贴图效果。单击纹理贴图名称左边的图标，使它消失，可使 3D 模型该纹理贴图效果消失；再次单击此处，使图标出现，可使 3D 模型重新具有贴图效果。

4. 使用 3D 对象工具调整 3D 对象

工具箱内有一组 3D 对象工具，其中共有 5 个工具，单击不同的工具按钮，可以切换 3D

对象工具。通过单击 3D 对象工具选项栏第二栏中的 5 个工具按钮，也可以切换 3D 对象工具。可以使用 3D 对象工具来旋转、缩放 3D 模型和调整 3D 模型的位置。当使用 3D 对象工具调整 3D 模型时，相机视图保持固定不变。

图 10-1-16　圆锥体

图 10-1-17　“图层”面板

图 10-1-18　“图层”面板

3D 对象工具选项栏（旋转）如图 10-1-19 所示，其内各选项的作用如下：

图 10-1-19　3D 对象工具的选项栏

（1）“返回到初始对象位置”按钮：单击该按钮，可以使 3D 模型返回到初始状态。

（2）“旋转”按钮：单击该按钮后，上下拖动，可以将模型围绕其 X 轴旋转；水平拖动，可以将模型围绕其 Y 轴旋转。按住【Alt】键的同时进行拖动，可以滚动模型。

（3）“滚动”按钮：水平拖动，可以使 3D 模型围绕其 Z 轴旋转。

（4）“平移”按钮：水平拖动，可以沿水平方向移动 3D 模型；上下拖动，可以沿垂直方向移动 3D 模型。按住【Alt】键的同时拖动，可以沿 X/Z 方向移动 3D 模型。

（5）“滑动”按钮：水平拖动，可以沿水平方向移动 3D 模型；上下拖动，可以将 3D 模型移近或移远。按住【Alt】键的同时进行拖动，可以沿 X/Z 方向移动 3D 模型。

（6）“比例”按钮：上下拖动，可以放大或缩小 3D 模型；按住【Alt】键的同时拖动，可以沿 Z 轴方向缩放 3D 模型。

（7）“位置”下拉列表框：用来选择 3D 模型不同面的位置视图和自定义的位置视图。

（8）“存储当前位置视图”按钮：单击该按钮，可调出“新建 3D 视图”对话框，在“视图名称”文本框内输入视图名称，单击“确定”按钮，即可将当前状态的视图保存，以后在“位置”下拉列表框内可以看到该视图的名称。

（9）“删除当前位置视图”按钮：单击该按钮，可以删除当前位置视图。

（10）“方向”栏：选中不同 3D 对象工具时，该栏的名称会有所变化（位置或缩放），3 个文本框的含义也不相同，其内的数值用来精确调整 3D 模型的旋转角度、位置和缩放量。

按住【Shift】键并进行拖动，可以将旋转、拖移、滑动或缩放工具限制为沿单一方向操作。

5. 使用 3D 相机工具调整 3D 相机

工具箱内有一组 3D 相机工具，其中共有 5 个工具，可以用来旋转、缩放 3D 对象视图，即调整摄像机的机位。单击不同的工具按钮，可以切换 3D 相机工具。通过单击 3D 相机工具选项栏第二栏中的 5 个工具按钮，也可以切换 3D 相机工具。

3D 相机工具选项栏如图 10-1-20 所示，其内各选项的作用如下：

图 10-1-20　3D 相机工具的选项栏

（1）“返回到初始对象位置”按钮：单击该按钮，可以使摄像机返回到初始状态。

（2）“环绕”按钮：单击该按钮后，拖动以将摄像机沿 X 或 Y 轴方向环绕移动。按住【Ctrl】键的同时拖动，可以滚动摄像机。

（3）“滚动视图”按钮：水平拖动，可以使摄像机围绕其 Z 轴旋转。

（4）“平移视图”按钮：水平拖动，可以沿水平方向移动摄像机；上下拖动，可以沿垂直方向移动摄像机。按住【Alt】键的同时拖动，可以沿 X 或 Z 方向移动摄像机。

（5）“移动视图”按钮：水平拖动，可沿水平方向移动摄像机；上下拖动，可将摄像机移近或移远。按住【Alt】键的同时拖动，可以在 Z/Y 方向移动摄像机。

（6）“缩放”按钮：上下拖动，可以更改摄像机的变焦，放大或缩小 3D 模型。

（7）“视图”下拉列表框：用来选择摄像机的不同视图和自定义摄像机视图。

（8）“存储当前相机视图”按钮：可将当前摄像机视图保存。

（9）“删除当前相机视图”按钮：单击该按钮，可以删除当前摄像机视图。

（10）“方向”栏：在 3 个文本框中输入数字，可以精确调整摄像机的位置。

6. 3D 轴

3D 轴显示 3D 空间中 3D 模型当前 X、Y 和 Z 轴的方向，可以用来直观地调整 3D 对象，可以在 3D 空间中移动、旋转、缩放 3D 模型。显示 3D 轴的前提是启用 OpenGL 绘图、选中一个 3D 图层和选中工具箱内的一个 3D 工具。3D 轴如图 10-1-21 所示。将指针移动到 3D 轴上可显示控制栏。单击“视图”→“显示”→“3D 轴”菜单命令，可以在显示或隐藏 3D 轴之间切换。使用 3D 轴调整 3D 对象的方法如下：

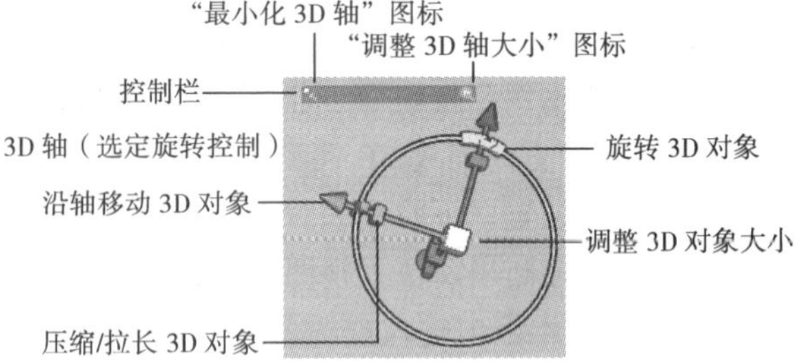

图 10-1-21　3D 轴（选定旋转控制）

（1）调整 3D 轴：拖动控制栏，可以移动 3D 轴；单击“最小化 3D 轴”图标，可以使 3D 轴最小化成图标，移到左上角；单击最小化图标，可以使 3D 轴恢复；拖动“调整 3D 轴大小”图标，可以调整 3D 轴的大小。

（2）整体缩放 3D 对象：向上或向下拖动 3D 轴中心的“调整 3D 对象大小”控制柄。

（3）沿轴移动 3D 对象：将鼠标指针移到 3D 轴中的 X、Y 或 Z 轴的“压缩/拉长 3D 对象”控制柄处，高亮显示轴的锥尖，拖动调整，可以沿轴的方向移动 3D 对象。

（4）沿轴缩放 3D 对象：将鼠标指针移到 3D 轴中的 X、Y 或 Z 轴的“压缩/拉长 3D 对象”控制柄处，高亮显示该控制柄，向内或向外拖动，可沿轴的方向缩放 3D 对象。

（5）旋转 3D 对象：将鼠标指针移到 3D 轴中的 X、Y 或 Z 轴的“压缩/拉长 3D 对象”控制柄处，高亮显示该控制柄，并显示一个黄色圆环，围绕 3D 轴中心沿顺时针或逆时针方向拖动，可以旋转 3D 对象，并在黄色圆环内显示相应大小的扇形，如图 10-1-22 所示。

（6）限制在某个平面内移动 3D 对象：将鼠标指针移到两个轴的交叉区域（靠近中心立方

体），两个轴之间出现一个黄色的“平面”图标，如图 10-1-23 所示。然后拖动，即可在该平面内移动 3D 对象。

将指针移动到中心立方体的下半部分，也会出现一个黄色的“平面”图标，如图 10-1-24 所示。然后拖动，也可以在某个平面内移动 3D 对象。

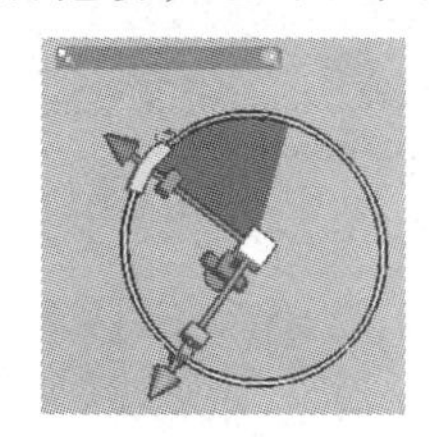

图 10-1-22　旋转对象时的 3D 轴

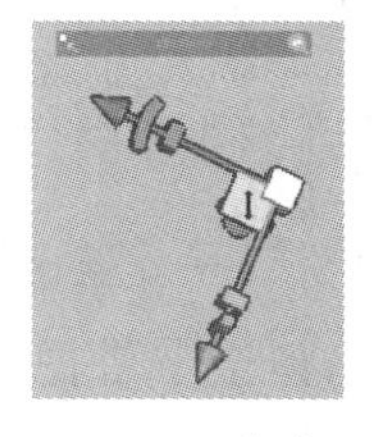

图 10-1-23　移动 3D 对象

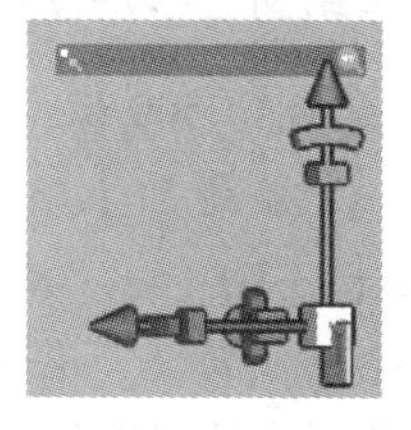

图 10-1-24　调整 3D 对象大小

思考与练习 10-1

1. 制作另一幅“透视风景胶片”图像，如图 10-1-25 所示。
2. 制作一幅“贴图圆锥体”图像，如图 10-1-26 所示。

图 10-1-25　另一幅“透视风景胶片”图像

图 10-1-26　“贴图圆锥体”图像

3. 制作一幅“凸起文字”图像，如图 10-1-27 所示。该图像制作的提示如下：

（1）新建背景为白色的图像。创建“图层 1”。以“凸起文字.psd”保存。

（2）输入红色、160 点、“华文彩云”文字“3DABC”。选中文字图层，调出“图层样式”对话框，添加“外发光”、“斜面和浮雕”和“投影”图层样式，效果如图 10-1-28 所示。

图 10-1-27　“凸起文字”图像

图 10-1-28　添加图层样式

（3）单击“3D”→“从灰度新建网格”→“平面”菜单命令，使用 3D 对象比例工具，向上拖动 3D 对象，将 3D 对象调大一些。再给“背景”图层填充黑色。

4. 制作平面、双面平面、圆柱体和球体效果的立体文字。

10.2 【案例 51】贴图金字塔

案例描述

“贴图金字塔”图像如图 10-2-1 所示。可以看到，图 10-2-2 所示背景图像上有一个立体金字塔图形，它的5个平面贴有不同的风景图像。

图 10-2-1 “贴图金字塔”图像

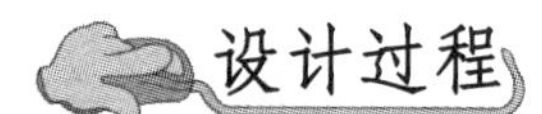

1. 制作贴图金字塔图像

（1）新建宽为500像素、高为340像素、背景为白色的图像，以名称“【案例51】贴图金字塔.psd”保存。

图 10-2-2 背景图像

（2）单击“3D”→“从图层新建形状”→“金字塔”菜单命令，即可在“背景”图层创建一个立体金字塔图像，如图10-2-3所示。将“图层”面板内的“背景”图层转换为“背景”3D图层，再将“背景”3D图层的名称改为“图层1”。

（3）单击“窗口”→“3D”菜单命令，调出“3D”面板，单击该面板顶部的“材质”按钮，切换到“3D”（材质）面板，如图10-2-4所示。该面板下方会显示所选材质的设置选项。选中该面板内的“右侧材质”，如图10-2-4所示。

（4）单击“编辑漫射纹理”按钮，调出纹理漫射菜单，如图10-2-5所示。单击“载入纹理”菜单命令，调出“打开”对话框，选中“大明湖”图像文件，再单击“打开”按钮，载入该图像为漫射纹理。其他参数设置如图10-2-4所示。

（5）单击“图层”面板内“图层1”下方文字 纹理 左侧，使文字左侧显示一个眼睛图标 纹理，同时显示载入的纹理，如图10-2-6所示。

（6）在“3D”（材质）面板内，将鼠标指针移到选项名称上，如果鼠标指针变为状，则拖动鼠标可以改变文本框内的数值；将鼠标指针移到文本框内，鼠标指针变为状，单击后可以修改文本框内的数值。将鼠标指针移到颜色矩形（包括白色）上，鼠标指针变为状，单击可以调出拾色器对话框，用来设置相应的颜色。

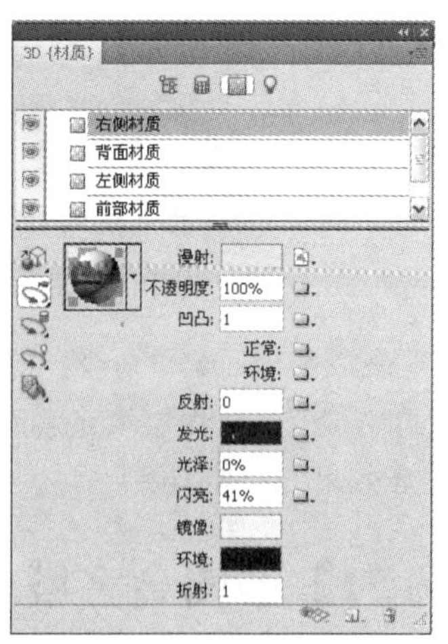
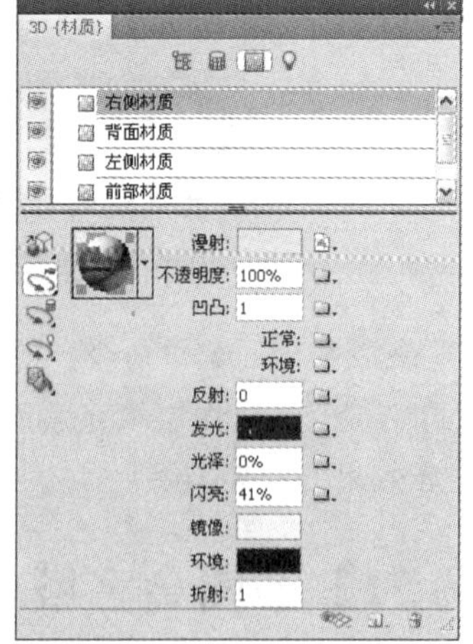

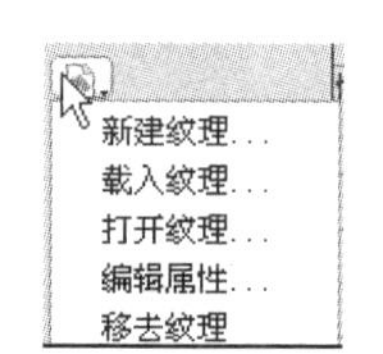

图 10-2-3 金字塔图像 图 10-2-4 “3D”（材质）面板 图 10-2-5 菜单 图 10-2-6 右侧贴图

（7）按照上述方法，在“3D”（材质）面板内的上方选中不同的材质行，单击“编辑漫射纹理”按钮，调出纹理漫射菜单。单击“载入纹理”菜单命令，调出“打开”对话框，选中不同的图像文件，再单击“打开”按钮，给相应的侧面贴图。

单击“3D”面板顶部的“场景”按钮，切换到“3D”（场景）面板，如图 10–2–7 所示。选中各材质行，可以方便地切换到相应侧面的材质调整状态。

（8）使用工具箱内的 3D 对象工具，调整 3D 模型的位置、大小和旋转角度。

2. 制作背景图像

（1）打开背景图像，使用移动工具，将该图像拖动到“【案例 51】贴图金字塔.psd”图像内，调整图像的大小和位置，使它刚好将整个画布覆盖。在“图层”面板内，将新生成的图层名称改为“图层 0”，将该图层拖动到“图层 1”的下方。

（2）调出“3D”面板，单击该面板内的“创建”按钮，将选中的“图层 0”2D 图层转换为 3D 图层。按下“光源”按钮，切换到“3D”（光源）面板。

（3）单击“3D”（光源）面板内的“创建新光源”按钮，调出其菜单，单击该菜单内的“点光源”菜单命令，在该面板内创建一个名称为“点光 1”的点光源。再创建一个聚焦灯光源和两个无限光源。这些光源会自动分类放置，如图 10–2–8 所示。

（4）选中“点光 1”光源，设置光源颜色为金黄色，其他设置如图 10–2–8 左图所示；选中“聚光灯 1”光源，设置光源颜色为红色，其他设置如图 10–2–8 中图所示；选中“无限光 2”光源，设置光源颜色为蓝色，其他设置如图 10–2–8 右图所示。“无限光 1”光源的设置与“无限光 2”光源设置一样。

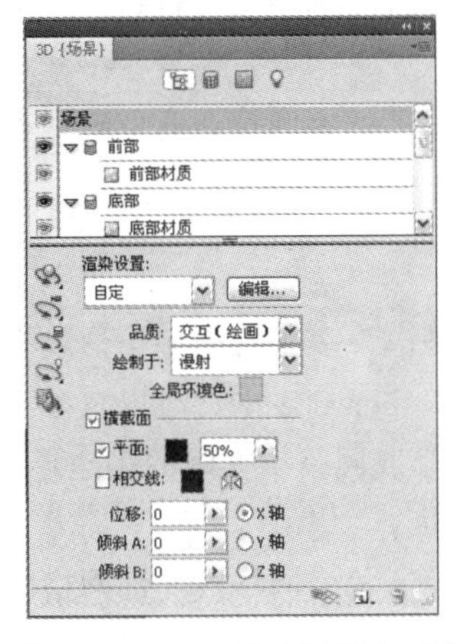

图 10–2–7　“3D”（场景）面板

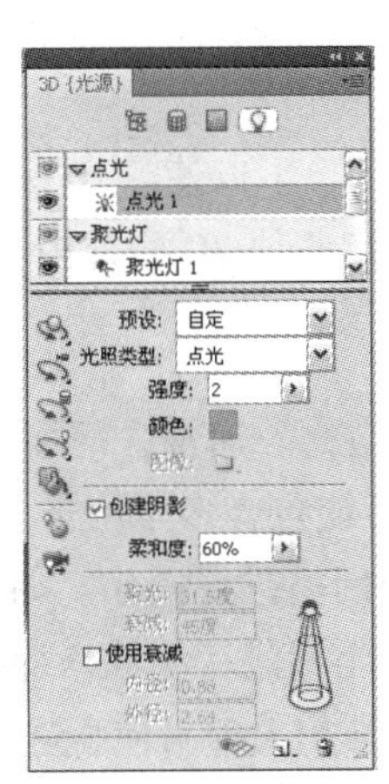

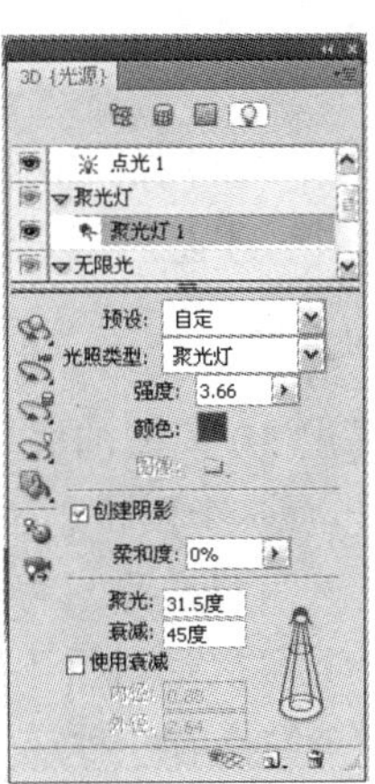

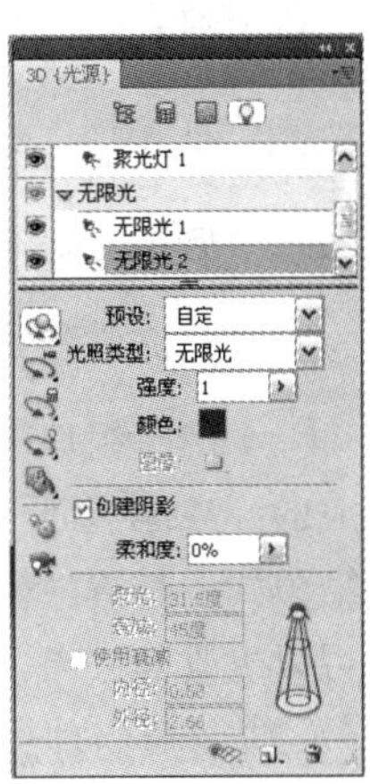

图 10–2–8　“3D”（光源）面板设置

相关知识——“3D”面板

1.“3D”面板简介

单击“窗口”→“3D”菜单命令或双击“图层”面板内 3D 图层的图标，都可以调出“3D”面板。“3D”面板的上边有“场景”、“网格”、“材质”和“光源”4 个按钮，单击这 4 个按钮，可以切换“3D”面板的不同标签，改变该面板内的选项。单击“场景”按钮，切换到“3D”（场景）面板，其中显示包括“网格”、“材质”和“光源”的所有组件，如图 10–2–9 所示。单击“网格”按钮，其中只显示“网格”组件，如图 10–2–10 所示；单击“材质”按钮，其中只显示“材质”组件，如图 10-2-4 所示；单击“光源”按钮，其中只显示“光源”组件，如图 10-2-8 所示。

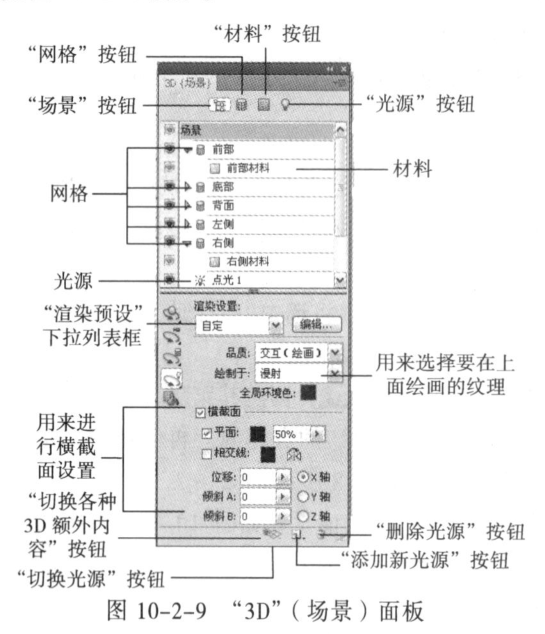

图 10-2-9 “3D”（场景）面板

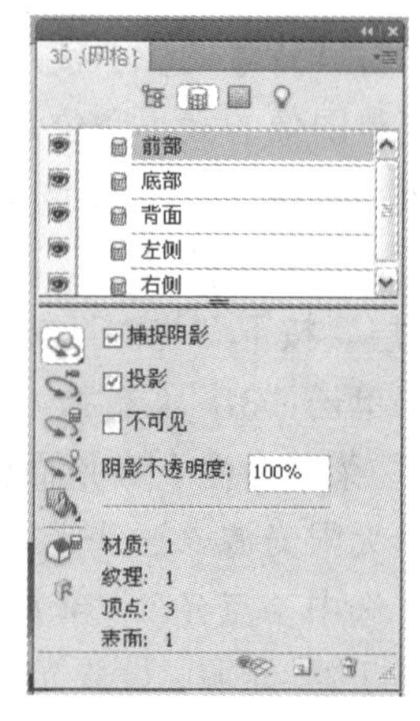

图 10-2-10 “3D”（网格）面板

选中列表框内的组件，下方会显示选中的 3D 组件的设置选项。这与选中相应按钮的效果一样。

在上方的列表框中选中不同的 3D 组件，可以使“3D”面板内底部的不同按钮有效。只有在系统中启用 OpenGL 时，才能启用“切换各种 3D 额外内容”按钮。

2. 3D 文件包含的组件

（1）网格组件：提供 3D 模型的底层结构。通常，网格看起来是由许多单独的多边形线框组成的。3D 模型至少包含一个网格，也可能包含多个网格。在 Photoshop CS5 中，可以在多种渲染模式下查看网格，还可以分别对每个网格进行操作。如果无法修改网格中实际的多边形，则可以更改其方向，并且可以通过沿不同坐标进行缩放来变换其形状。

（2）材质组件：一个网格有一种或多种相关的材质，这些材质控制整个网格或局部网格的外观。这些材质依次构建于被称为纹理映射的子组件，它们的积累效果可以创建材质的外观。纹理映射本身是一种 2D 图像文件，它可以产生颜色、图案和反光度等品质。Photoshop 材质最多可以使用 9 种不同的纹理映射来定义其整体外观。

（3）光源组件：光源有无限光、聚光灯和点光 3 种类型。可以移动和调整现有光照的颜色和强度，并且可以将新光照添加到 3D 场景中。

3.“3D”（场景）面板设置

单击“3D”面板中的“场景”按钮，再单击该面板顶部的“场景”选项，即可切换到“3D”（场景）面板，如图 10-2-9 所示。利用该面板设置可以更改渲染模式，选择要在其上绘制的纹理或创建横截面。“3D”（场景）面板内部分选项的作用如下：

（1）“渲染预设”下拉列表框：用来指定 3D 模型的渲染预设，决定了如何绘制 3D 模型，它提供了一些常用的默认预设。需要为每个 3D 图层分别指定渲染设置。

（2）“编辑”按钮，单击它可调出“3D 渲染设置”对话框，利用该对话框，可以定义渲染预设，它以“×××.p3r”名称保存，以后会在“渲染预设”下拉列表框中列出。

（3）“品质”下拉列表框：用来选择显示 3D 模型的品质。

（4）“绘制于”下拉列表框：直接在 3D 模型上绘画时，在该下拉列表框内可选择纹理映射模式。单击“3D”→“3D 绘画模式”→“××”菜单命令，也可以选择纹理映射模式。

（5）“全局环境色”色块：单击该色块，调出“选择全局环境色”对话框，利用该对话框可设置在反射表面上全局环境光的颜色。该颜色与用于特定材质的环境色相互作用。

（6）“横截面”栏：选中“横截面”复选框后，“横截面”栏会变为有效。此时，3D 模型对象中会产生一个以所选角度与 3D 模型对象相交的平面横截面将 3D 模型对象切割。这样，可以观察模型的横截面，可以观察 3D 模型内部的内容。该平面以任意角度切入模型并仅显示一个侧面的内容，如图 10-2-11 所示。

◎ 选中“平面”复选框，可以显示平面横截面，如图 10-2-12 所示。单击其右边的色块，可调出一个拾色器，用来设置平面的颜色。在其右边的文本框内可以设置不透明度。

◎ 选中“相交线”复选框，可以显示平面横截面与 3D 模型相交的线。单击其右边的色块，可以调出一个拾色器，用来设置相交线的颜色。

◎ 单击“翻转横截面”按钮，可以显示 3D 模型隐藏的另一侧面，同时将显示的 3D 模型侧面隐藏，如图 10-2-13 所示。

◎ “位移”文本框：可以沿平面的轴移动平面，而不更改平面的斜度。

◎ “倾斜”文本框：可以将平面朝任一方向旋转至 360°。对于特定的轴，倾斜设置会使平面沿其他两个轴旋转。例如，可以将与 Y 轴对齐的平面绕 X 轴（“倾斜 A”）旋转。

◎ 对齐方式栏：有 3 个单选按钮，可以为交叉平面选择一个轴（X、Y 或 Z）。该平面将与选定的轴垂直。

图 10-2-11　切割 3D 模型对象

图 10-2-12　显示平面横截面

图 10-2-13　显示另一侧面

4．“3D”（网格）面板设置

单击“3D”面板顶部的“网格”按钮，即可切换到“3D”（网格）面板，如图 10-2-10 所示。单击“3D”（场景）面板或“3D”（网格）面板上方列表框中有图标的网格行，可以选择相应的网格，“3D”面板下方会显示应用于所选网格的材质、纹理数量、顶点数和表面数信息。“3D”（网格）面板内各选项的作用如下：

（1）显示或隐藏网格：单击网格名称左边的眼睛图标，使图标消失，可以隐藏该网格；再单击此处，使图标恢复显示，可以显示该网格。

（2）对网格进行操作：“3D”（网格）和“3D”（场景）面板的下方有一列网格调整工具，可以用来对选中的网格进行移动、旋转和缩放操作。3D 模型的其他部分不动。网格调整工具的操作方法与工具箱内 3D 对象工具的操作方法相同。

（3）捕捉阴影：在“光线跟踪”渲染模式下，控制选定网格是否在其表面显示来自其他网格的阴影。要求必须设置光源以产生阴影。

（4）投影：在“光线跟踪”渲染模式下，控制选定网格是否在其他网格表面产生投影。

（5）不可见：隐藏网格，但显示其表面的所有阴影。

5.“3D”（材质）面板设置

单击“3D”面板内顶部的“材质”按钮，切换到“3D”（材质）面板，如图 10-2-4 所示。单击“3D”（场景）面板或“3D”（材质）面板上方列表框中有图标的材质行，可以选择相应的材质，“3D”面板的下方会显示所选材质的设置选项。

可以使用一种或多种材质来创建 3D 模型的整体外观。如果模型包含多个网格，则每个网格都可以设置与之关联的多种材质。在“3D”面板内，选中一个网格的材质行后，下方会显示该材质所使用的特定纹理映射。一些纹理映射依赖于 2D 图像文件来提供创建纹理的特定颜色或图案。如果材质使用纹理映射，则纹理文件名会显示出来。

可以单击每个纹理类型旁的“纹理编辑”按钮，调出其菜单，利用该菜单中的菜单命令，可以新建、载入、打开、编辑或移去纹理映射的属性，也可以通过直接在模型区域上绘制纹理。根据纹理类型，可以通过改变数值来调整材质的光泽度、反光度、不透明度或反射。“3D”（材质）面板内中各选项的作用如下：

（1）“环境”色块：设置在反射表面上可见的环境光的颜色。

（2）“折射”文本框：两种折射率不同的介质相交时，光线会产生折射。该文本框用来设置折射率。

（3）“镜像”色块：用来设置有镜面属性显示的颜色（例如，高光光泽度和反光度）。

（4）“漫射”栏：用来设置材质的颜色或 2D 图像。如果载入 2D 图像作为漫射纹理，则设置的漫射颜色无效。单击“编辑漫射纹理”按钮，调出纹理漫射菜单，如图 10-2-5 所示。单击“载入纹理”菜单命令，可以调出“打开”对话框，利用该对话框可以载入作为漫射纹理的 2D 图像。另外，还可以通过直接在模型上绘画来创建漫射映射。

（5）“发光”栏：用来定义不依赖于光照也可以显示的颜色或 2D 图像，以创建从内部照亮 3D 对象的效果。

（6）“凹凸”栏：用来在材质表面创建凹凸效果。可以创建或载入凹凸映射文件。“凹凸”文本框用来设置增加或减少崎岖度。从正面观看时，崎岖度最明显。

（7）“光泽”栏：用来定义来自光源的光线经表面反射，折回到人眼中的光线数量。

（8）“反光”栏：用来定义“光泽度”设置所产生的反射光的散射。

（9）“不透明度”栏：用来设置材质的不透明度。

（10）“反射”栏：用来增加 3D 场景、环境映射和材质表面上其他对象的反射。

（11）“编辑环境纹理”按钮：用来设置 3D 模型周围环境的纹理。

（12）“编辑正常纹理”按钮：可以设置表面的细节程度，使网格表面平滑。

6."3D"(光源)面板设置

3D 光源从不同角度照亮模型，从而添加逼真的深度和阴影。选中"3D"面板内顶部的"光源"按钮，切换到"3D"(光源)面板，如图 10-2-8 所示。单击"3D"(场景)面板或"3D"(光源)面板上方列表框中有图标的光源行，可以选择光源，"3D"面板的下方会显示所选光源的设置选项。"3D"(光源)面板内中各选项的作用如下：

(1)"光照类型"下拉列表框：用来选择 3 种类型的光源，它们的特点如下：

◎ 点光源：该光源像灯泡一样，从光源点向各个方向照射。

◎ 聚光灯光源：该光源呈锥形光线。

◎ 无限光光源：该光源像太阳光，从一个方向平形照射。

(2)添加光源：单击"3D"面板内的"创建新光源"按钮，然后选择光源类型。

(3)删除光源：选择"3D"面板内的光源行，再单击该面板内的"删除"按钮。

(4)调整光源属性：在"3D"(光源)面板下方进行光源属性的调整。

◎"强度"文本框：用来调整亮度。

◎"颜色"色块：定义光源的颜色。单击该色块，可以调出相应的拾色器。

◎"创建阴影"复选框：从前景表面到背景表面、从单一网格到其自身或从一个网格到另一个网格的投影。禁用此选项可稍微改善性能。

◎"柔和度"：模糊阴影边缘，产生渐进的衰减。

◎"聚光"文本框(仅限聚光灯)：用来设置光源明亮中心的宽度。

◎"衰减"文本框(仅限聚光灯)：用来设置光源的外宽度。

(5)"使用衰减"复选框(仅限点光或聚光灯)：选中它，再在"内径"和"外径"文本框内输入数值，用来确定衰减锥形。光源从"外径"最大强度到"外径"光源强度为零，呈线性衰减。将鼠标指针移到"聚光"、"衰减"、"内径"和"外径"文字上时，其右侧显示框内会显示红色轮廓，指示受影响的光源元素。

(6)调整光源位置："3D"(光源)面板内有一列调整光源位置的工具。

(7)面板菜单：用来存储、添加和替换光源等。单击"面板菜单"按钮，调出面板菜单，利用该菜单内的命令可以存储光源预设、添加光源和替换光源等。

思考与练习 10-2

1. 参考【案例 51】"贴图金字塔"图像的制作方法，制作一个"贴图立方体"图像。

2. 参考【案例 51】图像的制作方法，制作一个"酒瓶"图像，如图 10-2-14 所示。

图 10-2-14　"酒瓶"图像

10.3　综合实训 10——自转贴图球

实训效果

"自转贴图球"是一个 GIF 格式的动画，该动画的一幅画面如图 10-3-1 所示。

利用 Photoshop CS5 制作的动画是 GIF 格式的动画，其实质是在一定时间内连续、快速显示一些帧的图像，相邻两幅图像有一些微小变化。制作“自转贴图球”动画需要使用 3D 模型对象的创建和调整方法，使用“动画”面板制作动画的方法，以及生成 GIF 格式动画的方法等。

实训提示

1.“动画”面板简介

图 10-3-1 “自转贴图球”动画画面

利用 Photoshop CS5 制作动画需要使用“动画”面板，“动画”面板分为“动画”（时间轴）面板和“动画”（帧）面板。单击“窗口”→“动画”菜单命令，可以调出“动画”面板。下面介绍“动画”面板选项和制作动画的方法。

（1）“动画”（帧）面板：该面板如图 10-3-2 所示。各选项的作用如下：

◎ 帧缩览图：显示每帧的图像、序号和播放时间。单击其下方的▼按钮，可以调出下拉列表，用来设置该帧画面的播放时间。单击帧缩览图可以选中该帧；按住【Shift】键单击两个帧缩览图，可以选中这两帧和这两帧之间所有帧的连续多帧缩览图；按住【Ctrl】键单击多个帧缩览图，可以选中多帧缩览图。

◎“动画播放器”按钮组◀◀ ◀| ▶ |▶：单击“播放动画”按钮▶，即可在画布中自动循化播放一帧帧画面；单击“停止动画”按钮■，即可在画布中显示下一帧画面；单击“选择下一帧”按钮▶，即可在画布中显示下一帧画面；单击“选择上一帧”按钮◀|，即可在画布中显示上一帧画面；单击“选择第一帧”按钮◀◀，即可在画布中显示第 1 帧画面。

◎“选择循环选项”按钮：用来选择整个动画的播放次数。

◎“转换为时间轴动画”按钮：单击它可将面板切换到“动画”（时间轴）面板。

◎“过渡动画帧”按钮：单击该按钮，可以调出“过渡”对话框，如图 10-3-3 所示，用来设置在选中帧前或后生成过渡帧的个数及参数。

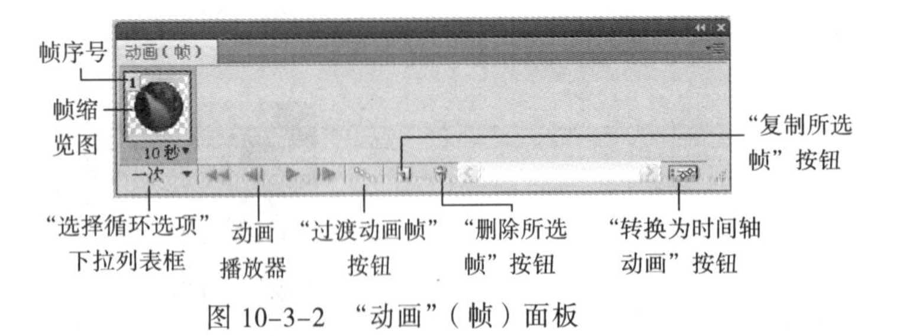

图 10-3-2 “动画”（帧）面板

图 10-3-3 “过渡”对话框

◎“复制所选帧”按钮：单击该按钮，可以在右边复制所选帧的缩览图。

◎“删除所选帧”按钮：单击该按钮，可以删除所选帧的缩览图。

（2）使用“动画”（帧）面板制作动画的方法如下：

◎ 在“图层”面板内准备好每帧的图像，它们由共有图层和独有图层组成。

◎ 在“图层”面板内显示第 1 帧图像涉及的图层，其他图层隐藏，单击“动画”（帧）面板内的“复制所选帧”按钮，创建第 1 帧的缩览图。

◎ 单击第 1 帧缩览图内下方的▼按钮，调出下拉列表，设置该帧画面的播放时间。

◎ 按照上述方法，依次在“图层”面板内显示第 *n* 帧图像涉及的图层，创建第 *n* 帧的缩览图，设置该帧画面的播放时间。

（3）“动画”（时间轴）面板：该面板如图 10-3-4 所示。各选项的作用简介如下：

◎ “扩展”按钮▷：单击它可以展开图层，显示“位置”、“不透明度”等选项。同时“扩展”按钮▷变为“收缩”按钮▽。单击“收缩”按钮▽，可以回到原状态。

◎ “时间-变换秒表”按钮 ：单击该按钮，其左边显示◁◇▷，可以在当前时间指示器指示的时间帧创建一个关键帧，关键帧图标为一个黄色菱形◇。

◎ 当前时间指示器 ：拖动它可以浏览帧，改变当前时间帧。

◎ “启动音频播放”按钮 ：单击该按钮可以启用视频内的音频播放功能，同时该按钮变为 ，单击 按钮，可以回到静音状态。

◎ “调整时间轴大小”工具 ：拖动滑块可以调整时间轴大小，单击 按钮可以将时间轴调小一些，单击 按钮可以将时间轴调大一些。

◎ “转换为帧动画”按钮 ：单击它可将面板切换到“动画”（帧）面板。

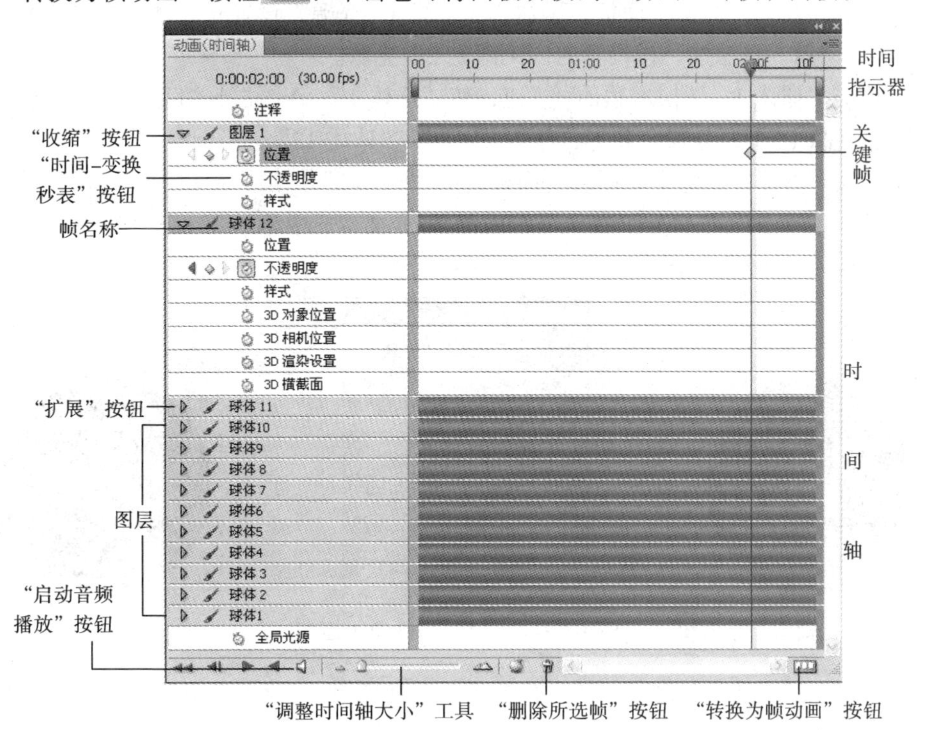

图 10-3-4 “动画”（时间轴）面板

（4）使用“动画”（时间轴）面板制作动画的方法如下：

◎ 在“图层”面板内准备好每帧的图像，它们由共有图层和独有图层组成。

◎ 单击“动画”（时间轴）面板的面板菜单按钮，调出面板菜单，单击该菜单内的“文档设置”命令，调出“文档时间轴设置”对话框，利用该对话框进行动画持续时间、帧速率和每秒帧数设置，如图 10-3-5 所示。设置完成后单击“确定”按钮。

◎ 单击“动画”（时间轴）面板内的“位置”或其他选项左边的“时间-变换秒表”按钮，在当前时间指示器指示的时间帧创建一个关键帧。

◎ 拖动当前时间指示器到某一时间位置（如“01:00f”）。

◎ 改变该帧画面的属性，例如，按住【Shift】键的同时调整对象的位置。此时记录下该关键帧的属性（例如，对象位置数据）。

◎ 按照上述方法在新的时间创建新的关键帧，改变关键帧的属性。

2. 制作 12 幅旋转不同角度的 3D 对象

（1）新建背景为白色的图像，再以名称“综合实训 10—自转贴图球.psd”保存。

（2）单击“3D”→“从图层新建形状”→“球体”菜单命令，将“背景”图层转换为 3D 图层，其内是一个球状图形。将“背景”图层名称改为“球体 1”。

（3）调出“3D”面板，按照【案例 50】所述方法，载入“瀑布”图像为漫射纹理。再显示载入的纹理。然后使用 3D 对象比例工具，垂直向上拖动“球体”3D 对象，将它调大一些。对“球体”3D 对象进行裁切，效果如图 10-3-5 所示。

（4）调出“3D”（光源）面板，添加“无限光 1”光源，设置光源颜色为白色，其他设置如图 10-3-6 所示。再添加一样设置的“无限光 2”光源。

（5）单击“球体 1”图层右边的按钮，使“球体 1”3D 图层收缩为一行。然后将“球体 1”3D 图层复制 11 个，分别命名为“球体 2”……“球体 12”。

（6）隐藏所有图层，选中“图层”面板内的“球体 2”图层，使该图层显示，单击“3D”（光源）面板内“旋转”按钮，在选项栏内的“Z”文本框中输入 30，按【Enter】键，使“球体”3D 对象内的图像向左滚动 30°，如图 10-3-7 所示。

图 10-3-5 “球体”3D 对象

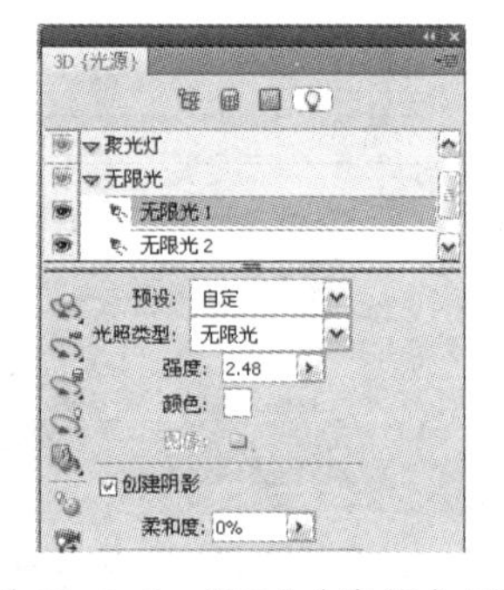

图 10-3-6 “3D”（光源）面板

图 10-3-7 “球体 2”图层 3D 对象

（7）按照上述方法，处理“图层”面板内的其他图层，“Z”文本框内数值每次增加 30。

3. 制作 GIF 格式的动画

（1）调出“动画”面板，单击该面板右下角的“转换为帧动画”按钮，将“动画”面板转换为帧动画的“动画”（帧）面板，如图 10-3-2 所示。

（2）按住【Shift】键，单击“图层”面板内的“球体 1”图层和“球体 12”图层，选中“球体 1”～“球体 12”的所有图层。单击“动画”面板内的面板菜单按钮，调出面板菜单，单击该菜单内的“从图层建立帧”命令，在“动画”面板内依次添加“图层”面板内的 12 个图层的图像，此时的“动画”面板如图 10-3-8 所示。

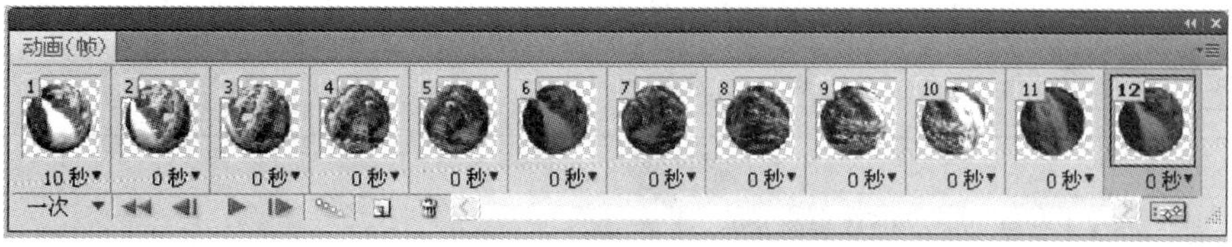

图 10-3-8　“动画”（帧）面板

（3）按住【Shift】键，单击“动画”面板内的第 1 帧和第 12 帧，选中所有帧。单击某一帧缩览图下边的▼按钮，调出其菜单，单击该菜单内的“0.1 秒”命令，将所有帧的显示时间设置为 0.1 秒，如图 10-3-9 所示。

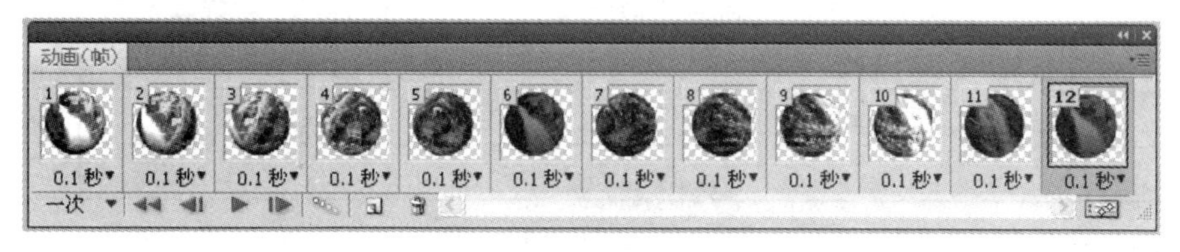

图 10-3-9　将所有帧的显示时间设置为 0.1 秒

（4）单击“动画”面板内左下角的一次▼按钮，调出其菜单，单击该菜单内的“永远”命令，设置永远播放。

（5）在“图层”面板内的“球体 12”图层上方新增“图层 1”，创建选中球体图像的选区。选中“图层 1”，给选区填充白色（不透明度为 30%）到蓝色（不透明度为 60%）的径向渐变颜色，形成一个透明的蓝色立体球图像。按【Ctrl+D】组合键，取消选区。

（6）单击“文件”→“存储为 Web 和设备所用格式”菜单命令，调出“存储为 Web 和设备所用格式”对话框，如图 10-3-10 所示。利用该对话框可以设置 GIF 格式动画参数和优化动画。

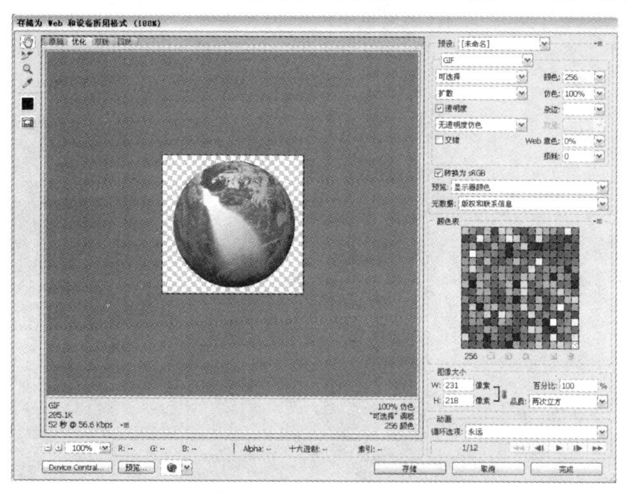

图 10-3-10　“存储为 Web 和设备所用格式”对话框

（7）单击“存储为 Web 和设备所用格式”对话框内的“存储”按钮，调出“将优化结果存储为”对话框，选择“综合实训 10—自转贴图球”文件夹，输入文件名称“综合实训 10—自转贴图球.gif”，单击“保存”按钮，将“综合实训 10—自转贴图球.psd”文件”保存为 GIF 格式动画。

实训测评

能 力 分 类	能 力	评 分
职业能力	了解创建和导入 3D 模型的方法，了解 3D 图层	
	了解使用 3D 对象工具调整 3D 对象的方法	
	了解使用 3D 相机工具调整 3D 相机的方法	
	了解“3D”面板，以及 3D 文件包含的组件	
	了解“3D”面板内各选项的作用	
	了解“动画”（时间轴）面板的基本使用方法	
	了解“动画”（帧）面板的基本使用方法	
通用能力	自学能力、总结能力、合作能力、创造能力等	
能力综合评价		